군 상담학 개론

심윤기 · 김수연 · 김현주 · 나　경 · 박성철 · 손정미
송지은 · 우성호 · 원진숙 · 주지향 · 주희헌 · 최혜빈

창지사

• 머리말 •

오늘날 세계는 하루가 다르게 빠른 변화가 일어나고 있다. 다양한 미디어가 인간생활을 지배하고 인공지능(AI)이 다양한 분야에서 사용되고 있을 뿐만 아니라, 대화전문 인공지능 챗GPT가 활용되고 있다. 이렇게 국내·외적 사회 환경은 과학화·첨단화·정보화·인공지능화로 하루가 다르게 변화하고 있다.

국가안보와 국민의 안위를 책임지고 있는 군대와 그 구성원들은 이러한 국내·외의 빠른 변화를 직시하고 새로운 군대로 거듭나기 위해 최선을 다한다. 군대의 병영문화를 개선하여 화합된 부대육성과 구성원의 잠재능력을 극대화함은 물론 부대 전투력을 창출하여 이를 승화시키고자 노력하고 있다.

군은 지난 2005년부터 전문상담제도를 도입하여 복무부적응의 어려움을 경험하는 장병들에게 심리적 도움을 제공하고, 병영캠프제도와 각종 심리검사제도를 마련하여 강한 군대 육성에 기여해 왔다. 그 결과 복무부적응으로 어려움을 겪는 장병들의 수가 감소하고 고질적인 병영문화의 구습들도 사라져 각종 사고와 자살자가 감소하였다.

뿐만 아니라, 간부의 인간적 리더십 역량이 증진되고 상담역량 또한 눈에 띄게 향상되어 화목한 부대육성에 크게 기여하고 있다. 하지만 군 상담의 다양한 분야와 영역이 군대 전반으로 확장되지 못한 채, 개인상담과 性상담 위주로 상담이 이루어져 장병들의 다양한 상담욕구를 충족하지 못하는 것은 큰 아쉬움으로 남는다.

군 위기상담을 비롯해 미디어 중독상담, 다문화상담, 가족상담, 집단상담 등 군 상담의 제 분야를 아우르지 못한다는 충고와 지적도 있어 왔다. 이러한 이유로 군상담학의 제 분야와 영역을 다루는 저서 집필의 필요성을 인식하여 군상담학의 이해와 적용(2016)이라는 지시가 처음으로 출판되었다. 이후, 군집단상담의 기초(2017), 외상후스트레스 장애와 심리치료(2018), 군 위기상담의 실제(2020), 병영문화와 군특수상담(2021) 등의 저서가 집필되었다. 이러한 노력의 결과로 군상담학이 하나의 독립된 학문으로 정착되고 발전하는 초석의 기틀이 마련되어 저서 개정 작업이 이루어지고 있다.

본 저서는 '군상담학의 이해와 적용'이라는 처음으로 출간된 저서를 '군상담학개론'으로 개정하여 모두 12장으로 재구성하였다.

제1장은 군대의 특수성과 문화 그리고 신세대 장병의 특징을 살펴본 후, 군 상담의 개념과 분야, 기능 등을 개관한다.

제2장은 상담의 주요 이론을 소개한다. 인간을 바라보는 관점과 이론의 개념을 살펴보고, 군적용 접근방안을 다룬다.

제3장은 군 개인상담의 준비와 과정, 기법 등을 설명한다. 개인상담의 과정별 진행방법과 문제유형별 상담전략을 제시하고 있다.

제4장은 위기의 이론적 배경과 장병이 조우하는 위기의 유형, 개념 등을 알아본 후, 군 위기상담의 방법론을 제시하였다.

제5장은 성폭력의 일반적 특징을 살펴본다. 군 성폭력의 실태와 특징을 알아 본 후, 상담절차와 방법을 다루었다.

제6장은 군 중독상담을 살펴보았다. 중독상담의 영역은 매우 다양하고 넓어 본서는 주로 미디어 중독을 다루었다. 인터넷 중독과 휴대폰 중독실태를 알아보고 이에 대한 군의 예방 전략을 소개하였다.

제7장은 외상 후 스트레스 장애와 심리치료를 다룬다. 미래의 전장은 외형적인 첨단 군사력 확보도 중요하지만 전·평시 발생하는 PTSD 관리가 무척 중요하다. 이에 대한 대책과 방법을 제시하였다.

제8장은 군인가족상담 과정을 다루고 있다. 군인가족이 경험하는 다양한 환경적 특징을 알아보고, 이에 대한 상담전략을 살펴보았다.

제9장은 문화의 이론적 배경과 우리나라의 다문화 전개과정을 살펴본 후, 다문화군대의 개념과 다문화상담 전략을 제시하였다.

제10장은 군 장병에게 절실히 요구되는 진로상담에 대한 내용을 다루고 있다. 진로와 관련한 용어의 일반적인 개념과 진로상담이론, 진로심리검사 등을 살펴본 후, 군 진로상담의 방법론을 제시하였다.

제11장은 집단상담의 일반적인 정의로부터 군 집단상담의 개념과 상담 과정을 비교해 살펴보았다.

마지막 제12장은 현재 군에서 이루어지고 있는 병영생활 전문상담제도를 포함한 병영캠프제도와 심리검사제도 등을 살펴본다.

본 저서가 군상담학의 영역을 더욱 정교하게 정립하고 그 기능을 확대하여 군상담학이 한 단계 발전하고 진화하는 데 도움이 되길 기대한다. 군상담학을 연구하고 공부하는 많은 독자들에게 본서가 기여가 되길 바란다. 군상담학을 전공하는 대학원생을 비롯하여 군사학과 및 부사관과에 재학 중인 대학생, 각 군 사관학교생도, 보수교육과정에 있는 간부와 야전부대 장병들에게도 상담역량을 강화하는 교재로 유용하게 활용되기를 기대한다.

본서를 만들고자 애쓰는 과정에서 많은 분들의 도움과 수고가 있었다. 궂은 일을 마다하지 않고 본서 집필을 위해 심혈을 기울여 주신 김수연, 김현주, 나 경, 박성철, 손정미, 송지은, 우성호, 원진숙, 주지향, 주희헌, 최혜빈 님의 노고에 깊은 감사를 드리며, 이분들과 함께 본서 발간의 기쁨과 감사한 마음을 함께 나눈다. 군상담학 분야에 특별한 애정을 갖고 군상담학 저서 발간 프로젝트가 잘 진행되도록 지원을 아끼지 않으신 창지사 대표님과 관계자 모든 분들께도 감사드린다.

2023년 5월 1일
대표저자 심윤기

• 목 차 •

CHAPTER 01

군대의 특수성과 상담

군대는 일반사회의 조직과 다른 특수성을 갖고 있다. 군대문화 또한 일반사회문화와 다른 특징이 있는데, 군 구성원의 일체감과 소속감을 갖게 하고 서로를 보호하는 느낌을 공유토록 한다. 조직의 가치를 강화하고 조직구성원의 생각과 행동을 통제하는 시스템으로 기능함과 동시에 이들의 상호작용을 촉진하는 데에도 기여한다. 군대의 조직과 문화 그리고 군 조직구성원의 특징을 이해하지 못하고 군 상담을 진행하는 것은 매우 무모한 일일 뿐만 아니라 많은 위험성을 동반한다.

이 장에서는 군대 조직과 군대문화의 개념 그리고 군 구성원의 특징을 먼저 살펴볼 것이다. 그리고 이러한 점들을 반영하여 추진되고 있는 군 상담의 개념과 특징 및 영역과 기능을 다루어 보고자 한다.

1. 군대조직의 특징

군대는 계급과 직책을 바탕으로 하는 전투 집단이다. 유사시 국가와 국민을 위해 생명을 바치며 스스로 문제를 해결해야 하는 자족성을 가진 조직이다. 일반사회의 조직도 군과 같이 지위와 권위가 있지만 전투를 준비하고 수행하는 집단이 아니라서 위계적 질서는 군대만큼 엄격하지 않다. 특히, 군은 조직 구성원으로 하여금 개인의 욕구나 목적이 희생되더라도 조직의 가치를 지향하는 역할 수행을 요구한다.

군은 국가의 영토와 국민의 안위 그리고 주권을 수호하는 데 있어서는 어떠한 작은 빈틈이나 허점도 결코 용납하지 않는 완전무결주의를 가진다. 상관의 명령에 복종하지 않을 경우에는 법의 심판을 받게 하는 등 일반사회 조직과는 완전히 구별되는 특수성을 지니고 있다.

군 상담은 이러한 군 조직의 특수성이 이해되고 수용되었을 때를 전제로 한다. 만약, 그렇지 않을 경우 상담관은 눈 뜬 소경이 될 위험성이 있다. 소경이 소경을 이끌고 가는 우를 범하게 될 수 있다는 점에서 군 조직의 특수성에 대한 이해는 필수적이다.

1. 조직의 특수성

대한민국 국군은 국민의 군대로서 국가를 방위하고 자유민주주의를 수호하며 조국의 통일에 이바지함을 이념으로 한다. 국가의 안전보장과 국토방위의 신성한 의무를 수행하는 것을 사명으로 하며, 국가방위의 임무를 수행하기 위해 특수하게 조직하고 편제하여 훈련하는 전투 집단이다.

군이 존재하는 목적은 외부의 군사적 위협과 침략으로부터 국가를 방위하는 데 있다. 그러므로 군은 일반사회 조직과 달리 국가로부터 부여받은 임무와 사명을 완수하기 위해 명령이나 지시에 절대적인 복종이 요구된다. 전쟁의 불확실성과 극한 상황에서 일사불란한 지휘체계를 유지하기 위해 명령에 대한 복종과 희생정신 및 전우애와 단결심이 필요하다. 평시에는 국민의 군대로서 국민으로부터 깊은 신뢰를 받는 국민교육의 도장(道場)역할을 수행하며 훌륭한 국민의 자질을 배양토록 한다. 군 조직의 특수성은 임무 및 기능상의 특성과 구조상의 특성 그리고 환경적 특성으로 구분하는데, 이러한 특수성은 군 상담이 왜 필요한지를 이해하는 데 도움을 준다.

1) 기능적 특수성

군 조직의 기능적 특수성은 첫 번째로 국가보위의 기능을 들 수 있다. 군대 조직은 내·외부의 적으로부터 대한민국의 국토를 방위하며, 국민의 생명과 재산을 보호한다. 또한 세계 속의 하나의 국가로서 국제평화유지에 기여한다. 군대 집단은 궁극적으로 전쟁에서 승리하기 위해 존재하지만 더 중요한 의의는 막강한 전투력을 유지함으로써 어떠한 세력도 우리의 안전보장을 위태롭게 하지 못하도록 도발을 억제하는 것이다.

두 번째는 국민교육 및 민주시민 사회화의 기능이다. 군은 전쟁이 없는 평시에는 건전한 민주시민사회를 만드는 데 기여할 수 있도록 국민교육도장의 기능을 수행한다. 군대 생활은 가정이나 학교와 달리 비교적 사회문화적 배경이 다른 젊은이들로 구성되어 있다.

병영생활을 함께하는 전우들과 군대규율 및 질서와 강한 교육훈련 속에서 체험적 경험과 인내를 통해 정신적 · 육체적으로 성숙해진다. 흔히들 "남자는 군대에 갔다 와야 달라진다."라는 말을 하는데, 이는 곧 군대 생활이 인간적 성숙을 이루는 한 과정으로써 기능을 수행하기 때문이다.

2) 구조적 특수성

군대 조직은 조직의 위계 수준이 높은 구조적 특성을 지니고 있다. 엄격한 계급과 권한을 바탕으로한 집단으로 지휘계통을 통한 상급자의 합리적 명령에 절대복종할 것을 요구한다. 계급에 의한 권한과 집권화의 통제를 강조하며 상급자에 대한 복종심과 충성심을 중요시한다. 군 조직의 구조적인 특수성은 다음과 같이 네 가지로 구분하여 설명한다.

(1) 임무완수의 절대성

군대 조직의 모든 활동은 국가를 방위하는 목적에 집중된다. 국가방위의 임무달성이 실패했을 때는 바로 국가의 존재가 사라질 수 있어 군의 임무완수는 절대적일 수밖에 없다.

군은 임무완수를 위해 상당한 정도의 강제적 권한 행사가 요구되며, 조직의 구성원은 그것을 당연히 수용할 의무가 있다. 우리나라는 다른 나라와 다르게 언제 국가의 위급사태가 발생할지 모르는 상황에 있다. 이에 따라 개인의 행동을 통제하고 엄격한 명령계통을 확립하는 것은 임무완수에 절대적으로 필요하다.

(2) 조직의 강제성과 규범적 성격

군대 조직의 목표와 가치는 규범적 성격을 갖고 있지만 임무완수의 절대성 측면에서는 강제적 성격을 띠고 있다. 군대는 개인의 기분에 따라 계급구조를 조정하거나 그 조직에서 탈퇴 또는 독립할 수 없다. 그러나 일반사회의 조직은 자유롭게 조직에서 탈퇴가 가능하고 출입의 자유가 있다.

군은 일반인보다 더욱 강력한 규율 아래서 통제를 받으며 집단목표를 중시해야 하므로 개인의 문제는 관심사가 되지 못한다. 그렇기 때문에 통제된 생활 속에서 불평불만이 나타나기 쉽고 복무부적응으로 이어지기도 한다.

(3) 상하서열의 위계 조직

군대는 강력하고 철저한 상하서열의 명령체계 조직이다. 계급과 직책에 따라 권한과 책임이 부여되고 역할이 명확하다. 군대의 계급은 복종의 권력관계를 가늠하는 규범과 질서를 의미한다. 직책은 직무수행의 범위를 확정지어 주는 지위의 단계를 말하며, 권위는 이러한 계급과 직책에 의하여 형성되는 개인적 위상 또는 특성을 나타낸다.

계급은 같으나 맡은 바 임무가 달라서 지위가 다를 수 있으며, 자기가 위치한 곳이나 직책에 따라서 권위가 달라질 수도 있다. 이러한 계급과 관련된 위계의 개념은 절대적 권위 밑에 편성되어 있는 관료제적 규율과 조직체계를 말하는 것인데, 군대가 전투집단임을 고려할 때 절대적으로 인정되고 지켜져야 하는 요소다.

(4) 집단성과 자족성

군대의 조직구성원은 조직의 일체감을 공유하고 스스로 일반사회 사람과 다른 집단으로 인식한다. 이러한 집단의식은 병영생활과 교육훈련, 일상적인 활동 등을 통한 유대관계에서 이루어진다. 군대 조직은 다른 집단에 비하여 구성원을 결속시키고 공동체 의식을 발휘하게 하는 기능을 갖는다. 특히 군대 조직은 자족성을 지니고 있다.

예를 들면, 자체적인 정책결정기관과 사법기관, 환자를 관리하는 의무기관 등을 조직하고 있다. 이러한 자족 기능은 군 장병이 상담을 통해 도움을 받는 것을 주저하게 하고 상담 참여의식을 저조하게 하는데 영향을 미친다. 그 이유는 스스로 문제를 해결하지 못하면 나약한 군인으로 인식하는 경향성이 있는 조직이기 때문이다.

3) 환경적 특수성

군대 조직은 사회의 하위 조직으로 존재할 뿐만 아니라, 일반 사회의 다른 조직들과도 서로 상호작용한다. 군대의 환경적 특성은 심리적 환경과 문화적 환경, 주거 환경 등으로 구분하며 설명이 가능하다.

(1) 심리적 환경

군대 조직은 개인의 욕구보다 조직의 목표를 우선하고, 명령과 통제가 일반사회보다 더욱 보편화되어 있을 뿐만 아니라, 불안과 피해의식 등과 같은 심리적 특징이 있다.

- **불안과 긴장감**: 군대는 유사시 생명의 위협을 무릅쓰고 전투를 수행하는 조직이다. 평시에는 실전과 같이 교육훈련을 하며, 전시에는 죽음뿐만 아니라 희생을 감내해야 하는 위기의 순간을 맞는다. 이렇게 군대 생활은 생명을 위협하는 요소가 많고 미래를 정확히 예측하기 어려운 상황에 있어 군 장병들이 느끼는 불안과 긴장은 일반사회보다 훨씬 높은 수준이다. 이러한 불안과 긴장은 전·평시를 막론하고 군 상담의 필요성을 말해주고 있다.
- **심리적 구속감**: 군 입대 전의 개인중심적인 가치관과 개인행동에 익숙한 장병은 군대 생활의 엄격한 규율과 복종에 대한 절대성, 집단적 행동 요구에 심리적인 구속감을 느낀다. 이러한 장병의 심리적 구속감이 적절히 해소되지 않으면 군 생활적응이 어려울 뿐만 아니라, 각종 사고로 이어져 군대에 대한 불신을 초래한다.
- **피해의식**: 군대는 개인의 목표보다 조직의 목표를 우선한다. 개인의 행동은 조직목표에 지향되도록 통제하며, 각 개인은 사회와 격리되어 집단생활을 한다. 따라서 입대 전의 가치관이나 생활태도는 억제될 수밖에 없다. 군 생활을 인생의 공백 기간이나 퇴보 기간으로 생각하는 피해의식을 갖기도 한다.
- **친화력과 단결심**: 군대 조직이 비록 규율과 통제가 엄격히 다루어지고 있기는 하지만, 비슷한 연령과 사고방식 그리고 동료의식에 의한 집단적 성

격이 강하게 나타난다. 군 입대 전과 달리 동고동락하는 병영생활을 통해 새로운 인간관계를 형성하여 장병 상호 간 강한 친화력과 단결심을 배양하기도 한다.

(2) 문화적 환경

군대 조직문화의 하위문화인 병영문화는 국가관을 고취하고 계급과 권위를 존중하며 희생정신, 봉사정신, 시민의식 등 건강한 시민사회를 구축하는 긍정적인 측면이 있다. 반면, 형식적이고 획일적이며 폐쇄적인 특징의 부정적인 문화적 요소도 갖고 있다.

군대에서는 입대하는 장병의 의식구조와 가치관을 넓게 포용할 수 있는 건전하고 합리적인 병영문화를 조성하기 위해 지속적으로 혁신을 추진한다. 이러한 혁신은 장병을 지휘통솔하기 위한 합리성에 바탕을 두고 있다. 모든 장병이 사명감과 책임감을 갖고 자율적이고 창의적으로 군 복무를 하도록 하는 데 기반을 둔다.

(3) 주거 환경

군대는 임무수행을 위해 일정한 지역에 주둔하고 임무를 수행하는 관계로 주거와 업무환경은 일반사회와 많은 차이점이 있다. 군대에서 수행하는 업무는 계급과 직책에 따라 다양하지만 크게 전투준비와 교육훈련 그리고 일반업무 등으로 이루어진다.

이러한 업무는 정해진 시간에 완료해야 하는 신속성과 정확성을 요구하며, 외부 사회생활과 차단되고 집단공동체적인 환경 안에서 행동을 한다. 이러한 이유는 개인의 자유로운 사생활 보장이 어려워 장병 상호 간 갈등과 부적응이 발생되기도 한다.

2. 군 조직구성원의 특징

1) 신세대 장병의 세계관

신세대 장병의 세계관은 개인의 행동과 태도를 결정하고 군 복무의 의미와 보람을 찾는 데 영향을 미친다. 공동체 생활과 보람된 군대생활을 하는데 원동력으로 작용한다. 신세대 장병의 국가관은 국가적 이상이나 목표에 크게 공감하지만 국가에 대한 봉사나 희생에는 다소 소극적인 면이 있다.

일부 장병은 국가에 대한 충성이나 조국을 위한 헌신과 같은 단어에 낯설어하기도 한다(심윤기 외, 2021). 대체로 권력지향적인 것을 거부하고 권위주의에 저항하는 특성을 보이지만 인류공동체 의식은 비교적 강한 편이다. 통일에 대한 생각도 기성세대와 많이 다르다. 그들은 개인의 희생이 수반되는 통일은 원하지 않는 경향을 보이고 있다.

2018년 개최된 평창 동계올림픽에서 여자 아이스하키 남북단일팀 구성을 반대하는 모습을 볼 때, 감상주의적인 통일지상주의는 그들에게 설득력이 없다는 것을 잘 보여준다. 사회적 문제는 깊이 고민하기보다 진보적 성향의 시각을 바탕으로 모험적인 변화가 이루어지기를 기대하는 경향이 강하다.

젠더 갈등의 문제와 소수자의 문제, 난민의 문제 등이 사회적 이슈로 대두되는 현상에 대해서는 개인에게 희망을 주는 사회, 자신들과 소통이 잘 이루어지는 사회적 분위기가 확산되기를 기대한다.

신세대 장병의 인생관은 미래보다 현실을 더 중시하는 편이다. 서구화된 사고방식을 바탕으로 자기중심적이며 현실주의적이다. 대면적인 인간관계보다는 다양한 미디어를 통해 이루어지는 관계를 더 선호하는 경향이 있다. 충·효·예의 중요성에 대해서는 대체로 인정하나 일방적으로 강요하는 것은 거부한다.

이러한 특성을 지닌 신세대 장병은 군조직의 과도한 권위주의적 요소와 비인간적인 행동을 멀리한다. 구태의연한 과거의 병영문화에 대한 의견에서도 당당한 목소리를 낸다. 주위의 눈치를 보지 않고 자신의 의사표현을 분명히 하며, 미래를 위해 현재를 희생하며 살아가는 기성세대와 달리 일정한 틀에 얽매어 사는 것을 싫어한다.

2) 신세대 장병의 심리적 특징

군대조직을 이루는 조직원은 서로 다른 인격체로 구성되어 있다. 개인의 성장배경, 연령, 성격, 종교, 경제적 수준과 지위, 가정교육과 생활습관 등에서 서로 다른 개인이다. 이들은 각각 장교와 준사관, 부사관, 사병으로 구분되어 있으며 연령과 학력과 무관하게 오직 상하관계가 계급으로 조직되어 있다.

군대조직을 구성하는 신세대 장병은 독특한 개성을 지닌 20대 중심의 청년으로 연령이나 환경적으로 기성세대와 다른 특성이 있다. 우리나라 경제발전의 영향으로 풍요로운 환경에서 성장해 자유롭고 개성 있는 생활을 추구하는 경향이 있으며, 전쟁을 경험하지 않은 세대들로 사이버에 익숙한 특징이 있다.

핵가족에 의한 과잉보호를 받고 자라기도 했으며 주위 눈치를 보지 않고 자신의 의사를 분명히 표현하는 특징이 있다(심윤기 외, 2020). 이러한 신세대 장병의 심리적 특징을 살펴보면 다음과 같다.

〈표 1-1〉 신세대 장병의 심리적 특징

① 개인적이다. 사고방식과 행동양식이 자기중심적이다.
② 감성적이다. 책을 보는 시간보다 느끼는 데 시간을 더 사용한다.
③ 실리적이다. 외적인 가치를 중시하지 않으며 현실상황을 중시한다.
④ 쾌락적이다. 힘든 일보다는 즐기려는 성향이 있다.
⑤ 탈권위적이다. 권위적인 지시에 거부감을 가지며 자유분방함을 좋아한다.

3) 신세대 장병이 바라는 기대

21C에 부합된 새로운 병영에 대해 신세대 장병들이 바라는 기대는 무척 크다. 일과 휴식이 조화된 워라밸 병영이 되기를 희망하고 합리적 리더십에 대한 기대뿐만 아니라, 합리적 의사결정과정에 자신들을 포함시켜 줄 것을 기대한다(심윤기 외, 2022).

(1) 일과 휴식이 조화된 워라밸 병영 정착

장병은 자기발전과 자아실현을 위해 노력하는 생산성 있는 군 복무가 되기를 원하고 부대 일과 적절한 휴식의 조화가 이루어지기를 기대한다. 행복한 워라밸(work & life balance) 병영이 되기를 기대하는 욕구가 그만큼 크다. 이 같은 장병의 기대는 우리나라의 경제적 여건이 풍족해지고 개인의 욕구가 다양화 · 고급화되면서 삶의 수준과 질이 높아졌기 때문이다.

그동안 군은 신세대 장병들이 바라는 기대를 관철시키기 위해 장병복지를 위해 체육시설을 확충하고 독서 카페를 설치하는 등 기본적인 병영문화시설을 확충하기 위해 많은 노력을 기울여 왔다. 하지만 장병의 눈높이와 기대수준에 맞는 여가 콘텐츠의 다양성은 확보하지 못한 실정이어서 그들의 특성에 적합한 문화적 활동은 기대에 못 미치고 있다.

신세대 장병은 병영 내에서 개인의 권리가 존중되고 계급에 따른 차별 대우가 사라지기를 바란다. 비교적 사회적 통념이나 인습에 얽매이지 않고 자기 자신을 소중히 여긴다. 자신의 생각을 당차게 주장하고 솔직하게 자기를 표현하며, 주체적이고 독립된 개성 있는 삶을 살고 싶어 한다.

(2) 합리적이고 인권친화적인 리더십 기대

신세대 장병은 합리적이고 인권친화적인 리더십과 간부의 솔선수범 행동을 기대한다. 구태의연한 관습과 구습, 관행에서 탈피한 새로운 병영을 위해 간부의 솔선수범을 바라며, 경직된 형식에서 벗어난 자유로운 병영분위기 속에서 간부의 언행일치된 모습을 기대한다. 간부의 능동적이고 적극적인 솔선수범은 위험한 위기 상황에서 빛을 발하기 때문이다.

간부의 솔선수범적인 행동이 뒷받침 될 때 부대 전투력과 화합, 단결력 상승이 가능하다. 자신에게는 늘 엄격하게 대하되 부하에게는 항상 관대한 행동을 보이고 병사의 입장에서 생각하는 간부가 되어주기를 바란다. 간부 자신의 잘못을 여러 가지 이유를 들어 변명하거나 합리화하지 않으며, 솔직하게 인정하는 의연한 모습과 잠재역량이 발휘되는 병영생활이 보장되도록 노력하는 간부가 되어주기를 기대한다.

신세대 장병은 자신의 의견이 옳다고 생각하면 당당한 모습으로 소신 있게 행동한다. 그렇다고 타인으로 하여금 자신의 의견에 따르라고 일방적으로 강요하지 않는다. 자신의 잠재력과 가능성을 발견하려는 의지가 강하며, 미디어 정보에 대한 관심이 지대하다. 새로운 것에 대한 탐구 욕구가 높을 뿐만 아니라, 긍정적인 가능성과 자신감으로 모험에 도전한다.

이러한 특성을 지닌 신세대 장병은 복무기간이 자기발전을 가로막고 잠재능력개발의 기회를 박탈하는 시간이 되지 않기를 희망한다. 군에 입대해서도 자신들이 성장하고 발전할 수 있는 의미 있고 가치 있는 시간이 되기를 기대한다. 2019년부터 부대 내에서 휴대폰 사용이 개방된 것은 이러한 자기성장과 잠재능력개발 측면에서 매우 잘된 일이다.

(3) 합리적 의사결정과정에 참여

신세대 장병들의 학력 수준은 무척 높은 편이다. 입대 전 합리적인 의사결정과정에 참여한 경험도 많다. 이러한 장병이 부대임무수행의 의사결정과정에 참여한다면 큰 성과를 기대할 수 있다. 합리적인 병영육성을 위해서는 점차적으로 이들을 의사결정과정에 참여시키고 의사 결정의 권한까지 위임할 필요가 있다.

예를 들어, 사고예방을 위해서는 병영의 제반 부대활동과 병영문화를 개선하는 일에 신세대 장병을 적극 참여시키는 것이다. 소소하고 작은 일을 일일이 자신들에게 지시하지 않아도 의사결정과정에 자신들을 참여시키면 조직이 원하는 방향으로 행동하여 부대목표를 효율적으로 달성할 수 있다고 말한다.

2. 군대문화의 이해

1. 문화의 개념

군대는 가장 상위에 조직문화가 위치한다. 그 하위에는 군대문화가 존재한다. 군대문화의 하위에는 병영문화, 성문화, 운동문화, 음주문화 등 다양한 문화가 체계적으로 구성되어 있다. 이러한 군대문화를 이해하기 위해서는 문화의 개념부터 살펴볼 필요가 있다.

일반적으로 문화는 인류가 만든 지식, 신념, 가치관, 관습과 법, 기술뿐만 아니라 인간의 노력에 의해 만들어진 모든 생산물까지도 포함한다. 문화는 이러한 인간 집단의 다양한 가치, 신념, 관습, 제도 그리고 언어적 표현양식까지도 망라한 총체적 개념으로 이해할 수 있어야 한다(Pettigrew, 1979).

조직문화는 국가적 차원의 넓은 개념의 문화라기보다는 그 하위에 속하는 반면, 한 개인이나 기관의 문화보다는 상위에 있는 문화이다. 이러한 조직문화는 조직의 문제를 해결할 때 효율적인 사고방식과 문제접근방식 그리고 분석방법 등에 유용하게 활용된다. 여러 학자들이 다양한 관점에서 주장한 조직문화의 개념을 종합해 보면, 조직문화는 다른 사회와 구별되는 지리적 경계 내에 거주하면서 공통의 가치와 신념을 공유하는 모임의 집합체라고 말할 수 있다.

조직이 내·외적 환경과의 적응 및 통합과정에서 조직구성원의 가치관과 사고방식 그리고 행동을 지배하는 요소로 작용하며 언어와 이념, 전통, 신념, 의식 등의 근원이 된다. 필자는 문화의 위계적 구분을 〈표 1-2〉와 같이 제시하고자 한다.

〈표 1-2〉 문화의 위계적 구분

상위문화 ⬅ ① 국가문화 ② 군 조직문화 ③ 군대문화 ④ 군 병영문화 ➡ 하위문화

1) 문화의 구성요소

일반적으로 문화라 하면 아무리 단순한 것이라도 수많은 문화적 요소를 포함한다. 하나의 문화를 설명하는 경우에는 그 문화에 속해 있는 여러 가지 문화적 요소와 특징을 빠짐없이 망라하는 것이 중요하다. 서인덕(1986)이 제시한 조직문화의 주요 구성요소를 살펴보면 [그림 1-1]과 같다.

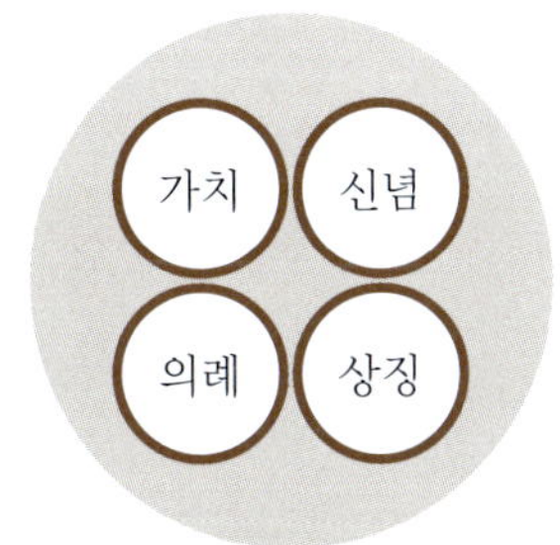

[그림 1-1] 조직문화의 구성요소

조직문화는 가치, 신념, 제도, 의례, 절차, 구성원, 상징, 행동 등이 주요 구성요소로 강조한다. 이 중 가치요인은 가장 핵심적인 요소로 조직이 전통적으로 중요시하고 조직구성원에게 주입해온 이념과 전통 등을 포함한다. 이러한 구성요소는 조직의 목표달성에 영향을 줌으로써 조직문화 형성과 관리에 큰 역할을 한다.

(1) 가치

가치는 사람들이 당연히 해야 한다고 생각하는 바를 결정하는 도덕적이거나 윤리적인 규범을 말한다. 무엇이 옳다거나 또는 바람직하다는 등의 개인판단을 의미하는 것일 뿐만 아니라, 변하지 않는 내재적인 상태이자 행동의 방식이다.

조직에 있어서의 가치는 기본적인 관념이자 믿음으로써 조직문화의 핵심을 이룬다.

(2) 신념

신념은 어떤 사상이나 생각을 굳게 믿으며 그것을 실현하려는 의지이자 충성이며 사람의 가치에 의해 나타나는 믿음의 한 형태이다. 국군의 목표에는 조직구성원이 따라야 하는 조직의 신념이 잘 제시되어 있다. 이러한 신념은 조직구성원에게 어떠한 태도를 요구하는지 쉽게 알 수 있도록 기여한다.

(3) 의례

의례는 문화를 표현하는 다양한 형태의 하나이며, 의식은 여러 의례가 연결된 체계이다. 가령, 지휘관 이 · 취임식, 진급신고식, 국기게양식 등이 해당한다. 의례 · 의식은 조직의 목표를 수행하면서 조직구성원의 행동이 일상적으로 정형화되고 체계화된 하나의 표준적인 관례가 될 뿐만 아니라, 조직구성원에게 어떠한 행동양식을 기대하는지를 보여준다.

(4) 상징

상징은 의미를 전달하기 위한 수단으로 사용되는 모든 물질, 대상, 행위, 사건, 관계 등을 말한다. 신념과 가치 및 이상 등을 조직에 전달하는 매개체라고 말할 수 있다. 의미를 전달하는 도구가 되는 어떤 대상이나 사건으로 국기, 군복, 계급장 등을 예로 들 수 있다.

2) 군대문화의 개념

군대문화는 그 하위에 병영문화, 가족문화, 운동문화, 독서문화, 회식문화, 음주문화 등 다양한 영역의 문화가 존재한다. 군대라는 하나의 특수한 사회적 관계 안에서 군대 구성원의 생활양식을 통해 여러 유형의 문화가 형성된다. 군대문화는 장병들이 공유하는 가치관과 사고방식, 복무태도 및 신념체계 등의 총체이다. 장병 개개인 또는 집단의 사유작용과 행동절차를 망라하여 군대에서 이루어지고 있는 제반 생활양식이라고 할 수 있다.

군대문화는 군대의 전통과 관습 및 훈련 등 군대 생활에서 조직구성원에 의해 생성되고 발전되어 나온 모든 형태의 상징체계를 의미한다. 사회의 다른 하위문화와 마찬가지로 군대 구성원이 공유하는 집단문화다. 필자는 군대문화에 대해 다음과 같이 정의하고자 한다. 군대문화란 군 장병이 군 조직 내에서 어떻게 행동해야 하는지 지침이 되는 행동양식이며, 군대의 가치와 전통 그리고 구성원의 특성이 결합된 집단정신이다.

군대문화는 모든 군인을 위한 공동의 가치와 행동, 규율, 협동, 충성, 헌신 등의 기준을 만든다. 군대 조직의 특수성을 고려할 때 군대문화는 일반사회와 다른 독특한 생활양식을 만들어 장병의 활동을 지속시키고, 새로 충원되는 구성원에게 계속 이어지게 하는 영속성의 특성이 있다.

이러한 군대문화는 두 가지의 개념을 조합하고 있다. 하나는 집단 전체의 가치와 태도로 구성되는 광의의 집단적 문화의 개념이며, 다른 하나는 각 구성원이 지닌 협의의 개인적 문화의 개념이다.

집단적 문화는 군대 전체의 일반적인 모습과 분위기를 말하며, 개인적 문화는 각 구성원이 갖는 가치관과 신념체계, 사고방식 및 태도 등을 의미한다. 공유된 집단목표를 중심으로 형성된 집단적인 군대문화는 군대 구성원의 개인문화와 상호작용에 의해 생성되고 발전한다. 따라서 군대문화는 군대 조직의 구성원이 조직의 전통과 생활을 통해 학습되고 형성되어 함께 공유하는 신념의 체계로서, 조직구성원의 사고와 행동에 작용하는 제반 생활양식을 포함하는 개념이다.

군 상담관은 이러한 두 가지 개념의 군대문화에 대해 정확히 이해하고 있어야 한다. 군대문화가 장병의 군 복무에 어떠한 영향을 미치는지 명확히 인식하고 있어야 바람직한 병영문화 창출에 기여할 수 있다. 군대문화의 개념을 쉽게 이해할 수 있도록 일반문화의 특징과 비교해서 제시하면 〈표 1-3〉과 같다.

〈표 1-3〉 일반문화와 군대문화의 비교

일반문화		군대문화
개인주의 평등주의 개방주의 실용주의 다양주의	VS	집단주의 권위주의 폐쇄주의 명예주의 획일주의

2. 군대문화의 특징

군대문화는 일반사회문화와 다른 특징이 있다. 군대문화는 구성원에게 조직의 일체감을 조성하고 집단행동을 이끌며, 자신보다 더 큰 시스템인 조직에 집단적인 몰입을 촉진시킬 뿐만 아니라, 조직구성원의 안정성을 증진하는 도구로 작용한다.

군에 입대한 장병은 군대문화를 새롭게 접하면서 군 조직구성원으로서의 일체감과 집단응집력 등 특정한 요구를 받는데, 이러한 요구들이 군대 생활 부적응에 영향을 미친다. 상담관은 군대문화의 개념에 대한 지식과 군대문화의 특징에 대한 식견이 있어야 상담 장면에서 복무부적응으로 힘들어하는 장병에게 효율적인 도움을 줄 수 있다. 군대문화의 특징은 [그림 1-2]와 같다.

[그림 1-2] 군대문화의 특징

1) 권위주의

군대는 다른 어떤 조직보다도 강한 관료적 성향을 갖고 있는 권위주의 문화를 가진 조직이다. 권위주의는 다른 사람의 의견에 관용적이고 수용적인 태도를 취하지 않고 지배함과 동시에 부하들이 복종적인 태도를 취하는 것을 기대하는 성향을 말한다.

군대 조직의 특성상 군대가 계급의 권위와 엄격한 규율에 의해 유지되는 것은 자연스러운 현상이다. 하지만 권위주의하에서 부하의 의견이나 자율성, 창의성, 책임감과 같은 조직 발전을 위한 여러 요소가 위축되고 제한을 받을 위험성도 동시에 갖고 있다.

2) 명예주의

군대 조직에서는 조직 규범에 의해 그 형식과 절차가 규정되어 있다. 이에 대한 가치평가도 규범적 문화의 척도에 따라 평가되고 있으며, 명예와 위신 및 용기, 덕성 등의 정신적 가치에 역점을 두고 있다. 이러한 명예에 대한 경향성은 군대 고유의 임무와 관련하여 죽음을 초월하는 정의로운 군인의 삶을 살도록 이끌어 준다. 군인복무규율에서도 이상적인 군인으로서 명예를 존중하는 군인정신을 강조하고 있다.

3) 집단주의

집단주의란 집단의 목표와 이념을 개인보다 우선하고 개인의 인격이나 인권 또는 권리 등을 집단에 예속시키는 것을 말한다. 군대 조직은 근본적으로 개인보다 집단을 중요시하는 집단적 성격이 있다. 국가방위라고 하는 목표의 절대성과 명령 · 복종체계, 권위주의적 요소의 상승작용으로 집단주의적 성격이 강하게 나타난다.

이러한 집단정신은 집단의 연대의식과 단체행동의 응집력을 강화하는 특징이 있다. 장병으로 하여금 공동체 의식을 공유하게 하며 스스로 일반인과 다른 집단으로 인식하도록 한다. 개인의 이익보다 우선하여 집단의 이익을 중시하며, 때로는 집단을 위해 자기희생도 감수할 것을 요구한다.

4) 폐쇄주의

폐쇄주의란 외부에 대하여 자기 내부 조직의 개방을 꺼리고 보안과 비밀을 중시하는 것을 의미한다. 전투에서 승리할 수 있는 조건은 아군의 작전의도가 적에게 알려지지 않고 작전을 수행하는 것이다. 만약, 아군의 작전계획이 적에게 알려진다면 그 작전은 실패했다고 단언해도 지나친 표현이 아닐 것이다.

이렇게 군대 조직은 모든 정보의 보안을 극도로 중요시한다. 따라서 군 장병은 주위의 여러 가지 복잡하고 예측 불가능한 상황에 관심을 기울이려 하지 않으며, 군대 조직 역시 장병이 외부 환경의 변화에 관심을 갖지 않기를 요구한다.

5) 획일주의

획일주의란 개인의 사고, 정서, 행동 등을 일정하고 구조적인 틀에 인위적으로 규격화하는 것을 말한다. 군대 조직은 획일성과 통일성을 요구하는데 그 이유는 군대가 추구해야 할 목표와 가치, 싸워야 할 적이 누구인가에 대한 통일성이 있어야 임무를 성공적으로 수행할 수 있기 때문이다.

지휘관을 중심으로 한 방향 한 목소리를 내야 하는 단일체제와 일사불란한 업무처리를 위한 통제용이성 차원에서도 획일주의가 필요하다. 그러나 획일주의는 다양한 의견 수렴과 이해상충이 발생할 수 있고 가치관의 갈등 수용을 어렵게 하는 단점도 있다. 특히, 군 상담은 장병의 다양한 지 · 정 · 의 체계를 수용하고 이를 기반으로 이루어지는 과정으로 획일주의와 상충될 수 있는 여지가 있다.

6) 실적주의

실적주의란 업무수행과정이나 절차보다는 결과와 형식을 중시하는 경향을 말한다. 실적주의는 최종 기한의 엄수를 명예로 생각하고 가능한 한 단기간 내 임무 완수를 자랑스럽게 여긴다. 가시적이고 분명한 목표를 제공하고 강력한 추진력이 발현되게 하는 원동력으로 작용한다.

그러나 결과를 중시하는 관계로 정상적인 방법으로 일하는 것이 아니라 편법이나 요령을 동원하게 될 위험성도 있다. 반드시 적을 이겨야 하는 것을 강조하다 보니 형식과 결과를 중시하는 반면, 내용과 과정, 절차 등은 간과할 우려가 있다.

7) 완전주의

군대는 전쟁 가능성을 염두에 두고 전쟁 준비를 위해 완전무결함을 강조한다. 직무와 관련한 책임에 대해서도 매우 엄격한 잣대의 기준을 제시한다. 이와 같은 완전주의는 군대 조직의 목표달성을 위해 구성원이 전력을 다하게 한다. 한 치의 오차도 허용하지 않는 치밀하고 계획성 있는 업무수행을 요구한다.

그러나 이러한 완전주의는 많은 군 장병이 업무를 기피하게 하고 보직변경을 요구하는 사례로 이어지게 하는 원인이 되기도 한다. 복무부적응이 심한 장병은 군무이탈과 자살까지 시도하는 경향이 있음을 고려해볼 때, 군 상담 장면에서는 개방적이면서 유연하게 이루어질 필요가 있음을 시사한다.

8) 의례주의

의례주의는 인간의 사회적 위치나 권위 혹은 위신을 지키고 체면을 유지하는 수단으로 전통적 관습이나 선례 또는 의식을 중시하는 성향을 말한다. 군대조직의 전통적 관습이나 선례 또는 특유의 의식 등은 군대조직을 다른 조직과 명확히 구별하는 요소로도 작용한다.

예를 들어, 군대에서 연례적으로 이루어지는 국립묘지 참배행사나 국기게양식, 각종 신고식 등을 통해 내부적 단합과 강한 집단적 몰입을 창출한다. 반면, 체면이나 위신, 형식이나 외형을 과도하게 중시하면 조직의 실질적인 성과나 발전을 저해할 위험성도 동시에 지니고 있다.

3. 군대 병영의 변화

군대 병영은 무형 전력의 기반인 동시에 군사력에 생명력을 불어넣는 요소다. 그래서 평시에는 조직의 효과성을 제고하고 전시에는 싸워 이기는 데 핵심적인 기능을 수행한다. 부대의 목표를 달성하고 나아가 참된 군인이자 민주시민으로서 행동하도록 병영의 가치는 충성, 용기, 책임, 존중, 창의에 둔다.

무엇을 위해 군 복무를 해야 하고, 어떤 군 구성원이 되어야 하며, 어떤 행동을 군에서 해야 하는가를 결정해 주는 기준이 된다. 군 전문상담관의 임무 중 하나는 올바른 병영문화의 정착과 함께 강한 군대를 만드는 데 이바지하는 것이다. 군 병영의 개념과 흐름의 변화를 이해하고 나름의 철학적인 개념을 확고히 견지하고 있어야 상담 현장에서 장병들에게 도움을 줄 수 있다.

1. 병영 환경의 변화

1) 1980년대

1980년대의 병영은 군대에 대한 부정적인 요소가 많았던 시기였다. 필자가 군에 입대하여 소대장을 했던 1980년대 초만 해도 군대 생활은 맞으면서 시작했을 정도였다. 욕설과 폭언이 난무하고 자신의 의견과 상충되거나 복종하지 않을 때는 주먹을 날리거나 발길질을 예사로 했던 시절이었다.

1980년대 군대 내 사망자 수는 한 해 평균 692명이나 되었다. 그럼에도 불구하고 군은 이러한 현상을 심각하게 받아들이지 않았다. 이는 군에서의 사망사고는 당연히 발생할 수 있다는 구시대적인 인식과 풍조의 영향 때문이었다. 잘못된 병영문화를 혁신하기 위해 그 당시에도 노력을 기울이기는 하였지만, 이름만 바뀐 유사한 대책들이 많아서 비난을 받기도 했던 시대였다.

2) 1990년대

군은 1990년대 들어 한국형 병영문화 창출이라는 계획하에 병영문화의 용어를 처음으로 사용하기 시작하였다. ○○사단 무장탈영사건(1993년), ○○사단 사격장 총기난사사건(1994년), ○○포병대대 수류탄사고(1998년), ○○사단 GOP 총기사고(1998) 등 대형 악성사고가 끊임없이 발생한 것이 영향을 미쳤다. 이때부터 군대 사망사고를 줄이기 위한 각종 예방 대책들이 쏟아져 나오면서 병영문화의 개념도 변화되기 시작하였다.

대표적인 대책으로는 1994년도에 만들어진 군대 사고예방규정과 1998년도에 제정된 병영생활규정이었다. 1994년에는 장병을 상대로 한국군 인성검사제도인 KMPI가 시행되어 사고가 우려되는 자를 식별하기 위한 시도가 이루어지기도 하였다. 이러한 노력으로 한 해 평균 군대 자살자 수는 1990년 172명에서 1999년에는 101명으로 71명이 감소하였다.

3) 2000년대

2000년대는 사고예방의 근원적인 대책으로 병영문화를 대폭적으로 개선해야 한다는 인식이 확산하는 시기에 해당한다. 2000년에 발표된 '신 병영문화 창달 추진계획'은 이러한 인식의 결과이다. 군은 2003년에 '병영생활행동강령'과 '사고예방종합대책'을 내놓으며 병영문화개선과 군 기강 확립을 동시에 달성하고자 하였다.

이러한 군의 노력은 2005년에 발생한 육군훈련소 인분 사건과 ○○사단 GP 총기난사사건으로 또다시 시련을 맞는다. 2005년도 이전의 병영문화혁신에 대한 노력은 전담부서 하나 제대로 갖추어지지 않은 상태이다 보니 사업의 지속성을 유지하기도 힘든 상황이었다.

군은 광범위하고 종합적인 대책이 필요하다는 인식 하에 2005년 '선진병영문화비전'을 내걸게 되었는데, 이것은 군이 인권의 개념을 처음으로 수용한 출발점이기도 하였다. 이후 2009년에 부대관리훈령이 제정되고 신인성검사제도의 시행과 자살예방종합시스템을 구축하는 등 사고 예방을 위한 과학적이고 체계적인 시스템이 마련되기 시작하였다.

이러한 일련의 대책들은 의식주에서부터 장병의 가치관, 문화, 인성, 인권, 복지, 자기계발 등을 포괄하는 병영문화개선으로 이어졌다. 2014년에는 윤 일병 사망사건을 계기로 정부 차원의 '병영문화혁신 추진위원회'가 가동되기도 하였다.

2. 21C 새로운 병영문화혁신

군대의 병영은 무형전력의 기반인 동시에 전투력 강화를 위한 생명력을 불어넣는 요소이다. 평시에는 조직의 효과성을 제고하는 데 기여하고, 전시에는 싸우면 이기는 강한 부대육성에 기여한다.

1) 병영 환경의 변화

21C의 군대는 개인과 집단이 상호 조화롭게 운영되는 인간중심의 병영으로 재조형되고 있다. 그동안 군은 집단중심의 병영을 강조함으로써 개인의 인격적인 측면과 권리, 잠재력 실현과 같은 과제에 대해서는 상대적으로 덜 중요하게 인식하였다. 하지만 지금은 조직의 집단발전을 추구함과 동시에 개인의 존중과 자기실현이 보장되는 병영으로 발전하고 있다.

장병 개개인의 인권을 존중하고 개인의 강점과 잠재력 개발, 창의력을 촉진하여 개인의 성과가 조직의 성과로 이어지게 하는 등 병영의 환경이 새 시대에 적합한 모습으로 변화되어 가고 있다. 뿐만 아니라, 조직목표를 달성하기 위해 개인과 집단, 조직의 고유 역량이 적극 활용되는 통합성의 병영문화가 정착되어 가고 있다. 장병 개개인의 가치관과 인격, 특성 등을 존중하고 동료 간 상호 신뢰와 협력을 중시하는 문화로 발전하고 있다.

특히, 선진병영을 육성하기 위해 가장 기본이 되는 개방성을 견지한 병영으로 탈바꿈하고 있다. 군이 무엇을 어떻게 해야 하는지에 대해서도 독단적으로 판단하지 않고 국민과 함께 공감하며, 호흡을 같이하는 개방성을 추구하는 등 군대 조직의 이익만을 우선하는 폐쇄성의 문화가 바뀌어 가고 있다.

군대조직의 위계질서와 명예, 완전주의를 중시하는 고유의 문화적 속성도 장병의 의식과 군내외적 환경변화에 적절히 조화되어 가고 있다. 인간의 존엄성과 평등, 인권을 존중하는 국가의 기본이념과 질서가 병영 환경에 적절한 수준으로 용해되어 우리 사회의 문화적 정향과 부합된 병영이 되어 가고 있다.

2) 병영문화혁신 과제

군은 새로운 병영문화를 육성하고 유지하기 위해 사회와 긴밀한 협력을 견지하고 있다. 21C 새로운 병영의 모습은 과거의 불합리한 요소를 쇄신한 새로운 문화적 정체성을 요구한다. 장병의 복무의욕을 한층 높이고 병영생활 만족감을 증진하며, 부대 전투력을 향상시키는 데 기여할 수 있어야 한다. 21C에 부합된 새로운 병영혁신 과제는 다음과 같다

〈표 1-4〉 새로운 병영문화를 위한 혁신과제

① 서로 존중하고 배려하는 병영의 육성
② 악습과 구습이 척결된 새로운 병영육성
③ 독선적 태도가 사라진 병영의 창출
④ 잠재력과 창의력이 발휘되는 병영환경 조성

첫째, 21C의 병영은 서로 존중하고 배려하는 병영문화정착을 요구한다. 신세대가 아닌 기성세대는 지금까지 개인의 가치를 추구하기보다 자신이 몸담고 있는 가족이나 회사, 국가의 목표를 중시하는 문화적 경향성을 갖고 살아왔다. 집단적 목표를 달성하기 위해 개인의 욕구와 가치가 희생되어도 불평불만 없이 살아온 세대다.

자신을 독립적인 존재로 인식하기보다 집단의 한 일원으로 생각하고 다른 사람과의 조화를 중시하였으며, 사회적 규범의 틀이 허용하는 범위 안에서 자신의 위치를 찾고자 노력하며 살아왔다. 그러나 점차 우리 사회는 시간이 흐

를수록 소속된 집단보다는 개인을 중시하는 문화적 환경으로 변화되었다. 인간에 대한 존중과 배려, 권리를 중요시하는 민주화 사회로 발전되었다.

이러한 사회적 변화와 환경의 영향을 받고 자란 신세대 장병은 인권을 존중하는 군대가 되기를 원하고, 서로 배려하는 병영 환경이 정착되기를 기대한다. 가치추구의 중심을 자기 자신에게 맞추고, 개인이 지닌 다양한 특성이 수용되는 병영이 되기를 바라고 있다. 이 같은 장병의 기대를 충족시키기 위해서는 구성원 상호 간 서로 존중하는 병영으로 변화가 이루어져야 한다. 묵묵히 국방의 임무를 수행하는 장병의 존재가치가 수용되고 인간존중과 배려문화의 병영이 정착되어야 한다.

둘째, 악습과 구습이 척결된 병영의 재창출이다. 군대는 개인의 성격, 연령, 학력, 강점, 가정환경 등 서로 다른 특성을 지닌 장병들이 집단적으로 생활하는 조직이다. 병영에서 이루어지는 구타와 가혹행위, 성적 폭력 등은 가해자가 자신의 잘못을 인정한다 해도 조직에 대한 불신과 증오, 분노, 저항심을 불러일으켜 구성원의 화합과 단결을 저해한다. 총기난사와 같은 상상을 초월하는 악성사고, 총기자살 등이 발생하는 이유는 바로 이러한 문제에서 기인한다.

셋째, 병영 내 독선적 태도가 사라지고 다양성을 존중하는 병영을 만드는 일이다. 내 부하니까 내 마음대로 해도 된다는 생각, 군대에서 일어나는 일은 숨겨도 괜찮다는 생각, 지휘관이니까 규정과 방침을 어겨도 된다는 생각 등은 빨리 없어져야 할 권위주의적 산물이다. 부하의 의견을 경청하기보다는 자기 주장의 정당성만을 고집하고 자신의 경험만을 강조하는 비합리적 의사결정과정이 사라지고 절차적 정당성과 공정성이 보장된 병영이 되어야 한다.

부하를 인격적으로 대우하지 않고 사사건건 무시하는 일이 발생되어서는 안 된다. 어렵고 고된 훈련을 성공적으로 끝냈음에도 불구하고 제대로 된 포상 한번 주지 않는 행위도 없어져야 한다. 시키는 대로만 하면 중간이라도 가는데 그것도 못 한다며 인간의 존엄성을 훼손하는 행위 등은 하루빨리 사라져야 할 구시대적 유물이 아닐 수 없다.

넷째, 잠재력과 창의력이 발휘되는 병영이 되어야 한다. 전투력은 병사의 창끝에서 창출된다는 말이 있다. 이는 병사 각 개인이 지닌 강점과 잠재능력을 충분히 발휘해야 전투력 창출이 가능하고 부대목표 달성이 가능하다는 의미이다.

군에 입대하면 군대의 특수한 병영문화와 명령과 복종에 대한 교육이 이루어진다. 이 과정에서 자칫 잘못하면 절대적 복종만이 군대의 최고 가치와 덕목인 양 왜곡되어 장병 개개인의 강점과 창의력, 잠재력 발현이 억제될 위험성이 있다. 21C의 병영은 장병이 지닌 다양한 잠재력과 창의력, 강점 등이 발현되는 문화가 창출되는 곳이어야 한다.

4. 군 상담의 개관

1. 개요

군대에서 상담이라는 용어를 사용하기 시작한 것은 그리 오래되지 않았다. 그동안 군대에서는 면담과 지휘통솔 및 리더십이라는 용어를 주로 사용하다가 2005년 이후 상담의 중요성이 제기되면서 상담이라는 용어를 사용하기 시작하였다.

육군본부에서는 '군 상담관이 문제가 있는 내담자를 대상으로 촉진적인 의사소통을 통해 내담자 스스로 문제를 해결할 힘과 능력을 갖추도록 도와주는 과정'을 군 상담으로 정의한다. 다양한 부대환경과 여건에서 생활하는 부하들 가운데 심리적 갈등이나 애로사항 등으로 맡은 바 업무를 효과적으로 수행할 수 없을 때에 상담관이 문제의 핵심을 파악하여 해결 방안을 찾도록 도와주는 과정으로 설명하고 있다.

1) 군 상담의 필요성

군 상담이 필요한 이유는 장병들의 심리적 고충과 여러 가지 복무부적응의 문제를 해결하고 사고를 예방할 뿐만 아니라 군 복무의욕 등을 고취하여 전투력을 향상시켜야 하기 때문이다.

(1) 임무수행 및 부대 단결에 필요하다

군 상담은 부여받은 임무를 목표 수준 이하로 수행하는 장병의 심리적인 문제와 그 원인을 파악하기 위해 필요하다. 부대의 임무수행 과정에서 나타나는 장병의 심리적인 문제를 정확하게 파악한 후, 이에 대한 적절한 조치를 취할 수 있도록 한다. 가령, 직책이나 주특기가 적성에 맞지 않을 경우 보직이나 주특기를 조정해 주는 등 문제해결을 위한 사회복지적 측면의 제반 조치들을 취할 수 있게 한다. 다양한 심리적인 어려움에 처한 장병들의 복무부적응 문제를 해결하여 전투력 향상과 부대 단결에 기여한다.

(2) 병영문화개선에 필요하다

군대가 존재하는 목적은 전쟁에서 승리하기 위한 것이다. 이를 위해 군대는 반드시 일반조직과 다른 군 조직만의 특수성을 필요로 한다. 앞서 군 조직과 군대문화의 특징에 대해서 언급하였지만 명령에 대한 절대복종과 완전무결주의, 권위주의, 폐쇄주의, 집단주의 등은 군 장병이 군에 입대하기 전 경험했던 자유로운 생활과는 전혀 다른 특성이다.

이러한 군 조직의 특수성과 군대문화를 이해하지 못하면 곧 복무부적응으로 이어져 대형사고로 발전할 수 있다. 이러한 측면에서 군 상담은 군 조직의 특수성에 대해 장병들이 충분히 이해하도록 조력이 가능하고, 구태의연한 모습의 병영문화를 개선하는 데에도 기여한다.

(3) 개인의 고민해결에 필요하다

군 장병의 고민은 가정, 진로, 미래 등 다양하다. 동료 장병과의 대인관계 갈등과 이성문제 등 여러 가지 유형들이 존재한다. 군 상담은 이러한 장병의 고민사항을 다양한 경로를 통해 파악하고 인지하여 적절한 방법으로 해결할 수 있다.

군 복무과정에서 발생한 장병의 고민이 무엇인가를 정확히 식별하고 이를 단기간에 해결하여 부대 또는 군 전체의 문제로 확산되는 것을 방지한다. 군대와 무관한 장병의 개인적 고민사항인 이성문제와 가정문제 등을 해결하여 군에 부정적인 영향을 끼치지 않도록 기여한다.

(4) 전투력 향상에 기여한다

군 상담은 장병들의 비전과 개개인의 전심전력을 내면화하여 최고의 전투력으로 승화시키는 것이 가능하다. 장병의 진로문제나 미래문제 등을 파악하고 해결 방안을 함께 찾음으로써 군 복무의욕을 고취시킬 뿐만 아니라 장병 개인의 잠재력 계발에 중요한 역할을 한다. 이렇게 군 상담은 개인의 자아성장과 잠재력 계발, 군 생활의 만족감을 증진함과 동시에 군 조직의 기능을 강화하고 부대 전투력을 향상시키는 데 기여한다.

2) 군 상담의 특징

군 상담은 주로 간부, 전문상담관, 군종장교, 군의관, 동료 장병 등이 수행한다. 일반상담과 달리 군대라고 하는 특수하고 자유롭지 못한 환경에서 이루어진다. 일반상담은 개인을 중요하게 여기지만 군 상담은 군 조직과 부대의 임무를 중요하게 다루는 점도 다르다.

(1) 비자발적인 상담이 이루어진다

일반사회에서 이루어지는 상담은 스스로 상담의 필요성을 인식해 자발적으로 상담을 요청한다. 그러나 군 상담은 스스로 원해서인 경우보다 간부의 지시로 의뢰되는 경우가 대부분이다. 내담자 스스로의 필요성에 의해 상담을 요청하는 경우는 드물다. 내담자의 의지와 상관없이 지휘계통에 있는 간부가 상담의 필요성을 인식하고 의뢰한다. 이러한 경우 내담자는 상담에 대한 참여

동기가 부족하고 상담을 통해 자신의 부적응 문제가 해결될 수 있을지에 대해서도 많은 의구심을 가진다.

(2) 상담의 이중관계가 형성된다

군 상담 과정의 이중관계란 부하를 지휘하고 관리하는 상관의 역할뿐만 아니라, 공감 및 수용을 강조하는 상담관의 역할을 동시에 수행하는 관계를 말한다. 군 상담은 상관인 상급자와 부하인 장병 사이에서 이루어져 수평관계가 아닌 수직관계가 유지된다. 따라서 하급자인 장병은 상담 중 상급자의 권위를 의식하지 않을 수 없어 자신의 마음을 솔직하게 털어놓기가 어렵다. 그러나 평소 상 · 하 신뢰관계가 잘 형성되어 있다면 부하는 상관을 상담자로 인식하는 데 아무런 문제로 작용되지 않는다.

(3) 상담을 받는 대상이 주로 병사들이다

일반사회에서 이루어지는 상담 대상자는 어린이부터 노인에 이르기까지 다양하다. 그러나 군 상담은 주로 젊은 병사들로 이루어진다. 병사는 대부분 20대 초반의 청년들이다. 이들은 사춘기를 벗어난 지 얼마 안 되었거나 사춘기 후기에 해당하는 장병들로서 육체적으로 혈기왕성하다. 성숙한 것처럼 보이기도 하지만 정신적으로나 인격적으로 청소년기와 성인기의 중간 단계에 있는 미성숙한 단계에 있다.

(4) 문제를 해결하는 데 한계가 있다

군대는 조직을 유지하고 전투력을 향상시키기 위해 엄격한 규율로 조직구성원의 개인생활을 규제한다. 설령 내담자를 조력하기 위한 효율적인 해결방법이 있다 하더라도 실제 그것을 적용하기에는 곤란한 경우가 존재한다.

만약 내담자가 여자 친구와의 이성적인 문제로 청원휴가를 허락해 준다면 장병 개인의 고민은 해결될 수 있을지 모르지만, 휴가로 인해 중요한 훈련에서 열외되는 경우에는 임무수행 측면에 부정적인 영향을 준다. 또한 전문상담관은 휴가에 대한 인사행정 권한이 없어 원 소속 부대장에게 협조를 구해야 하는 등 장병이 가진 문제를 해결하는 데 한계로 작용한다.

(5) 부정왜곡 사례가 발생한다

우리나라의 군 복무는 징집에 의해 이루어진다. 부대 전속과 전출, 파견, 보직 등에 있어서도 군 방침과 규정에 따라 정해지며 부대를 자유롭게 이탈할 수도 없다. 따라서 부대의 통제범위를 벗어날 수 있는 외출, 외박, 휴가 등은 장병에게 가장 큰 기대이자 희망사항이다. 좀 더 편한 부대나 보직으로 옮기고 싶은 욕구도 생긴다.

이와 같은 기대와 욕구를 충족하기 위해 허위로 문제를 만들어 휴가, 전속, 보직변경, 훈련열외 등의 조치를 취해 줄 것을 요구하는 사례가 발생되기도 한다. 그러나 상담비용을 지불하고 자의적 판단으로 이루어지는 일반상담에서는 부정왜곡 사례가 발생하지 않는다.

(6) 위기 및 단기상담의 특징을 가진다

군 상담은 즉각적인 개입이 이루어지고 집중적인 방법으로 단기간에 이루어져야 큰 사고로 이어지는 것을 예방할 수 있다. 장병의 복무부적응은 주로 보직, 주특기 교체와 같은 사회복지적 측면의 조치를 요구하는 것이 대부분이다. 이와 같은 점을 고려해 볼 때 군에서 이루어지는 상담은 통상 위기상담과 단기상담으로 이루어지는 특징이 있으며 상담 개입도 장기상담과는 거리가 멀다.

상담 목표를 수립하고 당면한 어려움을 해결하는 과정에서도 내담자 스스로 주체가 되어 문제를 해결할 때까지 계속 회기를 늘려가며 상담을 지속할 수 없다. 이러한 특성으로 군 상담은 상담자의 개입이 좀 더 적극적이고 지시적이며 교육적일 수밖에 없다. 이러한 점들은 제3장 '군 개인상담'에서 좀 더 자세히 다루기로 하겠다.

3) 군 상담과 일반상담의 비교

군 간부가 상담관이 되는 경우에는 부하인 내담자를 관리하고 평가하는 상관의 위치에 있다. 그렇기 때문에 상담에 의뢰된 내담자는 자신의 심리적 어려움과 사회복지적 측면의 애로사항을 솔직하게 말하기가 어렵다. 특히, 군에서는 보고체계를 매우 중시하고 관례화되어 있어 상담내용에 대한 완전한 비밀보장이 어렵다. 이러한 군 상담의 특징을 일반상담과 비교하여 살펴보면 〈표 1-5〉와 같다.

〈표 1-5〉 군 상담과 민간상담의 비교

구분	군 상담	민간상담
상담 대상	군 장병	민간인
상담 관계	수직적	수평적
상담 환경	동일한 집단생활	자유로운 개인생활
상담 목표	조직 우선	개인 우선
상담 기간	단기	장기
비밀보장	제한	가능
문제해결 범위	제한	제한 없음
내담자 유형	비자발적 내담자 다수	자발적 내담자
부정왜곡 호소	발생	없음
상담의 기대	불이익에 대한 걱정	상담 계약에 의한 신뢰

2. 군 상담의 분야

군에서 이루어지는 상담은 주로 개인상담과 성고충상담, 집단상담 위주로 진행되고 있다. 이 중 집단상담은 병영캠프인 힐링캠프와 그린캠프에서 주로 이루어지며, 부분적으로는 일부 야전부대에서 부대 여건에 따라 전문상담관 주관으로 시행하고 있다.

군 상담이 다루어져야 할 분야는 일반사회에서 이루어지는 상담 분야와 다르지 않다. 일반사회에서는 다양한 분야의 상담활동이 전개되고 있으며 학문적인 연구도 활발하게 이루어진다.

이와 같은 점을 고려해 본다면 일반사회에서 다루어지는 다양한 상담 분야가 군 조직에서도 그대로 적용될 필요가 있다. 특히, 군은 일반사회와 다른 군 조직만의 특수성이 있어 일반사회에서 다루어지는 상담분야가 군 환경에 적합하게 수정되고 적용되어야 한다.

군 개인상담을 비롯한 집단상담, 중독상담, 성(性) 상담, 가족상담, 위기상담, PTSD 상담 등이 모두 다루어져야 하며, 인적자원개발 차원에서 군 진로상담도 반영되어야 한다. 다문화 군대로의 전환을 대비한 군 다문화상담도 적용되는 것이 바람직하다. 이를 종합적으로 제시하면 [그림 1-3]과 같다.

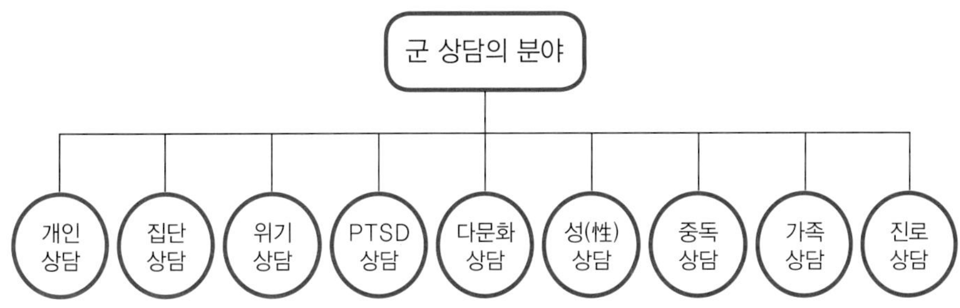

[그림 1-3] 군 상담의 분야

3. 군 상담의 기능

1) 리더십과의 관계

리더십과 군 상담의 관계를 정립하는 것은 중요한 과제다. 리더십과 상담은 각각 별도의 독립된 학문 영역에 해당하지만 서로 공통되는 부분과 중첩되는 부분, 유사한 부분이 존재한다. 리더십의 능력발휘를 위해서는 상담역량이 요구되고, 상담역량을 위해서는 리더십 기능이 필요하는 등 이 둘의 관계는 상호보완적인 관계에 있다.

2) 군 상담의 역할

리더는 부하에게 그들 스스로 문제를 해결하고 자기 능력 이상으로 임무를 수행하도록 주기적으로 교육하고 지도한다. 부하의 개인적인 문제는 상담을 통해 해결하여 부대에 부정적인 영향을 주지 않도록 사전에 차단한다. 부하의 잘못된 점을 교정하고 잘한 일을 강화하여 더 잘할 수 있도록 동기를 부여하는 역할도 한다. 리더가 리더십을 발휘하는 데 상담의 역할은 무척 중요하다. 리더십 측면에서 군 상담의 역할에 대해 권일남 등(2014)은 [그림 1-4]와 같이 설명하고 있다.

① 군 상담은 리더십 역량을 개발하기 위한 수단에 해당한다.
② 군 상담은 리더십 역량을 좀 더 효과적으로 발현하기 위한 기법이다.
③ 군 상담은 리더십 역량을 통합하는 역할을 한다.

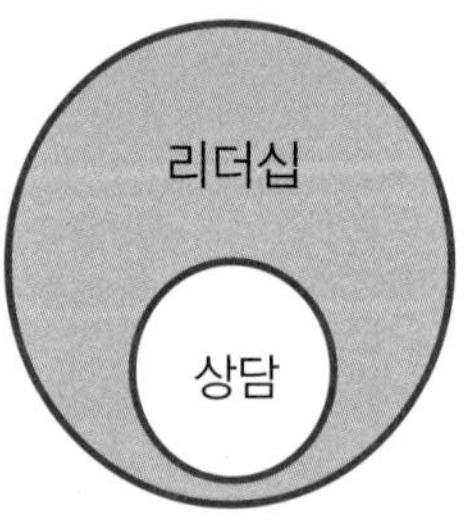

[그림 1-4] **리더십과 상담의 관계** (출처: 권일남 외, 2014)

상담적 관점에서 보는 리더십은 상담과정에서 활용하는 의사소통기술과 대인관계, 심리검사, 공감능력 등을 부분적으로 분리하여 사용한다. [그림 1-4]에서 제시한 모형과 달리 상담의 영역 안에 리더십이 존재한다고 주장하지만 군 상담의 궁극적인 목적은 전투력 향상과 부대목표 달성에 있다.

효율적인 부대관리와 병영문화개선 등 군조직 발전을 위한 과제가 리더영역임을 고려할 때, 권일남 등(2014)이 제시한 [그림 1-4]와 같은 모형으로 이해하는 것이 적절하다.

3) 군 상담의 영역

육군에서는 군 상담의 영역을 [그림 1-5]와 같이 리더(간부)의 영역과 전문가의 영역으로 구분하여 설명하고 있다.

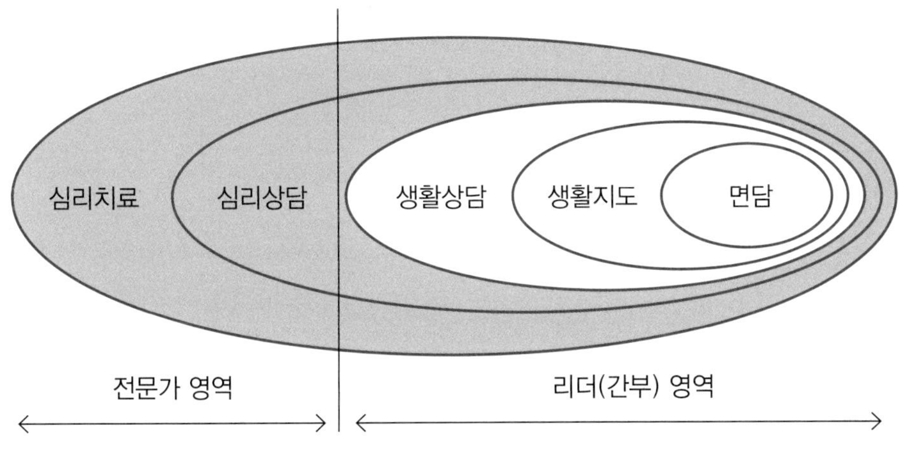

[그림 1-5] 군 상담 영역의 기능 (출처: 육군본부, 2009)

리더(간부) 영역에서 이루어지는 상담은 도움이 필요한 부하들을 대상으로 면담과 지휘 조치 등의 방법을 이용한다. 부하의 사회복지적 측면의 문제를 해결하도록 도와주는 과정이다. 리더(간부)영역의 상담은 지휘관(자)과 부지휘관(자), 반장, 행정보급관, 주임원사, 참모장교 등이 주관한다.

전문가 영역에서 이루어지는 상담은 다양한 상담이론을 충분히 이해하고, 군 조직의 특수성과 문화를 고려한 과학적이고 전문적으로 진행하는 상담 과정을 말한다. 이러한 전문가 상담은 군 복무 과정에서 부적응의 모습을 보이는 장병들에게 다양한 해결방법을 조력하게 되는데, 주로 전문상담관, 군종장교, 군의관 등이 담당한다.

CHAPTER 02

상담의 이론과 군적용

상담이론은 인간에 대한 과학적인 근거에 기초하여 여러 가지 사실과 현상에 대한 기술, 설명, 예언 등의 정보를 제공한다. 새로운 상담이론은 지금도 이러한 정보들을 기초로 계속 연구, 발전되고 있다. 상담이론을 제대로 이해하지 못하면 상담을 어떤 방향으로 어떻게 진행해야 할지 모르는 경우가 발생할 수 있으므로 상담관은 상담의 기초가 되는 이론을 잘 이해하고, 이를 효과적으로 적용할 수 있는 역량을 갖추어야 한다.

이 장에서는 많은 상담이론을 모두 다룰 수가 없어 군 상담에 도움이 되는 몇 가지 이론만을 다루고자 한다. 상담이론의 주요 개념과 상담 과정 및 기법을 알아본 후, 이를 적용하는 접근방안을 고찰한다.

1. 정신분석 상담이론과 군적용

| 프로이트

정신분석은 프로이트(Freud)에 의해 창시되었다. 정신분석은 정신(psycho)과 분석(analysis)이라는 두 용어의 합성어로 되어 있다. 프로이트는 이러한 용어를 1896년에 처음 사용하였는데 후대 사람들은 이때를 정신분석의 출발점으로 여기고 있다. 프로이트는 초기에 히스테리 등 신경증 치료를 위한 최면에 관심을 가졌으나, 자신의 이야기를 떠오르는 대로 자유롭게 이야기하는 자유연상이 치료에 더 도움이 된다는 사실을 알고 이를 적극적으로 활용하였다.

정신분석은 문제증상의 원인이 되는 무의식적인 동기를 분석하여 이를 깨닫도록 함으로써 새로운 통합과 치유에 이르게 하는 이론이다. 프로이트는 어린 시절의 경험이 성격형성에 지대한 영향을 미친다고 주장하였으며 정신적 결정론과 무의식적 동기를 중요하게 여겼다(Freud, 1915). 정신분석 상담의 인간에 대한 기본 관점과 심리적인 문제의 원인 그리고 군 상담에 적용하는 방안을 살펴본다.

1. 인간에 대한 기본 관점

프로이트는 인간을 비관적이고 결정론적이며 환원론적인 관점에서 바라보았다. 인간은 근본적으로 비도덕적이고 비합리적인 본질을 갖고 태어나기 때문에 긍정적인 존재하고는 거리가 멀다는 입장을 취하였다. 인간은 생물학적 욕구와 충동의 지배를 받는 부정적인 존재이며, 인간의 행동이 무의식적 동기 및 어릴 적 경험에 의해 결정된다고도 주장하였다(Freud, 1915). 이러한 프로이트의 인간관이 성립하는 데에는 정신적 결정론과 무의식적 동기라는 두 가지의 기본 가정을 전제로 하고 있다.

1) 정신적 결정론(Psychic determinism)

프로이트는 원인 없는 현상은 결코 존재할 수 없다고 주장하였다. 자연현상과 마찬가지로 인간의 정신현상도 우연히 일어나는 일은 결코 없으며, 반드시 선행사건이라는 원인이 작용한다고 강조하였다. 단지 자신이 모르고 있을 뿐이지 그 어떤 힘이 작용하기 때문에 기쁘고, 슬프고, 괴롭고, 힘든 것을 느끼는 것이라고 말하고 있다.

이러한 정신적 결정론은 6~7세 이전의 성과 관련된 심리적 외상에 의하여 성격이 형성되고 신경증적 증상으로 나타난다고 설명한다. 정신적 결정론의 관점에서 보면 사람들이 겪는 심리적인 문제는 그 사람의 정신 내부에 존재하는 어떤 원인이 작용한 결과다. 따라서 그 원인이 사라지지 않는 한 심리적 증상이 멈추지 않게 되며, 그 원인이 사라질 때야 비로소 심리적 건강을 찾을 수 있다고 말한다.

2) 무의식적 동기(Unconscious motivation)

우리는 '빙산(氷山)의 일각(一角)'이라는 말을 사용할 때가 있다. 바다에 떠있는 빙산은 전체의 일부분에 지나지 않는다는 것을 말하고자 할 때 하는 말이다. 겉으로 보기에는 떠 있는 것이 전부인 것처럼 보이지만 실제로 빙산의 대부분은 수면 아래에 가라앉아 있다.

우리의 눈에는 겉으로 드러난 것만 보이고 속에 숨겨진 것은 보이지 않는 것처럼 인간의 마음 또한 이와 동일하다고 설명한다. 인간의 마음에 있는 것 중 본인 스스로 알고 있는 부분을 의식이라 말하고, 자신의 내부에 존재하지만 이를 스스로 깨닫지 못하는 부분을 무의식이라고 규정한다.

2. 주요 개념

1) 인간의 의식 수준

- **의식**: 의식은 어떤 순간에 우리가 알거나 느낄 수 있는 모든 경험과 감각이다. 지각을 통해 외부세계와 접촉함과 동시에 꿈, 심상, 사고 등과 같은 개인의 내적 세계와 접촉하는 부분을 말한다. 정신분석에서는 이러한 의식이 수면 위에 떠오른 빙산의 일부분에 지나지 않으며 정신생활의 중심이 아니라고 강조한다.

- **전의식**: 전의식은 어느 순간에 있어서는 의식되지 않으나 조금만 노력하면 알 수 있는 기억을 말한다. 지난 일을 돌이켜 생각해 보면 알 수 있는 경험으로 의식 속에는 없지만 기억과 회상을 통하여 의식으로 상기할 수 있는 정신세계의 일부분이다. 전의식은 알고 있는 의식과 알지 못하는 무의식을 연결해 주는 통로역할을 한다고 설명하고 있다.

- **무의식**: 무의식은 정신세계의 가장 깊은 곳에 감추어져 있는 빙산의 아랫부분을 말한다. 의식의 가장 하부에 존재하며 기억하지 못하고 알지 못하는 정신세계를 의미한다. 프로이트는 이곳이 본능과 충동, 억압된 관념 등이 잠재되어 있는 곳이라고 주장하며 이러한 무의식이 인간의 정신활동을 주관한다고 주장한다.

2) 성격의 구조

- **원초아(id)**: 원초아는 세상에 태어날 때부터 갖고 태어나는 생득적인 정신에너지의 근원이자 전 생애 동안 성격의 기초가 되는 요인이다. 이러한 원초아는 성욕, 공격성과 같은 충동에 의해 나타나는 정신 에너지이다. 동시에 억압을 무시하고 인내하지 못해 즉각적으로 방출하는 등 본능과 쾌락의 원칙에 따라 움직이는 특징이 있다.

- **자아(ego)**: 자아는 원초아와 다르게 현실원리에 따라 움직인다. 외부 현실과 초자아의 통제를 고려하여 원초아의 욕구를 만족시키는 정신기제다. 원초아가 가진 본능적인 욕구와 충동을 사회적으로 용인될 수 있는 조건으로 성숙될 때까지 지연시켜 만족을 얻으려는 성격의 십행사에 해당한다.
- **초자아(super-ego)**: 초자아는 현실보다는 이상을 추구하고 쾌락보다는 완벽을 추구하며 양심과 자아 이상을 가진다. 초자아의 기능은 사회가 용납하지 않는 원초아의 성적·공격적 충동을 억제한다. 현실적 목표를 도덕적 목표로 전환하도록 자아를 설득하고 이상과 완벽을 추구하고자 하는 특성이 있다.

3) 본능과 불안

프로이트는 인간의 본능을 삶의 본능과 죽음의 본능으로 규정하였다. 삶의 본능은 생물학적인 삶을 살아가게 하는 힘으로 배고픔과 성적 충동 등을 말한다. 죽음의 본능은 인간의 부정적·파괴적인 힘으로 살인과 전쟁, 자살 등을 일으키는 본능으로 설명한다. 불안은 현실적 불안과 신경증적 불안 그리고 도덕적 불안으로 구분한다.

이 중 현실적 불안은 위협에 대한 정서적 반응 또는 외적 환경에서 오는 위협을 지각하는 것을 말하며, 신경증적 불안은 원초아의 충동이 의식화될 것이라는 위협에 따라 생긴 반응을 뜻한다. 도덕적 불안은 자아가 초자아로부터 위협을 받을 때 일어나는 정서반응으로 자이기 죄책감과 수치감을 경험하고 양심으로부터 위험을 인식하며 발생하는 불안에 해당한다.

4) 자아의 방어기제

자아가 불안에 대하여 합리적인 방법으로 해결하지 못하게 될 때 현실을 부정하거나 왜곡하며 무의식적으로 불안을 제거하려고 하는데 이를 방어기제라고 한다. 방어기제의 종류는 다음과 같은 것이 있다.

- 억압: 불안을 야기하는 충동 및 기억 등을 의식에 떠오르지 못하도록 막는 것.
- 투사: 개인이 받아들일 수 없을 때 무의식적으로 타인과 환경 탓으로 돌리는 것.
- 고착: 발달 단계의 어느 한 시기에 고정되어 그 이후의 발달이 중지되는 것.
- 격리: 고통스러운 생각이나 기억을 그에 수반된 감정 상태와 분리시키는 것.
- 동일시: 다른 사람의 것을 받아들여 자신의 한 부분으로 합쳐버리는 것.
- 승화: 정서적 긴장, 충동 등을 사회적으로 인정될 수 있는 행동방식으로 바꾸는 것.
- 반동형성: 불안을 일으키는 성적 · 공격적 충동, 생각, 감정 등을 억제하지 않고 의식의 수준에서 그 반대의 태도를 취하는 것.
- 내면화: 개인이 어떤 사람이나 대상에 대한 감정을 버리고 상상된 형태의 신념과 가치관을 내면적으로 자기 것으로 받아들이는 것.
- 퇴행: 생의 초기에 성공적으로 사용했던 생각, 감정, 행동에 의지하여 자기 자신의 불안이나 위협을 해소하려는 것.

5) 심리성적 발달 단계

심리성적 발달 단계는 구순기, 항문기, 남근기, 잠복기, 생식기로 구분하는데 이를 제시하면 〈표 2-1〉과 같다.

〈표 2-1〉 심리성적 발달 단계

구 분	내 용
구순기	출생부터 생후 18개월 사이에 해당되며, 구순이 쾌락의 주요 원천이다. 입으로 빨고, 삼키고, 깨무는 자극을 통해 쾌감을 얻으려는 특징이 있다.
항문기	생후 18개월에서 3세에 해당하는 시기로 항문이 성적으로 가장 흥분되는 신체부위가 된다. 항문기의 특징은 배설물을 보유하거나 방출함으로써 쾌감을 얻으려고 한다.
남근기	4~5세 사이에 아동의 리비도적 관심이 새로운 성감대인 생식기로 옮겨가는 시기이다. 남아는 오이디푸스 콤플렉스를, 여아는 엘렉트라 콤플렉스를 경험한다.
잠복기	6세부터 사춘기까지로 성적 수면상태에 해당하는 시기다. 이때는 리비도가 무의식 속에 억압되고 잠복되어 있어 안정 상태를 유지한다.
생식기	사춘기가 되면 생식기관이 발달하고 성호르몬의 분비가 많아지면서 성적 충동을 현실적으로 수행할 신체적 · 생리적 능력을 갖추는 시기를 말한다.

3. 심리적 문제의 원인

정신분석에서 주장하는 심리적 문제의 원인을 살펴보면 다음과 같다.

첫째, 인간의 심리적 문제의 원인은 앞서 무의식적 농기에서 설명한 바와 같이 무의식에 억압된 감정과 욕구에 있다고 본다. 의식 중에 있던 위험한 기억, 감정, 생각 등이 억압에 의해 무의식에 들어가고, 이것이 다시 의식 밖으로 나오지 못하도록 억압하는 데서 문제가 발생한다고 여긴다.

억압은 고통스러운 생각을 누르기 위한 방어기제로써 불안을 회피하는 하나의 방식이며 위협적이거나 고통스러운 감정 등을 의식하지 못하게 하는 방어수단이다. 이렇게 무의식적 충동이 표출될 수 없도록 차단하여 의식할 수 없게 만들어 심리적 문제가 발생한다고 여긴다.

둘째, 정신분석에서는 인간의 마음을 원초아, 자아, 초자아로 구분하며 이들 간의 균형이 깨질 때 심리적 문제가 발생한다고 설명한다. 원초아(id)는 본능적인 욕구를 추구하고, 이를 즉각적으로 충족하고자 하며, 쾌락의 원리에 의해 움직인다. 그러나 초자아는 이와 반대로 바람직하고 이상적인 것을 추구한다. 이와 같이 원초아와 초자아는 추구하는 것이 상대적이라서 이 둘 사이에 균형이 유지 되어야 한다.

자아는 원초아의 욕구를 고려하면서도 초자아의 압력을 수용하는 있는 방법을 찾아내어, 이 둘 간의 갈등을 적절한 수준에서 해결해야 한다. 그러나 이러한 갈등을 중재하는 자아의 힘이 부족하면 원초아 또는 초자아로 에너지가 쏠려 심리적 갈등이 일어나게 된다.

셋째, 정신분석은 유아기의 성(性)과 관련된 심리적 외상이 존재할 경우 부적응 문제가 발생한다고 본다. 본래 어린아이들은 약한 존재라서 따뜻한 보살핌, 관심, 애정, 보호가 필요하다.

그러나 방임되거나 버림받고 또는 성적 외상 등을 경험하면 어른이 되었을 때 심리적 증상이 나타난다고 여긴다. 이러한 프로이트의 주장을 고려해 보면 유아기에는 부모의 양육방식이 개인의 심리적 발달에 중대한 영향을 미친다는 것을 알 수 있다.

4. 상담의 과정과 기법

1) 상담의 목표

정신분석 상담의 일반적인 목표는 내담자의 증상과 관련된 무의식을 의식화하고, 성격 구조 중 자아의 기능을 강화하여 군대 생활에서 잘 적응할 수 있도록 하는 데 있다. 이를 위해서는 장병의 억압된 감정이나 충동 등을 자유롭게 표현하도록 돕는 것이 중요하다.

원초아의 충동과 초자아의 압력을 적절히 조절하고 통제하는 자아 기능을 강화하여 자아가 자신을 주도하도록 한다. 군대 생활에 잘 적응하는 장병, 자신과 전우를 사랑하는 장병, 훈련과 업무에 최선을 다하는 장병이 되도록 하는 것이 상담의 궁극적인 목표이다.

2) 상담의 과정

정신분석의 군 상담 과정은 일반상담 과정과 다를 바 없다.

첫째, 내담자의 무의식 속에 억압되어 있는 생각과 감정, 경험 등을 무의식 밖으로 꺼내어 내담자가 그것을 인식, 이해, 수용하도록 한다.

둘째, 내담자의 자유연상을 통해 언급한 무의식의 단서들을 종합적으로 이해한 다음, 내담자 스스로 자신의 문제를 알아가는 시점에서 그 의미를 해석한다.

셋째, 내담자가 어린 시절 부모와의 관계에서 경험했던 감정이 상담관과의 관계에서 전이가 나타나도록 한다. 전이 분석을 통해 내담자가 부모와의 관계에서 경험했던 정서적인 갈등이 무엇인지 그리고 그것이 현재의 군대 생활에 어떤 영향을 주고 있는지를 해석한다.

넷째, 내담자가 자신의 문제에 대한 통찰을 얻었다 하더라도 한 번에 변화가 모두 이루어지는 것은 아니다. 따라서 지속적인 통찰이 반복해서 일어나도록 조력한다.

3) 상담 기법

(1) 자유연상(free association)

자유연상이란 내담자로 하여금 아무리 부끄러운 것이라 하더라도 마음속에 떠오르는 것이면 무엇이든 이야기하도록 함으로써 혼자서는 의식화할 수 없는 개인의 무의식을 의식화하는 것을 말한다.

상담관은 내담자를 조용한 상담실의 긴 의자에 편하게 누워 이야기하게 한다. 이때 상담관은 의자 옆이나 뒤편에 앉아서 내담자와 눈을 마주치지 않은 상태에서 온화하고 따뜻한 태도로 내담자의 이야기를 경청한다. 만약, 상담관과 내담자의 눈이 마주치거나 또는 내담자의 말을 판단, 평가하는 식의 반응을 보이면, 내담자는 상담관을 의식해 자유연상이 이루어지지 않을 수 있다.

상담관은 내담자가 말하는 내용을 해석할 필요가 있을 때나 내담자의 말이 끊어질 때는 연상의 흐름에 개입하여 작은 질문이나 말한 내용의 의미에 대해 해석해 준다. 이러한 과정을 통해 내담자는 혼자서 떠올리기 힘든 자신의 무의식적 동기를 이해하고 통찰할 수 있게 된다.

(2) 전이(transference)의 해석

정신분석에서는 전이가 나타나지 않으면 정신분석 상담이 아니라고 할 정도로 전이를 매우 중요히게 여긴다. 전이는 내담자가 어릴 때 자신에게 결정적인 영향을 미친 인물인 중요한 타인에 대해 가졌던 긍정적 혹은 부정적 감정을 상담 장면에서 상담관에게 옮기는 현상을 말한다. 전이는 무의식적으로 이루어져 내담자는 이를 전혀 의식하지 못한다.

이러한 과정을 통해 내담자는 전이 관계의 참된 의미를 각성함과 동시에 억압된 감정과 갈등을 알게 되고, 자신의 과거 경험이 현재 어떻게 영향을 끼치는지 이해한다. 이렇게 정신분석 상담은 전이의 해석을 중요하게 여긴다.

(3) 꿈 분석

프로이트는 무의식에 이르는 왕도가 곧 꿈이라고 주장하였다. 꿈 해석은 꿈의 내용을 자유연상법으로 분석하여 꿈이 나타내는 참된 의미를 알아내는 것이다. 꿈은 두 가지의 내용을 가진다. 이 중 잠재적인 내용은 스스로 알 수 없는 무의식적인 동기로 구성된 것으로 실제 내용이 가장되고 숨겨져 있다. 현시적 내용은 잠재적 내용이 너무 고통스럽고 위협적이어서 성적이고 공격적인 충동이 용납되도록 변형되어 나타난다.

(4) 저항(resistance)의 해석

저항은 상담을 거부하고 상담관에게 협조하지 않으려는 내담자의 무의식적인 행동을 말한다. 예를 들어, 내담자가 상담에서 침묵을 유지한다거나 또는 여러 가지 이유로 상담을 회피하는 행위, 극단적으로 상담 중단을 요구하는 행위 등이 이에 해당한다. 이러한 저항이 나타나는 이유는 불안으로부터 자아를 방어하기 위해서다.

저항은 무의식에 숨겨진 원초적 충동과 욕구가 의식의 표면으로 올라오려고 할 때의 고통을 직면하지 않으려는 태도가 반영되어 나타난다. 따라서 상담관은 무의식적인 내용의 각성을 방해하는 저항을 지적해 줄 수 있어야 한다. 내담자가 보이는 가장 뚜렷한 저항에 대하여 관심을 갖게 한 다음, 내담자가 이를 수용하도록 따뜻하게 배려하면서 저항을 해석한다.

5. 군 상담 적용의 시사점

정신분석이론을 군 상담 과정에 적용하는데에는 다음과 같은 시사점이 있다.

첫째, 군에 입대한 장병은 청소년기에 해당한다. 청소년기는 원초아, 자아, 초자아의 균형이 쉽게 깨어질 수 있는 시기다. 군 장병의 심리적 에너지가 지나치게 한쪽으로 쏠리거나 치우치면 병영생활을 하는데 문제가 발생할 수 있다. 장병의 에너지가 원초아에 치우쳐 있다면 군대 생활을 하는 동안 충동적으로 행동하여 군인복무규율 등 각종 규정과 방침을 어기거나 주변 동료들과 갈등을 일으킬 가능성이 있다.

반면, 초자아에 에너지가 쏠려 있다면 억압되거나 위축된 모습을 보이며 부적응적인 행동을 할 가능성이 있다. 따라서 군 상담관은 군에 입대한 장병들이 자신의 본능적 욕구를 조절하여 부여된 임무를 잘 수행함은 물론 동료들과의 관계를 원만하게 유지하도록 조력할 필요가 있다. 이를 위해서는 원초아, 자아, 초자아의 균형이 잘 유지되도록 하는 것이 중요하다.

둘째, 정신분석 이론에서는 과거의 경험과 관련된 정서나 기억을 의식 밖으로 꺼내 표현하지 못하도록 억압하는 경우에 부적응 행동을 한다고 말한다. 반면, 과거의 정서나 기억을 무의식 속에서 의식 밖으로 표출하면 조절과 해소가 가능하다고 보아 이를 중요하게 여긴다.

그러나 군 상담 장면에서 억압된 정서나 기억을 떠올리게 하는 데는 어려운 점이 많다. 자유연상을 할 수 있는 상담실 여건이 적합하지 않을 수 있다. 또한 전문상담관은 전이의 해석이나 꿈 분석을 할 수 있겠지만, 군 간부가 상담관일 경우에는 정신분석 상담역량이 부족해 한계가 있다. 따라서 이러한 경우에는 체력단련, 왕 선발, 주제발표, 장기자랑 등 그 외의 다양한 문화활동이나 봉사활동을 통해 억압된 정서를 해소하고 자신을 표현하게 하는 것이 중요하다.

셋째, 정신분석 이론에서는 유아기의 경험이 성격의 대부분을 결정한다는 입장이다. 어린 시절의 경험이 무의식 속에 자리하고 있어 이것이 성인이 된 이후에도 부정적인 영향을 준다고 말한다.

군 복무를 하는 병사들 중에는 도움과 배려가 필요한 사람이 존재한다. 그 중에는 군대라고 하는 급격한 환경변화로 부석응의 모습을 보이는 장병이 있는가 하면, 가정환경과 개인적 특성으로 부적응을 보이는 장병도 있다. 그러나 지금까지 군은 어떤 장병이 사고를 일으켰거나 부적응의 모습을 보일 때, 어린 시절의 성장 경험과 자신도 모르는 무의식이 영향을 주었다고 분석하지 않는다. 이러한 점을 고려할 때 정신분석 이론에서 강조하는 과거의 탐색과정은 군 상담 장면에서 적극적으로 적용될 필요가 있음을 시사한다.

넷째, 정신분석 이론을 군 상담 장병에 적용하면 장병의 어릴 적 과거를 탐색하고 이를 의식화하여 통찰에 이르게 하는 장점이 있는 반면, 상담시간이 많이 소요된다는 단점도 있다. 군 상담은 주로 단기상담으로 이루어진다. 그 이유는 상담을 진행하는 전문상담관이 부족하여 한 장병에게 상담시간을 많이 할애할 수 없기 때문이다.

군 장병의 짧은 복무기간을 고려할 때 장기상담은 비효율적이다. 부대 특성상 교육훈련과 부대활동이 주기적으로 반복되는데 정신분석과 같은 장기상담이 이루어질 경우 훈련참가 등이 제한을 받는다. 이러한 점을 고려하면 정신분석 상담은 다른 상담이론과 절충하여 적용하는 것이 적절하다. 전이와 꿈 분석보다는 과거 탐색을 통해 억눌려 있던 감정을 해소하는 카타르시스 요법을 적용하는 것이 효율적일 수 있다.

2. 행동주의 상담이론과 군적용

행동주의 이론은 그 역사가 매우 길다. 그렇지만 행동주의 이론이 상담에 적용된 것은 그다지 오래되지 않았다. 20세기 초 러시아 생리학자인 이반 파블로프(Ivan Pavlov)가 개의 소화과정에 대한 실험으로 '고전적 조건형성' 원리를 설명하면서 행동주의의 근거가 되었다.

이후 파블로프의 연구는 존 왓슨(John B. Watson)에게 영향을 주었으며, 그 결과 비로소 행동주의가 태동하게 되었다. 이후 에드워드 손다이크(Edward Thorndike)는 어떤 목표에 도달하기 위한 확실한 방안이 없을 경우, 목표에 도달하기까지 여러 번 실수를 되풀이하다 우연히 목표에 도달하면서 그 방법이 학습된다는 '시행착오학습'을 제안하였다.

스키너(Burrhus F. Skinner)는 실험 연구를 통해 행동에 대한 보상이 학습을 가능하게 한다는 '조작적 조건형성' 원리를 제안하였고, 이를 적용한 학습이 가능하다는 것을 보여주었다. 이러한 배경하에 1950년대부터 행동주의가 상담에 활발히 적용되기 시작하였다. 1960년대에는 알버트 반두라(Albert Bandura)가 관찰학습의 개념을 근거로 사회학습이론을 만들면서 이 흐름에 합류하였다.

그 이후에도 행동주의 상담은 급속한 발전이 이루어졌고, 이를 상담에 적용시키는 방법 또한 다양하게 전개되었다. 대표적인 이론가로는 앞서 언급한 사람 외에 라자루스(Lazarus), 울프(Wolpe), 토레센(Thoresen), 크롬볼츠(Krumboltz) 등이 있다. 이들의 이론에서 공통적인 개념을 정리하여 살펴보고자 한다.

1. 인간에 대한 기본 관점

행동주의자들은 이론 형성 초기에 객관적인 관찰과 측정가능한 과학적인 연구만이 인간의 행동을 설명할 수 있다고 주장하였는데, 이는 인간의 행동이 복잡하기는 하나 예측 가능하다고 여겼기 때문이다. 행동주의자들의 초기 인간관은 기계론적이었다. 인간은 흰 백지상태와도 같이 태어나 어떠한 환경에 처하느냐에 따라 선하게도 될 수 있고 악하게도 될 수 있다는 중립적인 견해를 취하였다.

환경에 대한 중요성을 강조하면서 인간은 환경적이고 유전적인 영향으로 결정되는 운명론적인 존재로 보았다. 인간의 행동을 유전과 환경의 상호작용으로 나타나는 결과물로 바라보았다. 이후에는 인간의 자유와 의지적인 선택을 중심으로 한 인간의 능동적인 측면을 강조하였으며, 인간 스스로 자신의 행동을 바꿀 수 있다는 인지적인 측면을 받아들였다.

2. 주요 개념

행동주의적 접근의 상담은 당시에 지배적이던 정신분석적 관점에서 분리되어 1950년대부터 시작되었다. 1960년대 초반부터는 사회의 각 분야에 널리 활용되기 시작하였으며, 그로부터 대략 50여 년 동안 그 영향력이 확장되었다.

행동주의의 이론은 여러 가지가 있다. 대표적인 이론은 고전적 조건형성 이론과 조작적 조건형성 이론, 사회학습 이론 등이다.

1) 고전적 조건형성 이론(Classical conditioning theory)

| 이반 파블로프

러시아의 유명한 생리학자인 파블로프는 1900년대 초에 개의 침샘 일부를 외과적으로 적출하여 먹이를 먹을 때마다 분비되는 침의 양을 측정하는 연구를 시도하였다. 연구가 진행되는 도중에 문득 개가 먹이를 주는 사람의 발소리를 듣거나 빈 밥그릇만 보아도 침을 흘린다는 사실을 발견하게 되었다.

바로 여기에서 고전적 조건형성이론의 개념이 출발한다. 개는 발소리와 그릇이 먹이와 함께 나타난다는 일종의 '연합'을 학습한다는 것을 알았다. 침 분비와 아무 상관이 없는 발소리와 그릇이 먹이와 같은 효과를 발휘한다는 원리를 발견하게 된 것이다.

이를 구체적으로 알아보기 위해 파블로프는 먹이를 주기 전에 항상 불빛을 비추어 불빛도 먹이와 같은 효과가 있는가를 알아보았는데 그 결과는 적중했다. 처음에는 먹이라고 하는 무조건 자극(Unconditional Stimulus: US)으로 침 분비라고 하는 무조건 반응만이 존재하였다. 그러나 무조건 자극과 조건 자극(불빛)이 계속적으로 같이 제시되면 조건 자극(Conditional Stimulus: CS)만으로도 무조건 반응과 동일한 조건 반응을 이끌어내는 것이 가능하다는 것을 알게 되었다.

이러한 고전적 조건형성이 일어나는 이유는 환경에 적응하기 때문이다. 사건들(CS와 US) 사이의 관계성을 학습하여 다가올 사건에 대한 준비를 미리 해야 할 필요성 때문에 조건형성이 이루어진다. 실험 개로 하여금 침을 분비하게 만드는 과정을 설명하면 [그림 2-1]과 같다.

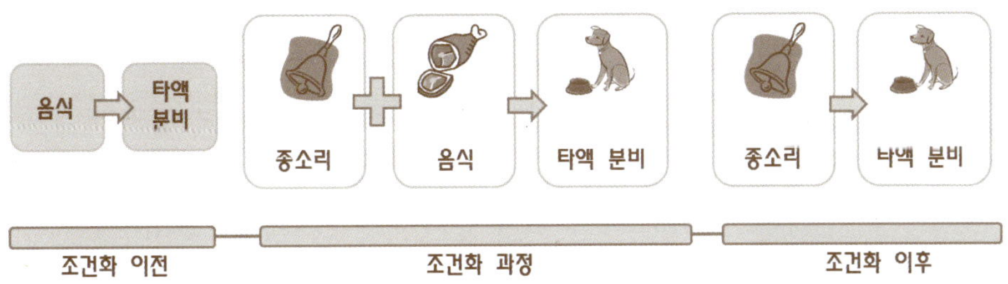

[그림 2-1] 고전적 조건화과정(출처: 심윤기 외, 2022)

〈표 2-2〉 고전적 조건형성 과정

구 분	내 용
1. 무조건 자극 (unconditional stimulus: US)	자동적, 생득적 반응을 유발하는 자극 (예: 먹이)
2. 무조건 반응 (unconditional response: UR)	학습되지 않은 자동적, 생득적 반응 (예: 먹이에 대한 침 분비)
3. 조건 자극 (conditional stimulus: CS)	무조건 자극과 짝지어져 새로운 반응, 즉, 무조건 반응을 유발하는 자극(예: 발소리, 빈 밥그릇 또는 불빛)
4. 조건 반응 (conditional response: CR)	조건 자극에 의해 새로 형성된 반응 (예: 발소리, 빈 밥그릇 또는 불빛에 대한 침 분비)

한편, 조건 형성된 반응도 무조건 자극이 없이 조건 자극만 계속 되풀이하여 제공하면 사라지게 되는데 이를 소거(extinction)라고 한다. 하지만 일정한 기간 후에 불빛을 제시하면 소거된 침 분비가 다시 일어나는데 이를 자발적 회복(spontaneous recovery)이라고 한다. 즉, 소거된 반응은 완전히 사라진 것이 아니라 잠시 보류되어 있는 것을 알 수 있다. 원래의 조건 자극이 아니더라도 그와 유사한 자극을 주어도 조건 반응 유발이 가능한데 이를 자극 일반화라고 한다.

2) 자극-반응 결합 이론(S-R Association theory)

| 에드워드 손다이크

손다이크는 학습이란 어떤 자극(Stimulus: S)에 대해 생명체가 나타내는 특정 반응(Response: R)과의 결합으로 이루어진다고 주장하였다. 그에 의하면 학습은 많은 시행착오를 거쳐 자극과 반응(S-R)의 결합이 강화되면서 서서히 진행된다고 설명하였다.

그는 고양이를 활용한 실험을 통해 동물의 학습이 시행착오적으로 일어난다는 사실을 발견하였으며 이것을 시행착오학습이라고 제안하였다. 손다이크는 어떤 만족스러운 결과는 상황과 반응의 유대를 강화하지만, 불만족한 결과는 상황과 반응의 결합을 약화시킨다고 주장하였다.

그는 어떤 반응에 보상이 주어지면 그에 상응하는 자극과 반응의 연합이 강화되지만, 보상이 없거나 처벌이 주어지면 연합은 약화된다는 원리를 발견하였다. 시행착오학습에 관한 여러 연구를 통해 준비성의 법칙, 연습의 법칙, 효과의 법칙 등 실제 학습에 적용할 수 있는 이론을 제시하였다. 이러한 손다이크의 S-R 결합 이론은 이후 홀(Hall)에 의하여 S-R 강화 이론으로 발전하였다.

① 준비성의 법칙(law of readiness): 개인이 어떤 방식으로 행동할 준비가 되어 있을 때, 그 방식으로 행동하는 것은 만족을 주지만 그렇지 않을 경우에는 불쾌감을 느낀다.
② 연습의 법칙(law of exercise): 다른 모든 조건이 동일하다면 주어진 반응이 어떤 상황에 자주 혹은 강하게 연결될수록 미래에도 그와 같은 상황에서 많이 일어난다.
③ 효과의 법칙(law of effect): 어떤 상황에 대한 반응에 많이 만족하면 할수록 미래의 그 상황에 더 많이 반응한다.

3) 공포조건화 이론(Fear conditioning theory)

| 존 브로더스 왓슨

왓슨은 공포조건화 이론을 세상에 널리 알린 사람이다. 그는 공포를 유발하는 큰 소리와 흰토끼를 반복해서 자신의 아이에게 제시하자, 아이가 흰토끼에 대해 공포반응을 보이는 것을 발견하였다.

또한 공포가 일어나기 어려운 유발 자극을 사용하여 공포가 감소되는 것을 발견하였는데, 이러한 자극에 대한 반응이 곧 행동이라고 주장하였다. 왓슨은 사람의 행동은 그 행동의 결과로 얻게 되는 보상에 영향을 받는다고 설명하였으며 사고, 상상, 감정 등은 생리적 반응으로만 생각해야 된다고 주장하였다.

행동이 반복적으로 일어나게 하면 점차 어떤 목표의 상태에 이르게 할 수 있다는 원리를 강조하였다. 어떤 행동에 대해 보상이 주어지면 인간은 그 행동을 계속하지만, 그와 반대로 아무런 보상이 주어지지 않으면 그 행동은 중단된다는 학습 이론을 제안하였다.

4) 조작적 조건형성 이론(Operant conditioning theory)

| 스키너

스키너는 조건반사의 원리에 입각한 학습을 연구하여 발전시킨 사람으로 우리에게 잘 알려져 있다. 스키너는 몇 가지 장치를 해둔 상자 속에 쥐를 넣고 관찰하였다.

지렛대, 전등, 먹이 접시를 상자 안에 설치해 두고 쥐가 지렛대를 누를 때에 먹이가 나오게 장치하였다. 상자에 들어간 쥐는 갖가지 행동을 하다 우연히 지렛대를 누른 결과 먹이가 나오자 그다음부터 같은 행동을 계속 되풀이하였다. 지렛대를 누르는 횟수는 먹이가 나오지 않는 경우보다 먹이가 나오는 경우에 더 증가하였다. 이러한 현상은 먹이가 행동을 반복하게 하는 강화물(reinforcement)의 역할을 하였기 때문이다.

그는 강화물에 의해 어떤 행동을 반복하는 것은 사람도 마찬가지라고 주장하였다. 스키너는 유기체의 특정한 반응에 대하며 보상이나 벌 등의 강화를 제공함으로써 행동을 변화시킬 수 있다고 주장한 것이다(Skinner, 1977). 파블로프의 고전적 조건형성 이론에서는 행동이 일어나기 전에 자극의 변화를 줌으로써 행동의 변화가 일어난 반면, 스키너의 조작적 조건형성 이론은 행동이 일어난 후 강화에 의해 행동의 변화가 일어난다.

다시 말해, 고전적 조건형성 이론에서는 무조건적 자극(예: 파블로프의 개 실험에서 먹이)이 보상이 되지만, 조작적 조건형성 이론에서는 자극에 대한 반응(예: 스키너의 쥐 실험에서 지렛대 누르기)이 이루어질 때 보상이 주어진다는 점에서 차이가 있다.

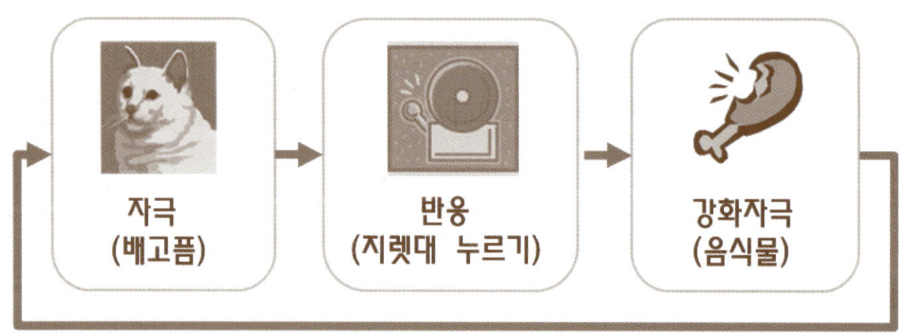

[그림 2-2] 조작적 조건화과정(출처: 심윤기 외, 2022)

5) 관찰학습 이론(Observational learning)

반두라의 관찰학습은 타인의 모습을 관찰하는 것만으로도 학습이 이루어진다는 이론이다. 반두라는 자신의 직접 경험에서 강화를 받은 것이 학습되지만, 타인의 행동을 의식적으로 관찰하고 모방하는 대리적 경험을 통해서도 학습된다고 주장하였다.

이러한 이유로 관찰학습은 대리학습 또는 모델링이라고도 부른다. 모방학습은 관찰자가 모델의 사고, 태도, 외현적인 행동을 모방하거나 순응하여 행동으로 나타나는 것으로써 모델은 실제 인물이나 상징적인 이미지도 가능하다.

| 알버트 반두라

상징 모델로는 언어 혹은 그림, 정신적 심상, 책이나 TV의 중요 등장인물, 만화나 영화의 등장인물, 종교적 인물 등 상징성을 가진 인물이다. 이러한 모델은 실제 생활 속에서의 모델보다 훨씬 많이 존재하며 경우에 따라서는 의도적으로 관찰자가 자기 자신을 모델로 사용하기도 하는데 이를 자기모델링(self-modeling)이라고 한다.

반두라의 이론은 사회학습이론으로 행동주의적 접근을 취하면서도 학습자의 인지적 기능을 반영하고 있다. 행동주의와 인지주의 모두를 반영한 절충적인 입장이라고 말할 수 있다.

반두라의 관찰학습은 관찰에서 행동에 이르기까지 4단계의 과정으로 이루어진다. 첫째, 집중 단계로 관찰을 통한 학습이 이루어지기 위해서는 행동이 관찰자의 주의를 이끌어야 한다. 둘째, 관찰을 통해 학습된 정보가 기억되는 인지과정의 단계로서 학습한 정보를 내적으로 기억하고 강화하는 단계다. 셋째, 저장된 기억을 재생하는 작업이 이루어진다. 학습한 내용과 관찰자의 행동이 일치하도록 자기 수정이 이루어지는 단계이다. 넷째, 학습한 내용을 행동으로 옮기기 전에 기대감을 갖게 만드는 동기화 단계로 이루어진다.

3. 심리적 문제의 원인

행동주의 상담에서는 인간의 심리적 문제의 원인을 다음과 같이 설명한다. 첫째, 고전적 조건형성 이론에서는 부적응 행동이 조건형성에 의해 학습된다고 설명한다. 중성 자극이 무조건 자극과 결합하여 조건 자극이 되는 조건형성의 원리가 심리적 문제를 발생하게 하는 원인이 된다고 말한다.

예를 들어, 군 복무 중인 한 병사가 중대 행정보급관으로부터 늘 지적과 꾸중을 받아 군대에 대한 불평불만이 생겼다면, 행정보급관의 지적과 꾸중이 군대에 대한 불만을 가져오게 한 원인이 된다고 설명한다.

둘째, 조작적 조건형성 이론에서는 부적응 행동이 강화에 의해 형성된다고 말한다. 특정한 잘못된 행동을 한 후에 그 행동에 대한 강화를 경험하면 그 행동은 더욱 증가되어 심리적 문제가 발생하는 원인으로 작용한다.

예를 들어, 휴가 중인 한 병사가 자신이 걸어가는 옆으로 소속 부대가 다른 간부가 지나가고 있었는데, 그 병사는 간부를 보고도 경례를 하지 않았다. 옆에서 함께 걷던 병사의 여자 친구가 남자 친구의 그런 모습을 보고 '간부한테 경례도 안 하고 대단한데!'라고 잘못된 행동을 오히려 강화하였다면, 이 병사는 앞으로도 지나가는 간부에게 계속 예의를 갖추지 않을 가능성이 있다.

셋째, 사회학습 이론에서는 다른 사람의 행동을 보고 그 대상이 어떤 보상을 받는가에 따라서 학습이 이루어진다고 말한다. 이를 모델링의 과정이라고 부르는데 모델링은 긍정적인 모습뿐만 아니라, 부정적인 모습도 모델링이 이루어진다.

4. 상담의 과정과 기법

1) 상담의 목표

행동주의 상담의 목표는 내담자의 부적응 행동을 제거하고 바람직한 행동을 강화시켜 이를 습득하는 것이다. 잘못 학습되었다고 생각하는 행동의 소거와 바람직하고 긍정적으로 생각하는 행동을 학습하는 데 도움이 되는 조건을 찾아내거나 이러한 조건을 조성하는 것이다.

상담의 목표는 일반상담에서와 마찬가지로 명확해야 한다. 구체적이면서도 분명해야 하며 측정할 수 있는 행동용어로 진술되어야 한다. 이를테면, 화를 잘 내는 간부와 같은 경우에는 하루에 화를 참는 것을 몇 회의 목표로 할 것인가를 서술한다.

〈표 2-3〉 상담 목표 설정 시 포함 요소

• 첫째, 행동적인 용어를 사용하여 목표를 수립한다. • 둘째, 행동이 나타나야 할 조건을 분명하게 제시한다. • 셋째, 목표행동의 최저 수준을 설정한다.

여러 개의 목표를 설정했을 경우에는 한 번에 한 가지의 목표에만 집중하여 이를 달성한 후, 다음 목표를 위한 행동으로 이어지도록 한다. 그래야만 상담관과 내담자가 자신들이 어떤 방향으로 나아가고 있고 목표에 얼마나 진전되고 있는가를 명확히 알 수 있다.

두 사람이 합의하여 목표달성을 위한 구체적인 방법과 절차를 적용하고 달성 여부도 평가해야 한다. 이때는 내담자가 진정으로 원하는 목표인지 평가한다. 내담자가 상담을 통한 학습의 결과로 어느 정도의 목표에 도달할 수 있는가도 평가한다.

2) 상담의 과정

상담의 과정은 행동주의 상담이론에 따라 차이가 있다. 여러 이론을 상담에 적용하고 있는 행동주의적 접근에서는 통일된 하나의 상담 과정을 제시하는 것이 제한된다. 따라서 행동주의적 접근의 상담에서 이루어지는 일반적인 상담 과정을 군대 상황에 맞게 제시해 보고자 한다.

(1) 상담관계 형성

군 상담의 첫 단계는 일반 상담에서와 같이 상담 초기에 친밀한 상담관계를 형성하는 것이 중요하다. 내담자와 신뢰감을 조성하고 심적 부담감을 없애는 것에 초점을 둔다. 내담자의 현재 심적 상태나 문제에 대해 물어보기 전 신상에 대한 가벼운 질문을 하면서 시작하는 것이 무난하다.

간부가 상담관이 되는 경우에는 첫마디가 상담에 상당한 영향을 미친다. 흔히 군 상담 과정에서 범하는 잘못은 내담자와의 신뢰관계가 충분히 형성되기도

전에 행동을 바꾸기 위한 상담 기술을 적용하려 한다는 점이다.

평소 부하와 신뢰관계가 잘 형성되어 있다면 관계형성을 위한 시간을 단축할 수 있다. 특히, 상담관은 가치판단이 없이 내담자를 수용하고 이해하려는 노력을 통해 좋은 상담관계를 만들수 있어야 한다. 온정적이고 공감적이며 진실한 모습으로 다가가고 상담자의 온 관심이 내담자에게 집중될 때 가능하다. 상담관의 이러한 진실성을 느끼게 되면 내담자는 자신의 문제를 허심탄회하게 털어놓는다.

(2) 문제행동 탐색 단계

상담관과 내담자의 신뢰관계가 잘 형성되면 더욱 깊고 진솔한 대화를 통해 내담자의 문제행동을 탐색하는 단계로 들어간다. 따라서 이 단계에서는 무엇이 문제인지를 확실히 규명하는 데 초점을 준다. 이때는 장병이 호소하는 문제의 유형과 상담의 접근방법에 따라 문제를 탐색하는 방법을 달리한다.

상담관은 내담자 스스로 자신의 문제를 알 수 있도록 여러 가지 상담기법을 활용할 수 있어야 한다. 군 복무에 대한 내담자의 신념을 구체적인 행동으로 보일 수 있도록 안내하며, 상세한 질문을 통해 핵심문제 중심으로 상담이 진행되도록 조력한다. 특히, 현재 상태를 파악하는 것이 중요한데 내담자가 나타내는 반응 수준이나 문제행동과 관련된 장면의 특징에서 문제증상을 파악한다.

(3) 목표설정 단계

상담관은 내담자 스스로 자신의 강점과 약점, 현재 상태를 잘 파악하도록 조력하여 내담자가 목표를 설정하도록 안내한다. 경청과 공감 그리고 적절한 반응하기를 통해 자신의 문제를 잘 이해하고 아울러 억눌린 감정이 남아 있다면 이를 해소한다. 대부분의 내담자는 스스로 자신의 문제를 해결하는 데 필요한 목표를 설정하지만, 그렇지 않은 경우에는 상담관이 관련 정보를 제공하고 목표수립 방법을 구체적으로 안내한다.

(4) 행동실천 단계

행동실천 단계에서는 상담 목표를 달성하기 위해 내담자가 원소속 부대로 복귀하여 구체적으로 행동실천을 어떻게 할 것인가에 대한 행동계획을 수립하는 단계다. 이 과정에서 중요한 것은 내담자가 행동을 고치고 싶어 하는 환경을 고려하여 내담자를 돕는 방법을 적용하는 일이다.

① 바람직하지 않은 행동을 하지 않도록 내담자를 돕는 방법, ② 바람직한 행동을 더 하도록 내담자를 돕는 방법, ③ 자신의 행동을 스스로 통제 또는 지도할 수 있도록 내담자를 돕는 방법등으로 구분하여 적용하는 것이 바람직하다. 이러한 방법을 적용하는 효과적인 기술은 WDEP 현실치료 기법이다.

(5) 상담결과 평가 및 종결 단계

상담결과 평가는 상담을 얼마나 잘했는지와 상담 기술이 얼마나 효과가 있었는지를 알아보는 단계를 말한다. 상담의 종결은 목표행동에 대한 최종 평가 후에 이루어지며 추가적인 상담이 필요한지 여부에 대한 탐색과정으로 이루어진다.

이 단계에서는 그동안 이루어진 상담내용을 정리하고 요약한다. 앞으로 어떤 행동을 할 것인지와 원소속 부대로 복귀하면 간부가 무엇을 해 주기를 원하는지 허심탄회하게 대화를 나눈다. 내담자가 도출한 문제해결 방안을 격려하고 정서적인 지지를 포함하여 내담자에게 믿음과 희망을 준다.

3) 상담 기법

행동주의적 접근의 상담 기법은 다양하다. 주로 사용되는 기법으로는 학습의 기본원리를 그대로 적용하여 인간의 행동을 바람직한 방향으로 수정하는 방법과 이들을 응용한 방법등이 있다.

기본원리를 그대로 적용한 방법은 바람직한 행동의 강화, 부적절한 행동의 소거, 학습된 행동의 일반화, 자극에 따라 반응을 달리하는 변별 학습, 행동의 조형 등이 있다. 이러한 원리를 좀 더 확대한 응용기법으로는 체계적 둔감법, 심상법, 행동계약법 등이 있다.

- **정서 심상법**: 상호제지의 변형으로 내담자의 불안과 두려움을 제거하는 데 도움이 되는 기법이다. 주어진 장면에서의 공포와 두려움을 차단하기 위해 근육이완훈련 대신 사랑, 긍지, 애정 그리고 기쁨과 같은 긍정적인 느낌이 일어나도록 상상하고 명상하는 기술이다. 이 기술은 장병의 유격훈련에 대한 두려움을 제거하는 데에도 아주 효과적인 기법이다.

- **체계적 둔감법**: 불안이나 공포로 인해 야기되는 부적응 행동이나 회피적인 행동을 수정하는 데 효과적인 기법이다. 이 기법은 근육이완훈련을 먼저 실시한 후, 불안을 일으키는 자극을 행동적으로 분석하고 불안 유발상황에 대한 위계목록을 작성한 다음, 단계적으로 불안을 유발하는 상황을 상상하여 두려움이나 공포를 둔감화한다.

- **내파 방법**: 불안을 일으키는 자연과 관련된 무시무시한 결과를 아주 생생하게 상상함으로써 불안을 극복하는 방법이다. 이 기술은 어떤 장면과 관련된 결과에 대한 불안을 최대한으로 경험하게 함으로써 오히려 역설적으로 불안을 낮추는 기술이다. 하지만 두려움을 감소시키는 것이 아니라 오히려 두려움을 증가시킬 수 있다는 점에서 유의해야 한다. 군에서 실시하는 야간 공포체험훈련은 내파법의 하나가 된다.

- **심적 포화**: 정적 강화 자극이라 하더라도 계속적으로 주어지면 포화상태에 이르게 되어 효과가 감소하는 원리를 기반으로 한 기법이다. 포화상태가 되도록 자극을 계속 주게 되면 정적 강화 자극의 기능을 상실하고 오히려 그 반대의 효과가 나타난다.

- **행동 계약**: 두 사람이나 또는 그 이상의 사람들이 정해진 기간 내에 각자의 행동을 분명하게 정해 놓은 후, 그 내용을 서로가 지키기로 계약을 하는 것이다. 상담에서는 주로 상담자와 내담자 간 또는 상담자와 내담자의 부모 간 계약이 이루어진다.

- **자기 지시**: 자기 지시는 불안이나 기타 부적응 행동에 대해 불안을 줄이거나 적응 행동을 하도록 자기 자신에게 지시하거나 자기 스스로에게 말

하는 기술이다. 자기 지시에는 정서적 안정을 위한 근육이완을 하는 지시, 비합리적 생각을 합리적 생각으로 바꾸는 지시, 부정적인 사고를 중지하는 지시, 구체적이고 바람직한 조절행동을 하도록 하는 지시 등 다양하게 적용이 가능하다.

5. 군 상담 적용의 시사점

행동주의적 접근의 상담은 군대 생활을 하는 동안 받게 되는 여러 가지 스트레스와 개인의 불안한 심리상태 및 과중한 업무 그리고 위계적인 대인관계에서 오는 심리적 갈등 등을 해결하는 데 효과적이다. 행동주의 상담이론을 군 상담에 적용하는 데 주는 시사점을 살펴본다.

첫째, 군에서는 임무를 수행하기 위해 부여받은 업무가 과중한 경우가 있다. 사적인 개인 시간이 부족하고 입대 전 사회경험과 무관한 보직 등으로 말미암아 군 복무에 대한 적극성이 떨어지고 부적응으로 이어져 사건사고가 발생하기도 한다.

입대 전의 역할과 군 입대 후 담당하는 역할의 차이에서 오는 어려움과 합리성에서 벗어난 부당한 업무 등도 복무부적응의 원인이 된다. 이렇게 장병들이 겪는 스트레스는 행동주의적 접근 이론에서 강조하는 강화나 모델링 등의 다양한 기법을 활용하여 조력하는 것이 가능하다.

둘째, 입대 전 민주주의 가치관에 입각한 사회생활과 자유분방한 개인주의 생활에 익숙해진 상태에서 입대한 장병들은 군대의 특수성과 문화로 심리적인 위축을 받는다. 낮은 자존감, 적대감, 자아정체성의 혼란, 충동, 우울증 등과 같은 심리적 불안을 경험한다. 자기의 통제를 벗어나는 집단생활 및 복종과 같은 행동의 혼란에서 복무부적응이 나타나기도 한다.

이러한 군 장병들의 심리적 불안과 부적응 행동은 자기 스스로를 통제할 수 있는 자기 지시나 자기 지도 등과 같은 상담기법 활용이 유용하다. 그 이유는 유격훈련이나 도피 및 탈출, 혹한 훈련 등 악조건 상황을 스스로 극복하기 위한 군대 훈련과 유사성이 많기 때문이다.

셋째, 군 장병은 간부 및 동료들과의 대인관계 갈등으로 종종 좋지 않은 일이 발생되기도 한다. 상명하복의 지휘체계에서 형성된 경직된 인간관계와 상·하급자의 위계적인 환경으로 복무부적응의 어려움에 직면한다. 뿐만 아니라 가족 관계와 이성 관계 등의 외부적인 요인으로부터도 영향을 받는다. 이렇게 다양한 대인 관계에서 위축되어 군 생활을 힘들게 하는 장병과 같은 경우에는 자기복잡성과 개인 및 집단자존감을 포괄하는 자기개념증진 프로그램의 개발 필요성을 시사한다(심윤기 외, 2014).

넷째, 군대는 평시 교육훈련 위주로 운영된다. 군대는 행동주의 학습의 원리가 오래전부터 실천적으로 이루어져 온 조직이다. 복무부적응의 행동을 보이는 장병들에게 평상시 해오던 학습방법의 일환으로 행동주의적 상담기법을 군 생활 전반에 활용하면 좋은 효과를 가져다줄 수 있다. 고전적 조건형성 이론과 조작적 조건형성 이론 및 사회학습 이론에서 강조하는 원리와 기법은 교육훈련과 부대관리 측면에 다양한 활용이 가능함을 시사한다.

3. 인간중심 상담이론과 군적용

인간중심 상담은 1940년대 로저스(Rogers)에 의해 창시되었다. 이 이론은 처음에 비지시적 상담으로 불렸으나 이론의 발전과정에서 내담자중심 상담으로 변경되었고, 이후에는 최종적으로는 인간중심 상담으로 바뀌었다.

| 로저스

인간중심 상담은 구체적인 문제해결보다는 내담자에 대한 상담관의 태도를 중요시하는데, 그 이유는 독특한

인간관에 기초하기 때문이다. 인간중심 상담에서 말하는 인간은 정신분석에서처럼 자신도 모르는 무의식에 의해 지배받는 그런 비관적인 존재가 아님을 강조한다. 인간은 자기를 성장시킬 수 있는 기본적 동기와 능력을 가지고 태어나는 것을 가정한다.

다만 삶을 살아가는 과정에서 그러한 능력이 가려졌을 뿐이라는 것을 전제한다. 인간은 과거에 얽매인 부정적인 존재가 아니라 미래를 향해 노력하는 긍정적인 존재로 여긴다. 자신의 가능성과 잠재력을 지속적으로 발견하고 실현할 수 있는 존재라서 그 무엇이든지 될 가능성이 있는 존재로 여긴다. 인간의 잠재력과 실현가능성에 대한 믿음이 이 이론의 핵심이다.

1. 인간에 대한 기본 관점

인간중심 상담이론은 실존주의 철학에서 출발하였다. 인간중심 상담의 근간이 되는 인본주의 심리학은 실존주의에서 '성장'이라는 중요한 개념을 추출하였으며, 인간은 항상 더 나은 존재가 되려고 노력하는 존재라고 본다. 이러한 철학적 전제를 바탕으로 인간을 이해하려고 했던 로저스는 인간은 스스로를 발전하고 성장하는 방향으로 능력을 발휘하는 존재로 여겼다.

구체적으로, 인간은 계속적으로 성장하려고 노력하는 성장 지향적인 존재이며, 누구나 건강하고 창조적인 성장을 위한 잠재력이 있다고 말한다. 창가에 놓아둔 감자가 적절한 빛과 수분 그리고 최소한의 성장 조건만 갖추어지면 아무도 돌보지 않아도 스스로 싹을 내고 성장하듯, 인간도 적절한 환경이 주어지면 자신의 잠재력을 충분히 발휘할 수 있고 창조적인 성장을 이룰 수 있다고 말한다.

다시 말해, 인간의 본성 안에는 자기이해 및 자기지향적인 성향이 내재되어 있어 모든 인간은 자신의 삶과 미래 역시 창조적으로 성장하는 삶을 살 수 있다고 주장한다.

인간은 자신의 인생목표와 행동방향을 스스로 결정하고 결정에 따르는 책임을 수용하는 능동적이고 자유로운 존재로 본다. 인간은 현실적이고 합리적인 존재라서 더욱 자유로워질 때 좀 더 선천적인 자아실현의 경향이 강해진다고 로저스는 주장하였다.

자기실현을 적극 실천하는 사람을 건강한 사람으로 간주했으며, 자신의 잠재력을 인식하고 자신에 대한 충분한 이해와 경험을 풍부하게 하는 방향으로 나아가는 사람을 충분히 기능하는 사람(fully functioning person)으로 여기고, 이를 이상적인 삶의 최종상태로 바라보았다(Rogers, 1951).

2. 주요 개념

1) 현상학적 장(Phenomenal field)

현상학적 장이란 주관적인 경험의 세계를 의미한다. 특정한 순간에 개인이 지각하고 경험하는 모든 것을 뜻한다. 로저스는 이를 가리켜 동일한 현상이라도 개인에 따라 지각하는 것과 경험하는 것이 다르므로 계속적으로 변화하는 경험 세계의 중심은 개인이라고 설명하면서 이 세상에는 오직 현상학적 장만이 존재한다고 주장하였다(Rogers, 1951).

현상학적 장은 개인적 현실(individual reality)이라고 부르기도 한다. 개인이 의식적으로 지각한 것과 지각하지 못하는 것도 모두 현상학적 장에 포함된다. 개인은 객관적 현실보다는 자신의 현상학적 장에 입각해서 살아간다. 인간은 환경의 자극에만 반응하는 단순한 존재가 아니며, 전체적으로 조직화된 체계에 따라 행동하는 존재이다. 이처럼 로저스는 인간행동에 대한 현상학적 관점과 전체론적인 관점에서 인간을 규정하였다.

2) 유기체(Organism)

유기체의 사전적 의미는 물질이 유기적으로 구성되어 생활 기능을 하는 조직체를 말한다. 유기체는 많은 하위 부분들이 한 가지 목적 아래 통합되어 전체가 서로 유기적인 관계를 유지하며 스스로 호흡하고 배설하는 생명체를 뜻한다.

로저스는 인간을 이러한 유기체로 보았다. 인간이라는 유기체는 한 개인의 생각과 행동 및 신체적 존재 모두를 포함하는 전체로서의 개인을 의미한다. 이러한 유기체는 그 자체 내의 어떤 한 부분의 변화라도 다른 부분의 변화를 유발하는 특성을 가지고 있어 심리학적인 의미에서 모든 경험의 소재지로 간주한다.

유기체는 현재 순간에 느끼는 경험의 세계에 살면서 그 경험의 세계를 바탕으로 행동하며 언제나 전체적인 구조로 된 시스템으로 움직인다. 따라서 유기체의 경험이란 각 개인에게 주어진 순간순간을 의식적이든 무의식적이든 그것을 알아채고 느끼는 총체적인 경험을 의미한다(Rogers, 1951).

3) 자기개념(Self concept)

자기(self)는 로저스 이론의 핵심 개념이다. 자기 또는 자아개념은 개인의 현상학적인 장이 분화된 부분이며, 개인 자신의 존재를 인식하는 틀을 의미한다. 자기개념은 현재 자신이 어떤 존재인가에 대해서 개인이 갖는 개념으로 자기 자신에 대한 자기상(self image)이다.

인간은 처음에는 나와 나 아닌 것을 구분하지 못하다가 이 두 가지의 차이를 구별하면서 자기를 형성한다. 현상학적 장을 구분하는 과정 즉, 어떤 것이 나의 것인가 아닌가를 구분하는 과정에서 자기를 형성한다. 이러한 자기는 스스로에 대한 일련의 가치와 인식으로서 성격 구조의 중심이 된다.

로저스는 자기 개념을 크게 현실적 자기(real self)와 이상적 자기(ideal self)로 구분하여 설명하고 있다. 이 중 현실적 자기는 현재 자신의 모습에 대한 인식이며, 이상적 자기는 한 개인이 가장 높은 가치를 부여하는 특성에 대한 자기개념으로 자신이 스스로에게 바라는 이상적인 모습이다.

인간은 현실적 자기와 이상적 자기개념이 서로 불일치할 때 불안을 경험한다. 이 두 가지 자기개념이 일치할 때 개인은 적응적이고 건강한 성격을 형성한다. 불일치가 심한 경우에는 부적응적이 심화되고 병리적인 성격을 갖게 된다고 말한다(천성문 외, 2010).

4) 자기실현 경향성(Self actualization)

자기실현 경향성은 유기체를 유지시키는 성향으로 모든 유기체가 태어날 때부터 갖고 태어난다. 인간은 다양한 욕구를 가진 존재이지만 그 욕구는 자신을 유지하고 자기를 향상시키며 자기를 실현하는 방향으로 움직인다. 또한 인간은 살아가면서 고통을 겪는다 할지라도 그것을 극복하고자 하는 성장지향성을 가지고 있다.

그러나 현실 지각이 왜곡되어 있거나 자아분화 수준이 낮은 경우에는 성장지향적인 성향보다 퇴행적인 성향이 더 강하게 나타난다. 이에 로저스는 모든 인간이 퇴행적인 성향이 있으나 그보다는 성장지향적인 성향이 더 강하기 때문에 인간은 결국 성장을 향해 나아간다고 설명한다.

예를 들어, 어떤 한 장병이 입대 후 복무부적응을 겪고 있다면 그것은 장병의 적응 능력이 부족해서가 아니라, 자신의 가능성을 발견하지 못하고 잠재력을 실현하지 못해 나타나는 현상이라고 여긴다.

실현 경향성을 군 상담 과정에 적용시켜 보면 장병들은 선천적으로 부적응 상태를 극복하고 심리적으로 안정된 상태를 유지하려는 능력을 가지고 있다. 인간중심 상담 과정에서는 전문적인 기법을 동원해서 내담자의 문제를 해결하기보다는 내담자 스스로 자신의 문제를 해결해 나가도록 촉진적인 역할을 더 중요하게 여긴다.

5) 지금-여기

로저스는 지금 여기에서 사람이 어떻게 생각하고 느끼고 있느냐가 행동을 결정하는 유일한 요소라고 말한다. 인간 존재의 의미는 '거기와 그때'가 아니라 '지금 여기에' 있다고 여긴다. 현재의 자기 속에서 참된 가치와 의미를 발견하는 것이 중요하며 과거는 별로 중요하지 않다고 본다.

어제와 그제 실수를 많이 했다고 하더라도 오늘 이 자리에 앉아 있는 나 자신이 바로 현재의 나를 결정짓는 기준이다. 현재의 자기 속에서 발견하는 가치가 실현경향성과 일치할 때 인간의 발전과 성장 가능성은 무한하다고 말한다.

3. 심리적 문제의 원인

인간중심 상담이론에서 바라보는 심리적 문제의 원인은 다음과 같이 몇 가지가 있다.

첫째, 로저스는 자기구조(self-structure)에 있어서 한 개인이 지각하고 있는 자신의 능력을 현실적 자기라 부르고, 사회적인 현실에 의해 이상화된 자기를 이상적 자기라고 말하고 있다. 심리적 문제는 [그림 2-1]과 같이 이상적 자기와 현실적 자기의 부조화 때문에 발생하고 심리적인 불안을 경험한다고 여긴다. 인간중심 상담이론에서 바라보는 심리적 문제의 원인을 도식화하면 [그림 2-3]과 같다.

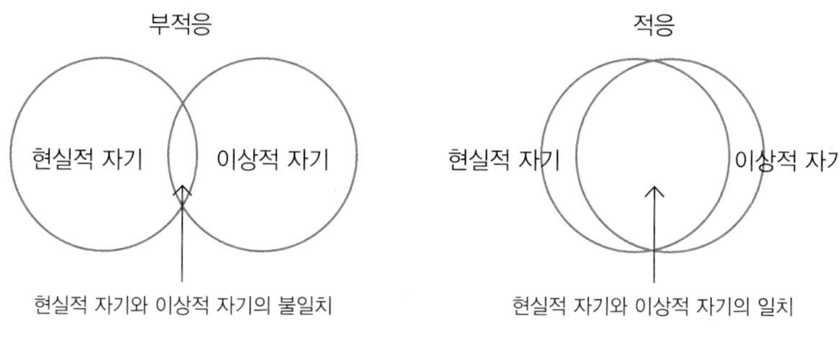

[그림 2-3] 현실적 자기와 이상적 자기의 관계

둘째, 인간은 유기체의 경험을 정확하게 지각하지 못하면 심리적 문제가 발생한다. 인간은 세상에 태어나 성장하면서 사회화되어 자신의 욕구와 감정이 기대하는 유기체의 경험을 무시하며 살아간다. 이러한 삶의 과정을 거치면서 자신의 생각과 감정을 신뢰하지 않게 되고, 자신 내부의 목소리에 귀를 기울이지 않아 내적 감각의 민감성을 잃는다. 결국 유기체의 경험을 지각하지 못하여 심리적 문제가 발생한다.

셋째, 로저스는 유기체가 한 가지의 뚜렷한 경향성 즉, 자아를 실현하고 유지하며 증진하는 경향성을 지니고 태어난다고 강조한다(Rogers, 1951). 그래서 힘들고 어렵더라도 누구나 성장을 위해 노력하며 자신을 성장시키는 경험이 가치가 있다는 것을 본능적으로 이해한다.

이와 같이 타고난 실현경향성을 가진 인간은 성장과정에서 환경과의 상호작용을 하면서 다른 사람의 평가를 듣고 그에 반응하는 '자기'구조를 형성한다. 일단 '자기'구조를 형성하면 그에 일치하는 행동 방식을 선택하며 그에 일치하는 경험을 자신의 것으로 받아들인다. 그러나 '자기개념'과 일치되지 않은 경험은 부정하는데 그것이 누적되면 심리적 불안과 부적응을 경험한다.

4. 상담의 과정과 기법

1) 상담의 목표

인간은 모두 자기 본연의 모습으로 살아가기를 꿈꾼다. 하지만 살아가는 과정에서 진정한 자신의 모습을 숨기고 가면을 쓰고 거짓 꾸밈으로 살아가기도 한다. 이러한 사람에게 가면이 아닌 거울을 비추어 참된 자아를 찾도록 도와주는 것이 인간중심 상담의 목표에 해당한다(Rogers, 1951). 군 상담 과정에 로저스가 말한 상담 목표를 적용하면 무엇보다 먼저 내담자가 입대 전 사회생활을 통해 내면화된 부정적인 군인에 대한 가면을 벗어야 한다.

군대에 대한 부정적인 생각과 그에 따른 왜곡되고 변질된 자기개념을 변화시켜야 군대라고 하는 현실의 장에서 이루어지는 모든 경험을 불안감 없이 자신의 것으로 받아들일 수 있다. 군대에서 이루어지는 모든 경험을 왜곡 없이 수용하게 될 때 비로소 그동안 보지 못했던 장병으로서의 늠름하고 멋진 자신의 참모습을 발견할 수 있으며, 군 생활 자체를 자신이 성장하는 기회의 장으로 삼을 수 있다.

2) 상담의 과정

인간중심 상담은 어떠한 틀 안에서 개인을 평가하고 방향을 제시해주는 상담이 아니다. 인간중심 상담 과정은 개인마다 독특하고 역동적이지만 절차와 순서는 매우 보편적이다(Rogers, 1951). 식물이 자라나는 과정을 공식화하여 일정한 상태를 가정하듯이 상담에서 변화를 촉진하기 위한 조건으로 공감적 이해와 수용성 및 진실성을 강조한다.

로저스가 강조한 상담개념이 군 상담 과정에서 모두 다 이루어질 수 있는 것은 아니다. 한두 시간 안에 상담이 종결될 수도 있고, 혹은 몇 회에 걸쳐 이루어질 수도 있다.

(1) 초기 단계

군 상담의 초기과정은 내담자가 상담을 받으러 오는 단계로부터 시작한다. 보통 군 상담은 내담자 스스로 자청해서 상담실을 찾아오는 것이 아니라, 간부에 의해 의뢰되어 상담실을 찾아오는 경우가 대부분이다.

중요한 것은 내담자가 상담실에 오는 행위 그 자체에 대해서 내담자에게 칭찬과 격려를 보냄과 동시에 책임감을 느끼도록 조력해야한다. 내담자가 자의든 타의든 상담을 받으러 온 행동에 대한 책임감을 느껴야 상담성과를 기대할 수 있다.

상담관은 상담이 이루어지는 과정 내내 내담자를 따뜻하게 대하며 내담자 스스로 문제의 해결책을 찾을 수 있다는 자신감을 갖도록 안내한다. 상담관의 역할은 단지 내담자가 문제를 이해하고 해결하는 상담 장소만을 제공해주는 것이 전부임을 이해시킨다.

문제해결에 대한 전적인 책임은 오직 내담자에게 있다는 것을 주지시킨다. 그런 다음 문제해결을 위한 본격적인 상담이 이루어지는데, 현재 군 복무와 관련된 문제의 감정과 느낌을 자유롭게 표현하도록 내담자를 적극적으로 격려하고 지지한다. 동시에 불안과 분노, 증오심 등의 감정을 표출하도록 촉진한다.

(2) 수용 단계

수용 단계는 상담관이 내담자의 부정적인 감정을 수용하는 과정이다. 상담관은 내담자의 부정적인 감정의 원인에 대해 해석하거나 논의하지 않는다. 단지 그러한 감정을 공감 및 수용하고 말로써 재진술한다. 내담자의 감정을 하나의 사실로써 수용하고 그 표현을 분명히 하도록 안내한다.

내담자의 부정적인 표현을 비난하지 않고 수용하면 역설적이게도 군 복무에 대한 기대와 희망의 긍정적인 표현이 뒤따라 온다. 내담자가 표현한 부정감정과 긍정감정을 모두 수용하고 인정하는 과정이 확장되도록 한다.

부정적인 표현과 긍정적인 표현, 공격적인 태도와 수용적인 태도, 소극적인 복무 자세와 자신감 있는 자세 등 상대적으로 다른 양쪽 모두를 수용하면 내담자는 진정한 자신의 참모습을 이해한다. 그 결과 내담자는 자신의 부정적인 감정을 회피하지 않고 긍정적인 감정을 과대평가하지도 않으며, 자기이해와 통찰을 통해 성격의 통합을 이루어 간다.

(3) 통찰 단계

통찰 단계에서는 내담자가 경험하는 두려운 감정을 받아들이고 앞으로 나아갈 수 있는 용기를 촉진한다. 이 과정에서는 내담자를 강요하거나 비난하는 것은 바람직하지 않다. 촉진적으로 조력하면 처음에는 비록 약하지만 차츰 내담자의 행동이 긍정적이고 적극적으로 나타나며, 불안하고 위축된 모습에서 벗어나고자 능동적인 행동을 한다. 이러한 상담 과정이 지속되면 장병 자신의 참모습을 더욱 깊이 이해하고 바람직한 행동을 한다.

장병의 통찰은 새로운 각도에서 자신을 이해하고 수용하는 기반으로 작용하여 복무적응의 변화된 모습으로 나타난다. 지금까지 자기개념에 맞추기 위해서 군 복무와 관련된 현실을 왜곡하거나 부정해 왔던 자신의 감정, 사고, 욕구 등을 이해하고 받아들이며 참된 의미를 깨닫는다.

자신의 성격적인 특성과 관련된 현상을 부정하고 왜곡해 왔던 사고와 감정, 충동까지도 부정하고 비난하는 것이 아니라, 오히려 긍정적이고 가치 있는 것임을 깨닫는다(천성문 외, 2010).

(4) 종결 단계

내담자의 통찰이 이루어지면 이제는 완전한 자기이해로 이어지도록 안내한다. 복무부적응의 모습에서 적응 및 성장하고자 하는 모습으로 발전하도록 조력하며, 자기 자신과 타인에 대한 정확한 이해를 촉진한다. 군 생활에 대한 두려움을 없애고 자기 자신에 대한 존중과 자신감을 갖도록 안내한다.

군 생활에서 나타날 수 있는 여러 문제를 자신감을 갖고 장병 스스로 다룰 수 있다는 확신이 서면, 이것이 곧 충분히 기능하는 장병의 모습으로 변화되고 성장한 것이다. 이때 상담을 종결한다.

3) 상담 기법

상담 기법은 일반상담에서 강조하는 기법을 그대로 군 상담 과정에 적용한다. 로저스는 내담자의 긍정적인 변화를 이루는 필요충분조건으로 다음과 같은 세 가지의 상담관 태도를 강조하고 있다(Rogers, 1951). 내담자의 심리적 문제 해결과 인간적인 성장을 위해서는 상담자의 진실성과 무조건적인 긍정적 존중, 공감적 이해가 중요하다고 말한다.

상담자가 내담자와의 관계에서 이러한 세 가지 태도를 일관성 있게 유지해 나갈 때 내담자의 긍정적인 변화가 일어난다고 여긴다. 로저스가 강조한 상담자의 세 가지 태도는 군 상담관에게도 그대로 적용되어야 한다. 오히려 위계적이고 권위주의적인 군대의 특수성과 문화를 감안하면 군 상담관에게 더욱 절실히 요구되는 태도에 해당한다.

(1) 진실성(genuineness)

진실성이란 상담관이 내담자를 대함에 있어서 가식이나 왜곡 그리고 계급 구분 없이 인간 대 인간으로 솔직하게 대한다는 뜻이다. 내담자의 심리적 문제를 해결하고 성장을 조력하기 위해서 상담관은 반드시 진실성을 갖춘 사람이어야 한다.

이러한 진실성은 내담자의 감정과 반응을 정확하게 지각하도록 도움을 준다. 내담자는 상담관이 진실한 모습을 보일 때 그 모습을 통해 자신이 누구인지 또 자신이 어떤 사람인지 빠른 이해를 촉진한다.

상담관은 긍정적이든 부정적이든 자신의 행동이나 감정에 솔직해야 하며,

부정적 감정을 숨기지 않고 진솔하게 표현하는 등 내담자와 정직한 대화가 이루어지도록 해야 한다. 모르면 모른다고 하고 이해되지 않으면 이해되지 않는다고 솔직하게 말할 수 있는 자세가 필요하다. 이러한 상담관의 모습을 보고 내담자는 신뢰감을 느껴 자기개방을 확장한다.

(2) 무조건적인 긍정적 존중(unconditional positive regard)

내담자의 변화를 가져오기 위한 두 번째 중요한 요인은 무조건적인 긍정적 존중이다. 무조건적인 긍정적 존중은 상담관이 내담자를 평가하거나 비난 또는 판단하지 않고, 내담자가 보이는 감정이나 행동 특성을 그대로 수용하며 내담자를 소중히 여기는 태도이다. 이러한 무조건적 긍정적 존중에는 세 가지 의미가 내포되어 있다.

첫 번째는 무조건적인 의미이다. 무조건적 존중은 군대에서 실현하기가 결코 쉽지 않은 일이다. 군대 조직은 완전무결주의에 입각해서 운영되어야 하는 조직이기 때문이다. 내담자가 자신을 숨기고 부정 왜곡을 하는 것까지 받아들이기 위해서는 내담자의 행동을 조건 없이 수용하는 태도가 필요하다. 내담자를 존중하고 배려하는 것은 어렵고 힘든 일이지만, 내담자를 무조건적으로 존중하면 내담자는 자기를 깊이 탐색하고 자신의 감정이나 경험 등을 자유롭게 표현한다.

두 번째는 온정적인 의미이다. 온정의 모습은 내담자로 하여금 편안함을 느끼게 하고 마음의 안식처를 찾은 것 같은 따뜻한 분위기를 제공하는 것이다. 이런 분위기는 상담 관계형성을 돕고 내담자의 자기탐색을 촉진한다.

세 번째는 가치중립적인 의미이다. 가치중립적이라는 말은 자신이 소중한 것처럼 다른 사람도 동일한 가치와 대우를 받을 만한 하나의 인격체로 인정한다는 의미이다. 내담자는 자신의 가치를 존중받지 못하면 그 순간부터 마음의 문을 닫아 버리는 경향이 있다.

(3) 공감적 이해(empathic understanding)

공감적 이해는 내담자의 감정에 빠져들지 않으면서 내담자의 감정을 자신의 것처럼 느끼는 것이다. 마치 내담자의 눈으로 보고, 내담자의 귀로 듣고, 내담자의 코로 냄새 맡듯이 하는 것이다. 내담자가 느끼는 감정과 경험을 정확히 파악하고 이해하여 이를 다시 내담자에게 되돌려 주는 것까지를 포함한다.

이때 주의해야 할 것은 상담관의 주관적인 생각이나 판단이 배제되어야 한다는 점이다. 상급자 또는 권위자로서 내담자 앞에 서는 것이 아니라 자신을 낮추어 내담자와 같은 위치에서 같은 자세로 상담을 안내해야 한다. 내담자의 내면에 자리하고 있는 생각이나 감정을 있는 그대로 받아들이고 이해하는 것도 중요하다. 내담자 자신이 진정으로 이해받고 있고 수용되고 있다는 느낌을 받으면 편안하게 자신을 바라보고 탐색한다.

5. 군 상담 적용의 시사점

인간중심 상담이론을 군 상담 과정에 적용하는 데에는 다음과 같은 시사점을 가진다.

첫째, 군 병사들은 대부분 20대의 청소년이다. 청소년기는 가치관에 많은 혼란이 오는 시기이며, 자아정체성 형성을 위해 긍정적이고 전문적인 지도가 필요한 시기이기도 하다. 따라서 인간중심 상담은 군 장병들에게 가깝게 다가갈 수 있는 이점이 있는 반면, 일반사회와 다른 군의 특수성에 따른 제한점도 동시에 있다.

군은 자유롭지 못한 환경과 위계적인 특수성으로 스트레스와 긴장 및 불안 등의 심리적 고충이 나타나며, 부적응 증상이 해결되지 않으면 각종 사고로 이어지기도 한다. 이러한 점을 고려할 때 진정한 마음으로 장병과 동고동락하고 군 생활 노고에 대한 공감적인 대화가 이루어질 필요가 있으며, 장병 각 개인을 독립된 하나의 인격체로 존중하는 자세와 태도가 적극 실천되어야 함을 시사한다.

둘째, 군 장병들은 복무하는 기간 동안 다양한 욕구를 표출한다. 상급자로부터 이해와 신뢰받기를 원하며, 개인 사생활에 대한 비밀보장의 욕구와 군 생활 스트레스 해소 욕구, 자신의 충동적인 감정에 충실하고 싶은 욕구, 지지와 격려 및 공감적 욕구를 충족하고 싶어 한다.

이러한 현상을 보면 군 장병들에게 변화와 성장을 이야기하기 전에 먼저 장병들의 욕구를 이해하고 수용하는 자세를 갖는 것이 중요함을 시사한다. 다양한 심리적 욕구를 보이는 내담자들에게 우선적으로 필요한 것은 긍정적인 존중과 수용의 자세 및 공감적 이해다. 이는 상담관뿐만 아니라 부하를 지휘하고 지도하는 모든 간부들에게도 꼭 필요한 인간적 태도에 해당한다.

셋째, 군 병사는 자신의 심리적 문제를 이야기해도 해결될 수 있을 것인가에 대한 부정적인 생각에 상담 받기를 꺼린다. 상담을 받는 그 자체가 편안함과 요령을 추구하는 모습으로 비추어질까 봐 선임의 눈치가 보여 상담을 포기하는 경우도 있다. 비밀보장이 지켜지지 않아 주변에 알려질 것에 대한 부담감도 느껴 상담을 회피하기도 한다.

특히, 군 간부가 상담관의 역할을 수행하는 경우에는 상담 관계가 위계적 상황이 되어 상담을 포기한다. 따라서 평소 부대생활을 하는 과정에서 장병들이 사소한 잘못을 하는 경우에는 이를 바로 충고하거나 지적하기보다는 이해하는 모습으로 다가가며 신뢰관계를 형성하는 것이 필요하다.

넷째, 인간중심 상담에서는 내담자의 심리적 문제를 해결하고 성장을 위해서 상담관의 진실성을 중요한 요소로 본다. 이는 상담관이 가면을 쓰는 것이 아니라 한결같은 모습을 지녀야 한다는 것을 의미한다. 군은 평상시 교육훈련과 부대관리를 위해 많은 일을 수행하는 과정에서 늘 인자한 모습을 보이기에는 한계가 있다.

대부분의 장병은 군 생활을 즐겁게 하려고 노력하지만, 사소한 일인데도 간부의 고성과 질책이 뒤따르고 얼굴을 붉히는 일이 발생한다. 사소하고 경미한 일인데도 불구하고 꾸중과 질책을 자주하는 간부가 평소의 언행과 다르게, 상냥하게 웃는 얼굴과 목소리로 상담을 진행하게 된다면 상담을 받는 장병의 심정은 어떠할지 가히 짐작이 가고도 남는다.

평소 공감적이지 못한 언행에 대해 상담에 앞서 이해를 구하는 것도 중요하지만, 그보다는 평상시부터 서로가 이해하고 존중하며 상하 신뢰관계를 돈독하게 형성하는 것이 중요함을 시사한다.

4. 인지치료 상담이론과 군적용

인지치료이론은 1950년대 미국에서 태동하였다. 1980년대부터는 이론의 개념적인 기초가 더욱 튼튼해지고 치료적 절차도 정교화되어 여러 방면에서 활용되었다. 인지치료 상담은 개인이 현재 보이는 문제 증상의 원인이 어떤 특정한 사건 때문이 아니라, 그 사건을 바라보는 개인의 사고와 신념체계에 있다고 규정한다. 따라서 상담관은 내담자의 역기능적이고 비합리적인 신념에 대한 논박을 통하여 합리적 신념으로 바꾸어주는 데 역점을 두라고 말한다.

인지치료 상담은 내담자의 인지적 사고의 틀이나 내용을 재구성함으로써 우울이나 불안과 같은 정서적 문제를 해결한다. 인지치료 상담을 대표하는 엘리스(Ellis)의 인지 · 정서 · 행동치료와 벡(Beck)의 인지치료를 살펴보겠다.

1. 인지·정서·행동치료

| 알버트 엘리스

인지치료 상담이론 중 가장 많이 알려지고 널리 사용되는 것은 1950년대 엘리스에 의해 창안된 인지 · 정서 · 행동치료이다. 이 이론은 개인의 신념체계를 바꿈으로써 행동의 변화를 가져오게 하는 것으로 심리적인 문제를 야기하는 비합리적인 신념을 합리적 신념으로 변화시키는 과정을 중요하게 여기고 있다.

원래 이 이론은 인지적 치료(Rational Therapy: RT)

라는 이름으로 출발하였으나 이후 인지정서치료(Rational Emotive Therapy: RET)으로 명칭을 바꾸어 사용하였다. 1993년에 행동주의 원리가 그의 이론에 반영되면서 공식적인 명칭을 인지 · 정서 · 행동치료(Rational Emotive Behavioral Therapy: REBT)로 부르게 되었다.

1) 인간에 대한 기본 관점

엘리스가 바라본 인간은 합리적이고 논리적인 가능성과 비합리적이고 비논리적인 가능성을 동시에 갖고 태어난 존재라고 가정한다. 인간은 가치를 보존하고 행복을 누리고 사랑하며, 다른 사람과 친밀감을 맺고 스스로 성장하고 자아를 실현하는 경향성을 가진 존재로 설명한다.

뿐만 아니라 스스로를 파괴하고, 실수를 반복하고, 일을 미루고, 미신 세계에 빠져들고, 참을성이 없고, 완벽을 추구하고, 자기를 비난하는 존재로 말하기도 한다(Ellis, 1987). 엘리스가 주장하는 인간관을 살펴보면 다음과 같다.

첫째, 인간은 외부의 어떤 조건에 의해서라기보다 자기 스스로 정서적 혼란을 일으키는 존재라고 규정한다. 정서적 혼란을 가져오는 신념을 자신이 만들고 그 신념에 따라 스스로 정서적으로 혼란해지는 경향성을 가진 존재로 보고있다.

둘째, 인간은 사실을 왜곡하고 정서적 혼란을 일으키는 선천적인 경향성을 가진 존재로 규정한다.

셋째, 인간은 동시에 생각하고 느끼고 행동하며 이 세 가지가 서로 영향을 주고받는 존재로 여긴다. 인간을 총체적으로 기능하는 존재로 인식한다.

넷째, 인간은 사고와 정서 및 행동을 바꿀 수 있는 능력을 동시에 가진 존재로 규정하고 있다. 전체적인 관점에서 인간에 대한 중립적인 견해를 취하고 있다.

2) 주요 개념

엘리스는 인간의 세 가지 핵심 영역인 인지, 정서, 행동이 서로 상호작용하는 과정에서 인지가 주축이 되어 정서와 행동에 영향을 준다고 가정한다. 특히, 인지의 역할은 정신 건강과 부적응에 대한 중요한 역할을 담당한다고 강조한다.

부적응 행동은 사람들이 비합리적 신념으로 상황에 접근하기 때문에 일어나는 것이므로 치료 방향 역시 왜곡된 인지를 변화시키는 것으로부터 출발해야 한다는 입장을 견지한다. 인지·정서·행동치료에서 주장하는 원리는 6가지가 있는데 이를 살펴보면 다음과 같다(박경애, 2004).

① 인지는 인간 정서의 가장 중요한 핵심적인 요소다. '우리는 생각한 대로 느낀다.'는 말로 함축이 가능한데, 어떤 외부 사건이나 타인이 우리의 기분을 좋게 하거나 나쁘게 만드는 것이 아니라 우리 스스로가 그렇게 만든다고 말한다.

② 역기능적 사고는 정서 장애의 중요한 결정요인이다. 역기능적 정서 상태나 정신 병리의 많은 부분들은 역기능적 사고 과정에서 나타난 결과로 규정한다. 이러한 역기능적 사고는 과장, 과잉 일반화, 잘못된 추론 그리고 절대적인 관념 등으로 나타난다.

③ 인지·정서·행동치료는 우리가 생각하는 인간이기 때문에 사고의 분석부터 시작해야 한다고 강조한다. 만약 우리의 고통이 불합리한 신념의 산물이라면 그 고통을 가장 잘 해결하는 길은 신념을 변화시키는 일이다.

④ 비합리적 사고와 정신 병리를 유도하는 원인은 유전적이고 환경적인 영향을 포함하는 다중요소로 구성된다. 우리 인간은 선천적으로 불합리하게 생각하는 경향성이 있음을 강조한다.

⑤ 인지·정서·행동치료는 과거의 영향보다 현재에 초점을 맞춘다.

⑥ 신념은 변화한다. 불합리한 신념은 쉽게 변화되지 않지만 적극적이고 지속적인 노력으로 바뀔 수 있다.

3) 상담의 과정과 기법

인지 · 정서 · 행동치료는 적극적이면서도 지시적이며, 군에 효율적으로 활용될 수 있는 이점을 가진 이론이다. 그 이유는 장병들이 군 입대 전부터 군대에 대해 부정적인 생각을 많이 갖고 있기 때문이다.

예를 들어, '군 생활은 아무런 도움이 안 되는 썩는 시간이다', '군대에서는 서로 도와주는 사람이 없기 때문에 아픈 사람만 손해다', '간부들은 병사를 무시하고 존중하지 않는다'와 같이 생각하기도 한다. 따라서 비합리적인 생각이나 신념을 합리적인 사고나 신념으로 바꾸어 군대 생활을 적극적이고 능동적으로 할 수 있도록 조력하는 일은 매우 중요하다.

(1) 상담의 목표

인지 · 정서 · 행동치료의 상담 목표는 내담자가 지니고 있는 비합리적 신념을 합리적인 신념으로 바꾸는 것이다. 이를 위해, 상담관은 내담자가 합리적인 사고를 통해 긍정적인 정서를 느끼고, 자신이 세운 여러 가지 군 생활 목표를 달성할 수 있도록 안내한다.

또한 내담자의 부적응 증상을 없애는 데 노력할 뿐만 아니라, 문제의 주된 원인이 되는 내담자의 신념이나 가치관을 새롭게 정립하여 증상의 근원을 없애는 데 초점을 둔다. 이처럼 인지 · 정서 · 행동치료의 궁극적인 상담 목표는 내담자의 비합리적인 신념을 변화시키는 것에 둔다.

(2) 상담의 과정

인지 ·정서 ·행동치료의 진행과정은 ABCDE 모형으로 설명이 가능하다. ABCDE 모형의 A(activating event)는 개인의 정서를 유발시키는 어떤 사건이나 현상을 말한다. B(belief system)는 어떤 사건이나 현상 등과 같은 환경적 자극에 대해서 각 개인이 갖는 신념체계를 말한다.

C(consequence)는 A에 따른 정서적 ·행동적 결과를 말하며, 이 결과는 긍정적일 수도 있고 부정적일 수도 있다. 이 이론에 의하면 장병의 부적응과 같은

정서적 반응(C)은 어떤 사건의 발생(A) 그 자체로 일어나는 것이 아니라, 그 사건에 대해 가지는 있는 개인의 신념체계(B)로 나타난다.

예를 들어, 김 일병과 박 일병은 2022년도에 입대하였다. 그들은 군에 입대한 사건(A)은 같으나 이 사건에 대한 결과(C)는 달랐다. 김 일병은 군내가 '괜찮다', '할 만하다'와 같이 앞으로 군 복무를 하는 데 도움이 되는 긍정적인 정서적 결과를 경험한 것에 반해, 박 일병은 '힘들다', '두렵다'와 같이 군 생활을 하는 데 도움이 되지 않는 부정적인 정서적 결과를 경험하였다. 김 일병과 박 일병이 이렇게 서로 다른 정서적 결과를 경험하는 것은 '군 복무'라는 사건(A)에 대해 서로 다르게 생각(B)하기 때문이다.

인간의 정서적 반응이나 부적응을 일으키는 비합리적 신념을 어떻게 바꾸어야 하는지 그 방법을 내담자에게 제시하는 것이 바로 인지·정서·행동치료이다. 그 핵심은 D(dispute)라는 논박인데 D는 비현실적이고 자기 파괴적인 가설들을 논리적으로 논박해서 포기하도록 한다. 이러한 논박이 성공하면 내담자의 적응적 행동이 E(effect)의 효과로 나타나게 된다. ABCDE 모형을 제시하면 [그림 2-4]와 같다.

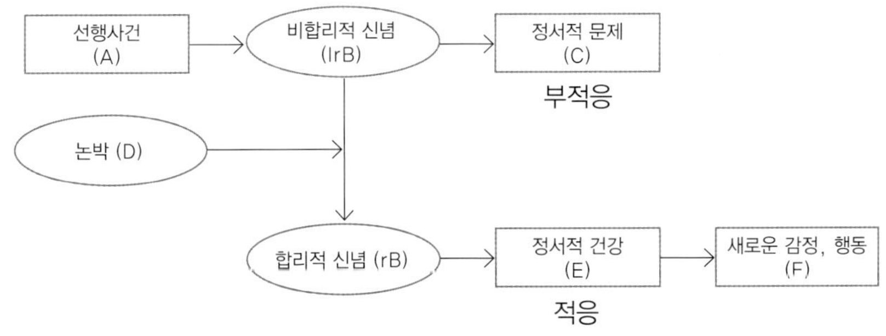

[그림 2-4] ABCDE 모형

(3) 상담 기법

인지·정서·행동치료의 기법은 인지적 기법, 정서적 기법, 행동적 기법이 있으나 군에서는 통합적인 입장을 취한다. 인지적 기법과 정서적 기법, 행동적 기법을 적용하기 위한 방법을 제시하면 다음과 같다.

① 인지적 기법

인지적 기법은 내담자가 생각하는 방식에 심리적인 변화가 일어날 때 정서와 행동에 긍정적인 효과가 나타나도록 조력하는 방법이다. 인지적 기법은 비합리적인 생각을 새로운 생각으로 바꾸는 데 목적을 두기 때문에 논박은 인지·정서·행동치료의 핵심 과정이다.

논박 과정은 교육적인 방식과 소크라테스 방식으로 진행이 가능하다. 소크라테스 방식은 계속되는 질문에 답하면서 내담자 자신의 생각과 감정, 행동이 어디서 어떻게 왔는지를 깨닫도록 하는 방법이다. 논박의 방법은 대체로 다음과 같이 네 가지로 설명을 한다.

- **기능적 논박**: 기능적 논박은 내담자가 지닌 신념, 행동, 정서가 내담자가 추구하는 목표를 성취하는 데 얼마나 도움이 되는가를 평가하는 논박이다. 기능적 논박의 최종 상태는 자신의 신념이 원하는 목표달성에 방해가 되고 있다는 점을 깨닫는 것이다.
- **경험적 논박**: 경험적 논박은 신념의 사실적인 근거를 평가하는 방법이다. 경험적 논박을 통해 내담자는 근거 없는 믿음, 다시 말해 전혀 말도 되지 않는 신념을 자신이 그동안 고집하여 왔다는 점을 깨닫는다.
- **논리적 논박**: 이 논박은 내담자의 비합리적인 신념이 자리하고 있는 비논리적인 추론에 의문을 제기하는 방법이다. 군대는 일반적인 사회적 상식으로는 비논리적이고 비합리적인 조직으로 생각할 수 있다. 그러나 국가의 안보를 위해서는 일반사회의 조직과 다른 특수성을 가지는 것이 당연

하다. 이러한 양면적인 개념을 내담자가 충분히 이해할 수 있도록 논리적으로 논박한다.

- **철학적 논박**: 철학적 논박은 눈앞의 당면 문제에만 몰두해 있어 다른 큰 부분을 보지 못하는 경우와 자신의 실존이 위협받을 것이라고 생각하는 내담자를 대상으로 이루어지는 논박이다. 이 방법은 군 복무와 성장이라는 주제를 내담자와 함께 다루는 논박에 해당한다.

② 정서적 기법

정서적 기법은 인지·정서·행동치료의 인지적 개입을 보완하기 위해 사용하는 기법으로 새로운 정서패턴을 만드는 데 도움이 되도록 설계된 기법이다. 정서적 기법은 인지적 기법을 통해서 얻은 사고의 긍정적인 변화를 좀 더 활성화시키고 강화하는 것에 초점을 두며, 정서적 모험을 경험하여 자신을 개방하도록 하는데 기여한다. 정서적 기법은 병영생활에 문제가 될 수 있는 대인관계 상황에서 유용한 적용이 가능하다. 자신들이 잘못 지각하여 만들어낸 자기비하가 얼마나 파괴적인 결과를 가져오는지를 배울 수 있는데, 다음과 같은 기법을 활용한다.

- **유머 사용**: 유머는 인지·정서·행동치료에서 재미있게 활용할 수 있는 기법의 하나이다. 엘리스는 많은 사람들이 너무 진지하게 생활하거나 유머감각을 잃어버려 정서적 혼란이 생긴다고 주장하였다. 얼마까지만 해도 군대에서는 웃음이 많으면 군기가 빠진 것으로 여기는 경향이 있었다. 이러한 점을 고려할 때 유머는 군 상담뿐만 아니라, 병영생활 등 다양한 군생활 분야에서 절대적으로 필요한 기법에 해당한다.

- **긍정 정서 상상**: 이는 특정 상황에서 부적절한 정서를 느끼는 자기 자신을 상상한 다음, 적절하고 바람직한 정서로 대체된 자신을 생생하게 떠올

리는 방법이다. 명상과 같은 원리로 이루어지며, 밀턴 에릭슨의 자율최면 기법과도 맥을 같이 한다.

- **부끄러움 공략**: 정서적이며 행동적인 두 가지 요소를 모두 포함하는 기법으로 내담자로 하여금 창피하거나 부끄러움을 느끼는 방식으로 행동하도록 과제를 준다. 이를 통해 내담자는 다른 사람들이 자신이 생각했던 것만큼 민감하지 않다는 사실과 다른 사람의 비난에 대해 과도하게 영향을 받을 필요가 없다는 사실을 깨닫는다.

③ 행동적 기법

행동적 기법은 내담자에게 어떤 행동을 하게 하여 그의 신념체계를 변화시키는 기법에 해당한다. 이는 변화된 신념체계를 통해 얻어진 인지적 결과물을 더욱 강화시켜 역기능적인 증상에서 보다 생산적인 행동을 하도록 돕는 기법에 해당한다.

행동적 기법은 내담자의 사고나 신념을 포함한 인지체계를 바꾸는 데 도움을 주기 위해 사용한다. 행동적 기법에는 역할연습과 합리적 역할 바꾸기가 있는데, 이 중 역할연습은 상담관이 보는 가운데 자신이 새롭게 깨달은 합리적 신념과 일치하는 새로운 행동을 연습하는 것이다.

합리적 역할 바꾸기는 상담관이 내담자의 비합리적 신념을 모델로 해서 고집스럽게 우기고 주장하는 것인데, 이때 내담자는 상담자가 고집스럽게 우기는 주장을 다시 상담관의 입장에서 합리적으로 이야기해보는 역설적인 방법에 해당한다.

2. 벡의 인지치료

ㅣ아론 벡

벡(Beck)의 인지치료는 인간이 의미를 구성하는 존재라는 철학적인 관점에 기초하고 있다. 인간은 주변 환경에 의미를 부여함으로써 세상을 구성하는 능동적인 존재라는 점을 강조한다. 인간의 감정과 행동은 환경이라는 자극 자체보다는 그 자극에 부여한 의미에 의해서 결정된다고 말한다. 이런 점에서 인지치료 이론은 인간의 삶에 대해서 구성주의적이고 현상학적 관점을 취하고 있다.

벡의 인지치료는 우울, 자살행동, 일반화된 불안 장애, 사회공포증, 외상 후 스트레스 장애 등의 임상적 치료에 많이 활용될 뿐만 아니라, 다양한 성격장애 치료에 이르기까지 광범위하게 활용되고 있는 이론이다.

1) 주요 개념

인지치료 이론은 개인의 자기 파괴적인 의식을 버리게 한다는 점에서 엘리스의 인지 · 정서 · 행동치료와 유사하다. 우울이나 정서 장애의 원인은 내담자가 현실을 해석할 때 자신을 부정적으로 바라보는 비합리적인 신념의 결과인 인지적 왜곡에 있으므로 자신의 부정적인 사고를 현실적인 사고로 대치하도록 학습하는 것이 치료의 기본이다.

(1) 역기능적 인지 도식(dysfunctional cognitive schema)

천성문 등(2010)은 인지 도식과 역기능적 인지 도식을 다음과 같이 설명하고 있다. 인간은 살아가면서 자기 나름대로 자기와 세상을 이해하는 틀을 발달시키는데 자기가 어떤 사람인지, 인생은 무엇인지, 어떻게 살아가야 하는지 등에 관한 지식들을 계속해서 쌓아간다.

이러한 지식은 아주 어린 시절부터 시작해서 삶을 살아가는 과정에 체계화되어 하나의 덩어리를 형성하게 되는데 이것을 인지 도식이라고 말한다. 그래서 인지 도식은 세상을 살아가는 과정에서 형성된 삶에 관한 이해의 틀이라고 정의한다.

역기능적 인지 도식을 가진 사람은 일상생활에서 스트레스 사건을 경험할 때 부정적인 내용의 자동적 사고가 떠오르고 인지적 오류로 문제 증상을 경험한다(Beck, 1997). 역기능적 인지 도식이 활성화되면 인지적 오류 방식의 정보처리가 유발된다. 도식이 좀 더 강력해지면 사고의 체계적인 오류와 현실에 대한 왜곡이 심해져 문제 증상으로 나타나는데 정작 본인은 잘 모른다.

구체적으로, 인지 도식은 한 개인 내에 여러 가지가 존재하며 위계적인 구조를 이루고 조직화되어 있다. 어떤 도식은 높은 핵심적인 위치를 차지하는 반면, 어떤 도식은 하위 위치에 존재한다. 또 어떤 도식이 활성화되느냐에 따라 경험을 구조화하고 조직화하는 방식이 달라진다.

어떤 도식은 오랜 기간 활성화되지 않다가 특정한 스트레스 상황에 의해 나타나기도 한다. 따라서 역기능적 인지 도식은 개인이 현실에 적응하는 데 도움이 되지 않는 부정적인 내용으로 이루어진 생각의 덩어리이며, 스트레스 상황에서 활성화되어 인지적 오류를 유발하는 틀로 작동한다.

(2) 자동적 사고(automatic thoughts)

인지치료 이론에서는 사람들의 감정이나 행동에 대해 그들이 어떻게 해석하느냐에 따라 영향을 받는다고 가정한다. 사람들의 감정과 행동을 결정하는 것은 상황 자체가 아니라 그들이 상황을 해석하는 방식에 달려 있다고 본다. 사람들은 한 사건을 접하면 자동적으로 어떤 생각을 떠올리며, 그 생각은 때때로 사람들이 인식하지 못할 정도로 빠르게 특정한 단어나 이미지로 형성된다.

벡(Beck, 1997)은 이렇게 사전에 계획하거나 논리적으로 숙고하는 것이 없이 자동적으로 빠르게 머릿속을 스쳐 가는 평가적 사고를 자동적 사고라고 명명하였으며, 이를 도식화하면 [그림 2-5]과 같다.

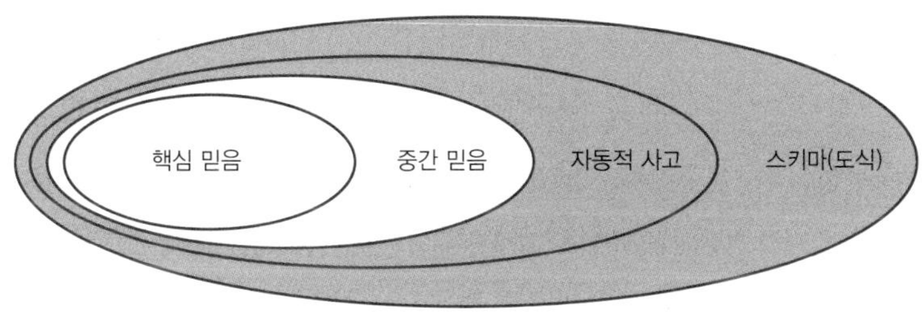

[그림 2-5] 인지 도식의 4가지 수준

자동적 사고는 핵심 믿음(core belief)에서 비롯된다. 유아기에 부모와의 관계에서 시작되어 살아가면서 자신과 타인, 세상에 대해 가지는 신념으로 발전한다. 이러한 신념이 내면 깊숙하게 자리 잡으면 개인에게 절대적 진리로 받아들여진다. 핵심 믿음과 자동적 사고 사이에는 중간 믿음(intermediate beliefs)이 존재하는데, 중간 믿음은 핵심 믿음과 연결되어 개인의 규칙과 태도 등을 결정짓고, 이것이 특정상황에서 자동적 사고를 만들어내는 역할을 한다.

(3) 인지적 오류(cognitive error)

정보처리 과정의 체계적인 잘못을 인지적 오류 또는 인지적 왜곡이라고 말한다. 다른 사람들이 생각하는 것보다 자기 자신과 주변의 현실을 부정적인 방향으로 왜곡하여 해석한다. 자신과 미래 그리고 주변 환경에 대한 부정적이고 비관적인 생각과 현저하게 왜곡하고 과장되게 해석하는 것은 자동적 사고에서 비롯된다(Beck, 1997). 벡이 제시한 인지적 오류에는 여러 가지가 있으나 여기서는 몇 가지 특징적인 것만 제시하고자 한다.

- **개인화**: 개인화는 죄의식과 죄책감의 어머니라고도 말한다. 외부 사건을 자신과 관련지을 근거가 없음에도 불구하고 이를 자신과 연결 짓는 것을 의미한다. 어떤 발생한 사건에 대한 책임이 자신에게 없으나 자신의 잘못이나 무능함 때문이라고 결론을 내린다.

- **자의적 추론**: 어떤 결론을 지지하는 증거가 없거나 그것에 근거하는 사실적 내용이 없음에도 불구하고 자의적으로 결론을 이끌어내는 것을 말한다. '혼자 소설 쓰고 있다.'고 빈정대는 말로 표현되기도 한다.
- **선택적 추상**: 전체 맥락에서 벗어나 한 가지 특징적인 것에만 초점을 기울이는 것을 말한다. 전체를 보지 못하고 전체적인 특성은 무시한 채, 어떤 특정한 부분과 단편적이고 세세한 것에만 초점을 둔다.
- **과잉 일반화**: 한 가지 이유를 가지고 전체인 것처럼 확대하는 것이 과잉 일반화다. 하나 혹은 그 이상의 사건에 기초하여 일반적인 법칙이나 결론을 도출한 후, 그 개념을 관련되지 않는 상황에까지 광범위하게 적용하는 패턴을 말한다.
- **이분법적 사고**: 모든 경험을 이것 아니면 저것이라는 양극단의 하나로 평가한다. 예를 들면, 군대에서 진급하지 못하면 실패자가 되는 것이고, 여자가 순결하지 않으면 불결하다고 생각하는 것 등이 이에 해당한다. 이러한 이분법적인 사고는 인간의 내면 깊숙이 자리하여 합리적 사고를 왜곡한다.

2) 상담의 과정과 기법

인지치료를 군 상담 과정에 적용하는 것은 유용한 이점이 있다. 그 이유는 입대하기 전부터 군에 대한 여러 가지 부정적인 생각을 갖고 있는 장병을 변화시키는데 용이하기 때문이다. 장병 중에는 군에 대한 부정적인 생각으로 군대 생활을 어렵게 하는 경우가 있는데, 이들은 적극적인 도움의 손길을 요청하지 않는 경향이 있다. 일상의 병영생활에서 겪는 크고 작은 생활사건의 의미를 해석할 때 인지적 오류와 왜곡을 자주 범하여 심리적 고통이 가중되기도 한다. 따라서 인지적 오류를 깨닫게 하고 부정적인 인지 도식을 긍정적인 인지 도식으로 바꾸어 군대 생활을 즐겁게 하는 데에는 인지치료가 매우 효과적이다.

(1) 상담의 목표

상담의 목표는 자동적 사고를 변화시키는 데 있다. 인지 도식을 재구성하여 새로운 사고를 갖도록 하고 인지 오류를 제거하는 것에 의의를 둔다. 이를 위해 내담자의 잘못된 정보처리를 수정하고 부적응 행동과 부정 정서를 유지시키는 가정들을 모두 수정한다. 내담자의 머릿속을 스치고 지나가는 자동적 사고에 주의를 기울이며 상담을 조력한다.

(2) 상담의 과정

상담관은 내담자 스스로 자신의 생각을 돌아보게 하고, 그 생각이 자신의 정서와 행동에 어떠한 영향을 미치는가를 인식하도록 안내한다. 그런 다음에는 내담자가 주로 보이는 자동적 사고와 인지적 오류를 찾아내며, 내담자가 가진 역기능적인 가정들이 어떤 것인지 인식하도록 한다. 이렇게 내담자가 여러 가지 자동적 사고를 구체적으로 인식하면 그것을 더욱 긍정적이고 합리적인 사고로 변화되도록 논박한다.

그 다음에는 내담자의 내면 깊숙히 자리 잡고 있으면서 절대적 진리로 작용하고 있는 핵심 신념을 찾는다. 핵심 신념에 대한 논박 과정을 통해 이를 재구성함으로써 역기능적인 인지 도식이 변화되는 단계까지 상담을 진행한다. 상담 과정에서 나타난 내담자의 긍정적인 경험이 원소속 부대에서 생활하면서도 지속적으로 유지되도록 행동 과제를 부여하는 것도 이루어져야 한다. 인지치료의 과정은 〈표 2-4〉와 같다.

〈표 2-4〉 인지치료 과정

1단계 : 문제가 되는 사고, 감정 이해하기
2단계 : 자동적 사고 찾기
3단계 : 자동적 사고 논박하기
4단계 : 핵심 신념 찾기
5단계 : 핵심 신념 논박하기
6단계 : 변화 유지하기

(3) 상담 기법

인지치료 상담 기법은 역기능적인 인지 도식을 발견해 이를 변화시킴으로써 정서적 고통에 대한 취약성을 낮추도록 하는 데 기여한다.

- **절대성에 도전하기**: 절대성에 도전하기란 언제나, 기필코, 반드시, 항상, 절대 등과 같은 내담자의 말에 대해 장병 스스로 그 의미를 알게 하는 것이다. 이러한 교정과정은 절대성에 대한 생각이 잘못되었음을 깨닫게 하는 데 주안을 둔다.

  주의해야 할 점은 군 조직은 완전무결주의를 추구하는 조직이라서 이러한 절대성과 관련된 언어를 많이 사용하고 있다는 점이다. 따라서 병영생활관에서 이루어지는 언어에는 절대성에 도전해야 되겠지만 전투준비와 관련된 상황에서는 예외를 두는 것이 필요하다.

- **재귀인하기**: 귀인이란 상황이나 사건에 대해 책임이 거의 없음에도 그 책임을 자기 자신에게 돌리는 것을 말한다. 재귀인은 부적절한 귀인으로 인한 고통에서 벗어나도록 자신이 어느 정도의 책임이 있는지를 분명하게 알도록 하는 방법이다.

  예를 들어, 진급에서 떨어진 한 간부가 자기 자신을 비난하며 자책하는 것에 대해 '진급 공석의 제한으로 진급에서 떨어진 것이지 무능해서 떨어진 것이 아니다.'라는 것을 깨닫게 하는 것이 재귀인하기에 해당한다.

- **인지왜곡 명명하기**: 인지왜곡 명명하기는 상담관이 내담자에게 인지왜곡의 전체 목록을 주고 내담자의 생각에서 흔히 일어나는 인지왜곡이 무엇인지 명명하는 것이다. 인지왜곡 명명하기를 통해 내담자는 자신이 사용하는 인지왜곡을 인식하여 자기 생각을 방해하는 자동적 사고를 범주화하는 것이 가능하다.

- **흑백논리 도전하기**: 군대에서는 어떤 상황에 대해 흑백논리로 말하는 경우가 흔하다. 성공 아니면 실패, 이것 아니면 저것 등 이분법적으로 말하지만 그 중간영역에도 다양한 내용이 있다는 것을 알도록 하는 방법이다.

- **파국에서 벗어나기**: 이 기법은 어떤 결과가 일어나지 않을 것이 분명한데도 이를 두려워하는 경우, 내담자로 하여금 이 상황에 대한 예측을 다시 하게 함으로써 두려움을 줄이는 방법이다. 예를 들어, 고등군사반에 입교한 한 장교가 학교성적이 '상' 등급에 들지 못하면 미래가 파국이라고 고민하는 경우, 만약 성적이 '중상'이라면 어떻게 하겠느냐고 물어봄으로써 비록 마음은 아프지만 받아들일 수밖에 없다는 것을 깨닫도록 하는 방법이다.

3. 군 상담 적용의 시사점

군 병사들의 복무부적응 사례를 살펴보면 여러 가지 원인이 있다. 그중의 하나는 왜곡된 사고로부터 기인한다. 왜곡된 신념을 합리적인 신념으로 변화시키고 역기능적인 인지 도식을 재구성하는 인지치료 상담은 군 상담 과정에 시사하는 점이 크다.

첫째, 엘리스의 이론은 다른 상담이론에 비해 짧은 시간에 치료효과가 나타나 군 상담 과정에 효율적 적용이 가능하다. 과거의 원인을 탐색하기보다는 지금 현재 장병이 가진 인지구조를 변화시키는 것에 목적을 두기 때문에 교육적인 방법의 접근이 가능하다.

군대는 위계적인 집단으로 명령에 대한 복종을 주요 가치로 삼는다. 평소 지시적이며 교육적인 방법으로 부하 관리가 이루어지는데, 과학적인 근거에 입각한 인지치료의 여러 기지 논박의 방법은 부하 관리에 크게 기여한다.

둘째, 군 병사들은 복무기간 동안 '군대에서는 열심히 할 필요가 없다. 전역하기 전까지 복무하는 시간은 썩는 시간이다.' 등과 같이 부정적으로 생각하는 경향이 있다. 이러한 경우 역기능적인 인지 도식에 갇혀서 사고의 자유와 긍정 정서를 경험하지 못할 가능성이 크다.

또한 군 생활을 회피하는 등 복무부적응으로 이어져 각종 사고로 발전되기도 한다. 이러한 점을 고려할 때 군대에 대한 비합리적 신념을 합리적 신념으로 바꾸어 주는 인지치료 상담은 군에 적극적으로 적용될 필요가 있는 이론이다.

셋째, 군에 입대한 내담자들은 발달적인 측면에서 청소년기에 해당한다. 입대 전 어린 시절의 경험을 통해 형성된 인지 도식이 점차 강화를 받으며 정립되어가는 시기이기도 하다.

이러한 청소년기에 해당하는 장병을 교육하고 훈련하는 방법은 전통적인 지시적 학습방법을 많이 활용하고 있는데, 그것은 짧은 복무 기간을 효율적으로 활용하기 위해서다. 인지치료 상담은 기존 군에서 실시하는 지시적이고 교육적인 방법과 유사한 점이 많아 효율적인 적용이 가능하다.

넷째, 인지치료는 인지의 재구성을 유도할 수 있는 다양한 기법을 제시하고 있다. 이와 같은 기법들은 내담자의 심리적인 증상을 파악하여 그에 따른 적절한 개입을 단기적으로 가능하게 한다.

인지치료는 다른 이론과 비교할 때 단기적으로 진행하는데 용이한 이점이 있어 군 상담 과정에 적합하다. 군의 특수한 환경과 상황 및 신세대 장병의 가치관 등을 종합적으로 고려한 인지치료를 군 상담 과정에 다양하게 적용될 필요가 있음을 시사한다.

CHAPTER 03

군 개인상담

군대는 계급체계에 의한 강력한 위계질서를 요구한다. 개인행동 통제와 집단주의 생활양식을 필요로 하는 조직이다. 이러한 이유로 군 장병 중 일부는 심리적인 고통과 부적응을 호소하고 심지어는 사고를 일으키기도 한다. 군은 이러한 문제를 해결하기 위해 2005년부터 전문상담제도를 도입하여 추진하고 있다. 그 결과 병영의 많은 문제들이 개선되고 장병의 기본권 보장과 복지가 증진되고 있을 뿐만 아니라, 각종 사고를 예방함으로써 군 전투력 향상은 물론 장병들의 군 생활 만족감이 높아지는 데에도 기여하고 있다.

이 장에서는 군대에서 이루어지는 개인상담 과정을 살펴볼 것이다. 개인상담을 실시하기 전 준비해야 할 사항이 무엇이 있는지 알아보고 상담이 이루어지는 과정을 다룰 것이다. 개인상담의 다양한 기법을 알아보고 문제유형별 상담전략을 살펴볼 것이다.

1. 군 개인상담의 준비

현대는 다원화된 사회구조와 복잡한 생활조건이 급속하게 변화되어감에 따라 개인의 정서나 행동상의 문제가 계속 증가한다. 이같은 현상은 군대도 예외가 아니다. 다양한 성격과 성향을 가진 병사 중 일부는 사회와 다른 부대환경으로 인해 적응하지 못하고 각종 사고를 유발하기도 한다. 따라서 군에서는 그 어느 때보다도 상담의 필요성을 크게 인식하고 있다.

군 상담을 통한 문제를 해결하는 방법은 개인상담을 많이 활용한다. 개인상담은 집단적인 접근방법보다는 개인을 깊이 이해할 수 있고, 개인 특성에 따라 좀 더 직접적이고 정확한 도움을 줄 수 있다는 장점이 있다. 군 상담의 과정과 기법은 상담 분야별로 조금씩 다르게 진행되기도 한다. 군 개인상담의 준비과정부터 상담종결의 단계까지 살펴보겠다.

1. 개요

1) 상담 전 준비사항

군에서 이루어지는 개인상담은 일반사회에서 이루어지는 상담과 비교할 때, 방법론에 있어서는 다른 점이 있으나 준비과정은 별반 다르지 않다. 군 상담관은 내담자를 이해하고 그의 문제를 함께 해결하기 위해 상담시작 전 자료를 적극적으로 수집한다.

복무부적응의 원인이 될 수 있는 각종 자료와 심리적 문제해결에 직·간접적으로 도움이 될 수 있는 자료를 다각도로 준비한다(심윤기 외, 2022). 문제에 따라서는 내담자의 인적사항 외에도 과거의 생활배경, 성장과정, 생활습관까지도 살펴볼 수 있어야 한다.

상담경험이 풍부한 상담관이라 할지라도 상담 전 아무런 정보나 준비 없이 상담을 시작하면 상황에 따라 객관적인 입장을 잃거나 정신적으로 위축되어 원만한 상담진행이 어려울 수 있다. 부대원은 근무하는 직책이 각각 다르고 성격특성도 다르며 심리적 문제와 갈등도 다르게 나타난다.

그러므로 내담자에 관한 정보를 사전에 수집하고 정리하는 것은 개인상담을 성공적으로 이루어지도록 하는데 중요한 영향을 미친다. 상담 전 준비는 대체로 다음과 같은 사항을 염두에 둔다.

첫째, 어떤 자료가 해당 내담자의 상담에 필요한 자료인지 선별하여 수집한다. 효과적인 상담을 진행하는데 필요하고 기여가 되는 자료를 선별하고 종합한다.

둘째, 기계적이고 획일적으로 관련 자료를 모으는 것은 적절치 않다. 단편적이고 일상적인 수준에 있는 자료를 누적하는 것은 바람직하지 않다. 상담 전 내담자와 관련한 자료를 충분히 획득했다면 이제는 그 자료를 효과적으로 활용하기 쉽도록 정리한다. 내담자의 환경과 부적응의 심리적 특성을 정확하고 포괄적으로 파악해 자료를 정리해 놓는 것이 바람직하다.

셋째, 사전에 수집된 각종 내담자의 자료를 상담 과정에 어떻게 활용할 것인지도 미리 계획한다. 내담자 정보를 수집하고 활용하는 데 있어서 유의해야 할 점은 내담자에 대한 사전 정보나 지식이 내담자에 대한 선입견이나 고정관념으로 기정사실화 되지 않도록 해야 한다.

어디까지나 참고자료로만 활용할 수 있도록 준비해야지 내담자의 복무부적응과 심리적 문제를 수집한 자료만으로 평가하거나 판단하는 어리석음을 범해서는 성공적인 상담결과를 기대할 수 없다.

2) 첫 상담

장병 내담자를 대상으로 한 첫 상담은 무척 중요하다. 통상 첫 상담은 내담자가 경험하고 있을지도 모르는 긴장과 불안을 제거하기 위해 몇 분 동안 일상적인 대화를 나누며 시작하는 것이 적절하다. 내담자가 자진해서 상담을 받으러 왔느냐 아니면 지휘관(자)이나 간부 등 제3자의 요청이나 의뢰로 상담을 받으러 왔느냐에 따라 상담의 방식은 달라진다.

통상 상담관은 내담자에게 상담을 받으러 온 분명한 이유와 상담에서 기대하는 것이 무엇인지 첫 상담시간에 확인할 수 있어야 한다. 상담관은 자신이 질문한 내용에 관해 내담자가 어떤 모습으로 어떻게 말하는지 주의 깊게 경청한 다음, 내담자가 바라고 기대하는 것에 대한 답을 친절하고 상냥하게 제공한다.

자진해서 상담실을 찾아온 내담자에게는 다음과 같은 이야기를 나누면서 상담을 시작한다. "우리가 이야기할 수 있는 시간이 약 한 시간 정도 있는데요, 어떤 일로 상담을 받으러 오셨는지 궁금하군요.","오늘 약 한 시간 정도의 시간이 있습니다. 어떤 어려움이 있어서 찾아오셨는지 이야기를 나누도록 하지요. 어떠한 이야기를 해도 괜찮습니다. 오늘 상담실을 찾아오실 때 무엇을 기대하고 오셨는지 그 이야기를 먼저 나누는 걸로 대화를 시작했으면 하는데 어떠신지요."

어떤 내담자가 제3자의 요청으로 상담을 받으러 온 경우에서는 내담자에 대한 존중, 배려와 함께 구체적인 상담계획 수립이 필요하다. 내담자가 의뢰되어 온 이유에 대해서 이야기를 나눌 수도 있지만 내담자가 평가받고 있다는 인식을 받지 않도록 유의한다.

의뢰된 이유와 상관없이 내담자를 따뜻이 대하고 수용적인 태도를 보이는 것은 당연한 상담관의 책무다. 위계조직 내 동료나 상사와의 대인관계 갈등으로 의뢰된 상담을 하는 경우라도 내담자는 가족문제나 부모 이혼, 진로스트레스 등에 대한 대화 혹은 다른 개인적인 문제를 의논하고 싶을 수도 있다.

첫 상담이 중요한 또 다른 이유는 상담관과 내담자 사이에 촉진적인 상담관계, 즉 라포(rapport) 형성이 시작되는 첫 만남의 시간이 되기 때문이다. 내담자는 첫 상담에서 상담관의 행동을 세심하게 관찰하고 분석하며 이를 바탕으로 상담관에 대한 신뢰감을 조금씩 점진적으로 형성한다. 이런 점을 고려할 때 상담관은 첫 상담이 이루어지는 시간에 내담자에 대한 진정한 관심과 존중, 배려, 적극적인 경청 등에 초점을 두고 진솔한 대화를 나눈다.

상담관은 내담자의 심리적 문제와 증상, 갈등, 스트레스 등과 관련된 요인과 배경에 대해 촉진적인 대화가 이루어지도록 조력한다. 상담을 구조화하여 상담 과정에서 상담관과 내담자가 해야 할 구체적인 역할에 대해 이야기도 나눈다. 상담의 비밀보장 등에 관해서도 대화하며, 상담시간이 어떻게 진행되는지 그 범위도 내담자와 함께 대화하며 결정한다.

특수한 위계조직인 군대에서는 대략 1시간 정도의 상담시간이 적절하다. 근무시간이 통상 50분 단위로 이루어지고 이후에 10분간의 휴식시간이 제공되므로 1시간의 상담시간은 이들이 지루하거나 불편감을 느끼지 않는다. 상담관은 회기마다 이루어지는 상담시간이 얼마나 걸리는지에 대해서도 미리 내담자에게 알려준다. 그래야 내담자가 상담시간을 알고 그 시간 내에서 병영생활고충이나 개인적인 문제 논의가 가능하다.

상담관이 상담에 걸리는 시간을 밝히지 않는다면 내담자는 종종 고통스러운 문제는 상담이 종료되기 직전까지 말하지 않을 가능성이 있다. 이런 상황을 미연에 방지하기 위해 상담관은 상담 종료시간이 다가오면 남아 있는 시간을 내담자에게 알려줌으로써 미결된 문제를 제의할 기회를 주는 것이 바람직하다.

“김일병님, 아직 15분 정도 남았는데 상의하고 싶은 다른 문제가 있으면 말해 볼래요?” 라고 말하는 등 내담자가 자기 문제에 너무 고취되어 시간 가는 줄도 모르고 있는 경우에는 상담관이 종종 일깨워 주어야 한다.

2. 상담관의 태도

1) 주요 책무

상담관의 책무는 내담자로 하여금 그의 위치에서 복무부적응, 심리적 갈등 등의 문제해결에 대한 최선의 대안을 찾고 적응상태를 회복하도록 돕는 것이다. 간혹 내담자 중에는 자신의 복무부적응과 심리적 문제에 마주하기를 두려워하여 저항하는 경우가 있다. 부적응 문제를 해결하는 과정이 어렵고 머리가 아프고 혼란스러워 차라리 그 문제를 덮고 지나가는 것이 나을 것이라고 생각하기 때문이다.

상담관은 상담의 시작단계에서 이러한 내담자의 저항과 회피가 상담에 도움이 되지 않는다는 사실을 분명히 인식시킨다(심윤기 외, 2022). 상담을 받으러 온 내담자는 자신의 인격손상에 관한 이야기나 상관 및 부하직원 혹은 가족에 관한 이야기, 자신이 저지른 잘못에 관한 이야기 등은 비밀보장에 대한 약속이 없으면 이야기하는 것을 꺼리고 망설인다.

따라서 상담관은 상담비밀보장에 대한 약속과 함께 이에 대한 확실한 태도를 보여주어야 한다. 상담관이 소속된 부대나 기관에 상담결과 보고의 의무가 있는 경우에도 차선책을 강구하여 내담자를 보호할 수 있어야 한다.

상담관은 상담 과정에서 바람직한 인간적 태도와 자세를 견지할 수 있어야 한다. 늘 상담과 관련한 새로운 지식과 기술을 배우고 노력하며 실천할 책임이 있다. 옷은 단정한 정장 차림의 복장을 갖춰 정중한 모습으로 상담에 임한다. 상담관이 복장을 아무렇게나 착용하고 있으면 내담자의 입장에서는 자기를 무시하거나 깔본다고 생각하기 쉽다.

상담관 자신을 소개할 때는 진솔하고 겸손한 모습을 보이는 것이 중요하다. 상담 과정을 통해 알게 된 내담자에 대한 정보는 지속적으로 살피거나 검토하고 사례개념화를 통해 발전시켜 나간다. 상담을 시작한 후, 예기치 않은 정보나 과다한 현실적인 문제로 상담 과정이 혼란하거나 압도되는 일이 발생되어서는 안 되기 때문이다.

2) 내담자를 대하는 자세

상담관이 내담자를 맞이할 때는 다음과 같은 자세를 지녀야 한다. 첫째, 온정과 진실성 어린 모습이다. 대부분의 내담자는 불안과 긴장, 스트레스 등 심리적 어려움을 지닌 채 상담실을 찾아오거나 혹은 의뢰되어 온다. 따라서 온정과 진실 어린 밝은 표정으로 내담자를 맞이하여 내담자로 하여금 긴장을 풀고 평안을 찾도록 해야 한다.

내담자에게 자리를 권해 앉게 한 다음 차를 대접하는 것은 첫 만남의 다소 어색한 분위기를 바꾸고 대화의 문을 여는 것을 촉진한다. 차를 권하고 마시는 과정에서 인간적인 정이 오가며 상담관에 대한 친밀감이 형성될 뿐만 아니라, 마음의 긴장이 풀리고 상담에 대한 두려움이 사라지도록 기여한다.

둘째, 상담관은 상담 과정 내내 내담자에게 관심을 기울여야 한다. 때로 내담자가 침묵을 유지하고 저항의 모습을 보인다 하더라도 이를 재촉하지 말고 기다려준다. 상담관은 내담자의 표정, 말 한마디와 행동 하나하나에 세심한 관심을 기울이고 적절한 시기에 자연스럽게 관심을 표하여 상담효과를 증진시킬 수 있어야 한다. 예를 들어, '박 상병님은 말하는 음성이 또렷또렷하고 분명해서 듣는데 매우 편하고 좋네요.'라고 내담자의 긍정적인 부분을 말하면 라포 형성에 큰 도움이 된다.

상담을 진행할 때에는 내담자에게 전폭적인 관심을 표하면서 그가 전하고자 하는 말의 의미에 대해 적극적으로 듣는 자세가 무척 중요하다. 내담자가 말을 할 때는 상대 시선을 부드럽고 자연스럽게 마주하며, 몸의 상체를 약간 앞으로 기울여 적극적으로 듣는 자세를 취한다.

내담자가 하는 이야기 내용에 따라서 얼굴 표정을 밝게 혹은 진지하게도 하는 등 변화를 주고, '나는 박 상병 당신의 말을 주의 깊게 듣고 있습니다.'라는 의미를 전달한다. 뿐만 아니라, 내담자가 말을 할 때마다 수용과 긍정, 또는 공감하고 있음을 나타내는 태도로 고개를 끄덕이거나, '음~ 그랬군요.'등의 즉각 반응을 보인다.

셋째, 기다리며 함께 하는 자세를 견지한다. 대부분의 내담자는 상담실에 오자마자 자신이 상담하고자 하는 핵심 내용으로 들어가지 않는다. 왜냐하면 라포 형성이 덜 되었기 때문이다. 내담자가 얼마의 시간 동안 상담관을 탐색하고 나서 믿어도 되겠다는 확신이 생겼을 때 내담자는 비로소 대화의 문을 열고 상담관에게 다가간다.

상담관은 내담자가 간간이 던지는 말과 내용을 정확히 파악하고 상대방의 몸짓과 표정, 음성에서 섬세한 변화를 느낄 수 있어야 한다. 진술하는 말의 저변에 깔려 있는 속마음까지 감지하고, 나아가 그 사람이 말하지 않은 내용까지도 알아차릴 수 있어야 한다.

넷째, 모호한 내용과 오해가 생긴 것은 확실한 태도를 보인다. 상담이 어느 정도 진행되어 상담분위기나 상담에 임하는 자세를 보다 명료하게 해야 할 경우에는 그간의 상담내용을 내담자가 간단히 요약해 보도록 조력한다. 내담자 스스로 상담내용을 요약 정리해 봄으로써 상담의 흐름에 대한 분석과 통합하는 능력이 생기고, 현재 자신이 느끼고 있는 스트레스와 갈등, 심리적 혼란 등에 대해서도 바른 인식이 가능하다.

다섯째, 내담자의 저항과 문제해결의 적극적인 자세를 가진다. 내담자가 처음 상담에 임하는 경우에는 불안과 긴장, 그리고 신뢰 등의 문제로 저항의 자세를 취하기도 하는데, 이는 자기를 보호하려는 의도에서 하는 행동이다. 내담자가 말하는 내용은 대부분 과거의 이야기나 제3자의 이야기를 주로 하는 경향이 있는데, 이때에는 적당한 기회에 지금 여기에서 너와 나의 이야기를 진솔하게 대화하는 것이 중요함을 일깨운다.

상담관이 예기치 않은 개인적인 일로 힘든 문제적 상황에 놓이는 경우에는 내담자 역시도 상담관과 같이 동시에 심리적 혼란을 경험할 가능성이 있다. 이럴 때에는 상담을 잠시 중단하고 내면의 혼란한 문제와 내용을 정리한 다음 상담을 재개하는 것이 바람직하다.

3) 내담자의 재의뢰

상담관은 자신만이 도움을 필요로 하는 모든 내담자를 조력할 수 있다고 생각하는 것은 과도한 자신감의 발로이자 교만이다. 종종 상담관은 내담자가 필요로 하는 상담을 더 이상 진행할 수 없어서 다른 상담자에게 재의뢰해야 하는 경우가 발생한다. 어떤 사람은 내담자를 다른 상담자에게 재의뢰하는 것은 바람직하지 않은 일이며 적절하지 않다고 말한다.

하지만, 과도한 스트레스와 심리적 갈등, 혼란 등을 해결하는 문제는 상담관의 능력, 지식, 기술 등 전문적인 자질을 전적으로 필요로 한다. 내담자를 재의뢰하는 절차는 도움을 필요로 하는 사람에 대한 신뢰와 존경의 마음에 기초해야 한다. 의뢰 절차와 방법 및 관련된 법적인 문제를 잘 알고 있어야 예기치 않은 또 다른 문제가 발생하지 않는다.

다음과 같은 경우에는 상담을 재의뢰 하는 것이 적절하다. 첫째, 내담사가 제시하는 문제가 상담관의 능력 범위를 넘어설 때. 둘째, 상담관과 내담자 사이의 성격차이가 상담 과정을 심하게 저해할 때. 셋째, 어떤 이유로든 현재의 상담관과 내담자 상호 간 문제해결 논의를 계속하기 어려울 때. 넷째, 내담자가 잘 아는 동료 관계나 인간관계에 있고, 문제가 장기간의 상담을 필요로 할 때 등이다.

3. 상담기록과 녹음

1) 기록의 방법

상담이 끝난 뒤 상담내용을 기록한 자료를 다시 읽어보면 상담 중에는 미처 깨닫지 못했던 상담 과정상의 문제나 내용을 새롭게 알 수 있다. 상담 중에는 미처 인식하지 못해 발견하지 못했던 문제의 요인들을 새롭게 찾을 수 있다. 그러므로 상담기록은 지난 회기의 상담 과정에 대한 반성과 다음 회기의 상담 방법, 기술보완을 계획하는데 매우 훌륭한 자료가 된다.

상담관 1명이 담당해야 하는 장병의 수는 무척 많다. 그래서 상담내용을 일일이 다 기억한다는 것은 사실상 불가능하다. 그러므로 지난 회기에 기록한 상담내용을 상담 전 읽어봄으로써 지난 회기의 내담자 문제의 핵심요점과 미진했던 점에 대한 확인이 가능하다. 상담기록은 상담내용의 요약과 내담자의 감정흐름, 태도의 변화, 주목된 행동의 단서를 주로 기록한다.

구체적인 상담내용이 기록된 자료는 동료 또는 전문가와 협의하는 기초자료가 되며, 상담관의 태도 및 기술연마 자료로도 활용된다. 상담관이 현재 소속되어 있는 부대에서 다른 부대로 자리를 옮기거나 몸이 아파서 상담을 진행하지 못하는 경우에 다른 상담관이 이미 진행한 상담내용을 파악하는 데에도 긴요하게 활용된다. 지난 회기에 실시한 상담내용의 상세한 기록이 없으면 지난 회기에 이루어진 상담 과정을 반복해서 되풀이하는 우를 범할 수도 있다.

뿐만 아니라, 내담자에 대한 깊은 이해심이 없이 상담을 진행할 가능성도 있어 자칫 잘못하면 상담이 헛돌 수 있다. 상담을 받고 있는 내담자의 지휘관이 직접 또는 간접적으로 그동안 이루어진 상담내용을 요청해 올 때 구체적인 협조와 대안을 제안하는 데에도 상담기록은 큰 도움이 된다.

흔한 일은 아니지만 내담자의 문제가 법적인 문제로 비화되는 경우에는 이미 실시한 상담내용이 상세하고 정확하게 기록되어 있으면 매우 유용한 참고자료가 된다. 이 같은 경우를 대비하여 상담내용의 기록은 보다 체계적으로 내담자의 행동특징과 정서, 상담관의 조치사항, 상담의 진행방법과 결과 등에 관하여 명확하게 기록하는 것이 바람직하다.

상담내용을 기록하는 데에는 몇 가지 유의할 점이 있다. 첫째, 정확하고 간결하게 기록해야 한다. 상담관은 지금-여기에 필요한 정보에 초점을 맞추어 간결하고 정확하게 기록하는 것을 일반 원칙으로 삼아야 한다.

둘째, 가치판단적이고 평가적인 기록은 피한다. 가치와 판단 기준은 사람마다 다르기 때문에 상담관은 철저히 가치중립적일 필요가 있다. 상담관은 전문가이므로 자기 기준에 의하여 내담자를 평가하고 판단한 내용을 기록해 놓으면 다음 상담관이 그 내용에 영향을 받아 실수를 할 가능성도 있다.

상담은 인간관계 중에서 인격 대 인격이 만나는 수평적인 관계이다. 무조건적인 수용과 공감의 자세에서 '그럴 수도 있지'라는 생각을 갖고 깊게 느끼면서 그 느낌을 기록하는 것이 바람직하다. 성급한 판단이나 지레짐작에서 기록하는 것은 철저히 배제되어야 한다.

셋째, 지시나 해석의 내용보다는 내담자의 구체적인 행동이나 사실적인 사건 위주로 기록한다. 지시나 해석은 자칫 잘못하면 상담관의 주관적 가치관이 개입할 위험성이 있다. 그런 것 보다는 내담자의 구체적인 행동을 기록하는 것이 객관적 사실에 가까워 오해가 발생할 소지가 적다. 또한 상담내용은 가급적이면 대화체로 기록하는 것이 좋다.

상담내용의 기록은 상담이 끝난 직후 녹음한 내용을 듣거나 주요 대목을 회상하면서 기록하는 것이 바람직하다. 그러므로 상담을 계획할 때는 상담내용을 기록할 수 있는 시간을 반영하도록 고려한다. 상담내용을 기록한 자료는 철을 하여 잠글 수 있는 서류함 속에 잘 보관한다.

2) 기록의 내용

개인상담을 접수한 경우에는 상담신청의 경위와 내담자의 복무부적응의 유형, 심리적 증상, 생활배경 등을 모두 확인하여 기록한다. 내담자가 왜 지금 그것이 문제가 되었으며, 그것이 생활 배경과는 어떠한 관계에 있고, 청소년기 발달단계와는 어떤 연관이 있는지 살펴야 한다.

상담이 진행되는 과정에서 때때로 접수 때 기록한 내용과 현재 상담내용을 비교검토하며 상담이 어떻게 발전되어 가고 있는지를 진단할 수 있어야 한다. 상담기록은 내담자의 표현에 상담자 반응이 내담자에게 어떻게 영향을 미쳤는지의 여부도 기록한다. 상담관은 내담자가 의존적인지, 거부적인지 아니면 대등한 수평적 관계에서 상담이 진행되고 있는지를 감지하면서 그때의 느낌을 기록한다.

상담관의 어떠한 반응과 태도에 내담자가 공감하고 마음이 밝아졌는지 내담자의 표정을 읽은 내용도 상세히 기록한다. 상담관의 어떤 말과 태도, 반응에 내담자가 거부적이고 회피하는지를 감지한 점도 기록한다.

상담관의 제안이나 조치를 내담자가 어떻게 실행하고 있는지 여부와 상담관과 약속한 행동실천의 다짐, 태도변화의 노력 등 보이는 부분과 보이지 않는 부분까지도 구체적으로 확인하여 기록으로 남긴다. 상담종결의 과정과 전체 상담에 대한 평가 내용도 기록한다.

상담은 반드시 성공적으로만 끝나지 않고 실패로 종결되는 경우도 있다. 상담은 실패와 성공 그 자체로만 끝나지 않고 성공한 사례에서 중요한 지혜와 지식을 얻을 수 있으며, 실패한 사례에서 교훈을 얻을 수 있다. 실패로 종결된 상담기록의 내용을 세밀하게 분석하고 종합하는 과정에서 보다 많은 통찰을 얻기도 한다

3) 촬영과 녹음

내담자를 상대로 한 상담 과정의 촬영이나 녹음을 할 때는 반드시 내담자의 양해를 구한다. 촬영된 영상을 내담자가 받기를 원하면 제공하는 것이 바람직하다. 요즘은 개인 휴대폰 카메라를 다양하게 활용할 수 있어 상담 장면의 영상을 촬영하기가 수월하고 활용성 측면에서도 효과적이다.

처음에는 촬영이나 녹음된다는 것을 의식하여 긴장하지만 시간이 지나면 둔감화 되어 자연스럽게 상담이 이루어진다. 녹화된 상담 장면의 영상을 보고 들으면 여러 가지 배울 점이 있다. 상담관은 자기반성과 자신의 부족한 부분을 발견할 수 있고, 내담자 또한 자신의 문제와 모순을 발견할 수 있다.

또한 자신이 변화되고 있는 것을 느낄 수 있어 보다 신중하고 진지하게 상담에 임하는 데에도 기여한다. 촬영된 영상과 녹음된 내용을 들으면서 내담자가 발견할 수 있는 점은 통찰력과 정서적 흐름의 변화, 새로운 자아 등이다. 내담자는 이를 통해 자기의 실상과 허상을 볼 수 있는 기회를 갖는다.

상담 초기와 이후의 과정에서 이루어진 대화를 비교해 보면서 스스로의 변화 확인이 가능하고, 자신이 긍정적으로 변화하면서 성장하고 있음을 발견할 수 있다. 녹화된 영상을 보거나 녹음을 들을 때 상담관은 주로 다음과 같은 점에서 통찰이 이루어진다.

내담자 중심이 아닌 상담자 중심으로 상담이 이루어지지는 않았는가? 내담자 문제를 제대로 수용하려고 노력하였는가? 내담자의 특성과 독립성을 허용하였는가? 상담분위기는 자유롭고 편안하게 조성되었는가? 열과 정성을 다해 내담자의 말을 듣고 긍정적으로 받아들였는가? 내 욕구대로 내담자를 이끌려는 언행은 하지 않았는가? 등과 같이 자신을 뒤돌아보며 반성하는 기회를 가진다.

이러한 과정을 몇 번 거듭하고 나면 이후 상담에 큰 도움이 되고 나아가 자기발전과 성장에도 기여한다. 이론적인 상담서적을 읽고 전적으로 그 이론에만 의지하는 것은 적절치 않다. 상담기록과 영상을 보고 녹음된 내용을 들으면서 자기 모습에 직면하고 부족한 자질과 태도를 개선하여 보다 성숙한 상담관이 되도록 노력해야 한다.

2. 군 개인상담의 과정

일반상담은 상담초기 상담관계를 형성하는 것으로부터 상담목표설정, 자기 탐색과 통찰, 현실에의 적용, 종결 및 추후지도의 과정으로 이루어진다. 위계 문화의 특징을 가진 군대에서 병영생활을 하는 장병에 대한 상담 과정은 일반 상담에서 이루어지는 과정과 별반 다르지 않다. 대체로 군 상담 과정은 다음과 같은 절차로 이루어진다(심윤기 외, 2022).

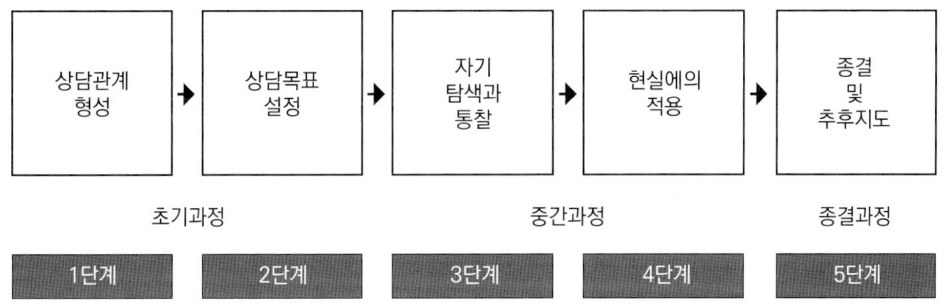

1. 초기과정

개인상담의 초기에는 상담의 기초를 세우는 작업이 주로 이루어진다. 상담관과 내담자의 관계를 긍정적이고 친밀하게 형성하고 상담구조화 작업을 한다. 내담자가 경험하는 복무부적응의 문제나 심리적 갈등, 혼란, 직무 및 외상 스트레스 등을 객관적으로 평가한 후, 구체적인 상담목표를 세우는 절차로 이루어진다.

그러나 이러한 과정은 반드시 순서대로 진행되어야 한다는 의미는 아니다. 상담의 초기과정에서 이루어지는 상담관계는 상담관과 내담자가 맺는 신뢰관계를 의미하는데, 위계조직문화에 익숙한 장병을 대상으로 한 개인상담은 적극적인 경청과 내담자에 대한 진솔한 관심을 통해 신뢰관계를 형성한다.

내담자는 상담관이 자신의 말을 단순히 경청하는 것이 아니라, 한 인간으로서 자신의 심리적 아픔을 공감하고 이해하며 존중한다고 느낄 때 신뢰한다. 그러므로 상담관은 내담자에게 일관된 진정한 관심을 보이고 공감하며 민감하게 반응할 수 있어야 한다. 상담관에 대한 내담자의 신뢰는 단 한 번의 만남으로 형성되지 않으며 여러 번의 과정을 통해 이루어진다.

내담자의 특성과 강 · 약점을 충분히 이해하고 내담자 문제를 평가하는 것은 다음과 같은 몇 가지 요소가 있다. 첫째, 내담자의 현재 문제를 명확히 파악한다. 내담자 문제를 정확히 이해하고 평가하기 위해 다각도로 자료를 수집한다. 내담자의 현실지각과 지각한 현실에 대한 반응, 대인관계 갈등, 직무 및 외상스트레스, 복무부적응 등의 원인을 탐색하고 평가한다.

둘째, 지금 현재 도움이 필요한 이유를 파악한다. 상담관은 내담자가 도움을 받으러 오게 된 상황을 명확히 알아야 한다. 내담자가 외부의 압력이나 요청, 의뢰 등으로 상담실을 찾아왔는지 혹은 자발적으로 왔는지에 따라 상담에 임하는 자세와 문제해결 의지가 다르기 때문이다.

셋째, 장병 내담자 스스로 자신의 문제를 바라보고 진단하도록 조력한다. 내담자 스스로 무엇이 해결되기를 바라는지, 어떤 변화를 원하는지를 자세히 알아야 한다. 만약 내담자의 호소가 애매하고 불분명하다면 상담관은 내담자가 상담에서 얻고자 하는 것이 무엇인지 개방적인 질문을 통해 명료하게 밝힌다.

넷째, 행동을 관찰한다. 상담 과정에서 보이는 내담자의 의사소통방식은 다른 대인관계의 재현이다. 상담관이 초기 단계에서 내담자의 행동을 이론적으로 해석한다거나 행동의 의미를 직면하기보다는 행동의 숨은 의미를 파악하는 데 초점을 두어야 하는 이유이기도 하다. 내담자가 호소하는 행동을 관찰함으로써 개인의 심리적 어려움과 심리적 문제의 근원을 더 잘 이해할 수 있다.

내담자의 반응양상과 행동패턴을 정확히 파악하면 할수록 상담관의 행동이 내담자에게 어떤 영향을 미치는지 예측이 가능하다. 상담관의 다양한 형태의 언어 개입에 따라 내담자가 어떻게 반응할 것인지도 예측할 수 있다. 내담자는 반복적으로 학습된 전형적인 행동패턴을 상담 과정에서 드러내는 경향이 있어 상담관은 이 패턴을 발견하는데 관심을 기울여야 한다.

한편, 상담구조화는 상담을 전체적으로 안내하는 오리엔테이션과 같은 과정이다. 이 과정을 통해 상담에 대한 내담자의 불안이나 긴장, 두려움을 경감시킬 수 있고, 상담 과정에 어떻게 참여해야 하는지도 알 수 있다. 상남여선의 구조화는 상담시간, 상담 횟수, 상담 장소, 상담 시간에 늦거나 약속을 지키지 못할 일이 발생하였을 경우 연락하는 방법 등에 대한 구조화를 의미한다.

상담초기의 상담구조화는 상담 과정이 어떻게 진행되며, 상담관과 내담자가 어떤 역할을 하는지를 알려주는 설정이다. 상담비밀보장의 구조화는 내담자에 대한 비밀보장을 지켜 주어야 할 의무를 설명하고, 특수한 경우에는 비밀보장의 한계가 있음을 알려 주는 구조화를 말한다.

상담목표의 설정도 초기과정에서 이루어진다. 상담목표는 상담을 성공적으로 이끄는 매우 중요한 요소다. 상담이 나아가야 할 방향에 대한 지침이자 상담이 잘 진행되고 있는지, 언제 종결해야 하는지를 알 수 있도록 한다.

이러한 상담목표는 내담자로 하여금 복무부적응과 관련된 상황이나 행동과정을 탐색하고 조정하며, 내담자가 상담 과정에 적극적으로 참여하도록 기여한다. 상담목표는 변화가 요구되는 새로운 정보를 획득하거나 내담자의 통찰이 이루어지면 변경할 수 있는 유연성이 확보되는 것이 바람직하다.

군 상담의 초기과정에서 관심을 기울여야 할 사항은 대체로 다음과 같다. 첫째, 비자발적인 내담자를 어떻게 동기화할 것인가 하는 문제다. 이때는 자신의 문제를 지각하는 기회를 늘리면서 자발적으로 상담에 참여하도록 조력한다. 지금 왜 도움을 받으러 왔는지, 상담관에게 무엇을 기대하는지를 확인한다. 내담자의 비자발적인 태도가 보이면 이를 무시하기보다 그의 행동을 적극 이해하고 수용하는 자세가 필요하다.

둘째, 상담 과정에서 내담자 역할에 대한 인식의 문제다. 군 위계조직문화에 익숙해진 내담자가 갑자기 자신은 할 말을 다했다며 상담관의 지시만을 바라는 상황이 나타날 수 있다. 이때에는 반복적인 상담구조화를 통해 궁극적인 결정은 내담자가 해야 한다는 점을 충분히 알려준다.

셋째, 내담자가 복무부적응의 문제를 진단하고 해결해주기를 바랄 때 어떻게 할 것인가 하는 문제다. 이런 경우에는 내담자의 문제를 진단하고 해결해 주기보다는 내담자가 어떤 의미로 그런 말을 하였는지 파악하는 것을 우선한다. 내담자 자신의 부적응 문제를 오로지 상담관이 진단하고 그 결과를 알려 주는 것은 문제해결에 좋지 않은 영향을 미친다는 사실을 인식하도록 일깨워 준다.

넷째, 자기 개방 후에 나타나는 감정에 대한 문제다. 이때에는 내담자의 수치심이나 죄책감 등을 상담관이 전적으로 수용하고 이해하며 공감한다. 내담자의 복무부적응 문제와 심리적 문제해결을 독단적으로 다루거나 고정된 선입견으로 상담을 진행하는 것은 적절치 않다.

2. 중간과정

군에서 이루어지는 개인상담의 중간과정은 상담목표에 도달하기 위해 전적으로 노력하는 중추적이고 역동적인 과정이다. 목표를 이루기 위해 기존 방식에서 벗어나 대안을 선택하고 목표에 따른 행동계획을 수립하며 실행한다. 내담자 자신의 문제에 대한 심층적인 탐색과 통찰, 복무부적응에 대한 문제해결이 중점적으로 다루어진다.

중간과정에서는 상담관이 주도적인 역할을 한다. 상담목표를 실행하기 위한 구체적인 상담전략과 다양한 상담기법, 기술을 활용하여 상담을 촉진한다. 내담자가 힘들어도 포기하지 않고 행동으로 실행하도록 끊임없이 격려하고 지지하며, 심층적인 공감과 감정의 반영, 즉시성, 해석 등의 다양한 상담기법을 적용한다.

상담관은 내담자의 행동변화를 위해 부적응 행동패턴에 대한 자각이 병영생활의 다양한 측면에서 반복적으로 일어나도록 안내한다. 내담자가 지닌 현재의 복무부적응 문제와 관련된 사고, 감정, 생활패턴 등에 대해 자각하도록 촉진하며, 새로운 자각을 기초로 병영생활에서 할 수 있는 행동계획을 다각도로 실천한다.

상담관은 중간과정에서 내담자 스스로 자신의 문제와 부적응의 의미를 발견하도록 촉진한다. 자신이 해결할 수 있는 부분과 해결하지 못하는 부분에 대한 현실적인 판단을 내리도록 조력한다. 내담자 스스로 자기 탐색과 통찰을 통해 자각해야 하는 사항은 대체로 다음과 같다.

첫째, 부정적인 사고와 감정, 병영생활의 패턴, 대인관계의 유형에 대한 자각이다.

- 내담자 자신이나 동료에 대해 자주 느끼는 감정과 자신이 억압하는 감정자각
- 실패에 대한 공포나 두려움과 같이 어떤 행동을 방해하는 감정자각
- 수동 공격적인 표현과 그때의 감정자각

둘째, 내담자 스스로 자신의 행동에 대한 자각이다.

- 자신의 행동이 어떤 것에 의해 강화되는지에 대한 통찰
- 자신의 행동에 영향을 미치는 무의식적인 힘의 발견
- 자신의 방어기제와 지금까지 문제를 해결하려고 사용한 방식에 대한 자각

셋째, 내담자의 대인관계에 대한 자각이다.

- 내담자가 중요하다고 생각하는 사람과의 관계에서 해결되지 않은 일의 자각
- 반복되는 대인관계의 패턴에 대한 자각과 생활관 내에서의 역할에 대한 통찰

넷째, 내담자 자신의 특성에 대한 자각이다.

- 내담자가 가진 장점과 단점, 앞으로 문제해결을 위해 활용할 수 있는 개인적 강점 자원에 대한 자각
- 자신의 흥미나 잠재능력, 강점과 약점 등에 대한 통찰

상담관은 중간과정에서 상담이 어떻게 진행되고 있고 내담자에게는 어떤 진전이 있는지를 점검할 수 있어야 한다. 내담자 스스로 자신이 어떤 부분을 변화시키고자 하는지, 그 변화를 어떻게 가져올 수 있는지 예측하도록 조력한다.

내담자가 자신감을 갖고 자신이 원하는 바람직한 행동을 할 수 있는 새로운 방식을 찾도록 내담자를 지지하고 그 가능성을 탐색한다.

내담자와 협력하여 행동계획을 세우고 그것을 병영생활에서 어떻게 실천할지 전략을 세우고 평가한다. 중간과정에서 나타날 수 있는 문제점은 첫째, 자기이해가 높아지는 과정에서 생기는 불안감이다. 이를 해결하기 위해서는 현재의 불안에 대해 충분히 이해하도록 조력하되, 현재의 불안을 심각한 문제라고 과도하게 판단하여 접근하는 것은 바람직하지 않다.

둘째, 다양한 방식으로 저항이 발생할 수 있다. 상담회기 중 내담자와 라포 형성은 되었지만 문제 해결 과정에 저항이 나타날 가능성이 있다. 이러한 경우에는 다양한 기법을 이용하여 내담자의 자기이해를 돕거나 내담자의 잘못된 비합리적 신념을 수정하는데 초점을 두고 조력한다.

셋째, 변화에 진전이 나타나지 않을 수 있는데, 이러한 경우에는 상담 과정을 재검토할 필요가 있다. 상담 초기에 이루어진 상담구조화를 다시 살펴보고 사례개념화를 수정하고 보완한다.

3. 종결과정

종결과정에서는 통찰을 바탕으로 병영생활에 적용할 수 있는 새로운 행동을 시험하고 평가하는 과업이 이루어진다. 앞으로 실천해야 할 행동을 결정하고 그것을 어떻게 실천할 것인지에 대해 구체적으로 논의한다. 아울러 상담관계를 끝낼 때 내담자가 느낄 수 있는 여러 가지 감정을 충분히 다룬다.

내담자가 호소하는 부적응의 심리적 고통이나 두려움 등이 사라지면 상담을 종결한다. 상담관에 대한 애착이 강한 이등병과 같은 내담자는 상담종결과정에서 분리불안을 느낄 수 있다. 그러므로 상담종결의 과정에서는 이별 감정을 다루는 시간을 별도로 갖는 것이 필요하다.

군 개인상담의 종결단계에서 이루어지는 과업은 주로 다음과 같다. 첫째, 이별 감정과 분리불안을 다룬다. 내담자 스스로 당당히 일어설 수 있도록 지지하고 격려하는데 주안을 둔다.

둘째, 상담의 성과에 대한 평가와 문제해결능력을 촉진한다. 내담자가 상담을 통해 얻은 통찰을 극대화하고 상담을 통해 얻은 효과를 유지한다. 셋째, 추수상담을 논의한다. 내담자의 행동변화를 지속적으로 점검하기 위해 추수상담을 계획하며, 내담자가 잘하는 점을 강화하고 부족한 점은 보완하는 일을 다룬다.

군 개인상담의 종결과정에서 나타날 수 있는 문제점은 주로 다음과 같다. 먼저, 상담을 조기 종결하는 문제다. 내담자가 상담의 조기 종결을 원할 때에는 그 이유를 알아야 한다. 자신의 문제가 완전하게 해결되어 종결을 원하는 것이라면 인과관계와 그 진실성을 확인한다.

상담관이 지닌 유능성의 부족으로 상담종결을 원한다면 상담관은 솔직하게 자신의 능력과 상담의 실패를 인정한다. 내담자가 제안한 상담의 조기 종결의 이유가 부정적일지라도 내담자와 논쟁하거나 설득하는 행동은 지양되어야 한다.

다음은 종결을 거부하는 문제가 발생할 수 있다. 상담관에 대한 의존 때문이거나 복무부적응에 대한 심리적 갈등과 고통의 문제가 다시 발생하지 않을까 하는 두려움 등으로 상담종결을 거부하는 경우에는 이별 감정과 두려움에 대한 심층 깊은 대화를 통해 해결한다.

3. 군 개인상담의 기법

1. 초기과정의 기법

군 개인상담은 주로 두 가지 경로로 이루어진다. 장병 내담자가 스스로 상담의 필요성을 느껴 상담실을 찾아오는 경우가 있고, 제3자가 상담의 필요성을 느껴 상담요청이나 의뢰를 하는 경우가 있다. 내담자가 먼저 스스로 상담을 요청하는 경우는 그만큼 내담자가 상담의 필요성을 느끼고 문제해결의 의지를 지니고 있을 가능성이 있다.

이와 같은 경우에는 상담관을 믿고 스스로 찾아온 상황이라서 상담을 진행하기가 비교적 수월하다. 반면, 타인으로부터 요청되거나 의뢰된 경우에는 상담의 필요성을 느끼지 못해 상담진행의 과정이 어렵게 이루어지기도 한다(심윤기 외, 2022).

상담의 초기과정에서는 내담자의 복무부적응 문제를 탐색하고 상담구조화가 이루어지며, 적극적인 경청과 공감을 통해 내담자와의 신뢰관계를 쌓는 작업이 주로 이루어진다.

1) 관계 형성하기

군 개인상담은 내담자를 상담관이 불러서 왔건 아니면 내담자 스스로 원해서 찾아왔건 내담자와 상담관이 만나서 처음으로 해야 할 일은 신뢰감을 형성하는 일이다. 이때에는 어떤 기법을 적용한다기보다 수용적이며 온화한 태도로 내담자에게 깊은 관심을 보이는 것을 우선한다. 내담자가 상담관을 신뢰하면 편안한 상태에서 자신이 하고 싶은 이야기를 마음껏 표현한다.

내담자 스스로 상담을 원해서 찾아온 경우에는 어떤 이야기를 하겠다는 것을 준비해 두었을 가능성이 크다. 이러한 경우에 상담관은 내담자에게 무슨 문제로 찾아왔는지 단도직입적으로 질문하는 것은 피한다. 내담자 스스로 편안해실 때 이야기하노록 차분히 기나려 주는 것이 현명하다.

의뢰된 상담의 경우에는 내담자 스스로 자기가 왜 불려 왔는지 궁금해할 수 있다. 뭔가 잘못한 일이 있어서 호출된 것인지 혹은 잘 모르지만 앞으로 뭔가 더 잘못되는 것은 아닌지 불안감을 느낄 수 있다. 이때 상담관은 온화한 태도로 상담을 하게 된 이유를 자상하게 설명한다. 상담관과 내담자와의 신뢰관계 형성은 이러한 과정이 반복적으로 이루어질 때 가능하다.

2) 문제 탐색하기

상담을 시작하면 다양한 방법과 노력을 기울여 내담자의 복무부적응에 대한 심리적 고통과 갈등, 혼란, 직무 및 외상스트레스 등을 탐색해 간다. 이때에는 다음과 같은 사항에 유의한다.

- 상담관과 내담자 간 친밀감이 형성되었을 때 탐색을 시작한다.
- 따뜻하고 부드러운 모습과 태도를 내담자에게 지속적으로 보여준다.
- 내담자의 심중에 숨겨진 감정과 동기를 찾으려고 노력한다.
- 내담자가 이해할 수 있는 쉬운 말을 사용하되 충고하지 않는다.
- 상담의 목적에서 벗어난 과거의 일은 탐색하지 않는다.
- 상담의 탐색과정은 서둘거나 지연되지 않도록 한다.
- 자의적 추론이나 판단 및 유도하는 질문은 피한다.
- 탐색이 진행되는 동안 불필요한 논쟁과 토의는 하지 않는다.
- 휴가와 같은 사회복지적인 측면의 애로사항은 즉각적으로 검토한다.

3) 경청하기

경청이란 내담자의 말과 행동에 상담관이 적극적으로 듣고 있다는 것을 전달하여 내담자가 마음속에 있는 것을 적극 표현하도록 조력하는 기술이다. 상담관은 내담자의 말과 행동을 그냥 흘려보내지 않도록 안내해야 한다. 그렇다고 내담자의 말과 행동에 일일이 반응하는 것도 적절치 않다. 상담관이 경청할 때의 관건은 상대적으로 더 비중을 두어야 할 말과 행동을 선택하여 그것에 주목하는 것이다(이장호, 2000).

선택적으로 주목한 것이 내담자가 하는 말의 흐름에 적합한 것이라면 유익하다. 경험이 많은 상담관은 '잘 들어주기만 해도 내담자의 문제가 해결되는 경우가 있다.' 라고 말하는데, 이는 상담자가 적극적으로 경청해야 한다는 의미를 내포하고 있다. 적극적 경청을 위해 Brems(2001)가 언급한 내용을 보면 다음과 같다.

- 내담자가 하는 말의 음조를 경청한다.
- 내담자의 감정에 대한 단서를 경청한다.
- 내담자가 표현하는 방식과 내용을 경청한다.
- 내담자의 비언어적 의사소통에 주의를 기울인다.
- 내담자의 공통적인 감정과 내용의 주제를 경청한다.
- 내담자의 말을 끊거나 이야기하는 도중에 끼어들지 않는다.

내담자가 이야기 하는 도중에 상담관이 끼어들지 않고 진지한 모습으로 들을 때 내담자는 자신이 존중받고 있다고 느낀다. 경청은 이렇게 내담자로 하여금 생각이나 감정을 자유롭게 표현하도록 상담관이 적극 들어주는 것을 의미한다. 내담자의 말과 행동에 대한 적극적인 경청은 상담을 성공적으로 이끄는데 크게 기여한다.

상담관이 말을 많이 하며 상담을 주도하기보다는 내담자에게 말할 기회를 많이 주고 말의 흐름을 방해하지 않는 것이 더 중요하다. 얼굴표정이나 몸짓, 어조와 억양 등이 모두 합쳐져 전달될 때 전체적인 메시지를 읽을 수 있다(김태현 외, 2013).

상담관은 자신이 내담자의 말에 집중하여 듣고 있다는 사실을 내담자가 인식하도록 보여 줄 필요가 있다. 예를 들어, 내담자가 말을 할 때 친밀감 있고 온화하며 자연스러운 자세를 취한다. 진지한 관심이 있음을 나타내는 시선과 몸짓을 보여줌으로써 내담자가 하는 말을 적극적으로 듣고 있다는 사실을 인식하도록 한다.

4) 공감하기

공감은 상담관이 마치 내담자인 것처럼 내담자의 내적 준거의 틀로 지각하는 것이다. 다시 말해, 공감은 내담자의 지각 세계에 들어가는 것을 의미한다. 매 순간 내담자의 의식 속에 흐르는 불안, 두려움, 분노, 갈등 등에 대한 민감성을 지각하고 반응하는 것이다.

상담관이 마치 내담자의 눈으로 보는 것처럼 보고, 귀로 듣는 것처럼 듣고, 코로 냄새를 맡는 것처럼 맡고, 혀로 맛을 보는 것처럼 맛보고, 피부로 감각하는 것처럼 감각하는 것이다(박성희, 1994). 내담자는 상담관이 공감해줄 때 자신의 말을 관심 있게 들으며, 자신을 이해하려고 노력하고 있다는 사실을 깨닫는다.

이러한 공감은 기본수준과 심화수준으로 구분하는데, 기본수준의 공감은 상대방에게 자신이 이해한 바를 말로 전달하는 것이다. 이는 상담관이 내담자의 진술에 해석하지 않고 얕은 수준에서 그가 경험하는 바를 말해주는 것을 말한다. 반면, 심화수준의 공감은 내담자가 진술하고 표현한 것뿐만 아니라, 그의 말 속에 암시된 것이나 말하지 않은 것까지도 반영하는 것을 말한다.

2. 중간과정의 기법

상담의 중간과정은 내담자가 호소하는 문제의 유형별로 개입하여 복무부적응과 관련된 현재의 고통스러운 심리적 문제가 해결되도록 실질적으로 조력하는 과정이다. 이 과정에서 상담관이 관심을 기울여야 할 사항은 내담자에게 모든 초점을 맞추어야 한다는 점이다. 이 과정에서 상담관은 자신을 노출하고 내담자의 감정을 반영하며 때로는 직면과 해석의 기법을 사용한다.

1) 자기노출하기

자기노출이란 상담자가 언어적으로 자신의 생각과 감정, 신념, 태도를 드러내는 것이다. 상담자가 자신을 노출하면 내담자에게 친근감이 전달되고 보다 깊은 이해를 촉진하며, 내담자에게 자기탐색의 모범을 보여주는 효과를 가져온다(Vogel & Wester, 2003).

자기노출은 일반적으로 자기관련 진술과 자기노출 진술로 구분한다. 자기관련 진술은 내담자와의 관계에 대한 자신의 감정이나 느낌을 내담자에게 이야기 하는 것인 반면, 자기노출 진술은 내담자와 직접적으로 관련되지 않은 상담자 자신에 대한 것을 내담자에게 노출하는 것을 말한다.

이렇게 자기노출은 내담자의 관심에 대해 상담관의 생각과 느낌을 솔직하게 말함으로써 내담자 스스로 남들과 다른 특성과 개성을 가진 한 인간의 모습으로 이해하도록 도와준다. 자기노출을 하는 경우에는 내담자의 느낌이나 생각과 유사하게 노출해야 효과가 증대된다.

구체적으로 노출을 하는 경우에는 내담자의 부정 정서를 정화하고 자기개념을 명료화하며 자신감을 촉진한다. 상담관의 자기노출 내용을 들은 내담자는 자신도 비슷한 수준의 자기노출을 촉진하며 그 과정에서 상호 신뢰와 친밀감이 형성된다.

2) 반영하기

반영은 경청을 통해 파악한 내담자 진술의 핵심과 본질을 상담관이 적절한 말과 행동으로 되돌려 줌으로써 상담을 촉진하는 기술이다. 내담자의 말과 행동에서 표출된 기본적인 감정과 생각, 태도를 상담관이 다른 참신한 말로 되돌려 주는 것이다. 이것은 내담자로 하여금 자기 이해를 도울 뿐만 아니라, 자기가 이해 받고 있다는 인식을 촉진한다.

그러나 내담자가 한 말을 그대로 반복하는 식으로 반영하면 내담자는 상담자의 반복적인 말에 가식을 느끼기가 쉽다. 반영의 핵심은 경청을 통해 알아차린 내담자 말의 본질과 핵심을 살려 진술하거나 내담자가 바라는 것이 무엇인지를 말해주는 것이다.

이때 상담관은 자신이 받은 느낌을 참신한 다른 말로 표현한다. 흔히 내담자의 감정은 깊은 저류가 있는 바다에 비유하기도 한다. 수면 위의 잔잔한 물결처럼 겉으로 보이는 표면적인 감정이 있고, 바닷속처럼 보이지는 않으나 깊은 내면적인 감정이 존재한다.

상담관은 수면 위의 있는 잔물결의 감정만 볼 것이 아니라, 바다 속 깊은 저류의 감정을 파악하여 참신한 말이나 메타포(metaphor)로 내담자에게 전달하는 것이 중요하다. 이렇게 할 때 내담자는 상담관이 자신에게 관심을 갖고 있다는 사실을 인식한다. 상담관이 자신을 이해하려고 노력하고 있다는 사실을 인지하여 상담에 보다 적극적으로 참여한다.

상담관이 반영할 내담자의 내면에 있는 감정은 크게 세 가지다. 긍정적인 감정과 부정적인 감정 그리고 이 두 가지 감정이 동시에 존재하는 양가감정이다. 긍정적인 감정은 잠재력을 발휘하는데 기여한다. 부정적인 감정은 자기 파괴적이며, 양가감정은 같은 시간과 대상에 상반되는 감정이 공존하는 것을 의미한다.

상담관은 이렇게 서로 일치되지 않는 감정 혹은 불분명하고 모호한 감정을 발견하여 내담자에게 반영할 수 있어야 한다. 내담자의 언어와 행동이 서로 차이가 나고 모순이 발견되는 경우에도 반영한다. 내담자가 동일한 대상에 양가감정을 느끼고 있음을 깨닫도록 함으로써 심리적인 불안과 걱정을 해소할 수 있어야 한다.

내담자가 말로써 표현하는 것뿐만 아니라, 몸짓과 말투, 억양, 눈빛으로 표현되는 모든 것을 반영하면 상담은 더욱 촉진된다. 상담관이 반영할 때 주의해야 할 점은 내담자의 말과 행동 중 어떤 것을 선택하여 어느 정도의 깊이로 반영해야 하는 문제이다. 이러한 선택의 기준은 내담자의 말과 행동에 담긴 감정 중 가장 의미 있는 것이 어떤 것이냐에 따라 달라진다.

또 하나는 내담자가 말한 수준 이상으로 반영하지 말아야 한다는 점이다. 그 이유는 내담자가 표현하지 않은 것을 되돌려 주는 것은 반영이 아니라 해석하는 것이 되기 때문이다. 일반적으로 초심상담자는 내담자의 말이 다 끝나기를 기다렸다가 반영하는 경우가 흔하게 나타난다.

경험이 많은 상담자는 의미 있는 감정을 반영하기 위해 가끔 내담자의 말을 중단시키기도 하는데 그렇다고 그것이 꼭 잘못된 것만은 아니다. 하지만 말을 가로막거나 말하는 도중에 끼어드는 것은 내담자의 감정 흐름을 중단시킬 위험성이 있어 주의해야 한다.

3) 명료화하기

명료화는 내담자의 말에 내포되어 있는 뜻을 명확하고 정확하게 전달하는 것을 말한다. 내담자가 말하고자 하는 의미에 대해 상담관이 생각한 바를 다시 내담자에게 전한다는 의미에서 단순히 재진술하는 개념은 아니다. 내담자의 반응에서 나타난 감정 또는 생각 속에 암시되었거나 내포된 의미를 보다 분명히 말해주는 것을 의미한다.

명료화의 내용은 어디까지나 내담자가 진술한 말 속에 포함된 것이어야 한다. 내담자 자신은 잘 알지 못하는 의미나 관계와 같은 것이다. 내담자가 애매하게 느끼던 내용이나 불분명하게 이해하고 있는 것을 상담관이 정리해 준다는 점에서 내담자는 자신이 이해받고 있다는 느낌을 받는다. 또한 명료화는 내담자로 하여금 상담 과정에 적극적으로 참여하도록 촉진하며 미처 생각하지 못했던 측면을 다시 생각해 보도록 하는 자극제의 역할을 제공한다.

4) 직면하기

직면은 적극적인 개입방법의 한 방법이다. 내담자가 모르고 있거나 인정하기를 거부하는 생각과 느낌에 대해서 주목하도록 하는 상담관의 언급이다. 직면은 내담자가 자기 자신의 문제와 생각, 감정, 행동에 대해 깊이 자각하도록 안내하는 역할을 한다(김환 외, 2006).

이러한 직면은 내담자의 변화와 성장을 증진시키는 동시에 심리적인 위협과 상처를 안겨주기도 한다. 따라서 상담관은 직면을 사용할 때 내담자가 직면을 받아들일 준비가 되어 있는지를 확인하고 하는 것이 바람직하다. 직면은 몇 가지의 유형이 있다. 언어의 불일치가 있을 때나 말과 행동의 불일치가 있을 때, 두 감정사이의 불일치가 있을 때 직면한다.

또한 가치관과 행동 사이의 불일치가 있을 때, 내담자의 견해에 상담자가 동의하지 않을 때, 내담자의 말이나 행동에서 불일치가 발견되어 이를 깨닫도록 할 필요가 있을 때, 내담자가 다른 사람의 의견이나 생각, 느낌을 받아들이지 않거나 수용하지 않을 때, 내담자가 자기중심적으로만 세계를 바라보고 전체의 관점에서 객관적으로 바라보지 않을 때에 주로 직면한다.

직면을 할 때 주의해야 할 사항은 단순히 내담자의 부정적인 측면에 초점을 맞추거나 여러 불일치를 깨닫도록 하는 것만이 전부가 아니라는 점이다. 직면은 내담자를 배려하는 상호신뢰의 맥락에서 행해져야지, 상담자의 좌절과 분노를 표현하는 수단으로 사용되어져서는 결코 바람직하지 않다.

직면은 내담자의 잠재능력과 심리적 자원을 활용하지 않을 때에도 사용한다. 이러한 직면은 내담자의 성장과 변화를 진솔하게 배려하는 분위기에서 하는 것이 적절하다. 그렇지 않고 상담동기가 부족한 내담자에게 직면을 하는 경우에는 상담관의 직면에 저항하고 방어하며 상담을 회피하기까지 한다.

5) 해석하기

해석은 내담자에게 어떤 의미를 전달하고자 하는 상담자의 개입기술이다. 해석은 내담자로 하여금 과거의 생각과 다른 각도에서 자기의 행동과 내면세계를 파악하도록 촉진하고, 내담자가 자신의 문제를 새로운 각도에서 이해하도록 그의 생활경험과 행동의 의미를 설명하는 것이다.

해석의 의미나 범위는 전문가에 따라 조금씩 다르게 설명하고 있다. 정신분석가는 주로 저항의 본질에 직면시키려고 하는 언급을 해석으로 간주한다. 인간중심상담자는 일반적인 해석은 피하고 감정의 명료화나 반영을 주로 사용한다. 이들은 해석이 저항을 조장하며 상담자에게 너무 많은 치료적 책임을 갖게 한다고 주장하지만, 실제로는 감정의 반영도 대부분 온화한 해석의 하나로 간주한다.

상담의 초기과정에는 내담자가 미처 자각하지 못하는 것을 자세하게 해석하고, 중간과정에서는 내담자의 부적응적인 태도를 주로 해석한다. 내담자 자신을 좀 더 이해하고 앞으로 어떤 노력이 필요한지에 대한 영역을 제시하는데 초점을 둔다.

상담을 진행하면서 방어기제나 부적응 문제에 대한 생각, 대인관계에서의 행동양식 등 해석의 범위를 점차적으로 넓혀간다. 상담의 후반부에는 내담자 스스로 해석할 수 있도록 상담자의 해석 횟수를 줄여나가는 것이 바람직하다.

해석을 하는데 중요한 것은 적절한 타이밍을 잡는 것이다. 해석은 직면과 같이 내담자가 받아들일 준비가 되었다고 판단될 때 한다. 내담자가 깨닫고는 있으나 확실하게 개념화하지 못하고 있을 때 해석하는 것이 효과적이다. 내담자가 받아들일 준비가 되어있지 않을 때 해석을 하면 내담자는 몹시 당황하거나 불안해할 수 있다.

내담자의 현재 인식수준과 동떨어진 해석도 조심해야 한다. 해석을 왕창 던지지 말고 적당한 기회를 살피면서 조금씩 풀어서 해석하는 것이 적절하다. 내담자의 성격을 정확히 파악하지 못했거나 해석의 확실한 근거를 찾지 못하였을 경우에는 해석하지 않는 것이 좋다.

3. 종결과정의 기법

군 개인상담의 종결은 내담자의 복무부적응의 문제와 심리적 고통이 해결되었을 때 마무리한다. 심리적 갈등과 혼란을 비롯하여 심각한 직무 및 외상 스트레스 등이 해결되고 앞으로의 군대생활에서 그와 비슷한 문제가 발생한다하더라도 문제해결에 자신이 있다는 확신을 가질 때 종결한다.

상담의 계속 실시여부에 관해서는 상담관과 내담자 사이에 충분한 논의와 협의를 하는 등 합리적인 의사결정과정을 거친 후 판단한다(심윤기 외, 2020). 상담관은 내담자 스스로 기분이 좋아졌다고 말한다든지 아니면 자신의 부적응 문제와 심리적 고통이 해결되었다고 진술을 한다 해도 바로 상담을 종결하는 것은 적절치 않다.

상담관은 상담 초기에 설정한 상담목표를 검토하고 목표에 도달되었다고 판단하면 상담종결의 시기와 방법을 결정한다. 종결과정에서 설정된 상담목표가 달성되었는지를 확인하는 과정은 절대적으로 필요하다. 상남종결과정에서는 다음과 같은 몇 가지의 과업이 이루어진다.

첫째, 지금까지 이루어진 상담의 내용을 정리하고 종합하며 평가한다. 둘째, 상담을 종결한 후에도 심리적 갈등과 혼란, 어려움 등을 내담자가 경험할 수 있음을 인식하도록 한다. 이 같은 상황은 지극히 자연스러운 현상이라는 점을 이해시키고 스스로 문제를 극복하기 위해 노력하는 것이 중요하다는 점을 주지하도록 안내한다.

셋째, 자기분석을 격려한다. 그동안 상담 과정에서 이루어졌던 자기분석을 그만두지 말고 자신에 대한 탐색과 통찰을 계속하도록 조력한다. 넷째, 의존성을 다룬다. 불안하고 위축된 내담자는 상담 과정에서 느낀 심리적 안정과 편안함, 보호받는 느낌이 사라지는 것을 두려워한다. 이런 경우에는 내담자의 두려움을 수용하면서도 공감적인 직면을 한다(김환 외, 2006).

상담종결의 과정은 내담자가 더 이상 군복무를 회피하지 않고 스스로 적응해야 한다는 점을 이해하는 시간이 되기 때문에 그 자체로서 치료적이다. 내담자의 부적응 문제가 해결되었거나 상담종결 이후에 비슷한 심리적 문제가 발생하더라도 대처능력이 학습되었다고 판단하면 상담을 종결한다.

앞으로 예상되는 어려움과 문제를 전망하고 어떻게 대처할 것인가를 검토한다. 문제해결이 만족할만하여 상담을 종결하게 된 경우에도 내담자가 과연 제대로 적응하고 있는지 추수지도(follow up service)가 이루어지도록 계획한다. 권위주의의 문화적 특성이 있는 군대에서는 주로 단기상담과 해결위주상담으로 이루어져 내담자가 먼저 상담종결을 제안하는 경우는 극히 드물다.

그러나 상담관을 신뢰하지 않고 불신하거나 상담으로 인해 오히려 병영생활이 어려운 상황으로 전개되지 않을까 하는 염려와 불안감을 가질 때 내담자가 먼저 상담종결을 제안해 올 수 있다. 상담을 종결하기 어려운 경우는 내담자가 계속해서 상담 받기를 원할 때이다. 이러한 경우에는 상담종결을 반대하는 내담자의 심리적 어려움을 충분히 공감하고 깊은 대화를 통해 이별 감정이 해소되도록 조력한다.

4. 군 개인상담의 전략

문제유형별 군 상담 전략은 장병들이 겪는 복무부적응과 심리적인 문제로 발생하는 사고를 고려하여 선정하였다. 육군교육사령부 리더십센터에서 교재로 활용되고 있는 『군 복무적응을 위한 현장대처 매뉴얼』을 주로 참조하였다.

1. 개인특성관련 상담

군에서 발생하는 여러 가지 불미스런 사고와 관련된 실제적인 문제를 다루는 상담은 결코 쉬운 일이 아니다. 입대 후 정서적으로 적응하지 못하는 장병, 가정적인 문제와 대인관계의 갈등을 겪고 있는 장병을 조기에 발견하여 사고로 이어지지 않도록 조력하는 상담은 무척 어려운 과정이다. 개인특성과 관련한 상담에 대해 먼저 살펴보겠다.

1) 성격문제의 상담

(1) 특징과 징후

- 부대 일에 부정적이고 자기비하가 심함
- 자신에 대한 비판에 민감하고 피해의식을 가지며 불안한 모습을 자주 보임
- 혼자 있기를 좋아하고 의존적이고 소극적인 태도를 보임
- 감정 기복이 심하고 동료와 자주 말다툼을 함
- 힘든 일은 열외 하려고 하고 자주 몸이 아프다는 호소를 함

※ 이러한 문제는 군무이탈과 자살 등의 사고로 이어지는 경향이 있다.

(2) 원인

- 부모의 무관심이나 애정결핍 등으로 자존감 결여
- 부모의 과잉통제나 학대로 적개심과 반항심 내재
- 부모의 과대평가나 과잉보호로 타인에 대한 배려와 독립심 부족
- 어릴 때 충격적인 외상경험으로 트라우마 내재

(3) 상담관 : 병영생활전문상담관, 외부상담전문가

(4) 상담방법

성격적인 문제와 관련한 상담을 좀 효과적으로 실시하기 위해서는 몇 가지 유의해야 할 사항이 있다. 첫째, 상담관과 내담자와의 신뢰로운 상담관계 형성이 무엇보다 중요하다. 부하의 현재 입장과 처지, 심리상태에 대한 충분한 공감과 수용, 위로와 격려를 바탕으로 상담을 한다.

둘째, 상담실의 환경과 분위기를 편안하고 따뜻하게 조성하여 내담자의 긴장과 불안을 낮춘다.

셋째, 자신에 대한 무가치감과 절망감 등의 비합리적 신념을 논박해 합리적이고 바람직한 사고로 변하도록 한다.

넷째, 내담자 과거의 충격적인 외상경험을 상상 노출 및 현장 노출을 통해 PTSD로 발전되지 않도록 조력한다.

다섯째, 내담자 자신의 현재 심리를 직시토록 한다. 정신적인 스트레스와 책임 회피를 위한 신체증상 호소에는 무관심으로 대하되 심리적 원인에 대해서는 통찰하도록 돕는다.

(5) 상담 후 조치

- 성격문제는 지속적인 상담이 필요하므로 인내심을 갖고 상담한다.
- 성격적인 문제가 심각한 경우에는 캠프에 입소토록 조치한다.
- 외부 상담전문가나 정신과 의사의 조력을 받을 수 있도록 한다.

2) 성(性) 문제의 상담

(1) 특징과 징후

- 심한 모욕감과 수치심, 죄책감 등으로 괴로워함
- 성폭력으로 인한 두려움과 공포 등으로 불안정한 모습을 보임

※ 性의 문제는 근무이탈, 성추행 가해자에 대한 공격행위로 이어지기도 한다.

(2) 원 인

- 성폭력 또는 성추행을 가하거나 당한 경우
- 동성애로 고민하는 경우
- 성적 정체감의 혼란이 있는 경우

(3) 상담관 : 병영생활전문상담관, 성고충상담관, 외부상담전문가 등

(4) 상담방법

성 문제로 고민하는 장병을 대상으로 하는 상담은 군에서 활동 중인 병영생활전문상담관이나 성고충전문상담관이 적합하다. 그 이유는 성(性)과 관련한 전문지식과 경험을 갖고 있어 직접적인 문제해결이 가능하기 때문이다. 내담자는 주변에 있는 가까운 사람에게 성과 관련된 문제를 알리고 싶어 하지 않는 특성이 있어 다음과 같은 상담조치가 필요하다.

첫째, 상담관은 성적인 문제에 대한 선입견이나 편견 없이 개방적인 자세로 장병 내담자의 성문제를 수용하고 공감할 수 있어야 한다.

둘째, 수치심과 분노, 죄책감 등의 감정을 상담 과정에서 표출하도록 촉진하되, 감정이 심하게 고조되어 있는 경우에는 안정감을 유지토록 조력한다.

셋째, 내담자 자신의 행동에 대한 반성적 사고와 통찰을 통해 잘못된 점을 깨닫도록 하고 적절한 해결 방안을 찾아 조력한다.

넷째, 성고충 전문가에 의한 성교육을 지속적으로 실시하고 지휘관은 성 군기 문란행위와 처벌규정 등에 관해 교육한다.

(5) 상담 후 조치

- 성교육과 성 군기문란행위 및 처벌규정에 대해 교육한다.
- 폭력 가해자에 대해서는 군의관과 법무장교의 조언을 받아 처리한다.
- 동성애의 경우에는 동의를 얻어 검사와 정신과 진료를 받도록 조치한다.

3) 자살관련 상담

(1) 특징과 징후

- 주위 동료에게 죽고 싶다는 말을 자주 함
- 수첩이나 노트에 삶을 비관하며 죽음을 동경하는 내용을 메모함
- 매사에 의욕이 없고 의기소침하며 우울한 모습을 보임
- 잠을 이루지 못하고 뒤척이거나 잠자다 일어나 깊은 생각에 잠김
- 자신이 아끼던 물건이나 돈과 같은 물건을 동료에게 나눠줌
- 평소보다 말을 많이 하거나 또는 말이 없어지고 대인기피증을 보임

※ 자살 징후에 따른 조치가 미흡할 경우 자해 및 자살시도로 이어진다.

(2) 원인

- 충격적인 사건이나 외상을 경험한 경우
- 전입 후 병영생활에 적응하지 못하는 경우
- 과도한 스트레스, 집단따돌림, 애인변심, 가정경제 악화 등이 있는 경우

(3) 상담관 : 병영생활전문상담관, 외부상담전문가

(4) 상담방법

자살문제로 고민하는 장병을 대상으로 하는 상담은 병영생활전문상담관이나 군종장교 등이 하는 것이 적절하다. 왜냐하면 전문성이 요구되기 때문이다. 상담관은 무엇보다 먼저 자살하고 싶은 심정을 무조건적으로 수용하고 공감할 수 있어야 한다. 그리고 다음과 같은 사항에 주의하여 조력한다.

첫째, 자살방법을 구체적으로 생각해 봤는지 질문하고 내담자가 자살 후 자신을 사랑하고 아끼는 사람의 반응이 어떨지에 대해 생각해 보도록한다.

둘째, 현재 상황과 자신의 문제에 대해 제3자의 입장에서 생각해 보도록 한다. 자신의 문제를 객관화하여 자살하려는 마음에 내포된 비합리적 사고(나 같은 놈은 살 가치가 없다)와 부정적인 자동적사고(모두 내 잘못이고 잘되기는 불가능하다)의 논박을 통해 합리적이고 긍정적인 사고로 변화되도록 조력한다.

셋째, 자살 징후가 농후하면 자살금지서약서를 자필로 작성한다. 자살을 고민하는 사람이 서약서를 작성하면 자살을 예방하는 효과가 크게 나타난다.

넷째, 자살우려 장병과 절친한 동료에게 행동관찰 임무를 부여하여 자살우려 장병을 혼자 있게 두지 않는다.

(5) 상담 후 조치

- 자살금지서약서를 작성한다.
- 자살징후를 발견하면 지휘계통으로 보고하고 24시간 관찰한다.
- 자살 우려자의 절친한 동료 또는 좋아하는 간부와 자주 대화의 장을 만든다.

2. 부대환경관련 상담

1) 전입신병의 상담

(1) 특징과 징후

- 군복무에 대한 과도한 긴장과 불안감을 가짐
- 부대환경을 낯설고 어색하게 느끼며 동료 관계가 미숙함
- 병영생활에 자신감이 없으며 의기소침한 모습을 보임

※ 전입신병에게서 주로 나타나는 사고는 무단이탈, 자살 등이다.

(2) 원 인

- 낯선 부대환경과 군 복무에 대한 불안과 부적응
- 업무를 잘할 수 있을 것인가에 대한 과도한 걱정과 두려움
- 좋지 않은 가정환경(부모이혼, 경제사정 악화 등) 및 애인과의 갈등
- 구타 및 가혹행위와 같은 병영부조리 잔존

(3) 상담관 : 군 간부, 병영생활전문상담관

(4) 상담방법

상담실을 찾아온 장병을 따뜻이 맞이하고 사전 파악된 개인 신상을 자연스럽게 이야기하며 상담을 시작한다. 전입신병을 상담할 때는 사전에 기본정보를 충분히 알고 실시하는 것이 바람직하다. 전입신병 상담이 모든 신병에게 해당하는 의례적인 관문이라는 느낌을 주면 상담에 참여하는 자세가 형식적이 될 가능성이 있다. 상담관의 질문만을 기다리는 수동적인 자세를 보인다거나, 솔직하고 진실한 답변을 하지 않을 수도 있어 상담관은 다음과 같은 자세를 가지는 것이 좋다.

첫째, 상담관은 부대생활과 관련한 도움이 될 만한 정보를 적극적으로 제공하고, 적절한 자기노출을 통해 친밀감을 형성한다.

둘째, 간부가 상담관일 경우, 자신의 모델링을 통해 병영생활의 본보기가

되도록 조력한다.

셋째, 군 생활의 의미와 가치를 찾도록 조력한다. 군대생활을 무의미하게 보내지 않고 자신을 위하여 득이 된다는 사실을 이해하도록 한다.

(5) 상담 후 조치

- 문제가 될 만한 징후가 식별되면 상담과 관찰을 지속한다.
- 도움이 필요한 경우 도움을 요청하는 방법과 전화번호를 알려 준다.
- 심각한 부적응 징후를 발견하면 병영캠프에 입소 조치한다.

2) 복무부적응의 상담

(1) 특징과 징후

- 혼자 있기를 좋아하고 동료와 함께 있는 시간을 기피하는 경향이 있음
- 불안, 분노와 같은 정서장애 증상을 보임
- 군대생활에 대한 불평불만이 많고 매사에 의욕이 없음
- 부여받은 업무를 태만히 하고 요령을 부리는 경우가 자주 발생함

※ 복무부적응은 군무이탈, 자살, 폭력 등의 문제로 이어지기도 한다.

(2) 원인

- 군대생활에 대한 과도한 두려움과 불안감 증대
- 훈련이나 과중한 업무에 대한 불만 가중
- 구타 및 가혹행위 등으로 심리적 불안과 스트레스 가중
- 개인적인 가정경제 및 이성관계에 문제 발생

(3) 상담관 : 군 간부, 병영생활전문상담관

(4) 상담방법

상담관은 부적응 장병을 상담하는 과정에서 다음과 같은 사항을 고려한다.

첫째, 내담자가 겪고 있는 불안, 우울, 열등감, 무가치감, 심리적 고충 등의

감정에 대해 공감하고 심리적 안정감을 찾도록 한다. 자신감 회복을 위한 심리적 강점자원을 찾고 긍정적인 정체감을 형성하도록 조력한다.

둘째, 간부가 상담관이 될 경우에는 내담자가 간부를 모델링할 수 있도록 조력한다.

셋째, 복무부적응의 원인을 파악하여 가장 바람직한 문제해결의 대안을 찾고 이를 실행하도록 조력한다. 업무가 개인 특성에 맞지 않는 경우에는 보직변경을 검토한다.

넷째, 내담자가 긍정적으로 변화해 가는 모습을 적극적으로 지지하고 격려하며 칭찬을 아끼지 않는다.

(5) 상담 후 조치

- 개인의 성격결함, 업무능력부족, 병영부조리 등의 원인을 파악하고 조치한다.
- 사회복지적인 측면의 애로사항과 부적응의 원인을 찾아 상담을 진행한다.
- 부적응 증상이 나아지지 않고 지속되면 병영캠프에 입소토록 조치한다.

3) 대인관계의 상담

(1) 특징과 징후

- 동료와 어울리지 못하고 특정 장병하고만 어울림
- 말이 없고 매사에 소극적이며 자신감이 없음
- 불평불만이 많고 힘든 일은 하지 않으려고 하며 편하게 군대생활을 기대함
- 동료들 사이에서 따돌림을 당하기도 함

※ 대인관계의 갈등은 군무이탈, 자살 등의 사고로 이어지는 경향이 있다.

(2) 원 인

- 타인을 의식하지 않는 자기중심적인 성격 특성
- 상황과 여건에 맞게 자기 자신을 조절, 통제하는 능력 미숙
- 동료와의 대화를 수용하지 못하고 군과 부대구성원을 부정적으로 평가

(3) 상담관 : 동료상담병, 군 간부, 병영생활전문상담관

(4) 상담방법

대인관계와 관련한 상담은 다음과 같은 몇 가지 사항에 유의한다.

첫째, 첫 상담에서 중요한 것은 상담관과 내담자와의 신뢰관계형성이다. 내담자의 현재 입장과 상황, 심리적 상태에 대해 충분한 공감과 수용을 촉진하고 위로와 격려를 아끼지 않는다.

둘째, 통찰을 가져오도록 조력한다. 자신과 동료의 병영생활을 비교하여 자신의 군대생활 태도를 수정하도록 조력한다. 내담자가 자신의 생활상을 돌아보고 주변 동료가 무엇 때문에 자신과 어울리지 않으려고 하는지, 주변 동료와 잘 어울리는 병사는 어떻게 생활하고 있는지 스스로 깨닫도록 조력한다.

셋째, 통찰을 위해 역할 바꾸기를 연습한다. 대인관계기술을 배우고 갈등관계에 있는 상대방의 입장과 제3자의 관점에서 생각해 보도록 조력한다.

넷째, 대인관계를 잘할 수 있다는 자신감을 가진다. 과거 원만했던 대인관계를 반복해서 생각하고, 대인관계가 아주 원만한 자신의 모습을 상상하도록 조력하여 자신감과 긍정적인 사고를 길러준다.

다섯째, 동료와의 관계에서 자신이 긍정적으로 변해가는 모습을 상상하도록 하고 스스로 자기 자신을 지지하고 격려한다.

(5) 상담 후 조치

- 동료관계가 원만하고 의사소통이 잘 이루어지는지 확인하고 행동변화의 모습을 보이면 이를 적극 격려하고 칭찬한다.
- 병영 내에서 대인관계의 방법과 효과적인 의사소통방법에 대해 지속적으로 교육을 한다.

3. 부대 외적인 문제의 상담

1) 이성문제의 상담

(1) 특징과 징후

- 마음의 평정을 잃고 안절부절 못하는 등 불안한 모습을 보임
- 자포자기 상태에서 사고를 일으킬 수도 있다는 말을 자주 함
- 매사에 의욕이 없으며 의기소침함

※ 이성의 문제는 군무이탈, 자살 등의 사고로 이어지는 경향이 있다.

(2) 원인

- 애인의 연락이 두절되거나 헤어지자는 편지를 받음
- 애인이 자주 면회를 오다가 끊김
- 입대 전 동거, 애인의 임신, 출산 등으로 근심 · 걱정이 많음

(3) 상담관 : 동료상담병, 군 간부, 병영생활전문상담관

(4) 상담방법

이성문제와 관련된 상담을 좀 더 효과적으로 실시하기 위해서는 다음과 같은 몇 가지 사항에 유의한다.

첫째, 내담자와의 편안한 상담관계를 형성하기 위해서는 무엇보다 먼저 상담실을 찾은 장병의 아픈 마음을 공감하고 격려한다. 상담관의 생각을 강요하거나 상병의 생각을 과소평가하지 않으며, 있는 그대로 받아들이는 수용적인 자세를 갖는다.

둘째, 내담자 자신의 괴로운 감정을 충분히 표현하도록 촉진하여 스스로 마음을 정화시킬 수 있도록 조력한다.

셋째, 이성문제를 지닌 장병은 대부분 절망적이어서 비합리적이고 자기파괴적인 생각을 하는 경향이 있다. 따라서 논박을 통해 현실인식과 합리적인 생각으로 변화되도록 조력한다. 스스로 극단적인 부정적 행동의 결과를 진지하

게 생각하도록 조력하고 그러한 행위의 결과가 자신에게 평생 돌이킬 수 없는 후회와 파멸을 가져올 수 있다는 것을 깨닫도록 한다.

넷째, 장병 내담자의 이성문제해결을 위해 최선을 다할 것을 함께 약속하고 긍정적인 변화가 보일 때 적극적으로 칭찬하고 격려한다.

(5) 상담 후 조치

- 지속적인 관찰과 상담을 통해 마음의 안정을 찾도록 한다.
- 동료상담병과 자주 대화하도록 여건을 마련해 준다.

2) 가정문제의 상담

(1) 특징과 징후

- 말이 없고 의기소침함
- 휴가 날짜를 기다리지 않고 부모님이 계신 집에 가기 싫어하는 모습을 보임
- 휴가나 외박 복귀 후 우울하고 불안해하는 모습을 보임

※ 가정의 문제는 군무이탈, 자살 등의 사고로 이어지는 경향이 있다.

(2) 원인

- 부모의 이혼이나 별거
- 가족구성원의 뜻하지 않은 사고 발생
- 가족구성원의 불화, 다툼이 지속됨
- 가정경제 사정의 악화로 생계 지장

(3) 상담관 : 군 간부, 병영생활전문상담관, 외부상담전문가

(4) 상담방법

간부가 주도하는 상담은 행정보급관이나 주임원사가 하는 것이 적절하다. 그들은 연륜이 있어 가정과 관련된 경험이 많을 뿐만 아니라, 이해받거나 사랑받기를 원하는 병사를 부모처럼 따뜻하게 포용해 줄 수 있기 때문이다. 가정문제로 어려움을 경험하는 장병을 상담할 때는 다음과 같은 몇 사항을 고려한다.

첫째, 가정의 문제가 있는 장병의 걱정, 불안, 우울 감정을 충분히 공감하고 수용한다.

둘째, 자신의 감정을 마음껏 표출하도록 촉진하여 감정을 정화시킨다. 가정의 문제는 군에 있는 자신이 해결할 수 없는 통제 밖의 어려움이라는 점을 받아들이도록 조력한다.

셋째, 현실적이고 직접적인 문제해결의 방법이 무엇인지 내담자와 함께 찾는다.

넷째, 가족과 연락하여 가족의 소식을 접할 수 있도록 조치하고, 집에서 오는 연락은 함께 상의하며, 필요할 경우 휴가 등을 조치한다.

(5) 상담 후 조치

- 상담 후 가정생활의 변화 여부를 지속적으로 관찰하여 조치한다.
- 가정의 어려움이 동료에게 알려지지 않도록 비밀을 보장한다.
- 찾아가는 가족상담의 가능 여부를 검토하고 이를 지원한다.

3) 진로문제의 상담

(1) 특징과 징후

- 전역을 앞둔 상태에서 식욕이 없고 체중이 급격히 감소함
- 복학이 다가옴에 따라 잠을 이루지 못함
- 후임 병사에게 자주 짜증과 신경질을 부림
- 전역 후 무엇을 할지에 대해 주변 동료에게 물어보거나 이야기를 자주 함

※ 진로문제는 병영 내 폭언 및 가혹행위 등의 문제로 이어지기도 한다.

(2) 원인

진로문제로 고민하는 장병은 다음과 같은 몇 가지 경우가 있다. 전역 후 무엇을 할 것인가에 대해 걱정하는 경우, 입대 전 다니던 대학 전공이 마음에 들지 않아 복학 여부에 대해 고민하는 경우, 입대 전 직장생활을 하다 그만두고 입대해 전역 후 취업에 대한 걱정이 있는 경우, 대학 진학과 취업 중 어느 쪽

을 선택해야 할지 고민하는 경우 등이다.

(3) 상담관 : 군 간부, 병영생활전문상담관, 외부상담전문가

(4) 상담방법

진로문제로 고민하는 장병에 대한 상담은 어느 정도 인생의 경험이 있는 상담관이 하는 것이 효과적이다. 워크-넷과 커리어-넷 등 인터넷의 진로관련 사이트를 소개해 줄 수 있는 중대장이나 행정보급관이 상담을 진행하는 것이 적절하다. 진로상담은 다음과 같은 몇 가지 사항에 유의한다.

첫째, 진로상담은 전역 후에 있을 진로와 관련된 문제로 힘들어하는 마음을 비판 없이 들어주고 수용한다. 내담자의 가치관, 성격, 적성, 흥미, 학업능력 및 환경 등을 함께 탐색하여 진로의식이 향상되도록 조력한다.

둘째, 인생의 가치와 의미를 어디에 두어야 할지 내담자와 깊이 상의한다. 원하는 직업에 대한 정보를 미디어 검색을 통해 제공하고 진로정보와 함께 부하의 성격, 능력, 환경, 제한요소 등을 고려하여 합리적인 의사결정을 돕는다.

셋째, 진로상담을 통해 도출된 문제에 대한 대안을 함께 찾는다. 내담자의 욕구와 실현가능성을 고려하여 최선 및 차선책의 대안으로 압축하고 최종적으로 내담자가 스스로 선택하고 결정하도록 돕는다.

(5) 상담 후 조치

- 직업이나 진로정보에 관한 미디어 자료를 지속적으로 제공한다.
- 미디어 사이트 등을 통해 다양한 진로심리검사를 도와준다.
- 군 진로상담기관을 통해 상담을 받도록 도움을 준다.

CHAPTER 04
군 위기상담

인간은 삶을 살아가는 과정에서 누구 할 것 없이 크고 작은 위기를 만난다. 위기는 개인적인 문제로 만날 수도 있고 뜻하지 않은 환경적인 문제로도 만날 수 있다. 군 장병이 경험하는 위기는 대부분 위계적인 대인관계 갈등을 비롯하여 군대의 특수한 환경과 관련이 깊다. 위기를 만나게 되었을 때 어떤 장병은 이를 잘 극복하고 성장의 기회로 삼는 반면, 어떤 장병은 더 힘든 고통과 어려움을 겪기도 한다. 이렇게 위기는 어떤 사람이냐를 떠나 어떻게 위기가 해결되느냐에 따라 한 사람의 삶과 인생의 방향이 결정된다.

이 장에서는 위기에 대한 이론적 배경을 먼저 살펴본다. 그리고 위기장병의 개념과 특징, 군 위기상담 분야를 다룰 것이다. 마지막으로 위기를 극복하기 위한 군 위기상담 전략에 대해서 살펴볼 것이다.

1. 위기의 이론적 배경

1. 개요

1) 위기의 정의

위기(危機, Crisis)는 위험한 고비나 시기를 뜻하는 말로 한자로는 위험(危)과 기회(機)의 두 가지 뜻이 합쳐진 복합어로 되어 있다. 위기의 학술적인 정의를 살펴보면 개인의 자원과 대처 기제를 압도하는 견딜 수 없는 어려움과 같은 상황에 대한 지각(Gilliland et al., 1997)으로 개인의 신체적, 정서적, 인지적 균형을 깨뜨리는 내·외부적 사건에 기인한 개인의 반응을 말한다.

심각한 위기는 대상자의 적응 능력이 상실되는 오래가는 상처로 남지만, 가벼운 위기는 4~6주 내에 극복될 수 있어 도전과 성장의 기회가 되기도 한다(김동일 외, 2014).

위기는 한 개인을 압도하고 위협하기 때문에 위험하다. 하지만, 위기로 인해 사람들은 변화되고 성장할 뿐만 아니라 위기를 극복할 수 있는 더 나은 방법을 개발하는 기회를 얻기도 한다. 그러므로 위기는 절망적인 상황이면서도 동시에 긍정적이고 건전한 방향으로 새롭게 나아가는 전환점의 기회가 되기도 한다. 이러한 위기의 특징을 좀 더 자세히 살펴보겠다.

2) 위기의 개념

위기와 외상 및 응급은 하나의 스펙트럼상에 위치하고 있으나 중복되고 일치하는 부분과 구분되는 측면이 다르다. 정신의학적인 측면에서는 [그림 4-1]과 같이 응급과 위기 및 외상을 구분하여 사용한다.

첫째, 응급은 손상을 막기 위한 즉각적인 대처가 필요한 매우 위급한 상황을 말한다.

둘째, 위기는 시간적으로 응급 상황은 아니지만 응급보다 범위가 광범위하며 개인의 심리내적 불균형이 나타나는 특징이 있다(Callahan, 1994). 위기에 대한 심리내적 반응은 공통적으로 우울, 불신, 과각성, 악몽, 수면 장애, 분노 등이 나타난다.

셋째, 외상은 공격적 행위 또는 폭력에 의해 유발된 신체적 상처나 충격을 의미하는 것으로, 고통을 유발하는 경험 또는 심리적 손상을 말한다.

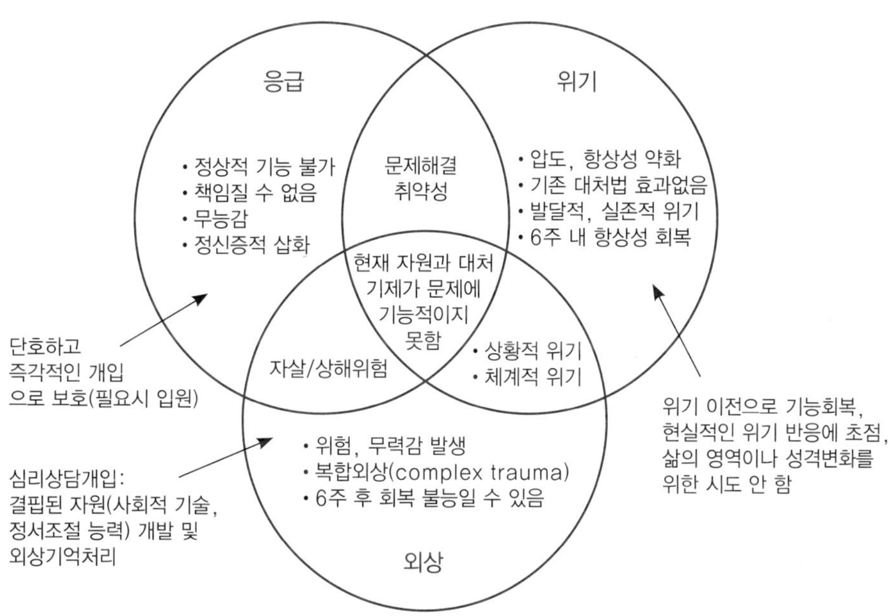

[그림 4-1] 중복모델 (출처: Callahan, 1994)

위기의 특징에 대해 김동일 등(2014)은 다음과 같이 말하고 있다.

첫째, 위기는 병리적인 사건이 아니다. 둘째, 위기는 상담개입의 결정적인 시기가 존재한다. 따라서 제한된 시간 안에 단기적이고 집중적인 개입의 여부가 상담의 성패를 좌우한다. 셋째, 위기는 사건의 발생부터 회복에 이르기까지 일정한 단계와 과정을 거친다. 넷째, 위기는 대체로 인과관계가 존재한다.

다섯째, 위기는 중재활동이 가능하며 예방과 적극적인 개입이 있어야 효과가 있다. 여섯째, 위기 상황 속에서는 심리적으로 매우 불안정한 상태라서 변화에 대한 의사결정이 용이하다. 그러므로 위기는 한 개인에게 있어 성장과 발전의 기회로 작용할 뿐만 아니라, 문제해결 역량을 향상시키는 기회가 되기도 한다.

2.위기의 발생원인

1) 위협적인 사건에 직면할 때

우리는 자기 존재에 위협적인 인물 또는 사건에 직면할 때 위기를 경험한다. 군에 입대하는 장병들은 입대 자체가 큰 위협적인 사건으로 지각되어 대부분 불안과 두려움을 느낀다. 전역 후 복학과 진로를 선택해야 하는 일도 위협적인 사건으로 인식하여 위기로 느끼기도 한다. 학비를 감당해야 하는 압박감과 졸업 후에 취업해야 하는데 군 복무 기간 동안에는 아무것도 할 수 없어 위협적인 사건으로 지각한다.

결혼도 위기가 될 수 있다. 서로 전혀 다른 생활을 해 오면서 자신만의 삶의 방식과 사고방식을 유지해 오던 사람이 결혼함으로써 공동체를 형성한다. 그에 따라 혼자서 결정하던 사소한 일까지 함께 의논해야 되고 통제를 받는 과정 속에서 위기를 극복하지 못하고 결혼생활을 끝내는 경우를 종종 보게 된다.

2) 친밀한 대상과 단절될 때

인간은 감정을 가진 존재다. 그래서 감정이 깊게 통하는 사람이나 대상에 애착을 느끼는데 이는 생존에 필수적이다. 그중에서도 부모와 자식은 깊은 애정으로 뭉쳐진 관계다. 이러한 관계에서는 서로 동일시와 일체감을 느낀다.

일체감을 느끼는 대상에게 즐거운 일이 일어나면 나도 즐겁고 그가 상처받으면 나도 고통스럽게 느껴진다. 인간은 누구나 이와 같은 관계 속에서 살아가려고 노력하지만 갑자기 관계가 단절되는 상황이 발생하게 되는데 이때 위기에 처한다.

가령, 군 복무 중에 사고를 당해 자살과 같은 돌발 사건이 일어나 사랑하는 자식을 잃게 되면 심각한 심리적 충격을 받는다. 감정적으로 밀착된 관계에 있는 사람이 오해나 갈등으로 관계가 손상될 때도 큰 상처와 충격을 받는다. 이렇게 일체감을 느끼는 대상과의 관계가 위협을 받으면 위기의식을 느끼며 심리적 공황상태에 빠진다.

3) 지위와 역할 변화가 클 때

위기는 지위와 역할의 변화에서도 찾아온다. 사람들은 누구나 자신이 해야 할 일을 가지고 있으며 그에 따른 지위와 역할을 담당한다. 오랫동안 한 가지 방면의 일에 종사하다 보면 자신도 모르는 사이에 일과 일체감을 느끼게 된다. 우리는 흔히 자신을 다른 사람에게 소개할 때 자신이 현재 무엇을 하고 있는 사람인가를 이야기하고 명함을 건넨다.

이는 바로 자신의 일과 역할을 자신의 삶과 동일시하고 있다는 것을 의미하는 것인데, 이러한 요인들이 위협을 당할 때 위기를 느낀다. 오늘날 많은 사람들이 퇴직 후에는 자신의 삶이 끝나버리는 것과 같았다고 말하기도 하는데, 실제로 필자가 잘 아는 군 선배 한 명도 취업이 제대로 되지 않아 자살한 안타까운 사례가 있었다. 이러한 경우가 지위와 역할의 변화에 제대로 대처하지 못해 발생한 안타까운 사건이라고 할 수 있다.

3. 위기의 발생과 반응

1) 위기의 발생 단계

인간이 경험하는 위기는 어떤 외적인 위험에 대한 내적 반응이다. 위기는 위기를 촉발시킨 사건과 혼동해서는 안 되는데, 그 이유는 위기를 촉발시킨 사건은 단지 위기의 원인일 뿐이지 위기 자체가 아니기 때문이다. 패터슨 등(Patterson et al., 1999)은 위기의 발생을 〈표 4-1〉과 같이 4단계로 나누어 설명한다.

〈표 4-1〉 위기의 발생 단계

① 촉발 사건 → ② 상황 평가 → ③ 위기 대처 → ④ 위기 발생

첫째 단계는 촉발된 사건이다. 이것은 죽음이나 실직과 같은 외적인 상황을 말하며 정서적인 위협사건이다.

둘째 단계는 그 상황에 대한 개인의 평가가 이루어지는 과정이다. 개인의 지식과 신념, 생각과 기대뿐만 아니라 경험적인 요소들이 복합적으로 작용하여 평가한다.

셋째 단계는 나름대로의 대처방법을 적용하는 과정이다. 대처의 목적이 위험의 감소 내지 제거에 있어 대응책의 적절성에 따라 위기를 경험하는 정도가 다르게 지각된다.

넷째 단계는 위기를 당한 개인이 외적 위협에 내적 반응을 보이면서 위기가 발생하는 단계다.

위기발생에서 중요한 것은 촉발된 사건을 개인의 평가과정에서 심각한 위협으로 인식하는 문제다. 위기에 대한 대처가 쉽지 않을 것이라고 스스로 평가한다. 그 결과 위기는 4~6주 동안 계속되며, 어떤 위기는 수년간 후유증이 지속되기도 한다.

2) 위기의 반응

위기를 당한 사람은 과거에 자신이 위기를 해결했던 방법을 찾는다. 그러나 그 방법으로 해결할 수 없을 때는 위협과 좌절, 혼란이 더욱 심해진다. 위기에 처하면 대체로 다음과 같은 현상이 나타난다.

- 목표의 상실: 삶의 의미와 가치를 잃는다.
- 도움에 대한 불신: 지금까지 삶에 도움이 되었던 여러 가지 자원이 위기에 처하면 효과가 없다고 생각한다.
- 부정성의 확대: 위기를 당하면 과거의 부정적인 경험까지 연결되어 자신의 정체성이 흐려지고 죄책감과 분노를 느낀다.
- 적응력의 저하: 심리적인 균형이 무너지고 불안이 증대되며 결단의 능력이 저하되어 적응력이 감소한다.

위기를 경험하면 여러 가지 위기반응이 나타난다. 길리랜드 등(Gilliland et al., 2000)이 주장한 위기 반응을 정리하면 〈표 4-2〉와 같다.

〈표 4-2〉 위기의 반응

구 분	내 용
신체적 반응	식욕의 변화, 두통, 복통, 불면증, 심장이 빨리 뛰는 것 등의 반응이 나타난다.
정서적 반응	두려움, 신경과민, 긴장, 피로, 분노, 죄의식, 죄책감 등이 나타난다.
행동적 반응	주의집중이 안 되고 과거에 집착하며 갑작스러운 부주의 등이 나타난다.

위기는 여러 가지 변화를 일으켜 삶을 포기하게도 하고 가족관계를 파탄에 이르게도 한다. 그러므로 위기에 처하면 즉각적으로 개입하여 위기 이전의 정상 기능을 유지하도록 하는 것이 무엇보다 중요하다.

4. 위기의 유형

위기를 초래하는 것은 사고, 죽음, 성폭력과 같은 외적인 스트레스 사건이나 정서적으로 위험한 상황에 처한 경험이 대부분이다. 일반적으로 위기는 내·외부적으로 위협을 느끼는 사건이 존재하고 이전에 위협을 당한 경험이 있는 본능적인 욕구가 위협을 일으킨다. 위기에 적절하게 대처하고 극복할 수 있는 해결 능력이 상실되어도 위기가 발생한다.

위기의 유형은 위기를 유발시킨 요인별로 발달 과정의 위기와 상황적 위기로 구분한다. 발달적 위기와 상황적 위기, 실존적 위기, 환경적 위기로도 구분하기도 한다(Gilliland et al., 2000).

정신 병리의 정도에 따라서는 소인적 위기, 변환기적 위기, 외상적 위기, 발달적 위기, 정신병리적 위기와 정신병적 위급상황으로 구분하기도 한다(Baldwin, 1978). 본서는 정신병리적 측면의 위기개입을 통한 치료적 목적보다 장병의 군 생활에서 경험하는 위기에 개입하는 것이 일차적인 목적이므로 상황적 위기, 발달적 위기, 환경적 위기, 실존적 위기, 사회문화적 위기로 구분하여 살펴보고자 한다.

1) 상황적 위기

상황적 위기는 우발적 위기라고도 말한다. 전혀 예측하지 못한 충격적인 사건이 발생할 때 느끼는 위기이며 부모의 죽음, 성폭력, 신체질환, 친밀한 관계의 단절, 경제적 파산 등 감당할 수 없는 큰 사건으로부터 기인한다.

갑작스럽고 우발적으로 일어나는 것이 특징이며 주로 가족이나 자신 그리고 친구나 중요한 타인에게 큰 영향을 미친다. 상황적 위기는 대부분 뜻밖의 상황에서 일어나기 때문에 위기 당사자들은 일반적으로 사건에 대한 대처가 곤란하다.

만약, 군 장병이 이러한 위기에 노출되면 자신의 무기력과 능력 부재를 자책하거나 회피하고 극단적인 자살을 선택하는 경향이 있다. 따라서 이러한 상황적 위기에 대한 최선의 방법은 대처할 수 있는 모든 준비를 사전에 갖추는 것이다.

예를 들어, 운전병의 교통사고를 예방하기 위한 방어운전 교육, 사격훈련을 할 때 총기사고를 예방하기 위해 안전수칙을 철저히 지키는 것이다. 주요 부대활동을 시작하기 전 실시하는 위험예지훈련도 상황적 위기를 예방하기 위한 하나의 좋은 예가 된다.

2) 발달적 위기

발달적 위기는 인간의 성장과 발달의 단계에서 신체적, 심리적, 사회적 역할의 급격한 변화로 나타나는 위기를 말한다. 발달은 다음 단계로의 성장과 변화를 촉진하지만 새로운 과제와 기대로 과도한 스트레스를 받으면 위기가 된다.

발달과 적응이 조화롭게 이루어지지 않으면 위기로 이어진다.

군 장병들은 청소년기 후기의 발달과정에 있다. 그래서 군 장병의 발달적 위기는 흔히 정서적 불안과 충동, 자기조절능력이 부족해서 나타난다. 이러한 위기를 잘 극복하기 위해서는 간부나 동료들의 칭찬과 격려, 지지가 필요하다. 군 장병이 발달적 위기를 잘 극복하면 전역 후 이루어지는 삶의 여정에도 힘이 된다.

3) 환경적 위기

환경적 위기는 미리 예측할 수 없는 홍수와 화재, 지진과 같이 흔하지 않은 규모가 큰 환경적인 변화를 일으키는 사건으로 발생하는 위기를 말한다. 화재, 가스폭발, 총기사고, 테러, 전쟁이나 폭동 등과 같은 사건도 환경적 위기에 해당한다.

우리나라에서 발생한 세월호사건, 연평도 포격사건, 천안함 폭침사건, GP 총기사건 등은 상황적 위기에 포함되며, 동시에 환경적 위기에도 해당한다. 이렇게 환경적 위기는 모든 인간이 일생을 살아가면서 겪는 위기라서 삶의 환경에서 일어나는 여러 가지 위기들을 성공적으로 극복하기 위한 위기대처능력을 평소부터 강화할 필요가 있다.

4) 실존적 위기

실존적 위기는 실존적 불안에서 기인한다. 자신의 삶의 목적과 가치, 의미 등 인간 존재와 관련한 중요한 내적 갈등이나 실존적 불안에서 발생한다. 필자는 군에서 장기복무를 마치고 전역한 군인들을 상대로 위기상담을 진행했던 경험이 있다. 그중에서 한 내담자는 죽음에 대해 심각하게 고민하는 상태였는데 많은 시간 죽음에 대해 허심탄회하게 이야기를 나누었다.

상담 과정에서 그는 죽음에 대한 이야기를 마음껏 나누는 것만으로도 공허하고 무의미하게 느껴졌던 삶이 의미있게 다가오는 것 같았고, 삶에 대한 의욕이 생겼다고 말하는 것을 들을 수 있었는데, 이러한 경우가 실존적 위기를 잘 극복한 사례에 해당한다.

5) 사회문화적 위기

사회문화적 위기는 사회갈등이나 사회구조적 변화에 의한 위기와 문화적 가치규범의 충돌로 나타나는 위기를 말한다. 규범적인 이상과 현실 간의 모순 그리고 사회의 부정적인 현상과 구조적인 모순, 갈등 등을 경험하면서 가치관 혼란으로 발생하는 위기이다. 이민이나 유학 등으로 다른 나라 문화에서 생활할 때 문화적 충격(cultural shock)을 경험하는 것도 사회문화적 위기에 해당한다.

군 장병들의 경우에는 입대 전 자유로운 사회 분위기 속에서 생활하다 군 입대를 하고 나면 위계적인 군대문화에 쉽게 적응하기가 어렵다. 군대 내 존재하는 위계적인 권위문화, 명령과 복종체계, 집단주의 문화 등으로 발생하는 위기가 이에 해당된다. 다문화 장병의 복무부적응은 이러한 사회문화적 위기서 비롯되기도 한다.

2. 군 위기장병의 개념

군대 생활을 하다 보면 여러 위험한 상황에 놓이는 경우가 있다. 위기를 경험하는 장병은 대부분 스스로 위기를 지혜롭게 극복하고 전역하지만, 일부 장병은 군무이탈이나 자살 등 각종 불미스러운 사고를 유발하기도 한다. 장병이 겪는 위기의 발생 원인과 이들에게서 나타나는 위기행동의 유형은 어떤 것이 있는지 살펴보겠다.

1. 개요

위기장병이란 군 복무 중 위험한 상황에 처한 장병을 의미하는데 크게 두 가지 유형이 있다. 첫째 유형은 개인의 성격특성이나 가정환경, 군대문화 특수성 등의 원인으로 각종 사고와 자살을 시도할 가능성이 있는 복무부적응 장병을 뜻한다(심윤기 외, 2020). 두 번째 유형은 자연 및 인적재난과 같은 충격적이고 끔찍한 외상 사건을 경험한 장병을 의미한다.

산사태와 같은 자연재난이나 총기사고와 같은 인적재난을 직접 경험하여 복무기능이 정상적이지 않은 사람이 위기장병이다. 훈련 중 심한 신체적 부상을 당한 장병이나 폭력 및 가혹행위를 당한 장병, 군 복무 중 부모의 사망이나 애인의 변심 등으로 큰 상실을 경험한 장병이 모두 위기장병이다.

이러한 두 가지 유형의 위기장병은 대체로 부대단결을 저해하고 비전투 손실을 초래할 위험성이 있다. 자신이나 동료 및 부대에 좋지 않은 부정적인 영향을 끼쳐 전투력의 약화를 초래할 수 있다. 군의 가치나 규범에 의한 군인다운 행동을 하지 못할 뿐만 아니라, 기존 대처기제로는 위기해결이 어려운 단점이 있다.

2. 위기장병의 심리적 증상

1) 복무부적응의 장병

복무부적응 장병의 심리적 갈등이나 고통의 상태는 군무이탈, 폭행, 군기문란, 근무태만, 명령불복종 등으로 이어져 군의 전투력을 약화하고 비전투손실을 일으키는 심각성이 있다. 일반적으로 복무부적응 장병은 우울하고 불안한 심리적 특성을 보이는데 자살이 가장 큰 문제로 등장한다. 부적응 위기에 처한 장병의 심리적 특성은 대체로 다음과 같다.

첫째, 늘 긴장감을 느끼며 생활한다.
둘째, 우울과 불안을 느끼며 생활한다.
둘째, 두려움과 공포를 느낀다.
넷째, 절망감과 상실감을 느낀다.
다섯째, 무력감과 소외감을 느낀다.
여섯째, 다양한 심리적 혼란을 경험한다.

이와 같은 부적응 장병의 위기반응은 빠른 시간 안에 해결하는 것이 중요하다. 그렇지 못하면 심리적 혼란이 가중되어 정신병리로 이어질 수 있으며, 총기난사와 같은 악성사고로 발전할 수 있다. 군 위기상담의 본질은 이러한 상태에 이르지 않도록 빠른 개입과 빠른 해결을 통해 장병을 안전하게 지키는 수호자 역할을 하는 것에 있다.

2) 외상경험의 장병

외상 사건이란 삶을 뒤흔드는 충격적인 사건으로 부정적인 심리적 결과를 유발하는 스트레스 사건을 의미한다. 심각한 신체적 손상이나 생명의 위협을 주는 사건 혹은 실제적 죽음이나 죽음의 위협이 가해진 사건을 말한다. 이러한 외상 사건은 대체로 사건 자체가 충격적인 특징이 있다.

다소 심각성이 덜한 외상 사건이라 하더라도 반복적으로 경험한다던지 아니면 직접 목격한 것만으로도 심한 공포와 두려움, 무력감을 느끼면 이 역시 외상 사건을 경험한 범주에 있다. 이러한 외상 사건을 경험하면 정신적 충격과 함께 거의 일상생활이 불가능한 상태로 이어진다.

군복무 중 외상 사건을 경험한 장병에게서 나타나는 대표적인 증상은 외상 사건에 대한 침투 증상과 자극회피, 인지와 감정의 부정적인 변화, 각성과 반응성의 변화 등이 나타난다(심윤기, 2018). 이러한 증상은 개인마다 조금씩 다르게 나타나는데 그 내용은 대체로 다음과 같다.

첫째, 침투 증상이다. 침투 증상은 아무리 위기장병이 의식적으로 노력한다고 해도 자신의 의지와는 상관없이 불쑥불쑥 자신의 내면으로 들어오는 끔찍한 사건의 장면과 원하지 않는 불쾌한 기억, 생각, 느낌, 이미지 등을 말한다. 이러한 침투 증상은 위기장병 스스로 통제하기 어려우며 침투적인 사고나 성서, 기억이 떠오를 때마다 심리적 고통과 불안, 공포를 느끼며 공황을 경험한다.

둘째, 자극을 회피한다. 일반적으로 우리 인간은 고통스런 자극을 회피하기 위해 점점 더 정서적인 자극을 멀리하는 특징이 있다. 주로 외상 사건과 관련한 고통스러운 기억 · 생각 · 감정을 회피하고, 외상 사건과 관련된 심리적 고통을 유발하는 단서를 피한다. 이러한 회피증상은 처리되지 않은 정보를 억압하려고 과도하게 통제하는데서 나타나는데 회피 반응이 점점 더 광범위해지면 심리적 마비로까지 이어진다.

셋째, 인지와 감정의 부정적 변화다. 외상 사건의 중요한 측면을 기억하지 못하고 자신과 타인, 세상에 대한 과장된 부정적 신념이나 기대를 갖는다. 외상 사건의 원인이나 결과에 대한 왜곡된 인지와 분노와 같은 부정적인 정서를 보이기도 한다. 또한 타인에 대한 거리감이나 소외감을 느끼며 행복감, 만족감, 애정과 같은 긍정 정서를 잘 느끼지 못한다.

넷째, 각성과 반응성의 변화이다. 자극이 없거나 사소한 자극에도 짜증스런 행동이나 분노를 폭발하고 무모하거나 자기 파괴적인 행동을 한다. 과도한 경계와 놀람 반응, 집중 곤란과 수면 장애 증상이 나타나며, 중요한 활동에 대한 관심이나 참여가 현저히 감소한다.

이와 같은 증상이 나타날 가능성이 있는 군대의 주요 외상 사건은 폭력(언어폭력, 신체폭력, 성폭력), 총기사고, 전투피해(연평해전, 천안함 폭침), 자연재난(산사태, 홍수, 폭설), 대인관계의 갈등 등이다.

이러한 위기사건을 경험할 때 위기증상을 진단할 수 있는 도구로는 MMPI-2,

간이정신진단검사(SCL-90-R), BDR 등을 주로 사용한다. 외상 후 증상을 진단하기 위해서는 증상진단척도(PDS), 사건충격척도(IES-R) 등을 사용한다.

3. 위기행동의 유형

위기를 겪고 있는 장병은 공통적으로 심리적 고통을 크게 경험하여 부적응 행동이 다양하게 나타난다. 명령에 불복종하는 사례가 발생하고 우울, 불안 등 심각한 정신건강의 문제가 드러나기도 한다. 심지어는 폭력과 군무이탈 같은 군기사고로 이어지고, 극단적인 경우에는 총기사고와 자살과 같은 악성사고로 이어져 전투력을 약화시키기도 한다. 위기상황에 처한 장병에게서 나타나는 위기행동의 유형은 주로 다음과 같다.

1) 군무이탈

위기에 처한 장병은 군무이탈을 시도하는 경향이 있다. 구타나 가혹행위와 같은 외상 사건을 경험한 충격으로 현 소속부대에서 현지이탈을 시도하거나 혹은 휴가나 외출 중인 상태에서 정당한 사유 없이 규정된 시간 안에 부대에 복귀하지 않는다. 군무이탈은 부대를 이탈한 범법행위이자 자살과 같은 더 큰 사고로 이어질 수 있다는 점에서 위기행동으로 분류한다.

2) 자살

자살은 국방부 전체 사망사고의 가장 높은 수준을 차지할 정도로 위기장병에게서 나타나는 가장 심각한 부적응 행동이다. 자살을 시도하는 장병은 대체로 개인특성의 문제나 심각한 갈등을 초래하는 이성문제 혹은 가정문제 등을 경험한다. 이러한 위기상황을 경험하는 장병은 공통적으로 심리적 균형이 붕괴되어 군복무의 의미와 가치, 목표를 상실한다. 뿐만 아니라, 심각한 절망감을 느껴 자신의 정체성이 흐려지고 군복무에 대한 부정성이 확장되어 자살을 시도한다.

3) 폭력

군대에서 일어나는 폭력은 주로 구타와 가혹행위이다. 구타는 고의로 손, 발과 같은 신체의 일부와 총기 등의 도구로 타인을 가격하여 통증을 유발시키는 일체의 행위다. 가혹행위는 법규에 어긋나는 행동이나 일반적인 상식을 벗어난 비상식적인 방법으로 타인에게 육체적 · 정신적 고통이나 인격적인 모독을 주는 폭력적인 행위를 말한다.

이와 같은 구타와 가혹행위는 선임자의 위치에 있는 위기장병에게서 저질러지는 특징이 있다. 절친했던 이성과의 이별이나 가정적인 문제, 대인관계 갈등 등을 겪으며 받는 심리적 압박감을 스스로 조절하거나 통제하지 못하고 자신보다 계급이 낮은 병사에게 분출하는 경향이 있다.

4) 악성사고 유발

2005년 경기도 연천지역에서 발생한 총기난사사고는 선임병사의 반복적인 신체폭력과 인격모독을 당한 병사에 의해 저질러진 사건이다. 자신의 생명을 위협하는 감당하기 힘든 신체적 폭력, 인격이 무시되고 유린당하는 경험은 참기 어려운 심리적 고통과 불안, 스트레스 수준을 상승시킨다.

이러한 심리적인 고통을 조기에 해결하지 못하면 불안과 두려움은 감당할 수 없는 수준으로 확대되어 심리적 균형이 붕괴되고, 위기상황은 절정에 이른다. 더 이상 자신의 힘이 조금도 남아있지 않은 절망적인 상태에서 총기난사와 같은 악성사고를 일으킨다.

5) 군기문란

군기는 지휘체계를 확립하고 상명하복의 질서를 유지하여 최상의 전투력을 상시 보전하고 발휘하는 데 기여한다. 복무부적응을 경험하는 위기장병은 비록 고의적이진 않지만 명령을 불복종하거나 지시불이행 등의 군기문란 행위를 저지르는 특징이 있다.

부대 활동에 대한 관심과 참여가 현저히 감소하며, 대개 좋아하던 운동이나 취미활동에도 흥미를 상실하여 참여하지 않으려는 모습을 보인다. 군기유지를 위한 부대 활동에는 아예 관심조차 두지 않으며, 될 대로 되라는 식의 자포자기 행동이 나타나 부대단결과 화합의 약화를 초래한다.

장병에게서 나타나는 위기는 삶의 성숙과정에서 나타나는 발달적 위기와 달리 전쟁, 파병, 폭력 및 가혹행위, 군 특수성과 같은 사회에서 경험할 수 없는 상황에서 일어난다.

군 위기상담(Military Crisis Counseling)의 본질은 위기로 인해 발생한 군 장병의 정서적 혼란과 심리적 불균형을 신속히 다뤄, 위기 이전의 기능상태를 회복하도록 돕는 것이다. 동시에 심리적 위협감을 제거하고 부대 적응을 통해 부대 전투력을 향상하는 것이다(심윤기 외, 2020).

3. 군 위기상담의 분야

군 위기상담의 핵심은 위기를 촉발한 사건의 구체적인 상황을 고려하여 위기장병이 경험하는 어려움을 즉각적으로 해결하여 부대 사고로 이어지지 않도록 하는 데 있다. 본 절에서는 군 위기상담의 목적과 원칙, 분야, 방법 등에 대해 살펴보고자 한다.

1. 개요

위기상태에 있는 장병은 절망과 좌절에 빠지고 무기력하며, 통찰력을 상실한 모습을 보이는 특징이 있다. 이러한 위기장병에게 가장 먼저 해야 할 일은 따뜻한 격려와 관심을 갖는 일이다. 위기상황에 있는 사람에게 제공하는 정서적 지지는 위기를 이겨내게 하는 힘과 희망, 자신감을 얻게 하는 원동력으로 작용한다.

일반적으로 위기상담은 내담자의 다양한 심리적 증상과 고통을 해소하고, 내담자의 정신적 혼란을 막아 정상적인 상태로의 적응수행능력을 회복하는 것에 초점을 둔다. 위기에 처한 내담자의 정신적 고통이 부정적인 측면이 아닌 건설적이고 긍정적인 성장의 기회가 되도록 조력한다. 나아가 위기의 고통과 아픔을 이겨내고 극복함으로써 정신적으로 한 단계 성숙함은 물론 미래의 위기에 대처할 수 있는 능력까지도 길러주는 것이 위기상담이 추구하는 궁극적인 목적이다.

군 위기상담은 일반적인 위기상담의 개념과 조금 다르다. 군 위기상담의 1차 목적은 위기를 겪고 있는 장병이 자신이나 동료에게 피해를 주지 않도록 하고, 사고발생을 억제하여 전투력이 약화되지 않도록 하는 것이다. 2차 목적은 위기 이전의 기능을 회복하여 군 복무를 정상적으로 할 수 있도록 기여하는데 있다.

2. 군 위기상담의 원칙

장병이 겪는 위기는 몇 단계의 과정을 거쳐 발생한다. 군 복무 중 폭력이나 가혹행위와 같은 위험한 외상 사건을 경험하면 불안과 스트레스 수준이 높아지고 정신적으로 혼란한 상태에 이른다. 장병은 이러한 상태에서도 긴장과 불안, 두려움을 이겨내기 위해 나름의 노력을 기울인다. 하지만 자신의 노력에도 불구하고 위기상황은 쉽게 해결되지 않아 절망에 빠지고 정신적 혼란은 깊어지는 양상으로 변한다.

한 달 이상 이러한 혼란상태가 지속되면 위기가 절정에 이르러 심리적 균형이 완전히 붕괴되고 무력감에 빠져 자해나 자살로 이어진다. 군 위기상담은 이러한 상태에 이르지 않도록 예방하는 것에 초점을 두는 특수한 상담의 과정이다(심윤기 외, 2020).

군 위기상담은 위기에 처한 장병의 심리적 반응을 정확하고 신속하게 진단하고 평가하며, 장병이 지닌 심리적 강점과 사회적 자원을 적극 활용하여 위기를 성공적으로 극복하도록 조력하는 것이다. 군 위기상담은 다음과 같은 몇 가지의 원칙이 있다.

1) 즉각적 개입

위기에 처한 장병은 심각한 불안과 두려움을 느끼고 혼란상태에 있어 즉각적인 개입이 무엇보다 필요하다. 위기장병의 심리적 문제가 불미스럽게 부대사고로 이어지지 않도록 사전에 예방하고 자살과 같은 비전투손실이 발생되지 않도록 한다. 이를 위해 지금-여기에서의 위기상황을 초점으로 즉각적인 개입을 통해 현재의 위기가 신속하게 극복되도록 온 역량을 집중한다.

2) 단기적 해결

군 위기상담은 즉각적인 개입과 함께 단기적 해결을 요구한다. 부대 전투력이 약화되지 않도록 신속히 차단할 필요성이 있기 때문이다. 군에서 이루어지는 상담은 주로 단기상담이지만 위기상담인 경우에는 더욱 빠른 해결이 필요하다. 위기상황에 놓여 있는 시간이 길어질수록 자살이나 총기사고와 같은 악성사고로 이어질 가능성이 있기 때문이다. 따라서 위기상황에 놓인 현재의 시간을 가장 중요한 결정적인 시간으로 인식하고 단기간 해결에 온 역량이 집중되어야 한다.

3) 신중한 접근

군은 과학화된 첨단 무기와 장비를 가동하고 운영하며 관리하는 조직이다. 공중에서는 전투기가 전투태세를 갖추고 해상에서는 함정과 잠수함이 임무를 수행한다. 지상에서는 과학화된 첨단 미사일을 포함한 다양한 형태의 무기를 대기태세의 상태로 배치한다. 이러한 무기와 장비를 운영하는 주체가 장병이라는 점에서 어느 한 장병의 위기는 곧 부대 전체의 위기이자 국가의 위기로 이어질 수 있다.

4) 24시간 위기관리

위기자의 가까운 위치에 조력자가 있으면 위기해결은 그만큼 수월하고 효과적이다. 위기장병이 위치하고 있는 상황과 공간에 조력자가 가까이 있으면 위기상태를 관찰할 수 있고, 위기상황이 더 악화되는 것을 예방할 수 있어 보호가 가능하다. 자살시도가 예측되는 장병을 보호하기 위해서는 친한 동료와 선·후임을 시간대별로 편성하여 24시간 관찰한다. 위기장병이 위치하는 가까운 곳에서 24시간 관찰과 보호활동을 유지한다.

5) 동료장병의 활용

위기상황에 처한 장병은 위기를 경험한 동료의 이야기를 듣는 것만으로도 위기해결에 도움을 받을 수 있다. 오랜 지휘관 생활을 통해 얻은 필자의 경험을 비추어 보면 가까운 지인이나 동료가 경험했던 위기극복 사례를 적극 활용하는 것이 큰 도움이 된다. 과거 위기를 극복한 경험이 있는 동료를 위기극복 집단프로그램에 함께 참여시켜 위기극복과 관련한 실제적 이야기를 서로 나누도록 하는 것이 좋다.

3. 군 위기상담의 분야

장병이 겪는 심리적 위기는 상황과 여건에 따라 다양한 형태로 나타난다. 현재 군에서는 주로 개인상담과 성고충상담이 이루어진다. 집단상담은 병영캠프에서 주로 다루어지고 있다. 군 위기상담의 분야는 일반사회에서 적용하는 분야와 별반 다르지 않다

군 위기상담은 특수한 환경과 상황이 고려되어야 하므로 상담의 방법론에 있어서는 다르게 적용한다. 군 위기상담은 자살, 폭력, 성, PTSD, 재난, 중독 등 크게 여섯 분야로 구분한다.

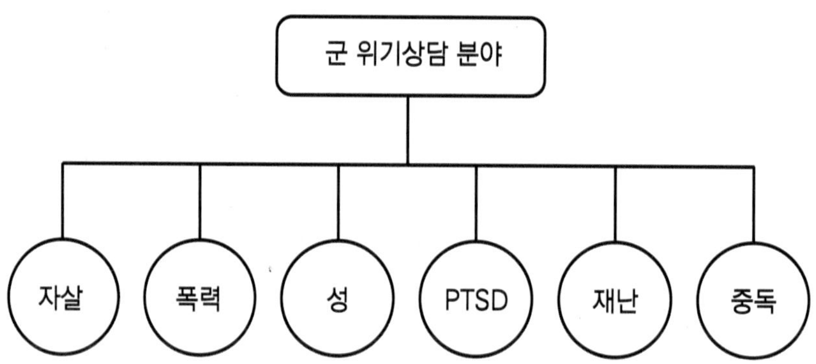

[그림 3-1] 군 위기상담의 분야(출처: 심윤기 외, 2020)

1) 군 위기상담의 모형

군 위기상담은 시간을 매우 중요하게 여긴다. 장병의 위기문제에 신속히 개입함과 동시에 단기간에 위기문제를 해결하는 것이 본질이다. 군 위기상담은 분야별로 다르게 적용해야 하는 절차가 있지만 전투력이 약화되는 것을 차단하고 사고로 이어지지 않도록 예방하는 측면에서는 모두 동일한 목적을 가진다. 군 위기상담은 대체로 다음과 같은 세 가지의 모형을 고려한다.

(1) 개인특성중심의 위기상담

개인특성중심의 위기상담은 개인의 심리내적인 문제를 다루는 모형이다. 위기는 장병 개인이 평소에 사용하던 대처기제로는 해결하기 어려워 발생한다. 위기에 처한 장병이 즉각적인 도움을 받지 못하면 오히려 부적절한 대처양식을 습득할 가능성이 있다. 그러므로 위기장병의 심리내적인 원인을 탐색하고 개입과정에서 적절한 대처양식을 습득하는 것에 중점을 둔다.

왜 특정 사건이 그 장병에게만 위기로 작용하는지, 과거에 경험한 위기가 있었다면 그 위기는 어떻게 극복하였는지, 이전의 위기해결능력은 어느 정도의 수준이었는지 등 개인 특성의 강·약점을 심층적으로 진단하고 평가한다. 진단 후 이루어지는 상담은 위기상황에 처하게 된 원인을 자신 안에서 찾는 탐색이 집중적으로 이루어지고, 그에 대처하는 방법론이 다뤄지는데 주로 비지시적인 상담방법을 적용한다.

(2) 과제해결중심의 위기상담

과제해결중심의 위기상담은 일정한 기한 내 이루어야 할 과업을 미리 설정해 놓고, 이를 이행하여 문제해결을 시도하는 단기적이며 조직적인 상담모형이다. 1주 내지 2주 동안의 일정한 상담기간을 미리 정해 놓고 개입하는 것을 전제로 하며, 통상 병영캠프에 입소한 위기장병이나 전역부적합 심의를 앞두고 있는 장병을 대상으로 이루어지는 상담이 이에 해당한다.

과제해결중심의 위기상담은 장병의 심리적 위기문제해결을 위해 수행할 과업과 설정된 목표를 달성하기 위해 세부적이고 구체적인 과제해결활동에 중점을 둔다. 이를 위해 수용적인 분위기에서 논리적인 대화와 의사소통, 지지와 격려 등이 주로 이루어지며 협력적인 상담방법을 적용한다.

(3) 사고예방중심의 위기상담

사고예방중심의 위기상담모형은 장병의 심리내적인 문제를 다루지 않는다는 점이 특징이다. 총기난사사고나 자살과 같은 악성사고를 차단하고 비전투

손실을 예방하기 위한 목적으로 실시하는 상담모형이다.

지금 해결하지 않으면 장차 더 심각한 위기상황으로 이어질 수 있는 현재의 문제를 꺼내 놓고 교육, 정보제공, 논리적인 논박 등이 주로 이루어진다. 사고예방중심의 위기상담은 위기문제를 해결하려는 동기와 의지가 강한 장병에게 효과적이며 주로 교육적이고 지시적인 방법을 활용한다.

2) 군 위기상담의 방법

군 위기상담은 위기문제에 봉착되어 적응에 어려움을 겪고 있는 장병이 스스로 자신의 위기문제를 해결할 능력이 있는 건강한 청년임을 전제로 한다. 그렇기 때문에 상담관은 위기장병으로 하여금 현재의 위기를 잘 해결할 수 있다는 희망과 용기를 북돋아주고 위기상담에 적극적으로 참여하도록 촉진한다. 상담 방법은 지시적 · 비지시적인 방법과 협력적인 방법을 상황과 여건을 고려하여 절충하거나 통합하여 적용한다.

(1) 지시적 위기상담

군 위기상담은 주로 지시적 상담방법으로 이루어진다. 지시적 위기상담은 위기장병이 스스로 아무 것도 할 수 없는 무기력한 상태에 놓여 있을 때 위기 이전의 기능 회복에 중점을 두고 이루어지는 방법이다. 따라서 상담관은 무기력하고 혼란한 상황에 있는 위기장병을 대신하여 위기문제를 규명하고 적절한 대처방안을 찾으며, 구체적인 실행계획과 자세한 행동지침을 알려주는 친절한 안내자 역할을 주로 한다.

박 이병: 저는 지금 아무것도 할 수 없습니다. 제가 무슨 짓을 할지 저 자신도 잘 모르겠습니다. 모든 것이 비참하고 절망적이어서 죽고 싶은 심정뿐입니다. 제가 죽어 없어지는 것이 더 나을지도 모르겠습니다.

상담관: 박 이병은 지금 매우 위험한 상태에 있는 것 같군요. 이럴 때에는 혼자 있지 않는 것이 좋습니다. 나는 박 이병이 스스로 목숨을 끊는 것을 보고만 있을 수는 없어요. 일단 자살을 하지 않겠다는 서약서를 작성하도록 합시다. 만약 자살을 하려면 시도하기 전에 반드시 나에게 먼저 알리겠다고 약속을 하고 상담을 계속하는 것이 좋을 것 같군요.

(2) 비지시적 위기상담

비지시적 상담은 장병이 경험한 위기의 강도가 비교적 약할 때 적용하는 방법으로 복무적응에 중점을 두고 이루어진다. 위기장병 스스로 위기대처에 합리적인 의사결정이 가능한 상태라서 비지시적 상담을 적용하는 것이 효율적이다. 그러나 비지시적인 상담을 한다고 해서 상담관이 수동적이 되어도 괜찮다는 의미는 아니다. 개방적인 형태의 질문을 자주 하고 위기장병의 말을 경청하는 데 많은 시간을 할애하면서 조력한다.

비지시적 위기상담은 위기장병이 자신의 내적 감정과 욕구를 알 수 있도록 안내한다. 위기장병의 행동, 자율성, 회복력, 대처능력, 에너지 등 다양한 요인을 고려하여 적절한 대처방안을 선택하도록 한다. 위기장병이 원래부터 지닌 내 · 외적 자원과 강점을 적극적으로 활용하도록 조력하되 선택을 강요하는 행동은 바람직하지 않다.

(3) 협력적 위기상담

협력적 위기상담은 위기장병이 비지시적인 상담에 응할 수 있을 정도의 심리적 불균형보다 더 안정된 상태일 때 사용하는 방법이다. 위기장병과 상담관이 서로 협력하는 동업자가 되어 두 사람이 함께 가능한 대안을 찾고 심리적 위기문제를 해결하는 과정으로 이루어진다.

협력적 위기상담 과정에서 상담관은 위기장병이 위기극복을 위해 첫걸음을 시작하도록 따뜻하고 부드럽게 안내하고 상담이 진행되는 과정 동안 협력자의 역할에 중점을 둔다.

상담관: 김 일병은 지금까지 여러 가지 위기대처 방안을 잘 말했어요. 그러나 그것을 실행에 옮기는 것은 부대 여건 때문에 확신을 하지 못하고 있는 것 같군요. 그러면 우리 함께 이 대안을 놓고 가장 좋은 대안을 고른 다음, 합리적인 실행방법을 구체적으로 찾아보도록 하는 것이 어떨까요.

김 일병: 예. 그렇게 하는 것이 좋겠습니다.

---

4. 군 위기상담의 절차

위기상담을 설명하는 이론은 대부분 상담의 단계와 기술, 상담의 회기 수를 다양하게 제시하고 있다. 위기의 경험 강도와 위기경험자의 반응성 그리고 대처자원을 고려하여 상담회기를 포함한 상담계획을 수립한다. 그렇지만 군 위기상담은 2주의 상담 기간이 경과되는 상담계획을 수립하는 것이 제한된다.

심각한 복무부적응으로 힘들어하는 위기장병을 대상으로 사단 또는 군단 병영캠프에서 운영하는 프로그램이 2주 내 종결되어야 하는 이유와 맥을 같이한다. 군 위기상담이 이루어지는 절차를 살펴보겠다.

1. 초기단계

상담전문가는 대부분 위기에 처한 사람을 상담 초기에 어떻게 조력할 것인가에 대해 많은 고민을 한다. 위기장병을 대상으로 한 초기상담은 이전에 실시 되었던 일반상담의 관점에서 내담자를 대하던 방식으로 접근하면 위기문제 해결에 도움이 되지 않을 가능성이 있다.

대체로 위기를 맞닥뜨리면 정상적인 기능상태에서 벗어나 충동적이고 비논리적인 사람으로 변한다. 위기에 처한 내담자는 사례마다 특수한 차원에 해당하는 새로운 유형의 위기자로 인식해야 하는 이유가 여기에 있다. 군 위기상담의 초기단계에서는 상담분위기를 따뜻하게 조성하고 신뢰관계를 형성함은 물론 위기장병의 안전 확보와 상담구조화, 위기문제 등을 주로 다룬다.

1) 상담분위기 조성

심리적 위기상태에 처한 장병은 긴장과 불안 수준이 높아진 상태이므로 안정과 편안함을 제공하는 것이 무엇보다 중요하다. 인간적인 따뜻함을 느낄 수 있는 좋은 상담분위기 조성을 위해서는 대화를 방해하는 소음이 들리지 않도록 해야 한다. 전화벨 소리나 요란하게 떠드는 소리는 주의를 산만하게 하고 의사소통을 차단하여 상담진행을 방해한다.

반면, 상담분위기가 따뜻하고 수용적이면 위기상담이 순조롭게 이루어지는 데 기여한다. 위기장병의 긴장과 불안수준을 감소시키고 안전감과 편안함을 느끼게 하여 심리적 혼란상태에서 균형감을 찾는 데 도움을 준다. 상담분위기 조성을 위한 방법은 다음과 같다.

- 조용한 상담실이 되도록 방음시설을 갖춘다.
- 편안함과 아늑함을 느낄 수 있도록 상담실을 꾸민다.
- 신세대 장병이 선호하는 음료를 비치하고 제공한다.
- 위기장병을 이해하고 수용하는 따뜻한 눈으로 바라본다.
- 위기장병이 앉아 있는 쪽으로 좀 더 가까이 다가가 앉는다.
- 위기장병이 처한 심리적 상황에 대해 개방적 질문을 자주 한다.
- 위기장병이 긍정적인 믿음을 갖도록 장병의 말에 자주 반응한다.

2) 상담관계 형성

위기를 겪고 있는 장병을 효과적으로 도와주기 위해서는 좋은 상담관계가 이뤄지는 것이 필수적이다. 도움이 필요한 위기장병과 도움을 주는 상담관 사이에 돈독한 상담관계를 형성해야 성공적인 상담이 가능하다. 좋은 상담관계를 형성하는 데에는 상담관의 말과 태도가 중요한 역할을 한다.

위기장병이 느끼는 슬픔과 분노, 두려움과 공포의 감정을 이해하고 공감하며, 위기장병이 하는 말을 적극적으로 경청할 수 있어야 한다. 위기장병에게 따뜻한 위로와 지지를 보내고 희망과 용기를 주는 진정한 인간의 모습을 보이는 것은 신뢰로운 상담관계를 형성하는 촉매제로 작용한다.

상담관계 형성에 좋지 않은 영향을 주는 것은 상담관이 위기장병에 대한 평가적인 태도나 비판적인 모습을 보일 때이다. 이러한 모습은 장병의 위기문제해결을 더욱 어렵게 만든다. 그러므로 상담관은 상담을 시작하는 초기단계부터 종결단계에 이르기까지 내담자에 대한 무비판적인 자세와 수용적인 태도를 보여야 한다.

3) 안전 확보

군 위기상담의 초기단계에서 위기장병의 안전을 확보하는 것은 상담관의 중요한 과제이다. 이는 상담관이 가져야 할 사명이자 책임이기도 하다. 상담관은 위기장병의 신체적 · 정서적 · 심리적 위험을 감소시킬 수 있는 다양한 방법을 강구하고 실천하는 데 최선을 다해야 한다.

만약, 상담관이 상담에 집중하지 못하고 시간에 쫓기는 인상을 주거나, 지나치게 교육적이며 진부한 내용을 이야기하면 위기장병은 상담관이 자신의 위기상황에 무관심하다고 생각해 상담에 적극 참여하지 않을 수 있다.

위기장병의 안전 확보를 위해서는 응급을 요하는 입원을 시킬 것인가 아니면 사단 및 군단에서 운영하는 병영캠프로 보내서 관리할 것인가 혹은 부대에서 24시간 집중 관리할 것인가를 선택한다. 안전 확보를 위한 위기반응의 진단과 평가는 다양한 위기반응 사정척도를 사용하는 것이 바람직한데, 병사의 자살위기 상황인 경우에는 병사용 자살위험성 진단척도(심윤기 외, 2014) 사용이 가능하다.

4) 상담구조화

상담의 구조화는 상담 초기에 이루어지는 것이 일반적이지만 그 이후에도 필요한 경우에는 구조화를 실시한다. 구조화는 상담 과정 중 발생할 수 있는 장애 요소를 줄이고 원활하게 상담이 진행되도록 관련된 사항을 간단명료하게 전달하는 것이다. 그러므로 한꺼번에 많은 것을 알려주기보다는 회기를 나누어 조금씩 알려주는 것이 효과적이다.

상담구조화는 그것이 일반상담이든 군 위기상담이든 공통적으로 포함되어야 할 내용이 있는데, 상담여건의 구조화와 상담관계의 구조화, 비밀보장의 구조화 등이있다. 상담여건의 구조화는 상담시간, 상담횟수, 상담장소, 연락수단과 방법 등에 대한 구조화를 말한다.

상담관계의 구조화는 상담과 관련된 정보를 설명해 주는 것인데 상담의 진행과정과 상담 과정에서 상담자와 내담자가 하는 역할을 포함한다. 비밀보장에 대한 구조화는 상담비밀을 지켜주는 의무에 관한 사항을 다룬다. 내담자의 법적인 문제나 자살, 타살, 전염성이 있는 질병과 같은 위험성이 내재된 경우를 제외하고는 비밀보장의 원칙이 지켜져야 한다는 점을 알려준다.

5) 위기문제파악

군 위기상담의 초기과정에서 간과하지 말아야 할 것은 위기장병의 관점에서 위기문제를 파악해야 한다는 점이다. 상담관이 위기장병의 관점에서 위기문제를 이해하지 못하면 위기상담의 성공은 기대할 수 없다.

지금-여기에서 장병이 겪는 위기문제의 본질이 무엇이며 그 문제를 어떻게 느끼고 인지하는지 파악하는 것은 군 위기상담의 핵심과정이다. 위기문제를 파악하기 위해서는 위기장병의 느낌과 생각에 대해서 언어든 비언어적이든 적극적으로 반응하는 것이 좋다.

그 이유는 위기문제를 파악하고 규명하는데 상담관의 반응이 촉진적인 역할을 하기 때문이다. 상담관의 반응을 통해 위기장병은 자신에게 무슨 일이 일어났는지 이해할 수 있고, 또 실제로 자신이 무엇을 느끼고 있는지 알 수 있다.

상담관이 파악해야 할 위기문제는 주로 다음과 같다.

〈표 3-1〉 상담관이 파악해야 할 내담자의 위기문제

- 자살이나 탈영, 폭력사고를 일으킬 위험성이 있는가?
- 위기경험으로 현실감각을 상실한 정도는 어느 수준인가?
- 자신의 위기를 극복하고자 하는 자신감은 어느 정도인가?
- 위기를 통해 장병이 느끼는 절망과 희망은 어느 정도인가?
- 입대 전 위기를 극복했던 경험이 있었다면 그것은 무엇인가?
- 위기장병 주위에 위기해결에 도움이 되는 사회적자원은 무엇인가?

한편, 위기에 처한 장병은 체력이 약해진 상태에 놓이게 되는데, 이는 위기 경험으로 심리적 고통과 어려움이 체력적인 에너지를 소진시켰기 때문이다. 이러한 상태에서 위기장병의 반응은 크게 부정반응과 긍정반응으로 나타난다.

(1) 부정 반응

- 부정감정을 참지 못하고 분출한다.
- 위기문제해결을 위한 도움을 거부한다.
- 위기문제해결을 위한 대안을 찾지 않는다.
- 자신에게 문제가 있음을 거부하고 회피한다.
- 위기문제해결에 대한 책임을 다른 사람에게 투사한다.

(2) 긍정 반응

- 위기문제를 이해하려고 노력한다.
- 위기문제해결에 대한 책임을 받아들인다.
- 위기문제해결을 위해 적극적으로 대안을 찾는다.
- 불안, 분노, 죄책감과 같은 부정감정을 조절한다.
- 자기를 돕는 사람과 대화의 장을 열어 놓는다.

2. 중간단계

군 위기상담의 중간단계는 위기문제 해결의 중요한 과정이다. 중간과정은 주로 위기문제를 규명하는 일로부터 시작한다. 위기문제를 규명하는 것은 위기를 극복하기 위한 목표를 수립하는 데 중요한 역할을 한다. 위기장병이 과거에 위기를 경험한 일이 있다면 어떻게 대처하여 극복했는지 알아보는 것이 위기문제 규명에 큰 도움이 된다.

만일 위기문제에 성공적으로 대처했다면 그 경험이 이번 위기상황에도 성공적인 대처가 가능할 것이고, 그렇지 않다면 과거의 실패한 기억 때문에 부정적으로 작용할 가능성이 있다. 중간단계에서는 이렇게 위기문제를 명확하게 규명한 후, 이를 바탕으로 상담목표를 구체적으로 설정하며, 위기문제해결을 위한 여러 대안을 찾는 과업이 이루어진다.

1) 위기문제규명

군 위기상담의 중간과정에서는 장병의 위기문제를 명확히 규명한다. 상담관은 이 과정에서 위기장병에게 자신의 위기상황을 직시하도록 친절하게 안내한다. 위기에 처한 장병은 온통 자신에게만 정신이 집중되어 있어 자신의 외부에 존재하는 것을 잘 인지하지 못한다.

자신의 주위에 존재하는 사회적자원이 위기문제해결에 도움을 주리라는 사실조차도 잘 인식하지 못한다. 상담관은 이러한 점을 고려하여 위기장병 스스로 자신의 위기문제에 직시하도록 안내자 역할에 집중한다.

〈표 3-2〉 위기문제 규명 시 상담관의 역할

- 위기문제해결은 작은 것부터 시작하도록 안내한다.
- 여러 가지 다양한 위기해결방법을 생각하도록 안내한다.
- 위기장병이 선제적으로 대처해야 하는 것이 무엇인지 찾도록 안내한다.
- 위기장병 스스로 자신의 문제에 적극 대처하는 방법을 찾도록 조력한다.
- 주위로부터 어떤 사회적 지원을 받을 수 있는지 생각하도록 조력한다.
- 위기상황을 분석하여 해결 가능한 것과 불가능한 것을 구분하여 조력한다.

2) 목표설정

상담관은 위기장병과 신뢰로운 상담관계를 형성하고 위기문제의 본질을 명확히 파악하였다면 이제는 위기장병과 협력하여 위기극복을 위한 목표를 수립한다. 위기상담의 목표는 위기상담이 가야할 방향을 알려주는 풍향계 역할을 한다. 상담목표는 명확하고 구체적이며 가시적으로 수립해야하며, 가능한 한 신속하게 위기문제를 해결하는 데 초점을 둔다.

대개 군 위기상담의 목표는 위기경험에서 발생한 심리적 어려움 제거하고 위기발생 이전의 기능을 회복하여 부대임무수행이 가능하도록 하는 것에 둔다. 자살과 타살, 총기사고, 탈영, 구타 및 가혹행위 등과 같은 비전투손실로 이어지지 않도록 예방하고 차단하는 것에 중점을 둔다.

3) 위기문제해결

위기문제의 해결은 위기장병이 위기상황에서 취할 수 있는 대안을 찾는 것으로 부터 시작한다. 위기에 처한 장병은 무기력하고 혼란한 상태에 있어 위기극복을 위한 대안을 잘 생각하지 못하는 경향이 있다. 그래서 위기장병이 대안설정을 힘들어하거나 대안설정 자체를 하지 못하면 상담관이 여러 대안을 강구하고 내담자를 조력하는 방법을 선택한다.

그러나 이것은 단순히 대안을 생각하지 못하는 장병의 관점을 넓혀 주려는 의도에서 시도하는 것이므로 일방적으로 상담관 주도로 이루어져서는 바람직하지 않다. 상담관은 위기장병에게 제공할 수 있는 여러 위기극복의 대안을 다양하게 마련한 후, 적절한 시기에 적합한 대안을 위기장병과 함께 협력하여 선택하도록 안내한다.

위기극복의 대안을 찾은 뒤에는 이 대안을 실행할 수 있는 구체적인 계획을 수립한다. 계획수립은 가능하면 위기장병 스스로 하는 것이 좋다. 위기상담의 목적이 위기장병으로 하여금 구체적인 위기극복 행동이 나타나도록 조력하는 과정이므로 상담관이 모든 것을 선택하고 결정하면 장병 스스로 위기를 극복할 가능성은 그만큼 줄어든다.

물론 위기장병이 지나치게 무기력한 경우에는 구체적인 계획을 세우기보다는 간단한 행동을 실천하는 방법을 알려주는 것이 더 효과적일 수 있다. 위기극복의 과정에는 위기장병으로 하여금 자신의 강점자원을 최대한 많이 찾도록 조력하는 것이 중요하다. 위기장병은 정신적으로 혼란한 상태에 있어 자신이 어떤 강점자원을 가지고 있는지 잘 알지 못하고 이를 찾는 것도 어려워한다.

그래서 상담관은 위기장병이 자신의 강점자원을 탐색하도록 적극적으로 안내하며 촉진한다. 내적자원은 이미 자신 안에 지니고 있는 심리적인 것이 대부분이다. 과거 군에 입대하기 전 해결하였던 위기경험이 있다면 그것이 곧 내적자원에 해당한다.

외적자원은 주로 위기해결에 도움을 지원받을 수 있는 사회적 지원을 말한다. 사회적 지원은 되도록 많이 받아야 좋은 효과를 거둘 수 있다. 상담관을 비롯하여 부대 지휘관, 동료, 여자 친구, 가족 등이 모두 외적자원의 좋은 대상에 해당한다.

3. 종결단계

군 위기상담의 종결단계에서는 지금까지 이루어진 상담의 주요 내용을 정리하고 평가한다. 위기극복 실천에 대한 의지와 희망을 갖고 그동안 상담 과정에서 마무리 짓지 못한 미해결된 과제가 있다면 이를 처리한다.

소속부대로 복귀해서 병영생활을 하던 중 갑자기 위기반응이 다시 나타나면 스스로 대처할 수 있는 자기지도 방법도 구체적으로 알려준다. 현실적인 행동 위주의 위기극복 실천방안을 지휘관(자)에게도 조언하여 자대로 복귀한 위기 장병을 지속적으로 관찰하고 보호하도록 조치한다.

1) 행동 실천

군 위기상담은 적극적이고 지시적이며 행동실천에 초점을 둔다. 어떤 작은 것이라도 위기극복을 위해 적극적이고 능동적으로 행동으로 실천하면 증상 해소는 물론 위기이전의 기능회복이 빨라진다.

만약 두려움이나 불안 때문에 행동하기를 꺼려하는 자신의 모습을 장병 스스로 발견하면 이미지 트레이닝이나 복식호흡, 신체이완 등의 방법을 통해 불안을 제거한 후 행동실천이 가능하도록 안내한다.

2) 잠재적 성장조력

군 위기상담의 최종상태는 위기장병이 자신의 위기문제를 극복하여 위기이전의 기능상태를 회복한 후, 부여된 임무수행을 충실히 수행하는 상태를 말한다. 위기를 극복한 경험은 개인의 발전과 성장이라는 잠재적인 가능성까지 높게 끌어 올리는 데 기여한다. 따라서 상담관은 위기를 경험한 장병 스스로 성장과 발전을 이룰 수 있는 행동을 새로운 관점에서 개발하고 실천하도록 적극적으로 안내한다.

CHAPTER 05

군 성폭력 상담

21C 우리 사회는 성폭력 범죄가 꾸준히 늘어나는 실정이다. 엄격한 위계와 규율로 통제되고 있는 군대에서조차도 성과 관련한 범죄가 증가하고 있다. 장교와 부사관, 군무원, 병사, 사관생도에 이르기까지 어느 특정 신분을 가릴 것 없이 모든 계층에서 발생하고 있다는 점에서 심각성을 더하고 있다. 군 장병의 성 군기 위반사고는 군에 대한 신뢰를 약화시키고 군 전체의 사기를 떨어뜨리는 요인으로 작용하여 근절대책 마련이 시급하다.

이 장에서는 성폭력에 대한 전반적인 개념과 이론적 배경을 살펴볼 것이다. 그리고 군에서 발생되고 있는 성폭력의 실태와 특징을 알아보고, 이에 대한 상담전략을 살펴보고자 한다.

1. 이론적 배경

1. 용어의 이해

성(性)은 역사적으로 생식을 위한 기능에 국한시켜서 바라보는 것에서부터 출발하였다. 이후 심리 · 사회적 측면에 중점을 둔 포괄적인 개념으로 발전하였으며, 현대에 이르러서야 성에 대한 주체성과 성적 자기결정권이 강조되었다. 성(sex)의 어원은 라틴어의 'Sexus'에서 유래된 것으로 전해지고 있다.

'Sexus'는 'Seco' 단어가 변형된 것으로 'Cut'(자르다)와 같은 뜻으로 해석한다. 모성으로부터 탯줄을 자르면서 온전한 성이 된다는 의미로 사용되어 왔다. 성(性)은 생물학적 · 심리적 · 사회문화적 측면을 포함한 다차원적인 개념을 갖고 있으며 윤리적인 잣대와 터부(taboo)의 기제로도 취급되어 왔다.

성은 선천적으로 결정되어진 남성 또는 여성이라는 생물학적인 성(sex)이 있고, 남성 혹은 여성다움의 특성과 역할을 상징하는 사회문화적인 성(gender)으로 구분한다. 이 두 가지의 개념을 포괄하는 전인적이고 인격적인 개념의 성의식(sexuality)이 있다.

생물학적인 차원의 섹스(sex)는 개인이 태어나면서부터 남녀로 구분되는 선천적 성별을 의미한다. 사회문화적인 차원의 젠더(gender)는 출생 이후 심리 · 사회문화적인 환경에 의해 학습된 남녀의 후천적인 특성을 말한다.

성의식인 섹슈얼리티(sexuality)는 선천적, 후천적 성별은 물론 이와 관련한 개인의 성격, 행동, 태도, 인간관계까지도 포괄하는 가장 넓은 차원의 성에 대한 개념으로 사용되고 있다. 우리는 성을 매개로 한 사건이 매일 같이 사회적인 이슈로 떠오르는 현대에 살고 있다. 성이 사회적 관심을 크게 불러일으키는 것과는 달리 사용되고 있는 성과 관련한 용어는 그 기준과 구분이 명확하지 않아 잦은 혼선이 초래되기도 하는데 이를 살펴보겠다.

1) 성역할

인간은 태어날 때부터 생리적 차이를 기준으로 남자와 여자로 구별한다. 성역할 (gender)의 개념은 한 개인이 속해 있는 사회에서 남자 또는 여자로 특정지을 수 있는 행동양식과 태도, 가치관, 인성을 의미한다. 과거에는 성역할의 개념을 남성성과 여성성을 단일 차원으로 보고 남성성과 여성성이 각각을 대표한다고 보는 양성개념으로 이해하였다.

이러한 양성개념은 사회화 과정을 통해 남성과 여성 각각이 하나의 성역할을 하도록 영향을 미쳤다. 여성은 결혼하면 아들을 낳아 후대를 이어가는 책임을 지는 반면, 남성은 가족이 먹고사는 문제를 책임져야 한다고 생각하며 살아왔다.

우리사회에서는 전통적으로 남존여비의 차별적인 성역할의 고정관념이 뿌리 깊게 박혀 있다. 전통적인 성역할을 이상적인 것으로 보고 지금까지 그 관념을 고수하고 있다. 이러한 영향으로 남존여비 사상에 따른 성역할이 아직까지도 사회전반에서 발견되고 있다.

2) 성의식

성의식은 흔히 섹슈얼리티(sexuality)라고도 말한다. 이는 단순히 성적 충동이나 애욕을 뜻하는 것이 아니라, 개인이 성에 대해 가지는 전반적이고 복합적인 관념을 의미한다. 성에 대한 감정과 사고, 성에 대한 가치관이나 신념 등을 모두 포함한다. 개인이 이성을 대할 때 보이는 감정, 태도, 행동은 바로 이러한 개인의 성의식에서 비롯된 하나의 표현이다.

성의식은 성에 대해 가지는 의식으로 육체적 · 정신적 · 사회적인 성의 기능을 바탕으로 이성에게로 향한 욕구를 충족시키고자 하는 마음의 상태다. 그로 인해 드러나는 성 지식, 태도, 행동을 의미한다. 이러한 성의식은 일반적으로 출생, 학령기, 사춘기, 결혼, 부모가 되는 과정 등 일생을 통해 일정한 발달과정을 거치며 2차 성징의 발달과 함께 나타난다.

3) 성적 자기결정권

인간은 다른 사람의 권리를 침해하지 않으며 자신의 생각대로 결정하고 행동할 권리를 가진다. 자기결정권은 인간이면 누구나 가진 권리로 성(性)과 관련한 부분에 있어서도 예외가 되지 않는다. 성적 자기결정권은 이성과의 관계에서 평등하고 주체적인 관계를 만들어 갈 수 있는 능력이다.

다른 사람이나 사회의 간섭 또는 강요 없이 자신의 의지와 판단에 따라 자율적으로 성적 행위를 결정하는 권리이며, 자신이 원하지 않는 성적 행위에 대해서는 분명하게 거부하고 저항할 수 있는 권리이다. 상대방의 말이나 행동으로 성적 수치감이나 모욕감을 느끼는 경우에 이에 대하여 분명하게 반대 의사를 밝히는 것이 곧 성적 자기결정권을 행사하는 것이다.

성적 자기결정권을 행사할 때는 나의 성적 자기결정권이 소중한 기본 권리로 존중되어야 하듯, 타인의 성적 자기결정권도 이와 동등하게 존중되어야 한다는 점을 명확히 인식하는 것이 무엇보다 중요하다.

4) 성인지감수성

성인지감수성의 용어가 등장한 것은 2018년도 이후부터다. 이 용어는 아직까지 명확한 정의가 내려지지 않은 상태다. 대체로 성별 간의 차이로 일상속에서의 차별과 유·불리함 또는 불균형을 인지하는 것을 의미하는 것으로 사용되고 있다. 성폭력과 성희롱 사건에서는 가해자가 아닌 피해자 입장에서 사건을 바라보고 이해해야 한다는 의미를 내포하고 있다(심윤기 외, 2020).

2. 성폭력 이론

1) 정신병리적 관점

정신병리적인 관점에서는 성폭력의 발생원인을 가해자의 생물학적 · 정신병리적인 특성에서 찾고자 한다. 가해자의 심리발달 이상이 병리적 성충동으로 이어지고 왜곡된 성적 욕망을 충족시키기 위해 성폭력을 일으킨다고 설명한다.

정신병리적 관점에서 바라보는 성폭력은 폭력적인 성행위로 여기기보다는 일종의 병리적인 이유로 발생하는 일탈적인 성행위로 간주한다. 다시 말해, 성폭력은 일부 남성의 정상적이지 않은 정신상태에서 비롯된 일탈적인 문제로 바라보고 있다.

따라서 이 이론은 성폭력에 의한 피해자의 반응이나 피해자에게 일어난 결과가 갖는 의미를 간과하고 있다. 성폭력이 갖는 사회문화적 맥락을 중요하게 다루지 않고 개인적인 문제로 취급하는 단점이 있다.

2) 자기통제이론

자기통제이론은 다양한 종류의 범죄나 비행이 서로 다른 특질이 원인이 되어 나타나지 않고, 한 가지 공통된 기질이 원인이 된다고 설명하는 이론이다(Gottfredson et al., 1990). 서로 상이한 종류의 범죄나 비행은 범죄가 발생할 때의 상황적 요인이 다를 뿐이지, 기본적으로는 동일한 기질적 특성인 자기통제력의 부족에서 기인한다고 본다.

자기통제력이 낮은 사람은 대체로 충동적이고 무모하여 범죄를 저지르고 여러 일탈 행위를 한다고 주장한다. 자기통제이론 지지자는 어린 시절 부모 · 자녀와의 원만한 관계가 이루어지지 않을 경우에 자녀의 자기통제력에 부정적인 영향을 미친다고 말한다.

자기통제력이 낮은 아이는 부정적인 자극에 노출될 때, 강압적 성행위의 유혹에 취약하여 실제 성폭행을 저지를 확률이 높다고 주장한다. 이와 같이 자기통제이론은 성폭력의 원인을 가해자 개인의 특성에서 찾는다는 점에서 정신병리적인 입장과 유사하다.

3) 문화적 파급확산이론

문화적 파급확산이론은 한 사회가 폭력 전반에 대한 허용의 정도가 성폭력 발생에 영향을 미친다는 사회이론이다. 사회문화 전반이 폭력사용을 합법적으로 간주하고 목적 달성을 위한 폭력사용이 용인되는 문화일수록 성폭력 또한 이에 비례하여 증가한다고 설명한다.

문화적 파급확산이론의 지지자들은 폭력적인 성향을 보이는 미디어 프로그램이 성폭력을 조장한다고도 주장한다. 정부에 의한 합법적인 폭력사용이 묵인되거나 허용되고, 법적 또는 사회적으로 용인된 폭력적인 활동에 참여하는 것 등이 성폭력 발생에 영향을 준다고 말하고 있다.

4) 여성주의적 관점

여성주의적인 관점에서는 가부장제 사회에서 여성에 대한 남성의 통제력을 강화하고 유지하기 위한 하나의 방편이 곧 성폭력이라고 주장한다. 그래서 이 이론은 성폭력과 관련한 가해자의 특성보다는 피해자의 보호에 더 초점을 두는 특징이 있다.

여성주의자가 주장하는 성폭력의 주요 원인은 남성중심의 가부장제, 성차별적인 고정관념, 이중적인 성윤리, 성교육의 부재 등이라고 주장한다. 이들에 의하면 우리가 사는 사회는 남성에게 적용하는 성윤리가 있고, 여성에게 적용하는 성윤리가 각각 다르게 존재한다고 말한다.

3. 성폭력의 유형과 증상

성폭력은 개인의 자유로운 성적 자기결정권을 침해하는 범죄로 강간과 추행, 성희롱 등 모든 신체적 · 언어적 · 정신적 폭력을 포함한다. 상대방의 의사를 침해하여 이루어지는 성적 접촉뿐만 아니라 강간 성추행, 성희롱, 성기노출, 음란전화, 온라인 성폭력 등이 이에 해당한다.

상대방이 원치 않고 거절하는데도 불구하고 불쾌한 성적 언동으로 상대방에게 굴욕적인 감정, 신체적 손상, 정신적인 고통을 느끼게 하는 행위는 모두 성폭력에 해당한다. 사회적 지위와 신체적인 우월한 조건을 이용하여 남성이 여성의 성적 자기결정권을 침해하는 행위 역시도 성폭력이다.

동성 간 이루어지는 성적 자기결정권 침해와 한 가정에서 어느 일방에 의해 강제적으로 행해지는 성적 행위도 성폭력이다. 상대방으로 하여금 막연한 불안감이나 공포감을 조성하고, 그로 인한 행동 제약을 유발시키는 것도 간접적인 성폭력에 해당한다. 성폭력은 일반적으로 다음과 같이 구분한다.

〈표 5-1〉 성폭력의 구분

성희롱	타인에게 정신적 · 신체적으로 성적인 불쾌감과 피해를 주는 행위로 상대방의 의사와 관계없이 성적 수치심을 주는 말이나 행동이 이에 해당한다.
성추행	강간 따위의 행위를 말하며 일반적인 강제추행을 뜻한다. 성추행은 폭행이나 협박을 수단으로 한다는 점과 일정한 성적 수치심을 야기하는 신체적 접촉이 이루어진다는 점에서 성희롱과 차이가 있다.
성폭행	성폭행은 두 가지 의미가 있다. 광의의 의미로는 폭행을 수반한 성적인 행위로서 강간과 강제적인 유사 성교 등을 포함한다. 협의의 의미로는 강간의 완화된 표현으로 강간 미수와 강간치상을 말한다.
성범죄	성범죄는 성과 관련된 모든 범죄 행위를 의미한다. 성폭력 범죄뿐만 아니라 성 풍속에 관한 범죄, 성매매 관련 범죄, 음란물 관련 범죄 등을 포함한다.

1) 성폭력의 유형

(1) 강간

강간은 원하지 않는 사람에게 강제로 성행위를 하는 것을 말한다. 법률적 해석에 있어 강제의 의미는 자의로 성행위를 조정하지 못하는 자를 대상으로 육체적인 힘을 사용하고 심리적인 협박을 통해 자기만의 성적 욕구를 만족시키는 행위를 의미한다.

(2) 데이트 성폭력

데이트 중 한 개인의 성적 의사와 무관하게 상대방의 일방적인 강제로 이루어지는 성폭력을 말한다. 주로 10~20대에 집중되어 나타나며 의사소통의 문제나 가해자의 요인이 크게 작용한다. 데이트 성폭력의 특징은 애정을 목적으로 하기 때문에 피해 당사자조차 강간으로 인식하기 어렵고, 가해자와의 사적인 관계 때문에 법적인 처벌이 어렵다.

(3) 친족 성폭력

친족 성폭력은 가족관계에서 일어나는 강제적인 성적 행위를 말한다. 친족이란 혈연과 혼인에 의해 성립된 친인척 관계를 포함하는 개념이다. 성폭력범죄 처벌 등에 관한 특례법에서는 친족에 의한 성폭력 처벌 수위를 한층 높게 개정하였다. 이는 대다수의 성범죄가 지인이나 이웃, 동거하는 가족 사이에서 벌어지는 점을 고려한 것인데 개정안은 친족의 범위에 동거 개념을 추가로 포함시켰다.

(4) 부부 성폭력

과거에는 부부간의 강제적 혹은 위협에 의한 성행위를 강간이라는 개념으로 받아들이지 않았다. 그러나 점차 여성의 성에 관한 권리와 성에 대한 개인의 의사를 존중하는 사회적 인식이 높아지면서 성폭력의 하나로 취급하게 되었다. 또한 동거형의 결혼이 늘어나면서 이들에 대한 보호의 필요성이 제기되어 성폭력의 범주에 부부 성폭력을 포함하게 되었다.

(5) 직장 성폭력

일반적으로 직장에서 일어나는 성폭력을 직장 성폭력이라고 말한다. 이는 직장상사, 동료, 계열사 혹은 거래처 직원 등이 채용의 과정이나 근무기간 중 상대방의 의사에 반하는 성적 언동을 함으로써 피해자에게 불쾌감과 모욕감을 주는 행위를 말한다. 업무를 매개로 계약에 의한 노동을 제공하는 사업장에도 여러 종류의 직장 성폭력이 일어난다. 군대에서 일어나는 상관에 의한 성폭력도 직장 성폭력에 해당한다.

2) 성폭력의 증상

성폭력 피해자의 후유증은 성폭력을 당한 후 곧바로 나타나는 경우도 있지만, 시간이 지나면서 천천히 나타나기도 하는데 일반적으로 다음과 같은 심리적인 변화가 일어난다.

(1) 심리적 변화

성폭력 피해자는 다음과 같은 심리적 변화를 겪는다.

〈표 5-2〉 성폭력 피해자의 심리적 변화

단계	내용
1단계	충격과 혼란을 경험하는 단계다. 이제 나는 끝났다고 무력감을 호소한다.
2단계	성폭력을 부정하는 단계다. 성폭력 사건이 발생하지 않았다고 부인한다.
3단계	우울과 죄책감을 느끼는 단계다. 자신을 더러운 사람으로 왜곡하여 인식하며 분노, 절망감, 자괴감을 표출한다.
4단계	공포와 불안이 엄습하는 단계다. 앞으로의 삶에 대한 비관과 악몽을 꾼다. 주변 사람을 피하고 만나지 않으려는 모습을 보인다.
5단계	분노하는 단계다. 자기 자신이나 가족, 친구, 상담자 등 주변인에게 저주와 악담을 퍼붓는다.
6단계	자기를 수용하는 단계다. 자신이 겪은 성폭력을 재조명하며 성폭력이 자신의 잘못이 아니라고 인식한다.

(2) 우울과 불안, 두려움

성폭력 피해자는 사건 발생 후 1개월 동안에는 대부분 정상적인 수준을 벗어나 심한 우울증을 경험하는 것으로 알려지고 있다. 성폭력을 당한 직후에는 정신이 혼미하고 히스테리 증상을 보이며, 사회활동 또한 이전보다 활발하지 못하고 회피하는 경향을 보인다.

첫 몇 주간은 매일 같이 울고, 죄책감과 무가치감에 사로잡혀 생활하며, 섭

식장애와 수면장애를 겪는다. 수 주일간 초조감과 악몽, 공포, 소스라치게 놀라는 반응, 집중력 저하 등이 나타나며 자살을 시도하기도 한다.

(3) 외상 후 스트레스 장애

외상 후 스트레스는 일상적인 범위를 넘어서는 심리적인 충격을 주는 사건을 경험한 후에 일어나는 만성적인 심리적 · 행동적 · 인지적 · 생리적 증상이다. 연구에 의하면 성폭력 피해를 당한지 1주 이후에 피해자의 약 95%가 외상 후 스트레스 장애를 겪는 것으로 밝혀졌다(심윤기 외, 2020).

대략 3개월 후에는 약 47% 정도가 외상 후 스트레스 장애 증상을 겪는 것으로 보고되었다. 일반적으로 성폭력 피해자는 고통스러운 성폭력 외상경험을 회상하게 만드는 자극으로부터 회피하려는 증상이 강하게 나타난다.

(4) 사회생활 부적응

성폭력을 경험한 직후에는 가정, 직장, 학교, 활동, 친구 등을 회피하는 경향을 보인다. 여가 생활이나 경제적 활동은 비교적 빨리 적응하지만 사람을 만나는 대인관계에 있어서는 잘 적응하지 못한다. 성폭력 피해자가 결혼했거나 사랑하는 애인이 있는 경우에는 그들 관계에 깊은 손상이 가며, 피해 회복도 느린 특징이 나타난다.

성폭력 피해자 가까이에 있는 가족이나 지인이 피해자의 행동을 이해하지 못하는 경우에는 부적응 행동이 더욱 심각하게 나타난다. 주위 사람이 오히려 화를 내고, 피해자를 비난하거나 또는 가해자에게 보복하려고 할 때는 더 큰 정신적인 혼란과 갈등을 경험한다. 이러한 혼란상황이 지속되면 자살로 이어지는 경향이 있다.

2. 군 성폭력의 실태

남군 성폭력사건이 사회적 관심을 불러일으키게 된 것은 2003년 발생한 몇 가지의 성폭력 사건으로부터 기인한다. 첫 발단은 같은 남성인 선임병사의 성폭력을 견디다 못해 자살한 김 모 일병의 사건이 세상에 알려지면서부터다. 비슷한 시기에 육군 대대장(중령)이 당번병을 여러 차례 성추행한 혐의로 구속된 사실이 세상에 알려지면서 군대 내 남군 간 이루어지는 동성 성폭력을 바라보는 인식이 새롭게 변화되었다.

여군 성폭력의 사건은 2003년 여군 대위가 잠을 자는 야외 텐트에 병장이 은밀히 침입해 성추행한 혐의로 구속된 사건이 세상에 알려지면서부터 여군 성폭력의 실상이 드러나기 시작하였다. 이후 잠잠하였다가 2010년 지휘관에 의한 성폭력사건이 연이어 터져 나오면서 국민들로부터 지탄을 받았다.

2013년에는 직속상관의 성추행을 견디다 못해 자살한 오 모 대위의 성폭력 사건이 발생하였다. 2014년에는 17사단 송 모 사단장(소장)이 여군 부사관을 성추행한 사건이 세상에 드러났으며, 2015년에는 육군 임 모 여단장(대령)이 여군 부사관을 성폭행한 사건이 세상에 알려졌다.

2017년에는 해군본부 대령이 부하 여군 대위를 성폭행하여 여군 대위가 자살하는 사건이 발생하여 국민들의 공분을 샀다(심윤기 외, 2020). 2021년에는 공군 제○○전투비행단에서 근무하던 여군 중사가 선임 간부들에게 성추행을 당했다고 신고한 이후, 다른 비행단으로 자리를 옮겨 근무하였으나 성추행 가해자와 상관들의 계속되는 회유와 압박 등을 견디지 못하고, 그해 5월 스스로 목숨을 끊어 특검수사로 이어지기까지 하였다. 여군 성폭력 사건의 주요 특징은 성폭력 피해자의 대부분이 여군 하사와 소위, 중위 등 군 입대 5년 이하의 초급 여군이라는 점이다.

이 같은 특징은 성폭력 피해사실을 적극적으로 알릴 수 있는 위치가 아닌 약자의 위치에 있어 적극적으로 대응할 수 없다는 점을 말해준다. 반면 가해자는 성폭력 피해자가 문제제기를 할 경우 자신의 지위와 권력으로 이를 무력화시킬 수 있는 위치에 있다.

여군은 높은 경쟁을 뚫고 선발되어 입대한 여성들로 직업의식과 소명의식이 투철하고 자긍심과 명예심이 높을 뿐만 아니라 복무자세가 성실하고 정확하다는 강점이 있다.

반면, 가해자의 대부분은 성폭력 피해자의 직속상관인 영관급 장교(42.5%)와 장성급(27.6%)이다. 이들은 여군의 근무평정이나 장기복무심사, 진급 등에 막강한 영향력을 행사하는 위치에 있는 관계로 진상조사나 처벌을 강구함에 있어 어려운 점이 있다.

1. 성군기 위반 실태

최근 5년간 군대의 성군기 위반 실태를 보면 병사의 경우 2018년 1,132명에서 2021년 749명으로 감소했다. 그러나 간부는 2018년 246명에서 2021년 324명으로 오히려 증가되었다. 특히, 2022년 7월까지 집계된 성군기 위반현황을 보면 병사들은 270건이었지만 간부는 222명으로 전체 인원 대비 전폭적으로 증가되어 나타났다.

〈표 5-3〉 병사의 성군기 위반자 현황(출처: 2022년 국방부 국정감사자료)

구 분	2018년	2019년	2020년	2021년	2022년 7월	비고
병사(명)	1,132	947	937	749	270	감소추세

간부의 성군기 위반자 중 장성 계급이 5명이나 포함되었으며 영관급 장교는 30~50명 선을 유지하고 있었는데, 이는 우월한 지위를 이용해 부하 여군을 강제 추행하거나 성폭행을 시도하는 등의 권력형 성범죄가 자행되고 있다는 것을 알 수 있다.

〈표 5-4〉 간부의 성군기 위반자 현황(출처: 2022년 국방부 국정감사자료)

구 분	2017년	2018년	2019년	2020년	2021년
계(명)	305	246	220	246	324
장군	–	1	3	–	1
영관	43	33	32	32	56
위관	71	42	32	39	55
준사관	9	6	7	11	8
부사관	182	164	146	164	204

1) 성군기 위반 징계처리

성군기를 위반해 징계를 받은 병사의 경우에는 휴가 제한이 전체의 57%로 가장 많았다. 이어 영창 28.6%, 군기교육 6.1%, 기타 근신과 강등, 감봉, 견책이 그 뒤를 이었다. 간부의 경우에는 경징계인 감봉이 전체의 39%로 가장 많았다. 이어 정직 34%, 해임 10%, 기타 근신, 파면, 강등, 견책 순으로 나타났다. 간부의 성군기 위반 징계처리가 점차적으로 증가되어 나타났다는 것은 성범죄의 정도가 매우 중하거나 반복적으로 이루어졌다는 것을 의미한다는 점에서 심각성이 있다.

〈표 5-5〉 간부의 성군기 위반 징계현황(출처: 2022년 국방부 국정감사자료)

구 분	2018년	2019년	2020년	2021년	2022년 7월
계(명)	221	205	248	336	232
파면	0	2	14	23	29
해임	8	11	26	64	33
강등	8	8	14	24	13
정직	90	84	92	118	75
감봉	115	100	102	107	82

2. 여군 성폭력사건 형사처리

가장 최근에 실시된 여군 성폭력에 대한 실태조사는 2017년에 이루어졌다. 해군본부 대령에게서 2차례 성폭력을 당한 여군이 그해 5월 자신의 숙소에서 자살한 사건이 발단이 되어 이루어졌다. 국가인권위원회는 여군 대위의 사망사건을 계기로 군대내 성폭력에 대한 직권조사를 6개월에 걸쳐 실시하였다.

조사결과 2014년부터 2017년 6월까지 성폭력을 당한 피해 여군 부사관 중에는 하사가 80%나 되는 것으로 밝혀졌다. 이들의 장기복무심사 과정에서 성폭행 피해 빈도가 높게 나타나고 있다는 사실도 드러났다. 전군 대상으로 여군 성폭력 관련 형사처리에 대한 신분별 조사결과는 다음과 같다.

〈표 5-6〉 전군 여군 성폭력 사건 형사처리 현황(출처: 국가인권위원회, 2017)

구분	가 해 자(명)						피 해 자(명)					
	계	대령 이상	영관	위관	부사관 / 준사관	군무원 / 병사	계	대령 이상	영관	위관	부사관 / 준사관	군무원 / 병사
2014	48	0	14	9	20/0	0/5	53	0	0	16	29/0	8/0
2015	42	0	12	6	18/1	0/5	47	0	1	15	31/0	0/0
2016	72	2	17	13	33/1	3/3	78	0	2	29	42/0	4/1
2017	27	2	4	5	12/0	0/4	35	0	0	9	22/0	0/4
계	189	4	27	33	83/2	3/17	213	0	3	69	124/0	12/5

군대 내 여군 성폭력 관련 형사처벌은 대체로 온정적이고 관대하게 처리하는 것으로 조사되었다. 남군 부사관이 여성 장교의 허벅지를 수회 추행한 사건에서 합의가 없었음에도 불구하고 취중에 일어난 우발적 범죄로 선고유예한 사건도 있었다.

현역 군인에게 군형법을 적용하지 않고 일반형법을 적용하여 피고인 신분을 유지시켜준 사례도 있었으며, 군 형법상 강제추행으로 의율할 수 있는 사건을 성폭력 법으로 의율 처리한 사례도 드러났다.

3. 군 성폭력의 특징

여군 성폭력은 주로 명령과 복종의 엄격한 위계적인 관계 속에서 권력을 이용한 강자인 상관이 약자인 여군에게 행해지는 특징이 있다. 여군이 강하게 거부함에도 불구하고 이 같은 행위가 계속되는 이유는 여군을 한 인격체로 여기기보다는 성적인 대상으로 바라보고 있기 때문이다.

2020년 현재 군에 복무하는 우리 여군은 대략 1만4천여 명 수준으로 전체 군 간부 대비 여군이 차지하는 비율은 대략 7.4% 정도가 된다. 성폭력을 경험하는 여군 비율은 복무 인원에 비해 상대적으로 높은 편이다.

1. 미군의 성폭력사례

미군의 경우에는 정부와 사회가 군 성폭력 예방에 보다 적극적으로 나서고 있는 실정인데 그것은 몇 가지 사건이 발단이 되었다. 1991년 발생한 테일 훅(Tailhook: 해군의 정례모임에서 벌어진 여성 장교에 대한 성희롱사건) 사건은 처음으로 국민적 관심을 크게 불러일으켰다.

이 사건은 여군 83명과 남군 7명이 해군 장교와 해병대 장교에게 라스베이거스 컨벤션에서 성희롱과 성폭력을 당한 사건이었다. 1996년에는 세 명의 훈련담당 남성 부사관이 훈련을 받고 있는 여군을 성희롱하고 강간한 사건이 발생하였다.

이 사건을 감추기 위한 시도가 추가로 폭로되면서 군대의 집단문화가 얼마나 쉽게 여군 약자를 성적으로 괴롭힐 수 있는지에 대해 국민적 경각심을 일깨워 주는 계기가 되었다. 사회적 관심을 불러일으킨 또 다른 성폭력 사건은 2003년 미 공군사관학교에서 발생하였다.

미 공군사관학교에서는 여자 사관생도 22명이 사관학교 간부들에게 성폭력을 당한 사건이 벌어졌는데도 이에 대한 조사를 하지 않았다. 여자 사관생도가 이를 신고하려는 것도 막았고 심지어는 보복까지 했다는 주장이 제기되었다.

이 사건은 사관학교조차도 성폭력이 빈번히 발생한다는 심각성뿐만 아니라, 성폭력에 대한 문제제기를 보장하는 제도적 장치가 마련되지 않은 문제점이 밝혀지면서 국민적 공분을 크게 불러일으켰다.

2012년에는 미국 텍사스주 래클랜드(Lackland) 공군기지에서 43명의 여군 훈련생이 남성 훈련 부사관에 의해 강간과 성추행을 당한 사건이 발생하였다. 이 사건으로 17명의 남성 훈련 부사관이 기소되고, 35명은 직위에서 해임된 것이 뉴스를 통해 세상에 알려졌다(NY Times, 2012).

2020년 4월에는 미 육군 최대 기지 텍사스 포트후드에서 근무하던 바네사 기옌(당시 20세)일병이 실종 8일만에 부대 밖에서 심하게 훼손된 시신으로 발견된 사건이 있었다. 기옌은 실종되기 전 주변에 '상관으로부터 성폭행을 당했다', '신고하려 해도 보복이 두렵다'고 말한 것으로 알려졌다. 헌병은 그의 상관이던 에릭 로빈슨 상병을 성폭행 및 살인 혐의 용의자로 지목하고 추격에 나섰다. 총기를 들고 탈영한 로빈슨은 포위망이 좁혀오자 스스로 목숨을 끊었다.

미군의 성폭력 실태조사는 전체 군인을 대상으로 이루어지는 것이 일반적인데 2006년으로부터 2021년에 이르기까지 실시된 조사결과를 살펴보면 다음과 같다.

〈표 5-7〉 원치 않는 성적 접촉에 대한 조사결과(출처: DMDC, 2021).

구 분	2006년	2010년	2012년	2021년
여성	6.8%	4.4.%	6.1%	8.4%
남성	1.8%	0.9%	1.2%	1.5%

미군의 성폭력 특징을 살펴보면 원하지 않은 성적 접촉을 했다는 응답자 중에는 구강성교, 항문성교, 질 성교 등의 성폭력을 경험한 것으로 조사되었다. 성폭력이 발생한 장소는 67%가 군내 시설에서 일어났고, 성폭력이 발생한 시

간은 41%가 근무시간에 발생한 것으로 분석되었다.

성폭력 가해자는 94%는 남성 군인이었고, 1%는 여성 군인으로 조사되었다. 가장 높은 빈도의 가해자는 같은 부대 동료(57%), 다른 부대동료(40%), 지휘계통에 있지 않은 상급자(38%), 지휘계통에 있는 상급자(25%) 순으로 나타났다. 원하지 않는 성적 접촉의 50%는 가해자가 강압적인 힘을 사용한 것으로 분석되었다. 대략 17%는 협박을 경험했으며, 12%정도는 동의하지 않으면 죽이겠다는 말까지 들은 것으로 조사되었다.

2. 우리나라 여군의 성폭력사례

우리 군에서 실제 발생했던 사례를 중심으로 여군 성폭력에 대한 유형을 살펴보겠다. 여군 성폭력은 계급 구조를 기준으로 가해자가 상관인 경우와 동료와 부하(하급자)인 경우가 동시에 존재한다.

【사례 1】 가해자가 상관인 경우

(1) 2001년 1월 OO부대 K사단장이 부하 여군 장교를 약 6개월간 집무실 등에서 수차례 성추행함.
(2) 2003년 7월 OO부대 병원장인 군의관 중령이 여군 간호장교를 회식 장소인 부대 인근 노래방에서 강제로 껴안은 채 입을 맞추는 등 성추행함.
(3) 2004년 6월 OO부대 군악대 소령이 소속부대 간부들과 회식 후, 인근 찜질방으로 자리를 옮겨 잠을 자던 중 부하 여군부사관(하사)의 가슴을 더듬는 등 성추행함.
(4) 2014년 8월과 9월 사이에 OO부대 A사단장이 다섯 차례에 걸쳐 부하인 여군 부 사관을 성추행함. A사단장은 피해 여군이 이전에 같은 사단의 타 부대에서 성추행 을 당한 사실을 확인하고 이를 격려한다는 명목으로 자신의 집무실에 불러들인 뒤 얼굴에 입을 맞추는 등 성추행한 것으로 밝혀짐.
(5) 2014년 연말부터 2015년 1월 초까지 OO부대 B여단장은 자신의 공관으로 여군부사관을 불러 수차례 성폭행함.

【사례 1】의 유형은 상관인 남성 간부가 부하인 여군에게 행하는 전형적인 성

폭력 사례로 가장 높은 비율을 보이는 유형이다. 이는 상명하복의 엄격한 위계질서를 이용한 성폭력으로 가해자는 공적인 업무와 무관한 상황에서 자신의 우월적인 권력과 지위를 이용하고 있음을 알 수 있다. 이 같은 경우에는 피해자 여군의 단호한 거부와 저항을 하기가 어려우며, 성폭력 피해를 당한 후 상관을 상대로 문제제기를 하는 것도 어렵다.

그 이유는 성폭력 피해를 당했다는 개인의 불명예는 물론 피해자 자신의 군생활이 곤란해질 것 같은 우려를 하기 때문이다. 또한 신고를 하거나 다른 방법으로 문제제기를 할 경우 성폭력 가해자가 같은 부대 상관인 관계로 여러 방법을 동원해 이를 무마시키기 때문이다.

【사례 2】 가해자가 동료 / 부하인 경우

(1) 2001년 6월 OO부대 장교 중위가 전역하기 전 회식을 마치고 취기상태로 복귀한 동료 여군 숙소에 들어가 강간함.
(2) 2004년 8월 OO부대 여군과 사귀는 남군이 음주 후 여군 3명이 거주하는 독신숙소에서 취침 중인 여군을 성폭행함.
(3) 2013년 5월 OO사관학교에서 선배 생도가 축제기간 중 술에 취해 후배 여자 생도를 생활관에서 성폭행함.
(4) 2003년 6월 OO부대 병장이 새벽에 텐트 안에서 혼자 잠을 자던 여군 장교 대위의 배를 만지는 등 성추행함.

【사례 2】의 가해자가 동료인 경우에는 남군이 동일 기수의 여군에게 행하는 성폭력에 해당한다. 실무부대뿐만 아니라 양성교육 및 보수교육을 담당하는 군 학교기관에서 자주 발생하는 유형이다.

실제 나타나는 사례를 보면 음주를 동반한 회식 이후에 일어나는 경우가 다수를 차지하고 있다. 이러한 유형의 성폭력 사건이 발생하는 경우 학교기관에서는 가해자가 교육을 받고 있는 점을 고려하여 강력한 징계 처벌과 전역 등의 인사 조치를 취한다.

【사례 2】의 경우에는 부하 또는 하급자인 남군이 오히려 상관인 여군에게 행하는 하극상의 성폭력도 포함되어 있다. 이 유형은 가해자가 자신의 상관인 여군 간부의 계급과 지위를 무시한 하나의 하극상에 해당한다. 이 같은 사건

이 일어나는 이유는 단지 여군을 성적인 존재로만 보는 전형적인 성가치관의 왜곡에서 나타나는 사례에 해당한다.

여군 동성 간 발생하는 성폭력은 대체로 상관인 여군이 부하 여군을 상대로 이루어지는 유형이다. 군대는 동성의 여성 간에도 성추행이 일어날 수 있는 계급구조로 되어 있어 여군 동성간 성추행 사례가 발생하고 있다.

【사례 3】 가해자가 동성의 동료인 경우

2003년 OO부대 여군 부사관(하사)이 소속 부대 생활관 등지에서 후배 여군의 가슴과 허벅지를 만지고, 병사들 앞에서 후배 하사의 바지를 위로 당겨 올려 옷이 엉덩이 사이에 끼게 하는 등 수회에 걸쳐 성추행을 함.

3. 군 성폭력의 특징

1) 여군 성폭력의 특징

여군에 대한 성폭력은 평소 얼굴을 잘 아는 가까운 남군에게서 저질러진다는 특징이 있다. 방정한 품행과 자기통제를 잘하는 여군에게까지 성폭력이 발생하는 것은 남군의 왜곡된 성의식에서 그 원인을 찾아볼 수 있다.

여군 성폭력이 근절되지 않고 계속 발생하는 근본적인 이유는 가해자가 성폭력을 범죄행위로 인식하지 않고, 일탈행위 정도로만 이해하고 있기 때문이며, 왜곡된 성적 가치관이 주요 원인으로 지목 되고 있다.

(1) 발생시간과 장소

여군 성폭력이 발생한 사례를 살펴보면 피해 여군의 연령이 주로 20대 미혼의 초급 간부임을 알 수 있다. 반면, 가해자는 피해 여군에 비해 대체로 연령이 높은 30~50대 계층의 기혼자인 경우가 대부분이다.

이렇게 가해자의 연령이 많은 상태에서 나이가 훨씬 어린 여군을 성폭행하는 이유는 왜곡된 성의식 때문이다. 또한 가해자의 다수가 직속상관에게서 저질러지는 것은 상관의 요구를 거부하기 힘든 위계적인 군대문화의 특성 때문이다. 여군 성폭력이 발생하는 장소는 집무실이나 사무실, 음식점, 노래방 등 장소를 구분하지 않고 일어난다.

일부 사례에서는 공적인 업무시간에도 발생하였고, 일과 후에는 공관에까지 불러 자행되는 등 시간대를 불문하고 일어난다. 술이 동반되는 회식이나 야간에 주로 발생하고 일과 후 또는 휴일 등 사적인 시간에도 발생하고 있다.

(2) 신고의 두려움

2001년 발생한 ㅇㅇ부대 사단장 K소장의 성폭력 사건을 살펴보면 상관의 계급과 지휘관의 권위에 위축되어 피해 여군이 신고하지 않았다면 공론화되기 어려운 사건이었다. 일반적으로 여군 성폭력은 피해를 입었음도 불구하고 오히려 제재가 두려워 신고하지 못하는 경우가 있다.

설령 성폭력을 당한 여군이 문제를 제기한다고 하더라도 오히려 인사상의 불이익을 받는 경우가 많아 그냥 가슴에 묻어두고 생활한다. 성폭력 신고를 기피하는 또 다른 이유는 같은 부대에 근무하는 동료들로부터 부대 분위기를 흐린다는 이유로 집단 따돌림이나 배척을 당하기 때문이다.

성폭력 피해신고 절차와 방법이 현실적이지 못한 이유도 성폭력이 근절되지 않는 하나의 원인이 되고 있다. 가해자에 대한 미온적인 처리도 신고를 기피하게 하는 원인으로 작용하고 있다.

(3) 소극적인 대처

여군 성폭력은 피해 여군의 거부의사 표현과 물리적인 저항 등 적극적인 대처보다는 소극적으로 대응하는 경향이 있다. 그 이유는 초급간부라는 낮은 지위와 동일한 같은 부대에 근무하고 있다는 특수성, 거부할 경우 근무평정과 장기복무, 진급에 불이익을 받을 수 있다는 두려움 때문이다.

가해자가 상관인 경우에는 피해 여군이 문제를 제기할 경우 자신의 지휘권으로 방어함은 물론, 오히려 문제를 제기한 여군을 명예훼손으로 고소하여 곤경에 빠뜨리기도 한다. 성폭력 사건을 신속하게 신고하거나 사건화하지 못하는 또 다른 이유는 사법기관을 신뢰하지 못하기 때문이다. 군 사법기관의 성폭력 사건에 대한 조사나 사건처리가 명확하지 않고 처벌도 강력하게 이루어지지 않기 때문이다.

(4) 성폭력 근절의지 부족

여군 성폭력 예방의 최종 책임자는 각급 부대 지휘관과 참모들이다. 대체로 이들은 성 윤리의식과 성인지력을 기반으로 여군 성폭력에 대한 근절의지가 확고하게 서 있으나 일부 성가치관과 성의식이 잘못된 간부에 의해 자행된다. 여군 성폭력의 가해자로 지목된 간부는 대부분 성 윤리의식과 성폭력 근절의지가 약하게 나타나는 특징이 있다.

군은 위계문화적인 특성이 있는 조직이다. 상급자가 언행일치의 모범적인 행동을 하면 그 조직에 속한 부하는 자연스레 상급자를 따라 솔선수범적인 행동을 한다. 이러한 의미에서 성폭력 근절에 대한 위로부터의 솔선수범은 그 어느 때보다도 절실히 필요한 실정이다.

(5) 비효율적인 교육

부대 성교육을 담당하는 간부 중에는 단순히 성추행과 성희롱을 하지 말라는 식으로 단편적인 교육을 실시하는 경향이 있다. 이러한 교육은 성교육 대상자에게 성폭력에 대한 심각성과 문제의식을 제대로 인식시켜 주지 못하는 결과를 초래한다.

성은 본능적인 욕구와 충동으로 발생하는 경향이 있어 큰 처벌이 주어진다 해도 반복적으로 자행되는 특징이 있다. 그렇기 때문에 이를 예방하는 성교육 방법은 구체적 사례를 포함한 체계적인 방법으로 이루어져야 한다.

2) 남군 성폭력의 특징

군대는 힘, 권력, 서열과 같은 요소가 선망의 대상이 되고 이를 달성하기 위한 행동이 실천되는 장소다. 가장 전통적인 남성 중심의 공간이며 특유의 남성성이 고양되는 곳이기도 하다. 이러한 군대의 기본 속성인 서열과 위계, 남성 중심의 힘의 구조를 고려하면 남성간 성폭력이 발생될 여지가 충분하게 잠재되어 있다.

특히, 신세대의 젊은 장병은 20대 초반의 나이로 성욕이 왕성한 시기이다. 그러나 그들이 생활하는 병영환경은 이러한 욕구를 다양한 방법으로 해소할 수 있는 문화적인 콘텐츠가 미흡한 것이 현실이다. 남군 성폭력이 발생하는 원인은 대체로 다음과 같다.

(1) 남성성 과시욕구

군대는 힘센 남성성의 이미지가 격려되는 곳이다. 그래서 그에 부합하지 못하는 왜소한 남성성을 가진 장병은 심리적으로 위축된 행동을 한다. 이러한 남성성의 우열 경쟁은 남성성의 기준에 못 미치는 사람을 벌함으로써 자신의 힘을 과시하고 확인하려는 특징이 있다. 왜소한 남성성의 동료를 여성화시킴으로써 자신의 우월한 남성 지위를 확보하려고 한다.

군대는 이러한 남성성이 위계를 유지하는 데 유리하게 작용하는 곳이다. 결국 군대에서 발생하는 남성 간 이루어지는 성폭력은 군대 조직의 위계질서를 강화하고, 자신의 힘센 남성성을 확인하려는 심리가 작동하여 나타나는 현상으로 볼 수 있다.

(2) 권력적 지배욕구

남성 군인 간 발생하는 성폭력은 성적욕구 때문이 아닌 권력적 지배 욕구를 그 원인으로 지목한다. 모욕과 수치심을 주어 자신의 힘센 권력을 과시하고 행사하려는 권력적인 지배욕구에서 비롯된다.

규율과 통제가 강한 교도소에서 동성 간 성폭력이 더 많이 자주 발생하는 이유는 이러한 권력적 지배욕구 때문으로 분석하고 있다. 한편, 자신이 지닌 힘 있는 권력과 지위를 잃어버린 무기력한 상실감도 남성 간 성폭력이 발생하는 이유가 된다.

심리적 무력감은 역설적이게도 힘 있는 인간으로 살아가게 하는 동기와 자신의 존재가치를 높이려는 강한 본능을 유발하는 특징이 있는데, 이러한 욕구

유발이 남성 성폭력으로 이어진다(Human et al., 2001).

(3) 폭력적 통제욕구

여성이나 남성에 대한 구타 경험이 성폭력과 유의미한 관계가 있다고 설명되기도 한다. 타인을 구타한 경험이 많은 남성에게서 강간과 성폭력을 가한 경험이 더 많다는 연구결과와도 맥을 같이 한다(심윤기 외, 2020).

이렇게 대인폭력과 성폭력은 서로 다른 형태의 폭력이지만 공통적으로 타인에 대한 통제욕구에서 발생하는 경향이 있다. 결국 위계질서가 강하고, 폭력이나 가혹행위가 많이 일어나는 조직일수록 남성 성폭력이 더 많이 발생할 가능성이 있음을 시사한다.

군대내 남군 간 이루어지는 성폭력을 근절하기 위해서는 무엇보다 의식전환이 필요하다. 군대의 건강한 성문화를 정착시키기 위해서는 기존 남성 중심의 성인식에 대한 변화가 이루어져야 한다. 잘못된 군대 성문화에 대한 분명한 문제 제기와 성문화 혁신을 위한 다양한 공론화의 과정이 동시에 이루어질 필요가 있다.

남군 동성 간 친밀감에서 이루어지고 장난삼아 이루어지는 성기 만지기, 포옹, 언어적 성희롱 등의 행위에 대해서는 보다 엄격한 처벌기준이 마련될 필요가 있다. 상대방에게 불쾌감과 성적 수치심을 주는 행위는 그것이 크고 작음 또는 횟수가 많고 적음을 불문하고 이 모두가 성폭력이라는 인식이 고취되도록 지속적인 교육이 이루어져야 한다.

4. 군 성폭력 상담전략

군 성폭력상담은 성에 대한 장병의 생각과 가치관을 점검하고 성 군기 위반 사고를 방지하며, 성에 대한 새로운 인식을 확립하는 과정이다. 성과 관련한 심적 어려움을 해소하여 복무적응을 도우며, 성적인 책임감이 높은 장병으로 성장하도록 조력하는 절차로 이루어진다.

단순히 성폭력 사건만 다루는 것이 아니라 다른 정서적인 문제로 기인되어 발생하는 성의 제반 문제를 점검한다. 성과 관련한 장병의 문제는 성폭력 피해, 성폭력 가해, 성 정체성, 임신, 성병, 성 관련 미디어 과다접촉에 이르기까지 다양하다.

이러한 문제는 단순한 성 지식과 성에 관한 정보를 제공하여 쉽게 해결하는 경우가 있지만, 심리적인 문제가 동반되어 전문적인 상담과 치료를 받아야 하는 경우가 동시에 존재한다. 군에서는 성폭력 가해자 상담이 이루어지지 않는다. 군 수사기관에서 범죄 수사 위주로 진행되는 것이 일반적인데, 성폭력 가해자로 지목된 자는 곧바로 격리되어 법적처벌 절차를 밟는다.

만약 장난에 의한 성희롱과 같이 다소 경미한 경우에는 징계처리와 함께 성교육을 실시하고 끝내기도 한다. 본 장에서는 성과 관련된 문제를 해결하는 다양한 방법을 수록하는데 한계가 있어 성폭력 피해자 상담절차 위주로 다루고자 한다.

1. 상담절차

성폭력 피해자는 공통적으로 불안과 두려움을 느끼고 분노와 죄책감이 뒤엉킨 혼란한 상태에 놓인다. 따라서 상담관은 이러한 성폭력 피해자를 진심으로 위로하고 그가 하는 이야기를 적극적으로 경청하는 자세가 필요하다.

성폭력 피해자의 정서적 고통에 대한 공감과 지지를 통해 피해자 자신에 대한 자아개념이 손상되지 않도록 최대한 보호와 안정감이 느껴지도록 하는 것이 중요하다(김동일 등, 2014).

1) 초기단계

성폭력 상담의 초기과정에서는 일반상담 절차와 같이 성폭력 피해자와 신뢰관계를 형성하며, 피해자가 가장 불안하고 염려하는 비밀보장에 대한 이야기를 나눈다. 성폭력을 당했을 때의 심적 고통은 적극적 경청과 따뜻한 공감적 이해를 통해 해소되도록 조력한다. 성폭력과 관련한 심적 고통이 장기적으로 피해자에게 미칠 영향에 대해 이야기함으로서 상담에 적극 임하도록 안내한다(천성문 등, 2006).

상담 초기에 성폭력 피해자가 자신의 문제를 이야기할 때 성고충상담관은 이야기 속에 내재된 피해자의 기대가 무엇인지 파악할 수 있어야 한다. 피해자 스스로 문제의 원인이 무엇이라고 생각하는지, 문제를 해결하기 위해 스스로 어떤 노력을 해 왔는지 등에 대한 깊은 대화를 나눈다.

피해자의 성인지력이나 성지식, 성가치관을 탐색하며, 성폭력과 관련한 문제를 해결할 수 있는 심리적 강점과 자원을 탐색하는데 주 노력을 기울인다. 성폭력 피해자와의 신뢰관계를 형성하고 피해자의 고충을 정확히 파악하면 상담관은 피해자와 함께 상담목표를 수립한다.

성폭력 사건으로 심리적 안정을 찾기 힘들고, 피해 증상이 심해 정신적으로 혼란한 상태일 경우에는 상담목표를 수립하는데 많은 어려움이 발생한다. 이러한 경우에는 성고충상담관이 상담목표를 제안하되 최종적인 대안 선택은 피해자가 하도록 조력한다.

(1) 신뢰관계 형성

성폭력상담 초기에는 성고충상담관과 성폭력 피해자의 신뢰관계 형성이 중요하다. 상담관은 적극적인 경청과 따뜻하고 진실한 공감을 통해 돈독한 신뢰관계가 형성되도록 힘쓴다. 성폭력 피해자는 두렵고 불안한 상태에 있어 성고충상담관의 친절하고 따뜻한 모습은 피해자의 심리적 안정에 기여한다.

성폭력 피해자의 이야기는 대부분 민감한 내용들이 많다. 여기에 더하여 성폭력 사실이 남에게 알려지지 않을까 하는 염려와 걱정을 많이 한다. 그러므로 성고충상담관은 상담비밀보장의 확고한 약속으로 피해자의 불안을 제거할 수 있어야 한다.

(2) 고립감 해소

성폭행을 경험한 이후에는 그 누구든 정상적인 인간관계 형성이 어렵다. 성폭행의 피해로 PTSD 증상을 겪고 있는 경우에는 감정이 무감각하게 변하고, 의미 있고 가치 있게 느껴졌던 일들이 관심에서 멀어지며, 매사에 흥미를 잃는다. 뿐만 아니라, 스스로 자신을 보호하지 못했다는 자책감으로 원만한 인간관계를 유지하지 못해 동료들로부터 고립되기도 한다.

군대생활에서 대인관계가 원만하지 못하면 복무적응이 더욱 힘들어지는데 그 이유는 상하관계를 중심으로 이루어진 군 공동체이기 때문이다. 따라서 성고충상담관은 성폭력 피해자가 대인관계에서 고립되지 않도록 안내하고 군대생활의 의미를 새롭게 찾아가도록 도움을 주어야 한다.

(3) 감정정화

성폭력 피해자의 마음에는 성폭력에 대한 부정적인 감정의 응어리가 쌓여 있는 상태다. 그래서 상처받은 감정의 응어리를 쏟아 내도록 하는 것이 무엇보다 중요한데 그 방법은 여러 가지가 있다. 그중에서도 분노를 표출하도록 안내하는 방법이 효과적이다.

분노는 피해자의 억압된 감정으로부터 해방되려고 하는 자연스러운 반응이다. 성폭력이 발생하기 이전의 기능으로 돌아가려는 건강한 모습이며, 자신을 안전하게 지키려는 보호수단의 반응이다. 성고충상담관은 성폭력 피해자의 분노를 충분히 드러내면서 피해자가 성폭력 문제에 직면하도록 한다.

성폭력 피해자에게는 힘들고 고통스러운 일이겠지만 분노를 포함한 자신의 부정적 감정을 드러내면 스스로 행동할 수 있는 기회를 만들 수 있다. 뿐만 아니라 확장된 자기노출과 자기개방의 효과를 가져와 피해자가 지닌 무력감을 물리치고 자신감 고취가 가능하다.

감정정화의 방법은 빈 의자 기법, 분노와 슬픔의 그림그리기, 편지쓰기 등 다양하다. 이러한 방법은 상담 초기단계에서만 이루어져서는 적절치 않으며, 상담을 종결하는 시기에 이르기까지 지속적으로 이루어지도록 하는 것이 바람직하다.

2) 중간단계

성폭력 상담의 중간단계에서는 상담초기에 세운 상담목표를 해결하기 위하여 성폭력 피해 사실에 조심스럽게 접근한다. 성폭력 피해를 당한 장면을 구체적으로 연상하는 등 문제해결을 위한 개입을 집중적으로 다룬다. 그러나 성폭력 피해자는 성폭력을 당한 심리적 고통과 혼란 등으로 자신이 겪은 사건을 회상하지 않고 침묵하는 경향을 보인다(천성문 등, 2006). 성폭력 상담의 중간단계에서 이루어지는 과업은 주로 다음과 같다.

(1) 성폭력 사건의 회상

성폭력 상담은 피해자로 하여금 자신의 상처를 돌아보도록 하는 것으로부터 출발한다. 피해자의 성폭력에 대한 기억을 회상하는 것은 결코 쉬운 문제가 아니다. 큰 결단과 용기가 필요한 과정이다. 성폭력 사건의 회상으로 아픈 과거의 상처가 재현되는 느낌을 받기 때문이다.

성폭력 피해자가 성폭력 당시의 상황을 회상할 때 단편적으로만 기억하는 것도 이와 무관치 않다. 성폭력 사건을 돌아보게 하는 방법은 사건 이전에 살았던 개인 삶의 이야기를 나누는 것으로부터 시작하는 것이 적절하다. 그런 다음, 서서히 성폭력에 대한 상황을 이야기하고, 피해자의 상처나 기억을 글로 써 보게 한다든지 혹은 그림을 그리게 하는 방법을 활용한다.

중요한 것은 이러한 방법을 강요하거나 일방적으로 지시하는 것은 결코 바람직하지 않다. 성폭력 피해자가 사건을 회피하지 않고 수용할 때까지 기다린 후 천천히 점진적으로 진행한다.

(2) 문제해결

성폭력의 심리적 문제를 해결하기 위해 피해자에게 질문을 할 때는 가능하면 간결하고 정확해야 한다. 대답하기 쉬운 내용부터 정도를 높여 가며 차근차근 하는 것이 바람직하다. 직속상관에 의해 성폭력을 당한 부하 여군의 경우에는 성폭력과 관련된 이야기를 꺼내기가 더욱 어렵다.

어느 누구에게도 말하지 못하고 오롯이 홀로 아픈 상처를 감당해 오면서 고스란히 가슴에 응어리로 남아 있기 때문이다. 따라서 성고충상담관은 성폭력 피해자의 억눌린 감정을 쏟아내도록 격려하는 등 문제해결을 위한 개입에 집중해야 한다.

만약, 성폭력 피해자에게 훈계를 하거나 비난 혹은 충고를 하게 되면 오히려 피해자는 심한 죄책감을 갖고, 성폭력 사건을 비합리적으로 사고하는 등 상담에 전혀 도움이 되지 않는 방향으로 흘러간다.

(3) 책임의식의 재설정

우리나라의 사회적 분위기는 유교 문화의 영향과 왜곡된 성문화로 성폭력의 책임을 피해자로 몰아가는 특징이 있다. 이 같은 이유로 성폭력 피해자는 대부분 자신의 몸가짐이나 태도가 잘못되어 성폭력을 당했다고 생각하는 경향이 있다.

성폭력이 일어나게 만든 잘못이 자신에게 있다는 죄책감과 자괴감에 빠지는 이유가 여기에 있다. 성고충상담관은 이러한 점을 고려하여 성폭력 피해자의 책임의식을 재설정해야 한다. 성폭력을 야기할 만한 어떤 상황도 만들지 않았다는 점을 피해자에게 분명히 인식시켜야 한다.

피해자의 잘못으로 성폭력 사건이 기인되지 않았다는 점을 주지시키며, 성폭력사건은 피해자의 의지와는 무관하게 가해자의 일방 행동에 의해 벌어진

일임을 강조한다. 성폭력을 당한 것은 피해자의 책임하고는 전혀 상관이 없음을 반복하여 인식시킨다.

3) 종결단계

군에서 이루어지는 상담은 즉각적인 개입과 빠른 해결을 동시에 달성해야 하는 위기개입의 특성이 있다. 성폭력 상담 역시 상담초기에 세운 상담목표가 달성되었다고 판단하면 상담을 종결한다.

그러나 군대의 성폭력 상담이 단기적이고 해결중심적으로 이루어진다고 하더라도 종결과정에 있어서는 점진적으로 이루어지도록 하는 것이 바람직하다. 성폭력 피해자가 겪은 외상과 상처, 분노 등이 어느 수준으로 해결되었는지를 면밀히 확인한 후, 성폭력 피해자의 마음이 비교적 안정되었다고 판단하면 그때 상담을 종결한다.

성폭력 피해자가 마음이 무척 여리거나 군대경험이 비교적 부족한 내담자일 경우에는 더욱 조심스럽게 상담이 종결되어야 한다. 성고충상담관과 의존적인 관계를 유지하고 싶은 내담자일 경우에는 상담관계가 종결되는 경우 상담관에게 버림받았다는 상실감을 느낄 수 있기 때문이다.

CHAPTER 06
군 중독상담

우리는 지금 정보화 시대에 살아가고 있다. 우리가 매일 사용하는 인터넷과 스마트폰 등 다양한 미디어는 정보화 시대의 한 축이 되어 세계화의 핵심적인 위치에 자리하고 있다. 우리 군은 이러한 정보화 시대를 맞이하여 정보화의 혁신과 과학화된 군대로 거듭나기 위해 많은 노력을 기울인다. 그러나 아쉽게도 군 장병들의 인터넷과 스마트폰 중독 예방 및 치료 분야는 아직까지 적절한 대안을 제시하지 못하는 실정이다.

이 장에서는 중독의 일반적인 개념을 먼저 살펴본 후, 장병들의 군 복무에 부정적인 영향을 미치고 있는 인터넷과 스마트폰 중독의 특징을 다루고자 한다. 그다음 인터넷과 스마트폰 중독의 원인을 살펴본 후, 미디어 중독예방 전략을 제시하고자 한다.

1. 중독의 특징과 이론

중독(addiction)의 어원은 자신의 권리를 남에게 양도한다는 것을 의미하는 라틴어 'addicere'에서 유래되었다. 고대에서는 이 용어가 감금되거나 또는 전쟁에서 패한 뒤 노예가 된 사람을 가리키는 말로 사용되기도 하였다. 중독의 사전적 의미는 습관적으로 열중하거나 몰두한다는 뜻으로 부정적, 긍정적 의미를 모두 포함하고 있다.

그동안 중독의 개념은 주로 술, 담배, 마약 등의 물질이 신체에 일으키는 위험 증상에만 국한하여 다루었으나, 최근에는 컴퓨터와 스마트폰 사용에 따른 게임 중독, 방화광의 충동조절 장애 그리고 섹스나 쇼핑과 관련해서도 중독의 개념이 확장되고 있다. 중독에 대한 일반적인 개념과 이론적 배경 등을 좀 더 자세히 살펴보겠다.

1. 중독의 일반적 개념

1) 중독의 특징

중독은 유발되는 동기와 발병 속도, 신체적이고 정서적인 손상 정도와 사회에서 수용되는 정도에 따라 차이가 있지만, 몇 가지 공통적인 특징이 있다.

(1) 내성

내성은 만족감을 느끼기 위해 중독 행위 혹은 집착의 대상을 지속적으로 더 원하거나 필요로 하는 현상을 말한다. 현재 내가 지닌 소유나 행동에 만족하지 못하고 '조금만 더 가질 수 있다면 행복해질 텐데.'라고 주관적으로 느낀다. 일정한 양에 익숙해지면 그 익숙함 때문에 만족감이나 충족감이 사라지고 더 많은 것을 필요로 한다(May, 2007).

(2) 금단증상

금단증상은 중독된 행동을 중단했을 때 나타나는 스트레스 반응 내지는 역행 증상을 말한다. 스트레스는 불안과 짜증에서부터 빠른 맥박과 떨림, 극도의 공포를 동반하는 동요나 두려움에 이르기까지 다양한 증상으로 나타난다. 역행 증상은 중독된 행동 자체가 야기하는 것과 정반대의 증상을 경험하는 것으로 자극제를 끊었을 때 나타나는 무기력증, 우울증, 심한 졸음 등이 그 예다.

(3) 자기기만

자기기만은 자신의 중독된 행동을 지속하지 못하게 하고, 중독된 행동을 제어하려는 모든 시도를 없애기 위한 생각의 창의성을 말한다. 자기기만에는 정신분석에서 말하는 부정, 합리화, 치환 등의 방어기제와 그밖에 다양한 속임수들을 포함한다. 가령, 흡연을 하면 긴장이 해소되어 일을 더 잘할 뿐만 아니라, 대인관계에도 효과적이라고 말하는 경우가 이에 해당한다.

(4) 의지력 상실

의지력 상실은 중독 행동을 제어하기 위한 시도의 실패를 의미한다. 의지의 한 부분은 중독으로부터 해방되기를 원하나, 또 다른 부분은 중독된 행위를 계속하기를 원한다. 중독 행동이 지속되는 이유 중의 하나는 중독으로부터 해방되기를 원하는 의지가 제 기능을 발휘하지 못하기 때문이다.

(5) 주의력 왜곡

주의력 왜곡은 중독물질과 중독행위 외의 다른 일들에 대해서 주의력이 자유롭지 못한 것을 뜻한다. 스마트폰 중독자의 경우에는 온통 주의력이 스마트폰과 관련된 것에만 쏠려 있어 상대적으로 공부에 주의력을 기울이지 못한다.

2) 중독의 유형

- **물질 중독**: 물질 중독은 니코틴, 카페인 등의 약물이나 특정한 음식과 같은 외부의 물질에 중독되는 것을 말한다.

- **행동 중독**: 행동 중독은 사람을 집착하게 만들거나 의존하게 만드는 일련의 활동에 중독되는 것을 말한다. 이러한 행동 중독은 어떤 즐거운 활동에 지나치게 몰두하는 경향이 있어 정상적인 생활유지가 어렵다. 쾌락을 주는 대상이 없이는 제대로 기능할 수 없는 어떤 특별한 경험에 계속 의존하는 모습을 보이는 특징이 나타난다.

- **기술 중독**: 기술 중독은 현대 사회의 영상매체 및 과학기술과 관련이 깊다. 기술 중독은 수동적 중독과 능동적 중독으로 나뉘는데 TV를 보는 행위와 관련된 것을 수동적 중독이라 말하며, 상호작용적인 측면이 있는 컴퓨터 게임이나 인터넷과 관련된 것은 능동적 중독에 해당한다.

2. 중독의 이론적 모델

고대로부터 인간은 중독된 행동을 지속해왔다. 그렇다면 이러한 인간의 중독은 왜 생기는 것일까? 중독의 원인에 대해서는 다양한 의견들이 제시되고 있지만 본서에서는 네 가지 모델을 통해 그 원인을 살펴보도록 하겠다.

1) 심리학적 모델

심리학적 모델은 중독행동이 학습의 결여와 정서적 역기능, 정신병리로부터 발생한다고 설명한다. 이러한 문제 행동은 정신분석 또는 인지행동 기법으로 치료될 수 있다고 여기는데, 이를 제시하면 〈표 6-1〉과 같다.

〈표 6-1〉 심리학적 모델

구 분	내 용
정신분석적 입장	중독은 자아의 취약성을 보상하기 위해 나타난다는 입장이다. 내면의 자아조절 능력을 키우고 통찰을 통해 중독 통제가 가능하다고 주장한다.
행동주의적 입장	중독행동은 학습된 것이라는 입장이다. 어떠한 행동에 보상이 주어지면 중독된다고 주장한다. 중독극복도 학습으로 가능하다고 여긴다.
인지주의적 입장	중독은 비합리적 신념체계로 나타난다는 입장이다. 중독치료를 위해서는 내면의 기저를 이루는 인지 오류의 변화를 통해 가능하다고 주장한다.

2) 질병 모델

질병 모델은 중독을 만성적인 질병으로 규정한다. 이 모델에서는 신체적인 측면을 강조하는데 그 이유는 유전적인 요소가 중독 물질을 남용하게 하고 통제력을 상실하게 하며, 뇌의 신경화학적인 변화와 생리적 의존성이 중독행동을 지속시킨다고 보기 때문이다. 따라서 질병 모델에서 중독자를 질병을 앓는 사람으로 여긴다.

3) 사회문화적 모델

사회문화적 모델에서는 중독 행동을 유발시키는 요인을 사회화 과정과 문화적 환경에서 찾는다. 경제적 지위와 문화적 신념, 중독 접근의 용이성, 중독 행동을 규제하는 법적 처벌과 가정 및 부모 등이 중독 행동에 영향을 미친다고 여긴다.

따라서 이 모델은 중독행동이 가족과 집단 및 지역 사회와의 상호작용에서 비롯된 것으로 보기 때문에 변화를 위해서는 새로운 사회와 가족 관계 그리고 사회적 능력과 기술의 발달이 필요하다고 주장한다.

4) 도덕적 모델

도덕적 모델에서는 중독을 도덕적, 법적 규범을 어기는 일련의 비도덕적인 행위로 규정한다. 중독자는 비도덕적이며 자기규율과 자기 통제가 부족한 사람이라서 변화를 위해서는 처벌과 구금이 필요하다고 말한다. 도덕적 모델에서는 중독자의 도덕적이고 실존적인 책임을 강조한다.

2. 인터넷 중독의 특징

인터넷 중독이라는 용어는 골드버그(Goldberg, 1996)가 최초로 사용하였다. 이후 미국심리학회에서 인터넷 중독척도를 발표할 당시 인터넷 중독이라는 용어를 사용하기도 하였으나, 아직까지 용어사용에 대한 공식적인 합의는 이루어지지 않은 상태다.

인터넷 중독과 유사한 다른 명칭으로는 사이버 중독, 인터넷 증후군, 인터넷 의존, 인터넷 질환, 인터넷 남용, 웨바홀리즘(webaholism), 가상 중독, 기술적 중독, 컴퓨터 중독 등으로 지칭되기도 한다.

1. 인터넷 중독의 원인

인터넷 중독의 원인은 사이버 특성과 성격적인 특성, 사회문화적 특성의 원인으로 설명한다.

1) 사이버의 특성

(1) 자유와 익명의 공간

인터넷 공간에서는 익명성으로 자신의 신분을 밝히지 않고 자유롭게 자신을 표현할 수 있다. 현실과 달리 사회규범에 얽매이지 않고 현실의 억압에서 탈피하여 환경을 통제하며 원하는 바를 자유롭게 누릴 수 있다. 이러한 자유로운 특성이 인터넷 중독을 일으킨다.

(2) 새로운 자아의 공간

인터넷 공간에서는 성, 연령, 계층, 신분 등이 중요하지 않다. 남자가 여자로 변할 수 있고 여자가 남자로 변할 수 있다. 얌전한 사람이 공격적인 사람이 될 수도 있고, 약자가 강자가 되기도 하며 용감한 사람으로 변하기도 한다. 이러한 새로운 인격과 자아 형성이 가능하여 인터넷 중독을 일으킨다.

(3) 대인관계의 공간

인터넷 공간에서는 네트워크를 통해 많은 사람들이 의사소통을 하고 친밀감과 유대감을 형성한다. 현실공간에서 소외되었던 사람들이 관심을 공유하는 사람과 만나 정서적 유대감을 형성하고 마음의 지지와 위안을 받는다. 자기 자신과 타인에 대한 지각을 극대화시켜 자기와 타인의 관계가 이전보다 잘 유지된다고 인식하게 만든다. 이러한 과도한 각성 상태를 추구하여 인터넷 중독이 이루어진다.

(4) 욕구 충족의 공간

인터넷 공간에서는 현실에서 충족하지 못한 통제력, 지배 욕구, 대인관계 욕구 등을 충족할 수 있다. 그 밖에도 기분 전환, 재미, 호기심 충족, 성적인 만족 등을 얻을 수 있으며, 이러한 다양한 욕구 충족과 심리적인 보상 경험이 인터넷 중독에 영향을 미친다.

2) 개인적 특성

인터넷 중독에 빠지는 개인적 특성에 대해 영(Young, 1998)은 다음과 같이 설명하고 있다.

첫째, 인터넷 중독이 있는 사람들의 우울 성향을 조사한 결과 인터넷 중독자의 대부분이 우울증 경력이 있는 것으로 나타났다. 이는 우울증과 내향적인 성격을 지닌 사람이 인터넷에 중독될 확률이 더 높다는 것을 말해준다.

둘째, 높은 사회적 불안이다. 사회적 불안이 높은 사람은 다른 사람의 관심을 끌게 되는 상황이 발생하면 불안이나 신경증과 같은 강한 정서적 반응을 보인다. 다른 사람의 평가에 대해 지나치게 염려하는 사람도 마찬가지다. 이러한 사람들은 사이버 공간에서 자신을 드러낼 필요 없이 다른 사람과 관계를 형성할 수 있어 쉽게 인터넷에 중독된다.

셋째, 낮은 자아존중감이다. 자아존중감이 낮은 사람은 자신을 공개하지 않아도 되는 사이버 공간에서 이상적인 자아 형성이 가능해 현실에서 충족되지 못했던 여러 가지 심리적인 욕구를 채우며 중독으로 이어진다.

넷째, 문제해결능력의 부족이다. 중독자는 비중독자보다 문제해결능력이 더 낮은 것으로 보고되고 있다. 게임에 중독된 집단의 경우에는 중독되지 않은 집단에 비해 사회적인 문제해결능력에서 더 부정적인 평가를 받고 있으며, 실제 문제 상황에서의 해결능력도 낮은 것으로 보고되고 있다.

다섯째, 왜곡된 인지적 특성이다. 인터넷 중독자는 일반 사람들보다 부정적인 일이 일어날 것을 더 확장해서 생각하는 경향이 있다. 이들은 과일반화, 이분법적 사고, 부정적 사건의 극대화, 선택적 추상과 같이 왜곡된 인지를 보인다. 정확한 귀인을 하는 데 실패하고 자신을 강화하기보다는 처벌하는 경향이 높게 나타난다. 중독자들은 이러한 왜곡된 인지로 생기는 불편한 감정을 피하기 위하여 가상공간을 찾으며 그 결과 쉽게 중독으로 이어진다.

3) 사회문화적 특성의 원인

인터넷 중독은 다음과 같이 사회문화적 특성이 영향을 미친다.

첫째, 건전한 놀이문화 및 가족과의 여가활동 부족이다. 대다수 군 장병은 군에 입대하기 전 입시 위주의 교육으로 가족과의 관계는 물론이고 과중한 학업에 억눌려 하루의 대부분을 공부하는 데 보냈을 가능성이 있다. 그래서 휴가나 외출 · 외박 시에는 특별히 여가를 즐기는 방법을 잘 몰라 위병소를 나오자마자 인근 PC방에서 인터넷을 하기도 한다. 군 생활에서 지친 마음의 위로를 얻기 위하여 군 생활 동안 받은 스트레스를 해소하기 위해 휴가 기간 내내 인터넷에 몰입되어 있기도 한다.

둘째, 인간 존중과 유대감이 약화된 사회문화적 환경이다. 우리가 살고 있는 현대 사회는 다양한 변화를 특징으로 한다. 세계화에 따른 지역 공동체 사회의 혼란, 가족의 붕괴, 환경오염 등 많은 사회문화적인 변화가 일어나며, 이러한 급속한 변화를 겪어야 하는 현대인은 많은 스트레스를 경험한다. 이렇듯 급변하는 적응적 요구에 반해 자신의 삶에 만족감이 없다고 느끼거나 혹은 다른 사람과의 친밀한 유대감이 없을 때, 자기 확신이 없거나 희망이 상실되었을 때 중독에 빠진다.

셋째, 건전한 사회문화의 결핍이다. 우리 사회는 적절한 통제력을 키워주는 양육 문화가 바람직하지 못할 뿐만 아니라, 외부적으로도 적절한 수준의 통제력이 발휘되지 못하는 문화 속에서 살아가고 있다. 전통적인 가치문화는 대부분 사라지고, 그렇다고 서구적인 민주주의나 개인 존중의 가치문화 역시 확고하게 자리잡지 못한 상태이다. 이렇게 사회문화적인 결핍은 인터넷 중독에 큰 영향을 미친다.

2. 인터넷 중독의 유형

인터넷 중독에 대한 구분은 학자들마다 다르게 제시하고 있으나 영(Young, 1996)이 제시한 유형은 〈표 6-2〉와 같다.

〈표 6-2〉 인터넷 중독의 유형

구 분	내 용
사이버게임 중독	컴퓨터 게임이나 새로운 프로그램에 몰두하는 것
사이버채팅 중독	가족이나 친구보다 대화방에서 만난 사람과 더 친하게 교제하는 것
사이버섹스 중독	성인 채팅룸에서 만난 상대와 온라인 섹스 혹은 폰 섹스 등을 하는 것
사이버거래 중독	온라인 도박이나 경매, 거래 등에 몰두하는 것

1) 사이버게임 중독

(1) 중독의 증상

게임 중독에 빠진 사람들은 일상생활을 정상적으로 하지 못하고, 매일 4~5시간 이상 혹은 심하면 밤을 새우기도 한다. 수면 부족으로 낮에 졸거나 일에 집중하지 못한다. 학생인 경우에는 수업시간 중에 학교를 빠져나가 게임을 하기도 한다. 당연히 성적이 떨어지고 이전에 재미있어 하던 취미활동에서 흥미를 잃기도 한다. 게임을 통제하는 부모와의 갈등도 많아지며 부모에게 반항하고 화를 잘 내는 등 자기조절능력을 잃기도 한다.

(2) 중독의 원인

사이버게임 중독의 원인으로는 게임 자체의 특성과 게이머의 심리적인 부분으로 나누어 설명이 가능하다. 게임 자체의 특성으로는 스토리 전개가 무한하고 가상의 공동체 형성이 가능하다. 게이머의 심리적인 측면에서는 대리만족과 인정을 느끼게 한다. 스트레스로부터도 회피할 수 있게 하고 주인공이 되어 통제력과 성취감을 느끼게 해 주어 쉽게 중독에 이른다.

(3) 중독의 영향

사이버게임 중독은 지나친 경쟁을 유발하고 게임의 폭력성에 노출되어 범죄를 유발하기도 한다. 대인관계를 약화시키고 신체건강에도 해로운 영향을 준다. 군에 입대한 장병들 중 일부는 입대 전 사이버 게임에 중독된 자들도 있다. 이들은 일반 장병에 비해 군 복무적응에 취약한 것으로 조사되고 있다.

2) 사이버채팅 중독

(1) 중독의 증상

사이버채팅에 빠진 사람은 아침에 일어나자마자 메일을 확인하고 자신이 즐겨 찾는 대화방이나 동호회를 검색한다. 컴퓨터 앞에 앉아 사이버상의 사람들과 인사를 나누고, 일상에 대해 이야기하다 보면 어느새 시간이 훌쩍 지나가 해야 할 일들을 하지 못한다.

학업과 가사, 육아, 일상적인 업무뿐만 아니라 실제 사회활동도 감소하며, 고립감과 외로움을 경험한다. 이들은 공통적으로 채팅이나 동호회에 집착하며 심리적 지지와 소속감을 추구하려는 특징이 나타나고있다.

(2) 중독의 원인과 영향

사이버채팅 중독의 원인으로는 사이버 속의 사람으로부터 심리적인 지지를 얻고 대인관계의 다양한 욕구를 채우려 하기 때문이다. 이상적 자아를 재형성하는 욕구를 충족하고, 기분이 전환되는 느낌을 받아 쉽게 중독에 이른다. 이러한 중독은 자신의 성격을 거짓 조작하거나 은폐함으로써 자신의 정체성을 상실하고 현실세계에서 고립되며 감정조절능력까지도 감소한다.

3) 사이버섹스 중독

사이버섹스 중독이란 사이버 공간에서 음란물을 보고 성인 채팅방을 통해 사이버섹스에 몰입하는 것을 말한다. 사이버섹스에 몰입하는 사람은 공통적으로 온라인상의 관계가 너무 흥분되고 환상적이라서 채팅방을 통해 반복적으로 사이버섹스를 한다. 사이버상에서 성관계뿐만 아니라 음란물이나 포르노에 지나치게 집착하는 것도 사이버섹스 중독에 해당한다.

채팅방에서는 음란한 대화를 글로 나누는 컴섹(음란 채팅)과 실제로 성관계를 맺기 위해 상대를 찾는 번섹(번개 섹스)이 있다. 컴퓨터에 부착된 디지털카

메라를 통해 성행위 장면을 서로 보여주며 사이버 섹스를 하는 화상채팅을 하기도 한다.

(1) 음란 사이트 현황

성인 사이트의 일부 업체는 메일 주소를 전문으로 수집하는 프로그램이나 대행업체를 통해서 성관계 동영상이나 자극적인 사진, 사이트 소개 광고 메일 등을 발송하며, 나체 사진에서부터 변태행위, 아동 포르노와 같은 불법적인 정보를 발송하기도 한다.

어떤 경우에는 이러한 사진을 클릭하면 바로 해당 사이트 회원으로 등록되도록 연결해 놓은 곳도 있다. 통상 대부분의 성인 사이트는 사람들을 유인하기 위한 몇 가지 자료를 무료로 제공한다. 그 후 자극적이고 야한 사진은 정식 회원으로 등록한 후에 볼 수 있도록 만들어 놓고 있다.

(2) 발달 단계

사이버섹스는 성적인 욕구를 충족하기 위해서 가상공간에서 성적인 대화를 나누거나 성관계를 맺는 것을 말한다. 사이버 관계가 이루어지는 과정은 메일을 주고받는 단계부터 시작하여 사이버 공간에서 섹스를 한 다음, 그 후 실제로 만나 성관계를 맺는 등 점진적으로 이루어지는데 그 과정은 다음과 같다.

- 채팅방이나 게임 그룹에서 처음 만난다.
- 메일과 쪽지로 연락하며 사이버 연애를 시작한다.
- 서로 만날 시간을 계획하거나 둘만의 방에서 자주 대화를 한다.
- 더욱 은밀한 대화를 나눈다.
- 오르가즘에 도달하기 위해 사이버 섹스를 한다.
- 전화 연락을 하고 폰 섹스를 한다.
- 실제로 만나 성관계를 맺는다.

(3) 중독의 원인

사이버섹스는 안전하고 편리하며 새로운 성적 자극을 추구할 수 있어 쉽게 중독으로 이어진다. 심리적 긴장과 스트레스에서 벗어나게 해주며 성적인 욕구를 표현할 수 있을 뿐만 아니라, 그 욕구를 충족시키고 대리만족을 느낄 수 있게 해주어 쉽게 중독된다.

(4) 중독의 증상

- 인터넷에 접속하지 않으면 불안하다.
- 단순히 보는 것에서 시작하여 폰 섹스나 사이버 섹스로 발전한다.
- 사이버 섹스를 하면서 자위행위를 한다.
- 사이버 중독 때문에 우울하고 죄책감을 느낀다.
- 사이버 섹스가 주는 즐거움 때문에 배우자에 대한 성적 관심이 사라진다.
- 사이버 섹스가 주는 즐거움 때문에 실제 배우자와 성관계를 멀리하게 된다.
- 직장이나 집에서 컴퓨터를 몰래 사용하고 배우자에게 숨긴다.
- 자녀를 돌보지 않고, 직장을 결근하며, 배우자와 자주 다툰다.

(5) 중독의 영향

중독은 장병의 군대 생활에 매우 부정적인 영향을 미친다. 학생이면 학교 공부에 영향을 주고, 직장인이면 회사의 업무에 지장을 초래할 뿐만 아니라, 성에 대한 왜곡된 인식을 갖게 한다. 청소년들에게는 심리적 외상으로 작용될 가능성이 있으며, 성범죄를 유발할 수 있다는 점에서 심각성이 크다.

4) 사이버거래 중독

사이버거래 중독은 인터넷상에서의 도박, 쇼핑 등의 사이버거래에 집착하는 것을 의미한다. 인터넷이 출현하기 전에는 도박을 위해 카지노나 경마장에 가고 쇼핑을 위해 백화점이나 마트에 갔으나, 인터넷이 보급되면서 그런 곳에 가지 않아도 해결할 수 있게 되었다. 컴퓨터 앞에 앉으면 클릭 하나로 모든 것이 간단하게 해결되어 인터넷에 쉽게 빠져들게 된다.

(1) 중독의 증상

사이버 거래에 중독된 사람은 도박이나 주식거래에 온통 정신이 사로잡혀 있어 통제력이 상실된 상태에 놓인다. 도박이나 주식으로 돈을 벌 생각에 온종일 컴퓨터 앞에 앉아 있기도 한다. 돈을 잃으면 잃은 돈을 만회하기 위해 거는 돈이 더욱 커지며, 투자한 돈의 심각한 재정 손실을 가져와 그만두려고 하지만 계속 실패한다.

도박이나 거래를 하지 못하는 상황이 되면 신체적 불편감과 우울, 극단적인 초조감, 불안과 같은 금단증상을 경험한다. 도박이나 주식으로 별거, 이혼, 직업 상실, 신용불량, 대인관계 상실등과 같은 심각한 어려움에 빠지기도 한다. 실제 군대에서도 이러한 거래 중독 때문에 경리사고가 종종 발생되고 있는 실정이다.

(2) 중독의 원인

중독의 원인에는 여러 가지가 있으나 중독되기 쉬운 성격에 있다고 보는 관점이 일반적이다. 학계에서는 뇌 구조나 신경계가 잘못된 것이 원인이라고 말한다.

(3) 중독의 영향

도박이나 주식 중독자는 충동적인 거래 행동으로 가진 재산을 순식간에 날려 빚더미에 올라앉는 경우가 허다하다. 심지어 잃은 돈을 만회하거나 또는 투자할 자금을 마련하기 위해 횡령, 사기 등의 범죄를 저지르기도 한다. 재정적 파탄으로 가족과의 갈등이 심해지고 결국 별거와 이혼으로 발전하며, 자녀 양육이나 교육에도 심각한 지장을 초래한다.

거래 중독자는 심리적으로 죄책감, 후회, 무기력, 절망감 속에서 지낸다. 음주와 흡연이 늘고 두통과 불면증 등의 신체적 곤란을 호소하며 자살을 시도하기도 한다. 이렇게 거래 중독은 가정적, 재정적, 사회적, 심리적 측면에 심각한 부정적인 영향을 준다.

5) 사이버 정보검색 중독

정보검색 중독은 웹서핑이나 자료검색을 과도하게 하는 것을 말한다. 정보검색 중독자는 인터넷의 다양한 정보검색에 주된 관심을 갖고 목적 없이 여러 사이트를 돌아다니며 대부분의 시간을 보낸다. 자신이 원하는 바를 실행한 후에도 계속적으로 링크되어 있는 사이트를 아무 목적 없이 돌아다니며 끝낼 줄을 모른다.

우리나라에서 실시한 한 연구결과에 의하면 중독자들이 가장 많이 사용하는 사이버 유형은 다른 유형보다도 웹서핑, 게임이나 오락, 채팅, 정보검색, 동호회 등으로 나타났다. 그중에서도 인터넷 중독을 스스로 인정하는 사람은 자신의 중독을 부정하는 사람에 비해 게임이나 오락의 사용을 많이 하는 것으로 나타났다.

반면, 중독을 부정하는 사람은 중독을 인정하는 사람들에 비해 정보검색이나 증권거래, 웹서핑을 더 많이 하는 것으로 밝혀지기도 하였다. 이러한 결과는 인터넷을 강박적으로 많이 사용하는 사람일지라도 게임이나 오락의 목적으로 인터넷을 사용하지 않으면 중독이 아니라고 생각하는 경향이 있음을 보여주고 있다.

사회적으로 가치 있고 목표지향적인 행동을 하고 있다고 생각하면 중독이 아니라고 생각하는 것과 같은 맥락이다. 그러나 자신의 활동 목적에 부합하지도 않고 생산성도 없으면서 오랜 시간을 정보검색이나 웹서핑으로 시간을 보내고 있다면 정보검색 중독임을 의심해봐야 한다.

3. 스마트폰 중독의 개념

1. 개요

스마트폰은 휴대전화에 인터넷 접속 등의 데이터 통신기능을 결합시켜 휴대전화 기능과 컴퓨터 기능을 쉽게 이용할 수 있다. 스마트폰은 PC와 달리 온종일 어디에서든지 소지할 수 있는 휴대성과 간편성이 있어 장소에 상관없이 사용이 가능하고 조금씩 반복하여 오랜 시간 동안 이용할 수 있다는 점에서 쉽게 중독에 빠진다.

1) 스마트폰 중독의 개념

스마트폰 중독에 대한 정의는 아직까지 명확하게 정립되어 있지 않은 상태로 학자들마다 조금씩 다르게 정의하고 있다. 중독에 대한 개념도 인터넷 중독과 구분 없이 혼용 사용하고 있는 실정이다. 스마트폰 중독을 설명하기 위해 인터넷 중독의 개념에 스마트폰을 대입하여 정의하거나, 스마트폰을 휴대폰의 진화된 형태라는 관점에서 두 가지 매체로부터 도출된 중독개념을 설명하기도 한다(한국정보화진흥원, 2015).

스마트폰 중독은 인터넷 중독과 분명한 차이점이 있다. 스마트폰 중독은 인터넷 중독과 다르게 대인관계에서의 외로움과 소외감을 해소하기 위한 목적으로 주로 사용하며, 휴대가 간편하여 장소의 제한을 받지 않는다는 점이 큰 특징이다. 반면, 공통점은 인터넷 중독과 같이 스마트폰 중독도 매체 중독의 하나이며 금단, 내성, 일상생활에서의 부적응 증상이 동일하게 나타난다.

2) 스마트폰 중독의 특징

스마트폰 중독 증상은 대부분 금단 증상, 강박, 집착, 생활부적응 등 네 가지 특징으로 나타난다. 이를 하나하나 살펴보면 첫째, 스마트폰 이용을 중단하거나 줄이면 정신적으로 초조하고 불안하다. 둘째, 스마트폰 사용에 지나치게 의존한다. 셋째, 스마트폰 사용시간이 증가할수록 만족감을 느낀다. 넷째, 스마트폰의 중독적인 사용으로 주위 사람에게 피해를 준다.

이러한 스마트폰 중독은 다른 매체 중독과 마찬가지로 스마트폰을 사용하는 모든 사람에게서 중독증이 나타나는 것은 아니다. 스마트폰 사용자의 정신적, 심리적, 정서적 상태에 따라 다르게 나타난다.

어떤 상태에 있는 사람을 스마트폰 중독자로 보아야 하는가에 대한 기준은 아직까지 명확하게 설정된 바가 없다. 그러나 스마트폰 중독 증상은 스마트폰을 이용하지 않으면 불안과 초조함이 나타나며, 일상생활에서 많은 문제를 일으킨다.

화장실에 있을 때조차도 스마트폰을 이용할 뿐만 아니라 손에 스마트폰이 없으면 불안해하는 증상이 나타난다. 같은 종류의 스마트폰 이용자를 만나면 스마트폰과 관련된 이야기를 하거나, 스마트폰이 고장 났을 때에는 친구를 잃은 것 같은 느낌이 든다고 말하기도 하는데, 이러한 현상은 모두 스마트폰 중독증상에 해당한다.

2. 스마트폰 중독의 원인

1) 개인 특성

개인의 성격특성은 스마트폰 중독에 영향을 미친다. 인간관계를 중요하게 생각하며 외로움을 잘 이기지 못하는 성격 특성이 있거나, 외부로 투사되는 자신의 이미지에 민감할수록 스마트폰을 과다사용하는 특징이 있다. 특히, 외로움을 잘 느끼고 충동적이며, 자기 통제력이 낮은 사람일수록 스마트폰 중독 성향이 높게 나타난다.

(1) 외로움

외로움은 한 개인의 사회적 관계나 사람들과의 인간관계가 양적으로나 질적으로 부족할 때 발생하는 불유쾌한 감정이다. 외로움은 매우 보편적인 감정이지만 고통을 줄 수 있고, 경험이 지속되면 정신적·신체적 건강을 해칠 수 있으며 자살 시도에까지 영향을 미친다. 이렇게 외로움은 인터넷 중독과 스마트폰 중독에 영향을 미치며, 다른 요인에 비해 비교적 중독 영향력이 높은 편이다.

(2) 충동성

충동성은 반응시간이 매우 빠르고 행동을 제지하거나 통제하는 데 어려움이 많다. 미래상황에 대한 계획을 세우는 데에도 어려움을 겪는다. 충동성이 높으면 지금 해야 하는 것과 나중에 해도 되는 것을 계획하고 판단하는 능력이 부족하며, 즉각적이고 선정적인 유혹에 쉽게 빠지는 경향이 있다. 스마트폰을 사용하고 싶은 충동에 대한 조절이 제대로 이루어지지 않으면 스마트폰 이외의 다른 일상에서도 순간적인 자극과 유혹에 쉽게 빠져 현실 세계의 중요한 일을 그르치기도 한다.

(3) 통제력

자기통제력은 충동성과 반대되는 개념이다. 자기통제력이 높은 사람은 현실 세계에서의 대인관계를 지속하고 자기 효능감을 높이고자 노력한다. 자기 통제력이 낮은 사람은 가상공간의 즉각적인 만족에 집착하고, 결국 자신의 생활에 도움이 되지 않는 중독에 이른다. 일반적으로 복잡한 과제를 피하고 단순한 과제를 선호하는 자기 통제력이 낮은 사람일수록 스마트폰 중독 수준이 높게 조사되고 있다.

(4) 자기감시

자기감시는 사회적응을 위해 자기를 끊임없이 관찰하고 자기표현의 행동을 조절하고 교정하는 것을 말한다. 이러한 자기감시 경향이 높은 사람은 자신이 처한 상황에서 요구되는 조건을 충실히 이행하려고 노력한다.

상황에 따라 대인관계를 고려하여 타인에게 잘 보이고자 하는 마음에서 자신의 이미지에 기초한 행동을 자주 변화시키기도 한다. 이렇게 자기감시가 높은 사람은 밖으로 투사되는 이미지에 민감하여 스마트폰 중독이 쉽게 이루어진다.

2) 스마트폰 기기의 특성

휴대폰과 스마트폰의 가장 큰 차이점은 네트워크에 접속할 수 있는가와 없는가이다. 스마트폰은 목적에 따라 다양한 애플리케이션을 간편하게 설치하여 활용할 수 있는 이점이 가장 큰 특징이다. 한국정보화진흥원(2015)에 따르면 스마트폰 중독은 스마트폰 자체 특성으로 중독되는 비율이 가장 높게 나타난다고 밝힌 바 있다.

(1) 용이한 이동성

스마트폰은 언제 어디서나 즉시 온라인 접속으로 시간이나 장소에 영향을 받지 않고 정보를 찾을 수 있다. 스마트폰의 대표적 기능은 이동성, 위치기반 서비스, 휴대성 등이다. 이는 스마트폰이 기존 데스크톱 PC와 뚜렷이 구별되는 기능이기도 하다. 사용자가 시간적이고 공간적인 제약 없이 무선 인터넷에 접속하여 즉각적으로 정보를 획득하고, 애플리케이션을 활용하여 다양한 활동을 하는 데에는 스마트폰의 이동성이 기반이 된다.

(2) 사용자 편리성

사용자 편리성은 기술을 이용할 때 노력을 들이지 않는 정도를 말한다. 이용의 편리성은 사용자가 시스템을 효과적으로 활용할 수 있도록 한 것으로 제품의 편리성 정도가 구매를 선택하는 데 결정적인 요인으로 작용한다. 스마트폰 이용 실태조사를 보면 스마트폰을 이용하면서 생활이 편리해졌다고 인식하는 경향이 높게 나타난다. 뿐만 아니라 청소년들은 SNS, 음악, 게임, 동영상, 위치 추적 등 자신에게 필요한 애플리케이션을 다운받아 생활의 편리함을 더

하고 있다. 이렇듯 스마트폰은 스마트폰의 사용자 환경이 간편하고, 애플리케이션 설치가 용이하며, 스마트폰 사용을 위한 별다른 교육이 필요 없어 쉽게 중독으로 이어진다.

(3) 기능적 가치성

스마트폰의 특성은 기능적 가치와 사회적 가치, 감정 가치와 인식적 가치가 동시에 존재한다. 스마트폰을 소유한 그 자체가 사회적 관계 가치를 창출하고 자신의 감정 상태를 변화시키는 가치가 있다고 여기는데, 이러한 인식이 스마트폰 중독으로 이어진다.

스마트폰은 통화나 문자보다 메신저와 SNS를 통한 실시간 의사소통을 활발히 할 수 있어 다양한 사람들과의 네트워크 형성이 가능하다. 여가와 오락의 기능뿐만 아니라, 스마트폰을 통해 자기를 표현하고 타인과의 관계를 형성하거나 유지하는 역할도 한다. 이렇게 스마트폰이 다른 기기와 달리 개인의 다양성을 지원하면서 감성적인 측면을 전달하는 특성이 있어 쉽게 중독된다.

3. 스마트폰 중독의 문제점

스마트폰이 등장한 이후 사람들은 습관적으로 스마트폰을 자꾸 들여다보거나 손에서 놓지 않는 경향이 있다. 길을 찾을 때도 스마트폰으로 검색하고, 심지어 화장실을 가면서도 스마트폰을 들고 간다. 이처럼 현대인과 모바일은 이제 떼려야 뗄 수 없는 관계가 되었다.

뿐만 아니라 모바일의 기능은 우리의 시간과 공간에 깊숙이 들어와 삶을 지배하고 있다. 스마트폰은 우리 생활에 편리한 기능을 제공하지만, 다음과 같은 부정적인 영향을 주기도 한다.

1) 신체건강 약화

스마트폰은 우리가 필요로 하는 정보와 지식을 제공하고 여가를 즐길 수 있도록 하지만 스마트폰의 지나친 사용은 정신적 · 신체적 질병의 원인을 제공한다. 스마트폰 이용자는 버스나 전철 안에서뿐만 아니라 직장에서도 틈만 나면 스마트폰을 이용한다.

심지어는 다른 사람과 이야기를 나누는 동안에도 손과 눈은 스마트폰을 향해 있기도 한다. 스마트폰을 장시간 사용할 경우에는 자신도 모르게 목이나 손목, 눈 등에 큰 부담을 주어 손목터널 증후군이나 거북목 증후군이 발생되기도 한다.

손목터널 증후군은 손끝으로 이어지는 신경이 손목에 눌려 아프고 감각이 무디어지는 마비 증상을 말하는데, 심한 경우에는 미세한 동작을 하지 못하는 경우도 있다.

거북목 증후군은 목이 거북이처럼 일자가 되는 증상이다. 스마트폰을 무릎 위에 올려놓고 사용하는 모습을 자주 볼 수 있는데, 이런 자세는 거북목 증후군에 걸릴 위험성이 매우 크다. 목뼈가 일자로 되면 목의 충격완화 효과가 감소하여 목 디스크에 걸릴 확률도 높아지는 것으로 알려져 있다.

2) 개인정보 유출

스마트폰을 사용하는 과정에 개인정보 유출로 경제적 피해가 발생하기도 한다. 스마트폰으로 애플리케이션을 다운받고 설치하는 과정에서 개인정보가 유출될 가능성도 있다. 스마트폰이 휴대용 PC 기능까지 할 수 있게 되면서 다양한 개인정보와 문서 보관이 가능하게 되었다.

그래서 스마트폰이 악성코드에 감염되면 쉽게 개인정보가 유출될 가능성이 있다. 해킹을 당한 경우에는 모바일 뱅킹에 따른 금융정보 등 개인정보가 유출되어 재정적인 피해를 당하기도 한다.

3) 생활 부적응

스마트폰의 중독적인 이용으로 나타나는 생활문제 중에서 가장 심각한 것은 바로 소통의 문제다. 스마트폰의 특징과 역할은 소통이 큰 비중을 차지하기 때문에 SNS로 지인뿐만 아니라 비슷한 관심사를 가진 사람들과 실시간 소통이 가능하다. 하지만 과도하게 이용하다 보면 가족들과의 대화 등 오프라인에서의 대화가 단절되는 부작용을 낳는다.

스마트폰에 많은 시간을 집중하다 보면 업무를 보는 데에도 어려움이 생긴다. 특히, 교통사고를 유발하여 타인에게 심각한 피해를 입힐 수 있는 등 사회적 문제를 야기할 수도 있다.

4. 군 미디어중독 예방전략

군 장병들이 입대 전 스마트폰에 유독 집착했던 데에는 그들 나름의 이유가 있다. 과도한 학습 부담과 진학 스트레스 때문에 여가나 취미생활 그리고 친구관계나 놀이를 즐길 만한 여유가 없었다는 점이 가장 큰 이유일 것이다. 사실 스마트폰을 통해 만들어지는 공간은 청소년들뿐만 아니라, 성인들에게도 나름 삶의 비상구로 느껴지기도 한다.

그럼에도 불구하고 우리가 안심할 수 없는 것은 스마트폰을 통한 역기능적인 부정적 영향이 너무 크기 때문이다. 군 병영은 병사들에게도 스마트폰 휴대가 가능하게 허락하고 있다. 이와 같은 환경에서 장병을 보호하기 위한 건전한 스마트폰 문화를 조성하기 위해서는 다음과 같은 적절한 예방 전략이 필요하다.

1. 소셜미디어중독 예방

우리는 세상을 살아가면서 새로운 유행과 아이디어, 패션, 미디어에 이르기까지 다수를 따라가는 경향이 있다. 미디어는 더 많은 표현의 자유를 실현할 수 있는 장점과 자신만의 독특한 개성을 잃을 수 있다는 단점이 있다. 미디어를 통해 자신의 삶을 완벽하게 포장하고자 하는 인간의 욕망은 현실 세계로부터의 도피 만족감을 느끼게 하여 미디어 중독으로 이끈다. 소셜미디어 중독을 예방하기 위한 대안을 알아보자.

첫째, 소셜미디어에 참여하고 싶은 이유 생각해 보기

모든 일에 목적이 있는 것처럼 소셜미디어 사용도 마찬가지다. 게임, 음악, 친구와의 소통, 사업 홍보 등 다양한 목적이 있는데, 이러한 다양한 여러 목적 중 나의 목적은 무엇인지 생각해 본다. 이러한 본질적인 핵심을 탐색하면 소셜미디어 사용시간 통제가 가능해진다.

둘째, 팔로잉하는 사람, 게시물 및 공유내용에 대해 꼼꼼히 살펴보기

자신이 보고 '좋아요'를 누른 게시물을 바탕으로 알고리즘을 통해 맞춤 콘텐츠가 제공된다. 그렇기 때문에 필요한 정보에 노출되도록 종종 관심 없는 사람을 팔로잉하기도 한다.

이럴 경우 자신과 의견이 다른 사람이 피드에 노출되면서 댓글 논쟁이 일어나는 경우도 있다. 따라서 다른 사람의 의견에 지속적으로 반응하기보다 팔로잉를 취소하는 것이 현명하다. 마찬가지로 자신이 공유하는 것 또한 꼼꼼하게 확인하는 것이 지혜로운 대처다.

셋째, 스마트폰 타이머 설정하기

스마트폰 타이머를 설정해 소셜미디어 사용 시간을 통제한다. 온라인 활동을 많이 하지 않는 연습을 하다보면 보다 많은 여유로운 시간이 생기고 이를 유용하게 활용이 가능하다는 것을 알 수 있다.

넷째, 알림설정 변경하기

스마트폰 알림이 계속 울리면 주의가 산만해지고 하던 일에도 집중하지 못하여 생산성이 저하된다. 그렇기 때문에 되도록 스마트폰 알림표시를 숨기거나 무음으로 변경한다. 아예 알림 기능을 끄거나 스마트폰에서 앱을 삭제하는 것도 좋은 하나의 방법이다.

다섯째, 모든 것을 게시하고 공유할 필요가 없다는 것 기억하기

어느 사람이든 현실 세계에서 일어나는 사건을 소셜미디어에 올리거나 게시해야 하는 사회적 의무는 없다. 개인의 욕구에 따라 선택 가능한 영역이다. 자신도 모르게 게시물을 올리는 습관은 소셜미디어 중독으로 이어질 가능성이 커 이를 스스로 금지하는 것이 바람직하다.

여섯째, 스마트폰을 내려놓고 인생 즐기기

스마트폰을 사용하지 않고 일상을 즐기는 것은 소셜미디어 중독에서 벗어나는 가장 현실적인 방법이다. 우리에게 소중한 순간은 스마트폰에 있지 않고 우리의 현실세계에 있다. 삶의 의미 있고 가치 있는 순간을 포착하기 위해 스마트폰 카메라를 드는 대신 나의 진정한 눈과 마음으로 삶의 서사를 담는 것이 의미가 있다.

2. 스마트폰중독 예방

스마트폰 중독을 예방하기 위해서는 다음과 같은 대안이 필요하다.

첫째, 자기지도 능력을 증진한다.

스마트폰 사용시간과 패턴을 파악한다. 스마트폰을 과다 사용하여 나타난 좋지 않은 일이 있다면 이를 모두 글로 적고 스스로 등급을 부여한다. 그런 다

음, 스마트폰 과다사용이 어느 부분에서 중요한 것인지 혹은 스마트폰 과다사용으로 중요한 과업을 그르친 일이 있다면 이를 구체적으로 평가한다.

스마트폰의 무분별한 반복사용으로 좋은 삶의 기회를 놓친 일이 있다면 앞으로 자신의 삶의 서사가 어떻게 변화되어야 하는지 깊이 생각하는 시간을 갖는다. 자신도 모르게 많은 시간 무분별하게 사용한 스마트폰이 자신의 삶에 부정적인 영향을 주었다고 판단하면 즉시 자신에게 비상사태를 선포한다.

그런 다음, 스마트폰 사용을 절제하는 자기지도 증진 방법과 정보를 탐색하여 자신의 특성에 적합한 방법으로 꾸준히 연습하고 숙달한다.

둘째, 사용시간을 매일 점검한다.

스마트폰을 사용하다 보면 시간왜곡 속성 때문에 자신이 생각한 것보다 훨씬 많은 시간 동안 이용했다는 사실을 뒤늦게 알아차린다. 스마트폰을 무분별하고 과도하게 사용하는 사람은 우선적으로 스마트폰 사용시간을 통제하는 것이 필요하다.

자신이 좋아하는 용도에 따라 스마트폰 사용시간의 등급을 매기고 비교하는 습관을 가지면 주로 사용하는 콘텐츠가 어떤 종류인지 구체적인 평가가 가능하다. 뿐만 아니라, 일상생활에서 얼마나 많은 시간 동안을 스마트폰에 빼앗기고 살아가는지 알 수 있다.

스마트폰 사용일지를 준비해서 하루 동안 스마트폰 사용시간과 스마트폰을 이용한 내용을 매일 구체적으로 기록한다. 그런 다음, 기록된 자료를 통해 어떤 부분에 얼마나 많은 시간을 사용하는지 분석하는 습관을 통해 스마트폰 사용시간을 단축해 간다.

셋째, 과다사용의 원인을 명확히 규명한다.

스마트폰 과다사용의 이유가 일상생활이 힘들어서 혹은 대인관계 갈등으로 아니면 스트레스와 우울 때문에 사용한다 하더라도 또 다른 원인이 있을 수 있다. 예컨대, 고독하고 외로워서일 수도 있으며 기분 전환 혹은 오락 때문일 수도 있다.

스마트폰의 과도한 사용이 진정으로 자신에게 필요한 것인지 스스로 물어보고 도박이나 성적인 관심 때문에 자주 사용하는 것은 아닌지 그 원인을 명확히 규명한다. 만약, 스트레스를 풀기 위해 스마트폰을 습관적으로 사용하는 것이라면 스마트폰 중독의 일반적인 패턴이라는 점을 심각하게 생각하고 새로운 대안을 모색한다.

넷째, 새로운 대안활동을 찾아 욕구를 충족한다.

스마트폰을 과다 사용하는 잠재적 중독위험성이 있는 사람은 지금 당장 스마트폰을 사용하지 말고 다른 유익한 대안행동을 찾는다. 가령, 스마트폰에 중독되기 전 즐겨 해왔던 취미활동을 다시 시도하는 것이다.

새롭게 시도해 보고 싶은 대안활동을 찾아보는 것도 중요하다. 새로운 활동은 스마트폰과 관련이 없는 것이어야 한다. 운동과 같이 주로 몸을 사용하는 것이라면 적절하다. 새로운 취미 활동이나 새로운 대안활동은 가까운 사람과 함께 함으로써 사회적 욕구를 충족시키는 것이 바람직하다.

CHAPTER 07

군 PTSD 상담

우리가 살아가는 지금의 이 세계는 시간이 흐를수록 빠르게 인공지능화되어가고 있다. 그럼에도 불구하고 자연재해를 포함한 인재사고는 아직도 정확히 예측하지 못하고 있어 많은 사람들이 외상 후 스트레스 장애(Post-Traumatic Stress Disorder: PTSD) 위험에 노출되어 있다. 군에서의 PTSD 치료와 예방은 매우 중요한 과업이다. 그러나 아직까지 군은 PTSD 치료 전문기관과 전문가 등을 확보하지 못하고 있다. 이같은 이유로 서해교전과 천안함 폭침사건과 같은 충격적인 외상을 경험한 장병들 중 일부는 아직도 PTSD 후유증에서 벗어나지 못하고 있다.

이 장에서는 PTSD에 대한 일반적인 개념과 이론적 배경을 먼저 다룰 것이다. 그리고 PTSD의 증상과 원인을 알아본 후, 이에 대한 군의 PTSD 상담전략에 대해서 살펴보고자 한다.

1. 외상의 개념

1. 개요

외상 후 스트레스 장애(Post Traumatic Stress Disorder: 이하 PTSD)는 외상(trauma)과 외상 사건(Traumatic event)을 잘 이해하고 있어야 그 개념을 파악하는 데 도움이 된다. 외상은 고대 그리스어에서 유래된 용어로 상처나 부상을 뜻한다. 외상은 흔히 신체적 상처뿐만 아니라 개인이 감당하기 힘든 심리적 충격까지를 포함하는데 다음과 같은 사전적 의미가 있다.

외상은 폭력 혹은 공격적 행위로 손상된 신체적인 상처를 말한다. 또한 심리적 어려움 혹은 정신적 고통을 유발하는 충격(shock)을 의미하기도 한다. 이러한 감정적 상처나 충격은 개인의 심리적 발달에 장기간 손상을 주며 대개 신경증을 유발한다. 결국, 외상은 재난이나 사건 등으로 큰 충격을 받아 공포에 질리거나 무력감을 느끼고 정신적 혼란으로 말미암아 일상생활을 힘들게 한다.

현대적 개념의 외상은 환경변화를 의미하거나 사건 · 사고의 개념에서 벗어나 심리적 · 정신적 고통을 주는 일반적인 사건까지도 외상의 범주에 포함하고 있다. 흔히 발생하는 신체적 부상과 심리적 손상이 모두 해당하는데 요즘은 심리 · 신체적 위협을 주는 사건을 목격하는 것까지도 포함하고 있다(심윤기 외, 2020).

우리나라에서 사용하고 있는 외상의 용어는 '트라우마'라는 용어로 더 널리 알려져 있다. 본장에서도 외상과 트라우마 용어를 동일한 개념으로 사용하고자 한다.

2. 외상의 유형

외상은 여러 가지 유형이 있는데 이를 자세히 살펴보겠다.

첫째, 외상은 직접외상과 간접외상으로 구분한다. 직접외상은 차량 충돌사고, 테러, 인질사건, 폭력사건, 전방 GP 총기사고, 이태원 참사사고 등과 같이 매우 충격적인 사건을 직접 경험하는 것을 말하며, 이를 1차 외상이라고도 말한다.

반면, 간접외상은 충격적인 사건을 목격하거나 혹은 폭력사건 피해자와 학대당한 사람, 강간 피해자를 면담하거나 조사하는 과정에서 경험하는 외상을 말하는데, 이를 2차 외상이라고도 한다. 이렇게 외상 사건을 직접 경험하였는가 아니면 목격하였는가에 따라 1, 2차 외상으로 구분하는데, 1차 외상이 2차 외상보다 PTSD 유병률이 더 높게 나타난다(심윤기, 2018).

둘째, 단일외상과 복합외상이다. 교통사고나 강도피해와 같이 일회적으로 발생하는 외상을 단일외상이라고 말한다. 반면, 포로수용소에서의 감금 경험이나 혹은 반복적인 가정폭력의 경험, 지속적인 성적학대, 군대 상급자로부터 계속된 폭력 경험, 경찰이나 소방관처럼 업무 특성상 장기간에 걸쳐 반복적으로 발생하는 외상을 복합외상이라고 한다.

이러한 복합외상은 단일외상의 후유증보다 훨씬 더 심각하게 나타나는 특징이 있다. 특히, 복합외상에 노출된 사람은 정서를 조절하는 데 어려움이 있어 약물에 중독되거나 해리증상으로 이어지기도 한다.

셋째, 심리적 외상과 신체적 외상이다. 심리적 외상은 개인이 평소 경험하는 스트레스 범주를 넘어서는 충격적이고 위협적인 사건에 노출된 후, 그 개인에게 기억되는 정신적 충격을 말한다. 외상 사건으로 정신적 충격을 받아 그 경험이 기억 속에 남아 공포와 무력감을 느끼는 후유증을 의미한다.

이러한 심리적 외상은 꿈, 회상 등으로 자신의 의지와 상관없이 침투 증상을 반복적으로 경험한다. 그리고 이를 거부하기 위해 외상 사건과 관련된 사람이나 장소 등을 회피하는 증상을 보인다. 반면, 신체적 외상은 단순히 정신적 충격의 범위를 벗어나는 육체적 고통을 동반하는 외상을 의미한다.

넷째, 대인관계內 외상과 대인관계外 외상이다. 대인관계內 외상은 전쟁, 신체적 폭력, 성적 폭력과 같이 대인관계적인 상황에서 발생하는 외상이다. 대인관계外 외상은 자연재해, 화재, 교통사고, 붕괴사고, 생명을 위협하는 질병 등 대인관계와 거리가 먼 상황에서 발생하는 외상을 말한다. 대인관계 內 외상은 대인관계 外에서 발생한 외상보다 PTSD 발병률이 더 높게 나타나는 특징이 있다.

3. 외상 사건의 특징

외상 사건에 대한 개념은 시간이 흐르면서 몇 번의 변화과정을 거쳐갔다. PTSD가 정신장애진단에 처음 등장하였을 때의 외상 사건은 전쟁, 강간, 고문, 재난과 같이 심각한 스트레스 증상을 유발할 만한 충격적인 사건을 경험하거나, 본인이 직접 그 상황에 노출되어야 하는 조건이 있었다.

삶을 뒤흔드는 충격적인 사건이나 부정적인 심리적 결과를 유발하는 아주 높은 스트레스 사건과 같이 실제적인 죽음이나 죽음의 위협이 가해진 사건이어야 외상 사건으로 간주하였다. 개인이 직접 실제 외상 사건이 일어난 현장에서 경험하는 것처럼 사건 자체가 충격적이고 심각해야 했으며, 이것이 정신적인 충격과 두려움, 무력감, 공포를 동반하여 일상생활이 불가능할 정도가 되어야 외상 사건으로 규정하였다.

미정신의학회(American Psychiatric Association: 이하 APA)에서 내린 이 같은 외상 사건에 대한 초기의 개념은 시간이 지남에 따라 조금씩 바뀌어 갔다. 매우 심각하고 충격적인 스트레스 사건뿐만 아니라, 다소의 심각성이 덜한 사건이라도 이를 외상 사건에 포함하였다.

충격이 심하지 않고 심각성이 다소 덜한 사건이라도 이를 반복해서 경험하면 심각한 정신적 고통과 PTSD를 유발할 가능성이 높아 이를 외상 사건의 범주에 포함하게 된 것이다. 본인이 직접 목격한 사건이 심각한 공포와 두려움,

무력감을 느끼게 하였다면 목격한 사건도 외상 사건을 경험한 것으로 다루고 있다.

즉, 경찰 수사과정에서 처참하게 죽은 시신을 자주 목격한다거나 소방관이 화재현장의 인명구조 과정에서 끔찍한 장면을 목격하는 것도 외상 사건을 경험한 범주 안에 포함된다.

생명과 신체에 대한 손상의 위협은 외상 사건의 본질이다. 생명과 신체에 손상의 위협을 주는 사건은 그러한 위협이 존재하지 않는 사건에 비해 PTSD로 발전할 확률이 높다. 군인이나 경찰, 소방공무원처럼 위험한 직무를 담당하는 사람은 일반인보다 더 많은 외상 사건을 경험하는 것도 이 같은 이유 때문이다.

남 · 여별 외상 사건을 경험하는 비율도 차이가 있다. 일반적으로 남자 65%, 여자 50% 정도가 일생동안 한 번 이상은 외상 사건을 경험하는 것으로 보고되었다(Creamer, Burgess & Mcarlane, 2001).

한편, APA에서는 PTSD를 불안장애의 한 범주에 속하는 정신질환의 하나로 규정하고, 1980년에 PTSD라는 병명을 공식적으로 채택하였다. 외상 사건을 겪은 후 나타나는 일련의 특징적인 증상군의 조합을 PTSD로 규정한 것이다. PTSD라는 명칭을 사용하기까지의 변화과정은 다음과 같다.

〈표 7-1〉 PTSD의 명칭변화

전쟁 구분	명 칭
미국 남북전쟁(1861 ~ 1865)	과민성 군인의 심장(irritable soldier's heart)
1차 세계대전(1914 ~ 1918)	포탄 충격, 전쟁신경증(war neurosis)
2차 세계대전(1939 ~ 1945)	전투스트레스 반응(combat stress reaction)
베트남 전쟁(1965 ~ 1973) 이후	외상 후 스트레스 장애(PTSD)

2. PTSD의 증상

1. 개요

1) PTSD 발병률

PTSD 발병률은 외상 사건의 종류에 따라 다르게 보고되고 있다. 일반적으로 강간과 성폭력 피해자에게서 가장 높은 발병률을 보이지만 그 외 전쟁, 유괴, 인질 사건, 고문 피해자에게서도 높은 발병률을 보이고 있다. PTSD는 어느 연령층에서나 발병한다. 하지만 외상에 노출된 낮은 연령층에서 더 흔하게 발병하는 경향이 있다.

트라우마에 노출된 경험이 있는 성인의 경우에는 여성의 PTSD 발병률이 약 20% 정도이며, 남성은 이보다 낮은 10%정도로 알려졌다. 평생 누구나 한 번 이상은 트라우마에 노출되는 경험을 하는데 여성의 평생 발병률은 약 10~12%, 남성은 이보다 낮은 약 5~6% 정도인 것으로 보고되었다.

강간 당한 여성의 경우에는 약 46% 정도의 발병률을 보였다. 아동기에 성적 혹은 물리적 학대나 방치를 경험한 경우에는 약 30~55% 정도가 PTSD를 유발한 것으로 나타났다(Kessler et al., 1995). 아주 드문 사례이긴 하지만 납치된 경우에는 PTSD 발병률이 무려 10배 이상 크게 증가된 것으로 보고되었다(Darves-Bornoz et al., 2008).

2) PTSD 유병률

외상 사건에 노출되었다고 해서 모든 사람이 PTSD로 이어지는 것은 아니다. PTSD는 국가나 지역에 따라 혹은 직업별 · 연령별에서도 차이가 있다. 외상 사건에 자주 노출될 위험이 있는 우리나라의 직업군은 주로 군인과 경찰, 소방공무원이다. 이들의 직무에서 PTSD 유병률(prevalence)이 높게 나타나는 이유는 노출되는 외상 사건이 심각하고 자주 경험하기 때문이다.

유병률은 어떤 시점에 일정한 지역에서 나타나는 병자 수와 그 지역 인구수에 대한 비율을 말한다. 전체 인구 중에서 특정 정신장애를 지니고 있는 사람의 비율을 의미하는데, 이러한 유병률은 장애가 나타나는 시점이나 기간에 따라 다음과 같이 구분한다.

〈표 7-3〉 유병률의 구분

구분	내용
시점유병률 (point prevalence)	현재의 시점에서 특정한 정신장애를 지닌 사람의 비율
기간유병률 (period prevalence)	일정 기간 특정한 정신장애를 지닌 사람의 비율
평생유병률 (lifetime prevalence)	평생 특정한 정신장애를 지닌 사람의 비율

DSM-Ⅳ 기준에 의하면 미국 내 75세 기준으로 조사된 PTSD 평생유병률은 8.7% 정도이다. 미국 성인을 대상으로 한 12개월의 기간유병률은 3.5% 정도로 나타났다. 그러나 유럽이나 아시아, 아프리카, 라틴 아메리카 지역에서는 유병률이 대략 0.5~1.0% 정도로 조금 낮게 나타나고 있다.

미국 소방관의 경우에는 약 18~30%, 참전 군인의 경우에는 약 20.9% 정도의 유병률을 보이고 있으나 강간, 포로 경험, 구금 및 학살 생존자에게서는 무려 33~35%의 높은 유병률을 보인다(김환, 2010).

우리나라 사람을 대상으로 2000~2001년에 조사된 정신장애역학 연구에 의하면 PTSD 평생유병률은 1.7%(여성 2.5%, 남성 0.9%)로 나타났으며, 1년 동안의 기간유병률은 대략 0.7%(여성 1.3%, 남성 0.1%)로 조사되었다(심윤기, 2018).

2. PTSD의 주요 증상

PTSD 증상은 크게 네 가지로 구분한다. 충격적인 외상 사건의 기억이 자신의 의지와 상관없이 불쑥불쑥 떠오르는 침투 증상, 외상 사건과 관련한 자극을 경계하고 멀리하는 회피증상, 인지와 감정의 부정적 변화, 각성과 반응성의 변화 등이 있다.

| 〈절규〉, 에드바르드 뭉크, 1985
출처: wikimedia commons

1) 침투 증상

(1) 외상 사건에 대한 고통스러운 기억의 반복적이고 침투적인 경험

PTSD와 관련한 침투 증상의 가장 일반적인 형태는 외상 사건이 자신이 의도하지 않았음에도 불구하고 반복적으로 떠오르는 것이다. 의식 안으로 자꾸 밀고 들어오는 외상 사건에 대한 생각과 감정, 불쾌한 이미지, 기억은 심한 고통을 유발하는 특징이 있다.

강렬한 불안과 공포가 갑작스럽게 밀려오듯이 경험되는 상황에서는 호흡곤란과 혈압상승의 증상이 나타나며, 답답하고 죽을 것 같은 공황 상태에 빠지기도 한다. 여러 연구에서는 PTSD 환자들이 공통으로 침투 증상을 경험하는 것으로 보고하고 있다.

(2) 외상 사건과 관련된 고통스러운 꿈의 반복적인 경험

꿈으로 PTSD를 진단하기 위해서는 외상 사건을 경험한 내용을 나타내는 꿈과 악몽을 꾸어야 한다. 이러한 꿈과 악몽은 몇 년에 걸쳐 지속되기도 하고, 사건이 발생한 지 수십 년이 지나서도 계속 나타나기도 한다.

(3) 외상 사건이 실제로 일어난 것처럼 느끼고 행동하는 해리 반응

일반적으로 PTSD 증상이 있는 사람은 마치 예전에 발생한 외상 사건이 현재에 똑같이 재발하는 것처럼 느끼는 플래시백(flashback)을 경험한다. 이러한 플래시백은 현재 상황과 무관하게 갑작스럽게 발생하며, 강렬한 정서 경험과 함께 일상생활과 거리가 먼 행동을 한다.

해리(dissociation)는 PTSD를 겪고 있는 사람에게서 흔히 나타난다. 해리는 감각이나 지각 또는 기억이 의식과 분리되는 현상을 말한다. 몸에서 정신이 빠져나가는 느낌이 들거나 사물이나 상황이 비현실적으로 느껴지며, 현재 이 장소에 있으면서도 뭔가 동떨어진 느낌이 드는 증상을 경험한다.

(4) 외상 사건과 유사하거나 상징적인 단서에 노출될 때 심리적 고통의 경험

PTSD 증상이 있는 사람은 트라우마 사건과 비슷하거나 상징적인 사건을 경험할 때도 비슷한 고통을 느낀다. 예를 들어, 천안함 폭침 사건을 경험한 생존자는 바다만 보아도 외상 사건을 연상한다.

해외파병 활동 중에 적이 설치해 놓은 급조장애물의 폭발로 가까스로 생명을 건진 장병은 더운 날씨가 외상 사건을 연상시킨다. 지하철 화재 참사 경험이 있는 생존자는 지하철을 이용한다든지 혹은 검은 연기와 타는 냄새 등이 외상 사건을 연상시켜 숨이 막히는 심리적 고통을 느낀다.

(5) 외상 사건을 상징하거나 유사한 단서에 노출될 때 생리적 반응을 보임

외상 사건을 상징하거나 유사한 단서에 노출되면 가슴이 답답하고 두근거리며, 땀이 나고 긴장되어 말수가 적어진다. 그러다가 문득 신경이 예민해지면 사소한 말에도 자주 화를 내는 경향을 보인다.

2) 자극 회피

PTSD의 두 번째 증상은 외상 사건과 관련한 자극을 회피하는 것을 다룬다. 사람은 고통스러운 자극을 받으면 이를 피하고자 점점 더 정서적인 자극을 회피하는 경향이 있다. 회피는 처리되지 않은 정보를 억압하려고 과도하게 통제하려는 데에서 나타나는 증상인데, 회피 반응이 점점 더 광범위해지면 심리적 마비로까지 이어진다.

(1) 외상 사건과 관련한 고통스러운 기억, 생각, 감정 회피

일반적으로 우리 인간은 외상 사건을 경험하면 사건과 관련된 장소와 상징적인 대상을 회피한다. PTSD 증상을 겪고 있는 사람은 이에 더하여 외상 사건과 관련한 고통스러운 기억과 생각, 감정까지도 회피한다. 회피는 몇 가지 종류의 경험을 기억하지 못하는 가벼운 것으로부터 심한 경우에는 사고와 지각, 감정, 언어 반응 등이 멈추기까지 한다.

(2) 외상 사건 관련 고통스러운 기억, 생각, 감정을 유발하는 단서 회피

PTSD 증상이 있는 사람은 외상 사건과 밀접히 관련된 고통스러운 기억, 생각, 감정을 유발하는 단서를 회피한다. 외상 사건에 노출된 후 그 사건에 대해서 이야기하기를 어려워하여 피한다.

화재 현장에서 불에 탄 시신을 수습했던 소방관은 공통적으로 단백질이 타는 냄새를 느꼈다고 말한다. 화재를 진압하면서 느낀 이 같은 불쾌한 냄새는 일상생활 중 마시는 커피나 식당에서 음식을 먹으며 맡는 냄새에도 외상 사건의 기억이 되살아나 그런 장소를 피한다.

3) 인지와 감정의 부정적 변화

(1) 외상 사건의 중요한 측면을 기억하지 못함

인지와 감정의 부정적인 변화 중 중요한 측면을 기억하지 못하는 증상은 뇌의 손상으로 나타나는 기질성 기억상실이 아닌 심인성 기억상실의 일종인 해리성 기억상실에 해당한다. PTSD 환자는 심리적 고통을 유발하는 감정이 실린 외상 사건의 여러 측면을 잘 기억하지 못한다.

이는 과거의 기억을 잊었다기보다 억압하는 것으로 볼 수 있다. 마음이 사

건과 경험을 감당할 수 없어 잠시 마음 저편에 묻어두는 것일 뿐이지 기억이 완전히 지워진 것은 아니다. 그래서 시간이 지나거나 적절한 치료를 받으면 다시 외상 사건을 기억하는 경우를 종종 본다.

(2) 자신과 타인, 세상에 대한 과장된 부정적 신념이나 기대를 지님

자신과 타인, 세상에 대한 신념이나 기대를 한다는 것은 세상을 살아가는 자신만의 독특한 도식(schema)이 있다는 것을 의미한다. 충격적인 외상 사건을 경험하면 기존에 자신이 지니고 있던 긍정적인 신념이나 기대, 희망 등의 도식이 흔들리고 무너져 다른 부정적 도식을 만든다. 이미 기존에 부정적 신념이나 기대가 존재했을 경우에는 외상 사건의 경험이 부정적인 도식을 더 확장하고 강화하는 계기로 작용한다.

(3) 외상 사건의 원인이나 결과에 대한 왜곡된 인지를 지님

2005년 6월 19일 새벽 2시30분경 경기도 연천군 ○○사단 GP에서 총기난사 사고가 발생하였다. 이 사건 피해자 중 한 명인 병사가 병원 치료를 받던 중 총기사건의 원인이나 결과에 대해 왜곡된 인지를 보인 사례가 있다.

피해병사를 진료했던 서울의 A대학병원 정신건강과 교수는 그 병사의 증상을 다음과 같이 언급하였다.

> "그 병사는 사건 직후 꾼 꿈에서 자신이 본 동료 병사의 시신이 자꾸 나타나 잠을 잘 수가 없었다고 합니다. 이유 없이 무서운 느낌이 들어 혼자서는 화장실에 갈 수 없을 정도로 극도의 불안 증세를 보였어요. 특히, 그가 호소하는 가장 큰 심리적 고통은 동료가 죽게 된 원인과 결과가 자신 때문이라는 자책감 때문이었습니다. 사고 당일 자신의 취침자리가 아닌 동료가 취침하는 장소에서 잠을 자게 된 본인은 살았지만, 자신의 자리에서 취침한 동료는 죽게 되었다는 겁니다. 결국 잠을 자는 자리를 바꾼 자신 때문에 동료가 죽게 되었다고 생각하는 것이지요."

(4) 부정적인 정서 상태를 보임

부정 정서를 보인다는 것은 상대적으로 긍정정서 수준이 저조하지만 분노와 죄책감, 수치심과 같은 부정 정서 수준이 높은 상태를 의미하는 것이다. 충격적인 외상 사건을 경험한 사람은 직접적인 위협의 근원이 없을 때도 분노하는 경향을 보인다. 전쟁과 재해와 같은 충격적인 사건에서 생존한 사람은 자신만 살아남은 것에 대한 죄책감을 느낀다.

(5) 중요한 활동에 대한 관심이나 참여가 감소함

PTSD 증상이 있는 사람은 예전에 참여했던 활동에 대한 관심을 보이지 않거나 좋아하던 취미활동에 흥미를 잃고 참여하지 않으려는 특징을 보인다. 조기축구가 좋아 매일 아침 일찍 일어나던 사람이 갑자기 축구에 관심을 가지지 않거나, 매주 등산을 하던 사람이 등산에 흥미를 잃고 집 안에 머물러 있는 경우가 그 예다.

(6) 타인에 대한 거리감이나 소외감을 느낌

PTSD 환자는 공통적으로 거리감이나 소외감을 느낀다고 알려져 있다. 이들은 대인관계에서 주위 사람과 친하게 지내는 것을 어려워하며 타인과 정서적으로 가깝게 지내는 것을 힘들어한다. 그뿐만 아니라, 타인에 대한 공격적인 태도와 가해 행동을 보이기까지 한다.

(7) 긍정정서를 느끼지 못함

충격적인 외상 사건을 경험한 사람은 긍정 정서의 범위가 축소되는 경향이 있다. 그로 인해 행복감과 만족감, 애정과 같은 긍정정서를 느끼지 못해 자살로 이어지기도 한다.

4) 각성과 반응성의 변화

PTSD의 네 번째 증상은 외상 사건을 경험한 후 나타나는 각성과 반응성의 변화다. 자극이 없거나 사소한 자극에도 짜증스러운 행동이나 분노를 폭발하고, 무모하거나 자기 파괴적인 행동을 보인다. 과도한 경계와 놀람 반응을 보이고 집중 곤란과 수면 장애의 모습을 보인다.

(1) (자극이 없거나 사소한 자극에도)짜증스러운 행동이나 분노 폭발

충격적인 외상 사건을 경험한 사람은 일반적으로 성마름, 화, 분노, 적대감, 폭력적인 감정을 표출한다. 분노를 잘 보이는 사람은 종종 아무도 자신을 건드리지 않았는데도 화를 내며 예측하기 어려운 공격적인 행동까지 보이는 특징이 있다.

(2) 무모하거나 자기 파괴적인 행동

2002년 한일 월드컵 경기가 진행되는 과정에 발생한 제2연평해전에 참전했던 해군 부사관 한 명이 전역한 후 오랫동안 불안과 두려움, 공포에 시달려 오다 자기 집에 불을 지른 사건이 발생한 적이 있다. 이는 충격적인 외상 사건을 경험한 후, 무모하거나 자기 파괴적인 행동을 보인 사례에 해당한다.

(3) 과도한 경계

과도한 경계는 외부 세계에 대하여 항상 경계심을 늦추지 않고 긴장하며 민감한 상태를 유지하는 것을 의미하는데 이러한 상태가 심해지면 편집증으로 발전한다. 일부 PTSD 증상이 있는 사람은 편집증적인 특징을 생활 속에서 드러내며, 경계심을 갖고 적대적이라고 느껴지면 과격하게 반응한다.

(4) 과도한 놀람 반응

외상 사건을 경험한 사람은 신체의 자율적 흥분이 증가한다. 심장박동이나 혈압이 증가하고 수면 곤란 증상이 나타나며, 외상 사건과 유사한 상징물에도 지나친 놀람반응을 보인다.

(5) 집중 곤란

세월호 침몰 당시 극적으로 탈출한 생존자들은 하나 같이 집중력 곤란을 호소한 것으로 알려지고 있다. PTSD 증상이 있는 사람은 공통적으로 집중 곤란의 어려움을 보인다.

(6) 수면 장애

PTSD 증상이 있는 사람은 공통적으로 수면 곤란을 호소한다. 수면상태를 유지하는 것조차 어려워하며 수면 시 자주 깨는 특징을 보인다.

3. PTSD의 원인

1. 심리학적 관점

심리학적 관점에서 바라보는 PTSD의 발병원인에 대한 고찰은 다양한 이론이 존재하는데 이를 살펴보도록 하겠다.

1) 정신분석적 입장

프로이트가 창시한 정신분석에서는 PTSD의 원인을 자아의 손상과 외상의 재현으로 설명한다. 정신분석은 어린 시절의 경험이 성격 형성에 지대한 영향을 미친다는 입장으로 정신적 결정론과 무의식적 동기를 중요시한다.

인간의 마음을 원초아(id), 자아(ego), 초자아(superego)로 구분하고, 이들

간의 균형이 외상 사건으로 깨어질 때 나타나는 심리적 문제를 곧 PTSD라고 주장한다. 과거에 억압되었던 심리적 갈등이 외상 사건을 계기로 PTSD의 모습으로 재현되는 것이라고 설명한다.

(1) 자아의 손상

원초아(id)는 본능적인 욕구를 추구하고 이를 즉각적으로 충족시키고자 하는 쾌락의 원리로 움직인다. 반면, 초자아는 바람직하고 이상적인 것을 추구한다. 이렇게 원초아와 초자아는 추구하는 것이 상대적이라서 이 둘 사이의 균형을 자아가 유지한다. 자아는 원초아의 욕구를 고려하면서도 초자아의 압력을 수용하는 방법을 찾아 이 둘 간의 갈등을 적절한 수준에서 해결하기 위해 노력한다.

만약, 이러한 갈등을 중재하는 자아의 힘이 부족하면 원초아 또는 초자아로 에너지가 쏠려 심리적 갈등이 일어나는데 이것을 트라우마라고 여긴다. 외상 사건을 통해 자아가 손상되고 그에 따라 자아의 힘이 약해져 자아가 제 기능을 하지 못할 때 PTSD로 이어진다는 입장이다.

(2) 트라우마의 재현

정신분석에서 바라보는 PTSD의 두 번째 원인은 무의식에 억압된 감정을 표출하지 않아서 나타나는 증상으로 설명한다. 유아기 성(性)과 관련된 심리적 외상이 존재하는 경우, 이전에 경험한 트라우마 기억이 현재 경험하는 외상 사건으로 재현된다고 여긴다.

본래 어린아이는 약한 존재다. 따뜻한 돌봄과 관심 그리고 애정과 보호가 필요하나 방임되거나 학대받을 경우 PTSD가 나타난다. 특히, 성적 외상을 경험하면 현재 경험하는 외상으로 이전에 정지되었던 해결되지 못한 여러 심리적 갈등이 PTSD 증상으로 나타난다고 주장한다.

2) 행동주의적 입장

행동주의적 입장에서는 인간의 행동이 환경과의 상호작용에서 학습된 것이라고 말한다. 정신역동과 같이 개인 내부에서 일어나는 보이지 않는 정신적 요소를 바라보는 관점을 지양하고, 객관적으로 관찰할 수 있는 눈에 보이는 행동을 바라보아야 한다고 강조한다.

PTSD의 원인을 설명하는 행동주의 이론은 다양하다. 20세기 초 러시아 생리학자인 파블로프(Ivan Pavlov)는 개의 소화과정에 대한 실험을 통해 '고전적 조건형성' 원리를 제안하였다. 이후 스키너(Skinner)는 행동에 대한 보상이 학습을 가능케 한다는 '조작적 조건형성' 원리를 창안하였다.

고전적 조건형성이론은 PTSD 환자가 갖는 두려움과 공포 증상을 설명하고 있으며, 조작적 조건형성이론은 회피 행동을 잘 설명하고 있다. 고전적 조건형성이론은 외상 사건과 비슷한 자극에 반응하는 스트레스와 두려움의 연합 원리를 잘 보여주고 있다. 조작적 조건형성이론은 외상 사건과 관련된 부정적 자극인 공포를 제거하려는 자발적 회피 행동에 대한 부적 강화의 원리를 잘 보여주고 있다.

PTSD의 발현과정은 2단계로 이루어진다고 주장한다. 첫 번째는 충격적인 외상 사건의 자극이 고전적 조건화를 통해 공포 반응과 짝을 이룬다고 말한다. 두 번째는 조작적 조건화를 통해 고통을 주는 혐오자극인 공포를 감소 혹은 제거하려는 회피 행동이 강화된다고 설명하고 있다.

3) 인지주의적 입장

행동주의에서는 학문의 연구 대상을 의식(意識)에 두지 않고 인간의 행동에 초점을 두어 오직 자극과 반응의 관계 및 그 관계로 구성되는 체계를 다룬다. 하지만 인지주의에서는 인간을 사고하는 존재로 전제하여 인간의 내부에서 일어나는 능동적인 사고 과정과 정보처리 과정을 중시한다.

(1) 인지 도식, 완전 경향성, 정보과부하

호로비츠(Horowitz)는 일찍이 외상 사건에 대한 정보가 본인이 가진 기존 인지 도식에 맞지 않으면 정상적인 정보처리가 어렵다고 주장한다(Horowitz, 1986). 그가 주장한 인지 도식(schema), 완전 경향성(completion tendency), 정보과부하(information overload)의 개념을 살펴보겠다.

첫째, 인지주의 관점에서 보는 PTSD 발병 원인은 인지 도식으로부터 출발한다. 인지 도식은 개인이 가진 고유한 생각의 틀이자 정신적인 구조다. 사람은 이 같은 도식을 통해 생각하고 행동하는 패턴이 조직화하는데 비슷한 상황에서는 항상 비슷한 생각을 하도록 유도한다. 그래서 주변 환경이 변화되어도 생각하는 틀을 바꾸기보다는 원래의 방식대로 유지하려고 한다.

예를 들어, '여군은 남군보다 열등하다'는 인지 도식이 있는 병사가 있다고 하자. 그 병사는 애인이 면회를 와서 말을 많이 하면 '여자가 알면 얼마나 안다고 이렇게 말이 많아!' 라는 식으로 생각할 수 있다. 부대에서 함께 근무하는 여군 상관이 하달하는 지시와 명령에도 앞서 언급한 방식과 같은 부정적인 패턴으로 생각할 가능성이 있다.

둘째, PTSD의 원인은 완전 경향성에서 비롯된다고 말한다. 각자 인간은 자신만의 독특한 인지 도식을 형성하는 이유가 있는데, 그것은 정보처리를 신속히 해야 생존전략에서 유리하기 때문이다. 도식이 사전에 형성되어 있으면 정보를 빠르게 받아들이고 신속히 처리하는 데 매우 효과적인 반면, 도식에 맞지 않는 정보가 들어오면 그 정보는 무시하고 왜곡한다.

우리 인간은 새로운 정보가 도식에 들어오면 기존에 있던 도식의 틀에 부합될 때까지 계속 정보를 처리하려고 노력한다. 이렇게 개인의 인지 도식에 부합될 때까지 외상 사건과 관련된 정보를 처리하려는 과정에서 생각, 이미지, 감정, 느낌 등이 튀쳐나온다고 설명한다.

셋째, 정보과부하로 PTSD 원인을 설명한다. 충격적인 외상 사건을 경험하는 경우에는 새로운 정보량이 엄청나게 많이 들어오는데, 그 정보는 개인의 인지 도식에 부합되지 않는 것이 대부분이다. 호로비츠는 외상 사건과 관련한 정보가 시간이 지나도 처리되지 않은 채 그대로 남아있는 현상을 정보과부하 상태라고 말한다.

일상적인 생활스트레스 사건이나 새로운 환경변화에도 이를 받아들이고 소화하기까지에는 긴 시간이 걸린다. 하물며 충격적이고 끔찍한 외상 사건을 경험하면 정보과부하 상태는 비교할 수 없이 높은 수준에 이른다. 이때 나타나는 과부하 증상이 침투 증상과 회피증상이라고 설명하고 있다.

(2) 붕괴된 신념체계

야노프-불맨(Janoff-Bulman)은 호로비츠 이론을 보완하여 인지 도식의 특징을 자세히 설명하고 있다. 사람은 누구나 쉽게 흔들리지 않는 자기 자신 및 세상에 대한 기본적 신념이 있다고 말한다.

외상 사건은 나에게 일어나지 않을 것이라는 믿음, 이 세상은 의미 있고 공정하다는 믿음, 나는 외상 사건을 겪지 않을 만큼 소중한 사람이라는 가치감 등이 충격적인 외상 사건을 통해 철저히 붕괴되어 PTSD가 유발된다고 야노프-불맨은 주장한다(Janoff-Bulman, 1989).

그가 주장하는 붕괴된 신념체계는 다음과 같이 설명한다. 첫째, 외상은 나에게 일어나지 않을 것이라는 신념의 붕괴이다. 필자는 군 생활 33년 중 지휘관 생활을 17년간 경험하였다. 대대장 직책을 수행할 때 '내가 지휘하는 부대에서는 그 어떤 악조건 상황이 닥치더라도 부하가 죽는 사고만큼은 발생되지 않도록 할 것이다.'라는 확고한 신념이 있었다.

그러던 어느 날 예상치 못한 대형 사고가 갑자기 부대 안에서 발생해 병사 한 명이 국군수도통합병원에 긴급 후송하는 일이 벌어졌다. 다행히 사고 발생 즉시 응급 대기 헬기로 긴급 후송하여 다친 병사의 생명은 구할 수 있었으나 그날 이후로 필자의 신념체계는 크게 흔들렸다.

내일 또다시 유사한 인명사고가 발생하는 것은 아닌가 하는 불안과 걱정, 긴장 등으로 몇 달 동안 제대로 잠을 자지 못하였고, 급성 스트레스 증상으로 힘겹게 지낸 경험이 있다.

둘째, 세상은 의미 있고 공정하다는 신념의 붕괴다. 사람은 일반적으로 자신이 사는 세상을 의미 있게 바라보고 공정하다는 신념을 가진다. 그러나 학교에서 성폭행당한 학생은 학교를 참된 교육의 현장으로 보지 못한다.

군에서 구타 및 가혹행위, 인격 무시를 경험한 병사는 군대가 정의롭지 않은 조직이라고 여긴다. 자연 재난을 경험한 사람은 왜 이런 재난이 자신에게 일어났는지 의문을 가진다. 이렇게 충격적인 외상 사건을 경험하면 기존 개인이 가지고 있던 세상에 대한 신념이 변화한다.

셋째, 나는 외상 사건을 겪지 않을 만큼 소중한 사람이라는 신념의 붕괴다. 사람은 자신을 소중한 사람이라고 지각한다. 그래서 자신에게는 외상 사건을 경험하지 않을 것이라는 믿음을 가진다.

그러나 충격적인 외상 사건을 경험하면 자신의 가치에 대한 신념이 급격히 붕괴한다. 야노프-불맨은 외상 사건을 경험하면 무력감이나 죄책감이 생기는 이유가 바로 이런 자기 가치감이 무너져 나타나는 증상이라고 설명한다.

(3) 공포네트워크 이론

랑(Lang, 1979)은 외상 사건을 경험한 사람의 기억 속에 하나의 공포구조가 형성된다고 주장한다. 공포구조 안에는 외상 사건의 감각과 자극뿐만 아니라 심리적 · 생리적 반응까지 저장된다고 말한다. 이러한 랑의 공포구조 개념을 도입하여 포아와 동료들(Foa & Riggs, 1993)은 기억 속에 저장된 공포구조가 어떻게 형성되고 활성화 되는지 보여주는 모델을 제시하였다.

외상 사건은 단순히 정보가 처리되어 저장되는 것이 아니라 광범위한 그물망처럼 엮여 처리되고 저장된다고 설명하고 있다. 그러다 보니 트라우마를 떠올리게 하는 작은 사건이나 단서도 광범위한 네트워크 전체가 활성화되어 개인이 혼란에 빠진다고 주장한다(김환, 2010).

2. 생물학적 관점

생물학적인 관점에서는 PTSD의 발병원인을 해마와 편도체를 비롯한 변연계에서 찾는다. 이러한 뇌의 신경계가 손상되고 호르몬 분비에 이상이 생겨 나타나는 증상을 PTSD라고 설명한다.

1) 작은 해마

PTSD 환자는 상대적으로 작은 해마(hippocampus)를 가지고 있다는 연구결과가 보고되었다(Astur et al., 2004). 해마는 우리 뇌에서 정보를 처리하여 전달하거나 기억을 저장하고 인출하는 중추 기관으로 편도체(amygdala) 옆에 붙어 있다. PTSD 환자에게서 발견된 해마와 만성적인 스트레스를 받는 동물의 해마에서는 공통적으로 뉴런(neuron)의 상실이 있다는 보고가 있다.

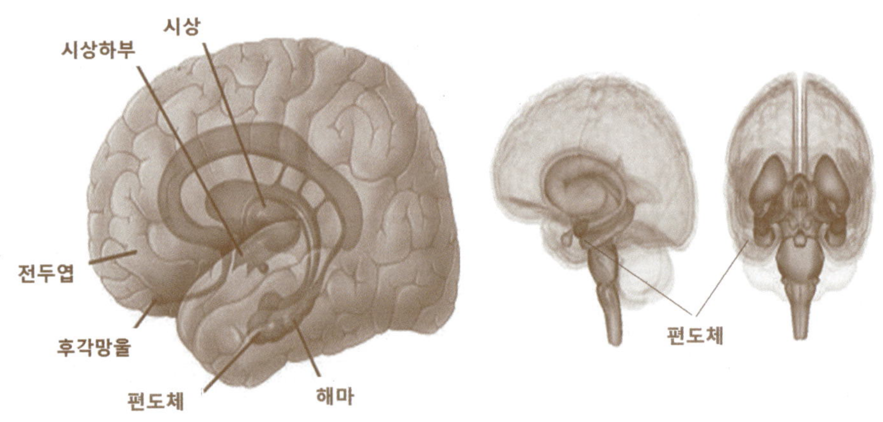

[그림 7-1] 뇌의 구조

이러한 연구 결과는 해마가 작아질 수 있다는 가능성을 말해주고 있다. 산모의 자궁 속에 있을 때 각종 호르몬 분비가 불균형 상태거나 영양상태가 부실하면 뇌의 발달이 저하되고 작은 해마를 가지고 태어나는데, 이러한 요인도

PTSD 발병의 한 원인이 된다고 설명한다.

2) 편도체의 과활성화

PTSD 발병의 또 다른 생물학적 원인은 편도체의 과도한 활성화로 여긴다. 우리의 뇌는 생존과 관련된 것은 망각하지 않고 기억하도록 프로그램되어 있다. 우리가 위험을 감지하면 가장 먼저 편도체가 활성화된다. 이어서 시상의 명령으로 부신에서 아드레날린을 분비하여 심장박동을 증가시키고, 각 근육에 혈액을 빠르게 공급하여 힘을 생성한다.

이때 근육은 싸우거나 도망갈 준비를 하는데 우리가 위급한 상황에서 생각지 못한 강한 힘이 생기는 이유도 이와 같은 생존 반응 때문이다. 감정과 관련된 기억이 잘되는 이유도 이와 같은 편도체가 있기 때문이다. 불안과 두려움, 공포와 관련된 일은 다시는 되풀이하지 않도록 장기기억에 저장된다.

그러나 편도체가 지나치게 활성화되면 감정 기억이 전두엽의 장기기억 영역에 저장되지 않고 해마에 그대로 남아있게 된다. 위험한 상황이 종료되었다는 전전두엽의 명령을 편도체가 듣지 않은 채, 아직도 위험하다고 판단하여 계속 불안과 두려움, 긴장을 느끼게 되는 것이라고 설명한다.

3) 코르티솔의 결핍

PTSD의 생물학적 원인을 이해하기 위해서는 교감신경계와 시상하부-뇌하수체-부신축(HPA axis)이라는 두 가지 시스템의 기능을 이해할 필요가 있다. 먼저, 교감신경계는 외상 사건을 경험하면 카테콜라민인 에피네프린, 노르에피네프린 등을 분비하여 투쟁도피반응(flight or fight reaction)을 일으킨다.

그 결과 동공이 확장되고 심장박동수와 혈압, 혈류가 증가하며 근육에서는 혈당의 소비가 증가한다. 이때 부신축에서는 시상하부와 뇌하수체, 부신 등이 복잡한 상호작용을 한다. 시상하부에 위험 신호가 전달되면 그것은 뇌하수체에 작용되어 부신피질자극호르몬 분비를 증가시킨다. 이는 다시 부신에 작용하여 코르티솔(cortisol)이라는 호르몬 분비를 감소시킨다.

코르티솔은 콩팥의 부신 피질에서 분비되는 호르몬으로 신체의 스트레스 반응을 낮추는 뇌의 화학물질이다. 외부의 스트레스와 같은 자극에 맞서 몸이 최대의 에너지를 만들어 내도록 하는 과정에서 분비되어 혈압과 포도당 수치를 높인다. 스트레스와 같은 위협 상황이 다가오면 몸은 그러한 위협에 대항하기 위해 에너지를 생산하도록 돕는다.

결국, PTSD가 발병하는 것은 코르티솔 호르몬이 결핍되어 나타나는 현상으로 설명한다. 일반적인 생활사건에서 스트레스를 받는 경우에는 코르티솔이 감소하지 않지만 생명의 위협을 느낄 정도의 압도적인 스트레스 상황에서는 코르티솔 수치가 현저하게 낮아진다. PTSD와 같이 충격적이고 심각한 트라우마에 노출될 경우에는 일반적인 스트레스에 노출될 때와 다르게 코르티솔 분비 수준이 급격히 낮아진다.

3. 심리사회적 관점

PTSD 발병 원인에 대한 통합적 관점은 개인적 특성과 사건적 특성, 환경적 특성 요인이 어떻게 PTSD를 일으키는지 밝히려는 입장이다. 윌리엄스와 포이줄라는 이러한 관점에서 PTSD 발병 원인을 다음과 같이 설명하고 있다.

〈표 7-4〉 PTSD의 심리사회적 요인(출처: Williams & Poijula, 2002)

개인 특성	사건 특성	환경 특성
• 이전 과거력, 교육수준 • 성격장애, 개인심리특성 • 아동기의 트라우마 등	• 외상 사건 자체의 형태와 강도	• 사회적 지지 기능과 형태 • 2차 스트레스 원 • 사회경제적 자원 등

1) 개인특성 요인

PTSD 발병에 영향을 미치는 개인특성 요인은 정신장애 관련 유전적 또는 체질적 취약성과 아동기의 외상경험, 의존성이나 정서적 불안정성과 같은 성격특성이 해당한다. 자신의 운명이 외부요인으로 결정된다고 생각하는 것을 의미하는 통제 소재의 외부성도 외상 사건을 경험하기 이전에 지닌 개인특성이다. 가족 중 불안장애가 있으면 PTSD발병 가능성이 훨씬 높다는 연구결과가 보고되었는데, 이는 생물학적 취약성에서 오는 유전적 기여가 장애 발병에 중요한 역할을 한다는 점을 시사한다(김환, 2010).

PTSD가 발병하는데 작용하는 또 다른 개인특성 요인은 성별 및 인종적 배경, 가족구성원의 이전 과거력, 교육수준, 연령 등이 있다. 이러한 개인특성 요인에는 외상 사건에 성공적으로 대처하는 보호요인과 PTSD 발병을 촉진하는 위험요인이 동시에 존재한다.

2) 사건특성 요인

경험한 외상 사건에 따라서도 PTSD 증상이 다르게 나타난다. 외상 사건의 특정한 경험은 PTSD 발병을 증가시키는 위험요인에 해당한다. 성적인 학대, 가정 폭력, 잔인하고 비인간적인 감금이나 고문이 아동기에 경험할 경우의 PTSD 위험은 75%까지 증가한 것으로 보고되었다(Julian, 2012).

외상 사건이 한 사람에게 직접적으로 일어나거나, 중대한 물리적 부상 혹은 심각한 고통이 수반될 경우에는 PTSD 위험수준이 훨씬 높게 나타난다. 규모가 작은 외상 사건이라 하더라도 가까운 지인에게서 발생되거나 반복해서 일어나는 경우에는 PTSD 발병률이 훨씬 증가한다. 이렇게 외상과 관련된 여러 연구들은 과거 외상경험이 있는 사람이 이후 외상 사건을 겪게 될 때 PTSD 발병에 더 취약하다고 공통적으로 말하고 있다.

윌리엄스와 포이줄라(Williams & Poijula, 2002)는 이러한 외상 사건의 특성을 외상 사건 이전의 요인과 외상 사건의 자체적 요인 그리고 외상 사건 이후의 요인으로 구분하여 살펴보는 것이 중요하다고 말하고 있다. 이들이 수상한 PTSD 발현에 영향을 주는 외상 사건의 경험적 특성은 다음과 같다.

- 외상 사건에 노출된 정도가 클 때

- 아동기에 외상 사건을 경험할 때
- 외상 사건이 발생한 위치가 나와 가까울 때
- 복합적인 외상 사건을 직접적으로 경험할 때
- 외상 사건을 오랜 기간 동안 지속적으로 겪을 때
- 충격적인 외상 사건에 가해자나 목격자로 참여할 때
- 고의적이고 계획적으로 저지른 외상 사건에 연루될 때
- 자신이 경험한 외상 사건에 대한 의미를 부정적으로 가질 때 등

3) 환경특성 요인

PTSD에 대한 심리사회적 모델은 어떠한 형태의 외상 사건을 경험했느냐의 여부에 상관없이 일반적으로 적용이 가능한 모델이다. 개인의 취약한 성격특성과 생물학적 요인, 충격적인 외상 사건의 경험, 사회적지지 결여 등은 PTSD의 발병과 높은 상관을 가진다. 외상 사건을 경험한 이후 회복과정에서 환경적 요인의 결여가 PTSD 극복을 저해한다고 주장하는 환경특성의 요인은 대체로 다음과 같다.

- 사회적 지지가 결여된 상태
- 2차 스트레스 원이 복합적으로 발생한 상태
- 될 대로 되라는 식의 수동적이고 자포포기의 상태
- 외상 사건과 관련해 아무것도 할 수 없는 무기력한 상태
- 심각한 심리적 고통으로 의미를 상실한 채 이를 찾지 못하는 상태
- 자신을 돌보거나 소중히 여기지 않고 자기 연민에 빠져 있는 상태 등

외상 사건을 경험한 후 회복과정에서 사회적 지지가 결여된 경우에는 PTSD 발병을 가장 잘 예언한다. PTSD 발병위험을 감소시키는 가장 강력한 보호요인은 사회적지지 요인이다.

외상 사건을 경험한 후의 사회적 지지는 긍정정서 회복에도 도움을 줄 뿐만

아니라, 정서적 고통과 부정적 감정을 해소하는 데에도 크게 기여한다. 외상 사건을 경험한 사람의 주위에 사회적 지지 그룹이 함께 하면 PTSD로 이어질 가능성은 훨씬 줄어든다.

4. 군 PTSD 상담전략

PTSD를 치료하기 위한 방법은 인지행동치료, 지속노출치료, 안구운동둔감화 재처리, 게슈탈트치료, 최면치료 등 다양한 방법이 존재한다. 만약, 장병이 휴가 중 외상 사건을 경험할 경우에는 가족들의 도움이 절대적으로 필요하다. 심각한 외상을 경험하면 장병 본인의 심리적 고통뿐만 아니라, 함께 생활하는 가족들에게도 많은 어려움으로 다가온다.

외상피해 장병의 심리적 불안과 부적절한 감정 표출은 가족 내 안정감을 해치고 가족관계에 부정적인 영향을 주어 가족 기능을 약화한다. 휴가 중 외상 사건을 경험하여 트라우마 증상을 보이는 장병을 위해 가족구성원이 해야 할 역할은 다음과 같다.

첫째, 가정에서 함께 보내는 시간을 충분히 가진다. 트라우마 증상은 저절로 회복되지 않는다. 트라우마 치료와 회복은 어렵고 힘든 과정임을 인식하고 잘 참아내고 견디는 마음의 자세를 가지고 외상피해 장병과 함께 하는 시간을 늘린다.

특히, 외상피해 가족을 지지하고 격려하며 외상 사건과 관련된 감정을 함께 공유할 수 있어야 한다. 간혹 외상을 경험한 장병이 심리적인 불안과 분노, 짜증으로 가족을 힘들게 할 수도 있지만 많은 시간 그와 함께 있어주고 충분한

지지가 이루어지면 빠른 회복이 가능하다.

둘째, 트라우마와 관련한 이야기를 자주 나눈다. 트라우마 증상이 있는 피해자와 자주 대화는 하는 것은 무척 중요하다. 그러나 충격적인 재난이나 끔찍한 외상사고를 경험하면 그 사건에 관해 이야기하지 않으려는 특징이 있다. 외상 사건과 관련한 불쾌한 감정을 반복해서 느끼기 때문이다.

외상 사건을 경험한 이야기를 꺼내는 것은 오히려 더 큰 상처를 안겨줄 수 있다는 생각에서 대화를 기피하면 그만큼 트라우마 회복은 더디게 이루어진다. 따라서 가족들은 외상피해 장병이 외상 사건에 대한 이야기를 꺼내도록 촉진하고, 그가 하는 말을 따라가며 따뜻한 대화를 나누어야 한다.

셋째, 식사와 수면을 규칙적으로 한다. 충격적인 외상 사건을 경험하면 불규칙한 식사와 수면의 패턴이 뚜렷이 나타난다. 불규칙한 생활은 무기력한 상태에 있는 자신의 생활을 더욱 혼란하게 만들어 추가적인 문제를 만들 가능성이 있다.

장병이 휴가 나오기 전 부대에서 이루어졌던 규칙적인 병영생활을 돌아보도록 하는 촉진적인 대화가 필요하다. 가족과 식사시간을 함께 하고, 동시간대에 취침을 하는 등 가족구성원과 같은 시간대에 활동한다.

넷째, 부정적 인지와 감정, 행동을 받아들인다. 충격적인 외상경험으로 나타나는 심리적 불안과 두려움, 상처, 분노, 상실감, 죄책감 등은 수개월에서 길게는 수년 동안 지속된다. 따라서 가족들은 트라우마 극복과정에서 나타나는 여러 증상이 아주 자연스러운 현상임을 인식하고, 외상을 경험한 장병이 이를 잘 참고 견디어내는 자세를 갖도록 지지한다.

특히, 외상경험 장병의 인지, 감정, 행동의 부정적인 변화가 일시적으로 나타나는 현상이 아닌 영원히 고칠 수 없는 정신병으로 여기지 않아야 한다. 외상을 경험한 후 폭력적인 언행과 심한 짜증, 분노, 화를 내는 모습을 영구적인 정신질환으로 보는 것은 외상피해 장병의 트라우마 증상을 완화하는 데 도움이 되지 않는다.

외상피해 장병이 가족과 함께하는 시간을 보내고 많은 지지와 대화를 지속하면 트라우마 증상이 완화된다. 그러나 일부는 증상이 완화되지 않고 오히려 더 악화하는 경우도 있는데 이러한 경우에는 전문치료를 받도록 한다.

극도의 불안과 공포 증상을 보인다거나 침투 증상, 회피증상, 인지와 감정의 부정적 변화, 각성 및 반응성의 변화 정도가 크게 나타나면 전문치료를 받아야 한다.

1. 인지행동치료

인지행동치료(Cognitive Behavioral Therapy: 이하 CBT)는 인지이론에 기반을 둔 치료방법이다. 개인에게 나타나는 문제 증상의 원인이 어떤 특정한 사건 때문이 아니라, 그 사건을 바라보는 개인의 사고와 신념체계에 있다고 설명한다.

그래서 인간의 사고, 감정, 행동을 기술하는 심리적 모델에 근거하여 사람의 생각과 신념, 행동을 변화시키는 데 초점을 둔다. CBT는 일반적으로 인지치료와 정서치료, 행동치료로 구분하여 시행하는데, 치료에 전념할 수 있는 여건과 능력이 갖추어지면 시도한다.

장병의 인지적 사고의 틀이나 내용을 재구성하여 불안이나 두려움, 공포와 같은 정서적인 문제를 해결하는 인지재구조화와 외상기억을 재처리하는 방법을 주로 활용한다.

1) 인지 재구조화

CBT는 자신의 비합리적인 생각을 확인하고 그것을 더욱 합리적으로 바꾸는 것이 가능하다. 인지 재구조화는 A→ B→ C 모형으로 설명이 가능한데 A(Activating)는 사건을 뜻하고, B(Belief)는 A에 대해서 믿는 자신의 신념체계를 의미하며, C(Consequences)는 B를 통해 나타나는 결과이다.

대부분의 사람은 A가 C의 원인이 된다고 생각하나 실제로는 B가 주요 원인이다. 충격적인 외상 사건을 경험한 사람에게서 나타나는 흔한 인지 오류는 과잉 일반화와 과대 및 과소평가, 이분법적 사고, 흑백논리, 자의적 추론 등이 있다. 이와 같은 인지 오류에 대한 개입방법은 다양하게 있으나 대체로 다음과 같은 것을 포함한다.

- 개인화 → 충격적이고 두려운 외상 사건 앞에서는 그럴 수 있다.
- 이분법적 사고 → 대부분의 일들은 중간 영역에서 일어난다.
- 긍정 무시하기 → 자기 자신과 자기 행동에 대해서 인정한다.
- 좋지 못한 비교 → 각자는 고유한 강점과 약점을 지닌다.
- 과잉 일반화 → 개인과 개개의 사건은 개별적으로 평가한다.
- 비난하기 → 외부의 영향력은 인정하되 자신의 반응은 스스로 선택한다.
- 추론하기 → 증거는 무엇이고 그렇지 않을 가능성을 개방적으로 질문한다.

2) 외상 기억의 재처리

CBT의 주요 목표는 외상과 연합된 기억을 재처리하여 기존 신념의 틀과 통합하는 것이다. 외상 사건을 경험한 장병이 심리적 불안과 두려움, 공포에서 치유되고 외상 사건을 경험하기 이전의 기능 상태로 회복되기 위해서는 외상 사건에 대한 기억이 그동안의 삶의 경험과 통합되어야 가능하다.

충격적인 외상 사건을 경험하면 그 기억으로부터 도망가고 싶은 것은 지극히 당연하다. 그러나 외상기억을 억압하거나 회피하는 것은 그것을 경험한 자신의 일부를 부정하는 것이나 다름없다. 따라서 충격적인 외상 사건의 경험을 과장하거나 과소평가하지 않고 있는 그대로 자기 자신의 삶의 한 경험으로 받아들이는 것이 중요하다.

외상 사건의 경험을 글로 써보는 것은 회피하여 숨겨진 상처의 기억을 드러내는 데 도움이 된다. 이 방법은 급하게 서두르지 않고 천천히 안전한 환경에서 장병의 감정과 기억을 드러낼 수 있다. 외상기억을 자세하게 떠올리는 것은 자신에게 무슨 일이 일어났는지를 분명히 인식하고 외상의 충격을 받아들일 뿐만 아니라, 기존 자신의 도식(schema)에 외상기억을 통합하는 것이 가능하다.

3) 부정 감정 다루기

부정 감정은 외상 사건을 경험한 이후에 필연적으로 발현하여 트라우마 증상의 완화를 방해하기까지 한다. 외상을 경험한 장병의 트라우마를 제거하기 위해서는 외상과 관련된 죄책감, 분노, 상실감 등과 같은 부정감정을 다룰 수 있어야 하는데 이를 자세히 살펴보겠다.

첫째, 죄책감 다루기다. 죄책감은 양심의 결과로 나타나는 감정이다. 때로는 외상을 경험한 장병이 과도한 자기 비난에 빠지도록 영향을 미치기도 한다. 죄책감의 성공적인 해결을 위해서는 어떠한 일이 일어났고, 왜 그러한 사건이 발생했으며, 그 사건을 경험할 당시와 이후에 자신의 행동을 돌아보도록 하는 것이 도움이 된다. 만약, 그러한 상황에 다시 놓인다면 어떻게 행동할 것인지 같이 의논하는 것이 바람직하다.

둘째, 분노 다루기다. 충격적인 외상 사건의 경험에서 비롯된 분노를 해결하는 것은 결코 쉽지 않다. 분노를 다루는 데에는 충분히 분노를 다시 경험하도록 하는 것이 중요하다. 분노 아래 잠재된 슬픔과 두려움, 실망 등의 다양한 감정을 이해하도록 촉진한다.

셋째, 상실감 다루기다. 일반적으로 단순한 슬픔이 아닌 심각한 슬픔이 트라우마와 함께 존재하는 경우에는 이에 대한 치료가 절실하다. 상실감을 다룰 때에는 먼저 슬픔을 충분히 경험하도록 한다. 상실을 통해 알게 된 것을 돌아보고 건재한 자신에 대한 감사한 마음을 가지며, 자신의 고통과도 화해하는 과정이 필요하다.

직면을 통해 상실감을 직시하는 경우에는 자기 삶에서 정말로 중요한 것이 무엇인가를 발견하도록 할 때이다. 그러나 분노에 사로잡혀 있거나 부정이 지나치고 지속적일 때, 해결되지 않은 죄책감을 느끼고 있을 때, 주변 사람과 환경이 지지해주지 않을 때에 직면하면 오히려 직면 효과가 반감되거나 상쇄될 가능성이 있다.

2. 지속노출치료

지속노출치료(Prolonged Exposure: 이하 PE)는 포아와 그의 동료가 PTSD 치료를 위해 개발한 방법으로 다양한 CBT 요소를 포함하고 있는데, 그중에서도 노출치료에 큰 비중을 두고 있는 것이 특징이다. 일부 전문가는 노출치료가 트라우마를 반복적으로 재경험하게 하여 피해자의 증상을 더 악화시킬 가능성이 있다고 주장하지만, 실제 연구결과는 트라우마 증상을 완화시키는 것으로 밝혀졌다.

1) 치료의 특징

외상 사건을 경험한 사람은 트라우마 상황과 관련한 생각이나 감정을 회피하려고 노력한다. 회피를 하면 잠시 동안은 편할 수 있으나 장기적으로는 도움이 되지 않고 치료를 더 어렵게 만든다. 상상 노출과 현장 노출은 이러한 문제를 해결하는 효과적인 치료방법이다.

상상 노출은 마음속에 있는 상처의 기억을 계속해서 되새기는 방법이며, 현장 노출은 두려움 때문에 피하던 상황이나 장소를 직접 직면하는 방법이다. 트라우마 증상이 있는 사람은 본능적으로 외상 사건의 기억을 회피하는 경향이 있다. 그러나 외상 사건에 대한 기억과 생각을 계속 회상하면 그 기억에 대한 괴로움이 조금씩 덜해지고 기억이 위험하지 않다는 것을 깨닫는다.

이렇게 외상 사건에 대한 기억을 되새기는 것은 점차 두려운 외상기억을 사라지게 하여 회피증상을 줄어들게 하고 자신을 긍정적으로 인식하도록 돕는다. 치료는 우선 호흡훈련과 같은 이완법과 트라우마 증상에 대해 교육하는 것으로부터 시작한다.

이후, 점차 외상 사건을 회상함으로써 침투적인 증상을 일으키는 상황에 자신을 노출하는 연습을 한다. 외상 사건을 회상하는 것은 단순히 기억나는 외상의 부분을 나열하는 것이 아닌 외상기억의 조각들을 당시의 상황에 맞게 재정리하는 것이다. 결국 이러한 노출을 통해 경험한 외상 사건이 더 이상 두려운 사건이 아니라 단순한 하나의 사건으로 인식하고 기존 삶의 경험과도 통합이 가능하다.

노출 과정은 불안을 덜 느끼는 상황으로부터 시작하여 점차 위협적인 상황으로 노출 수위를 높여간다. 이를 통해 외상피해 장병은 사건에 대한 관점을 새롭게 가지며, 사건과 연관된 죄책감이나 분노, 상실감 등의 부정 감정도 통제가 가능하다.

2) 치료 방법

(1) 호흡 및 근육이완훈련

충격적인 외상 사건을 경험한 장병에게는 복식호흡이 두려움과 불안을 감소시키고 심리적 고통을 조절하는 데 큰 도움이 된다. 여기에 명상적인 요소를 더하면 이완효과를 더 크게 얻을 수 있다. 근육의 긴장은 불안하거나 두려울 때 나타나는 신체적 증상이다. 신체 부위의 근육을 긴장시킨 다음, 다시 힘을 빼는 방식으로 이루어진다. 시계추 원리의 작용으로 근육에 긴장을 많이 시킬수록 더 깊은 이완이 가능하다.

(2) 상상 노출과 현장 노출

충격적인 외상 사건을 경험한 대부분의 장병은 외상에 대한 두려운 기억 때문에 외상 사건과 유사한 상황이나 장소를 회피하려고 노력한다. 그렇지만 외상 사건에 대한 기억으로부터 완전히 피하거나 도망하는 것은 거의 불가능하다. 오히려 이 과정에서 불필요한 노력과 에너지를 사용하여 치료에 부정적인 영향을 미치기도 한다.

외상 사건을 직간접적으로 경험하는 노출훈련은 외상의 충격으로 고통받는 사람을 치료하는 데 반드시 거쳐야 하는 관문이다. 노출은 과거의 외상 사건에 대한 기억이 더 이상 위험하지 않다는 것을 경험하게 하여 회피행동이 나타나지 않도록 하는 방법이다.

이는 안전한 환경에서 외상피해 장병에게 외상 사건의 경험을 다시 접촉하도록 의도적으로 불안을 일으키는 방법으로 상상 노출과 현장 노출의 두 가지 방법으로 이루어진다. 상상 노출은 외상피해 장병이 더 이상의 불안이나 고통을 느끼지 못하는 단계에까지 계속해서 두려운 사건을 상상하도록 하는 방법이다. 이러한 외상기억을 회상하는 과정에서 강한 정서적 반응이 나타나지만 시간이 지나면서 점차 줄어든다.

반면, 현장 노출은 강한 공포를 유발하는 외상 사건과 관련된 상황과 장소 등에 직접 노출하는 방법이다. 반복적인 현장 노출이 성공적으로 이루어지면 외상피해 장병이 두려워하는 상황이나 장소가 더 이상 위험하지 않다는 것을 깨달아 불필요한 회피 노력을 기울이지 않게 된다.

3. 안구운동 둔감화 재처리

안구운동 둔감화 재처리(Eye Movement Desensitization and Reprocessing: 이하 EMDR)는 샤피로 박사(Francine Shapiro)가 개발한 트라우마 치료방법이다. 첫 임상 연구는 1989년에 이루어졌고 이듬해인 1990년에 인지적 재구조화가 반영되어 EMDR이라는 이름으로 지금까지 사용되고 있다.

EMDR은 수평 안구운동 외에도 다양한 요소들이 통합되어 있는데 인지행동과 인간중심기법을 활용한다. 치료단계는 표준화되어 있어 적용하는데 수월하다(Shapiro & Forrest, 1998, 2008).

1) 치료적 특징

EMDR은 안구나 소리 등 규칙적인 양측성 자극을 주어 대뇌의 정보처리시스템을 자극하는 방법이다. EMDR 치료과정을 거치면 신경학적인 기억연결망이 새롭게 변형되어 외상기억이 재처리된다. 양측성의 자극을 주면 감각적 · 인지적 과정이 활성화되어 부정 정서 기능이 약화하고, 부정적인 외상기억과 긍정적인 삶의 기억이 새로운 연결망을 형성한다고 주장한다.

모든 인간은 인체 내에 생리적인 정보처리시스템을 갖추고 있다. 뇌의 정보처리시스템은 우리의 경험을 기억, 처리, 저장하는 역할을 한다. 우리의 기억은 서로 밀접하게 그물망처럼 연결되어 생각, 감정, 심상, 감각 등이 서로 상호작용한다. 뇌에서 이루어지는 인지적 학습이란 이렇게 기억 속에 저장된 데이터 간에 새로운 연결망을 형성하고 상호작용할 때 이루어진다.

충격적인 외상 사건을 경험하면 뇌의 충격으로 정보처리기능이 방해받아 교란 상태에 놓이게 되는데, 이럴 경우 다른 기억 회로와 연결망이 형성되지 않아 정상적인 정보처리가 어려워진다. 그 결과 외상경험 당시의 장면, 생각, 느낌, 소리, 냄새, 신체감각 등의 고통스러운 기억이 처리되지 못한 채 단편적이고 파편화된 상태로 신경계 안에 남아 그대로 갇혀 버린다.

천안함 폭침사건과 같이 충격적인 사건을 경험한 장병이 그 사건의 장면을 비롯해 소리, 냄새, 생각, 감정을 기억할 때, 실제 그 사건이 일어났을 때와 같은 강렬한 느낌을 받았다고 말하는 것은 이와 같은 이유에서다.

EMDR은 이렇게 처리되지 않은 충격적인 외상기억과 마음의 상처를 직접 처리함으로써 고통스러운 증상을 제거한다. 외상 사건에 대한 고통스러운 기억을 정상적으로 처리하여 외상을 경험하기 이전의 정상적인 기능상태가 되도록 한다. 안구운동을 실시한 후 뇌 영상을 촬영하면 기억 및 학습과 관련된 뇌 부위가 변화된 것을 알 수 있는데, 이는 과거의 고통스런 기억을 처리하는 뇌의 영역이 활성화되었다는 것을 의미한다.

고통스런 외상기억은 세상을 바라보는 관점이나 다른 사람과 관계를 맺는 대인관계 방식에도 부정적인 영향을 미친다. EMDR은 이러한 미해결된 기억을 정상적으로 처리하는 효과적인 방법이다.

치료는 증상의 정도에 따라 회기를 달리하지만 비교적 짧은 회기로 진행되는 특징이 있다. 특히, EMDR은 정식 수련과정을 마친 전문가만이 할 수 있는데, EMDR 관련 학회나 협회에서 시행하는 수련에 참가하여 전문가 자격을 취득한 사람이어야 한다.

2) 치료의 방법

외상 사건과 관련한 뇌의 정보처리는 신경계에서 일어나는데 EMDR에서 사용하는 눈 운동은 이러한 신경계의 기능을 적극 활용한다. 렘수면 단계에서 꿈을 꾸는 것과 같은 원리를 활용하는 것이다. 수면 중에 관찰되는 눈의 움직임은 본인이 잠자기 전까지 받아들인 수많은 정보 중 불필요한 정보를 조각내어 제거하는 처리과정이다.

생리학적 관점에서는 이렇게 조각내 버려진 정보가 서로 부딪혀 일어나는 현상을 꿈이라고 설명한다. 이런 점을 고려하면 군 상담관의 역할은 외상피해 증상을 가진 장병의 안구운동을 잘 유도 하는 것이다. 외상피해 장병의 안구운동을 할 때는 안구가 시야 범위의 한쪽에서 다른 쪽으로 움직이도록 안내한다.

만약, 안구운동 중에 안구 통증을 느끼는 장병이 있다면 그 장병은 안구운동을 잠시 중지한 후, 쉬었다가 다시 하는 것이 바람직하다. 안구운동은 외상피해 장병의 시야가 좌우로 편안하게 움직이도록 안내한다. 이때 상담관은 자기의 손가락을 이용하여 장병의 시각적인 초점을 유지하도록 하는데 손가락 대신 볼펜이나 자와 같은 다른 물건을 사용해도 무방하다.

보통 안구운동은 손가락 2개를 붙여 똑바로 세우고 손바닥 쪽이 약 30~40cm 떨어지게 한 상태에서 얼굴을 향하도록 한다. 안구운동이 시작되면 위기장병에게 “이 정도 거리면 괜찮습니까?”라고 묻는다.

‘아니요’라는 대답이 나오면 가장 편하게 느끼는 위치와 거리를 다시 조정해 간다. 만약, 안구운동을 하는 동안에 상담관의 손가락이 움직이는 대로 외상피해 장병의 시선이 따라오지 못하는 경우에는 “ㅇㅇ님의 눈으로 눈앞에 있는 제 손가락을 미는 것처럼 생각하고 따라 해 보세요.”라고 안내한다(심윤기 외, 2022).

안구운동의 종류에는 수평 방향 외에도 다양한 방법이 있다. 대각선 방향의 안구운동은 외상피해 장병의 얼굴 오른쪽 위 눈썹 위치에서 왼쪽 얼굴 아래턱 방향(혹은 그 반대로)으로 움직이도록 한다. 이 외에도 수직 방향, 원 모양, 8자 모양 등 다양한 방법을 사용하는 것이 가능하다.

안구운동의 한 세트는 보통 수평 안구운동을 24회 실시하는데 오른쪽-왼쪽-오른쪽으로의 전환이 안구운동의 1회에 해당한다. 어떤 위기 장병의 안구운동은 한 세트에 24회 필요로 하는 경우도 있다.

안구운동 한 세트를 실시한 후에는 "이제 좀 어떻습니까?"라고 질문하여 외상피해 장병의 내면에서 일어나는 생각, 심상, 감정, 감각 등의 경험을 스스로 인식하도록 한다. 안구운동에 대한 보다 더 자세한 치료방법은 외상 후 스트레스 장애와 심리치료(심윤기, 2018)를 참고하면 도움이 될 것이다.

CHAPTER 08

군 가족상담

군인 가족은 국가방위를 책임지고 있다는 자긍심과 의무감을 가지고 살아간다. 그래서 그들의 삶은 한편으로는 영광이기도 하지만 때로는 엄격하고 요구적인 삶을 살아야 해 호된 시련의 장이 되기도 한다. 일반 사회와 다른 특수한 환경에서 집단적인 주거생활을 해야 하는 불편함과 가족과 멀리 떨어져 지내야 하는 고립된 생활, 잦은 이사 그리고 생명의 위험과 늘 공존하는 생활을 하고 있다.

이 장에서는 일반적인 가족상담의 이론적 배경과 개념을 먼저 다룰 것이다. 그리고 군인 가족들이 살아가는 주변환경을 살펴본 후, 이를 기반으로 하는 가족상담의 군적용 전략을 제시해 보고자 한다.

1. 가족의 개념

1. 개요

1) 가족의 특징

인간은 출생과 함께 가족이라는 집단으로부터 친밀한 상호작용과 규범 및 가치를 교육받고 독특한 문화를 유지하며, 인성과 가치관을 형성한다. 가족은 사회 공통의 행동 특징과 문화규범을 습득하고, 사회화 과정을 담당하는 사회의 기본집단(primary group)으로서 사회를 존속시키는 기능을 하는데, 대체로 다음과 같은 특징을 가진다.

첫째, 가족은 인간이 가진 제도 중 가장 오래된 것으로 사회변화에 따라 다양하게 영향을 받으며 유지되어온 기본적인 사회제도다.

둘째, 가족은 인간관계를 통해서 서로 심리적인 안정감과 정서적인 만족을 충족시킬 수 있는 안식처를 제공한다. 또한 인간이 세상에 태어나 사회의 한 구성원으로서 성장과 발달을 시작하는 최초의 환경이기도 하다.

셋째, 가족은 산업화의 가족유형인 핵가족 외에도 결혼과 관계없이 살아가는 동거가족, 무자녀가족, 노인가족, 독신가족 등에 이르기까지 매우 다양한 형태로 존재한다.

넷째, 가족은 결혼으로부터 출발하며 부부와 그들의 자녀로 구성된다. 가족 구성원은 경제적이고 종교적인 권리와 의무, 성(性)적 권리, 애정, 존경 등 다양한 심리적 정서로 결합된다.

2) 가족의 변화

21C 특징 중의 하나는 가족 구조가 새롭게 변화되고 있다는 점이다. 초혼 연령이 높아지고 출산율이 낮아지며, 부부 중심의 가족체계로 변하고 있을 뿐만 아니라, 가족기능이 축소되고 가족간의 화합이 약화되고 있다.

결혼에 대한 태도나 부부간의 역할 분담, 자녀에 대한 가치관, 평등주의적인 부부 관계, 가문의 계승, 노후의 자녀 의존도 등이 약화되고 있다. 남성과 여성 간의 독립성 역시 증대되고 있으며, 여성의 경제활동 참여가 증가하고 있다.

현대사회의 가족 형태가 변화하는 요인에는 사회문화적인 영향과 산업화, 도시화의 영향력이 큰 비중을 차지하고 있다. 특히, 정보화사회로의 발전은 가족 관계에 새로운 변화를 가져왔는데, 가상공간에서의 비대면성과 개별성, 익명성 등으로 이성 간의 만남이 쉽게 이루어져 가족 관계에 새로운 변화를 일으키고 있다.

오늘날 가족은 여전히 사랑과 믿음의 토대 위에 행복과 성장을 추구한다. 그러나 주변 환경의 변화는 가족을 혼란하게 만들고 갈등을 촉진한다. 사고방식의 차이와 다양한 가치관의 혼재, 경쟁주의 문화가 만연되어 가족구성원은 과거보다 훨씬 많은 스트레스를 겪는다. 자녀의 부적응 행동과 가정폭력, 가출, 이혼 등의 문제 등도 증가하는 실정이다.

이러한 새로운 환경의 변화와 가치관은 앞으로도 계속 새로운 가족 관계를 형성하고 가족의 문제 또한 다양하게 나타날 것이다. 일부 국가에서는 동성애 결혼을 합법화하고 일부다처제를 허용하고 있다. 2001년 네덜란드를 시작으로 2023년 4월 현재 34개국이 동성결혼을 허용하고 있으며, 58개국에서는 아직도 일부다처제가 이루어지고 있다.

결혼 연령의 상승과 출산의 고령화 문제, 부부중심의 가족구조를 안정화시키는 제도 등도 새로운 패러다임으로 등장하고 있다. 이러한 변화는 군인 가족이라고 해서 예외가 되지 않는다. 군인자녀의 학교 부적응, 잦은 이사, 격리된 집단적 주거생활, 분거 생활 등 군인가족의 독특한 문화를 바탕으로 한 삶이 지속될 것이다.

2. 가족의 개념

가족은 둘 또는 그 이상의 구성원이 모인 공동체로 애정과 친밀관, 가치관, 의사결정, 자원을 공유하는 집단이다. 일정한 정서적 유대를 경험하고 개인과 가족의 욕구충족을 위한 상호의존적인 집합체이다.

가족의 개념은 기본적인 가족개념을 비롯하여 체계적 관점의 가족개념과 발달적 측면에서의 가족개념으로 구분하여 설명할 수 있다.

1) 기본적 개념

(1) 가족항상성

항상성은 언제나 변하지 않는 성질을 의미한다. 가족은 가족의 목표가 있어 그것을 중심으로 균형을 유지하려는 항상성을 지닌다. 바람직한 목표를 가진 가족은 융통성 있는 경계를 가짐으로써 서로 간에 피드백이 쉽게 이루어진다. 자녀가 자신의 잘못을 받아들이고 가족규칙에 따르고자 노력하여 이전의 상태로 돌아가면 항상성이 잘 유지되는 것이다.

반면, 부모에게 적대감을 갖고 개선의 노력을 보이지 않는다면 가족의 항상성은 깨어진다. 가족체계의 경계선이 교착되어 가족구성원들이 혼란스러워하고 큰 소리와 화를 내는 경우가 발생하면 가족의 항상성이 깨지고 갈등과 분쟁이 일어난다. 따라서 상담관은 군인 가족의 이러한 역동적인 관계를 잘 파악하여 가족의 항상성 유지에 어떤 문제가 있는지 잘 살펴볼 수 있어야 한다.

(2) 가족규칙

가족구성원이 서로 상호작용하는데 중요한 역할을 하는 것이 가족규칙이다. 건강하지 못한 역기능적인 가족은 몇 가지 안 되는 가족규칙으로 가족구성원의 행동을 통제하며 구속한다. 그러나 기능적인 가족은 가족구성원의 의견을 수용하여 다양한 가족규칙을 만들며, 성장지향적인 변화의 가능성을 고려하여 규칙을 계속 수정해 나간다.

(3) 기능적·역기능적 가족

기능적 가족이란 가족체계가 각 구성원을 위하여 잘 운영되는 가족을 말한다. 다른 가족에 의해 통제받지 않고 각자의 독립된 활동을 자유롭게 한다. 다른 사람의 반응을 통제하고 조절하기보다는 자신의 개인적인 반응에 따라 움직이는 힘을 갖고 있다. 자신의 역할을 정확히 이해하며, 각 개인의 자율성을 존중하는 가족이다.

반면, 역기능적인 가족은 가족경계선이 혼란하거나 경직되어 가족들의 요구에 유연하게 반응하지 못한다. 가족규칙이 명확하지 않아 가족구성원에게 혼란을 줄 뿐만 아니라, 가족의 역할이 분명하지 않아 자신들에게 요구하는 역할과 기대가 무엇인지 잘 알지 못한다. 가족 간의 의사소통도 권위적이며 명료하지 않은 특징이 있다.

(4) 삼각관계

삼각관계란 가족들 중 두 사람 사이에 어려운 문제와 갈등이 발생하면 이인(二人)체계의 불안과 긴장을 줄이기 위해 제삼자를 끌어들이는 것을 말한다. 삼각관계는 다음과 같은 형태가 있다.

- 공격적인 삼각관계: 부모가 자녀를 통제하기 위하여 함께 자녀를 비난하는 삼각관계
- 지지적인 삼각관계: 부모가 자녀가 해야 할 일까지 대신하는 등 과잉보호로 관심을 나타내는 관계
- 부모-자녀 연합: 부모 중 어느 한쪽과 자녀가 은밀히 결탁하여 다른 쪽의 아버지 또는 어머니를 배척하는 관계

2) 체계적 개념

(1) 가족 하위체계

체계이론은 체계의 어느 한 부분에서 변화가 일어나면 그것이 전체에 영향을 주어 변화하는 원리를 말한다. 체계이론에 근거한 가족상담이론가들은 가족의 다툼이나 갈등이 가족의 한 구성원에 의해 발생하는 것으로 보일지라도 그것은 다른 가족의 행동과 밀접한 관계가 있다고 말한다. 가족 전체체계

에 무엇이 일어나고 있는지 알지 못하면 가족구성원 개인에 대하여 이해할 수 없다는 입장을 취한다. 따라서 상담관은 가족문제의 해결을 위해 군인 가족의 체계가 어떻게 이루어져 있는지 체계적 관점에서 접근할 수 있어야 한다.

(2) 가족 경계선

가족은 눈에 보이지 않는 어떤 규칙들로 연결되어 있는데 이를 가족 경계선이라고 한다. 가족들 간의 개인생활 존중이나 비밀 공유의 문제가 불거지면 이는 가족 경계선과 관련되어 있다. 가족 경계선은 경직된 경계선과 애매한 경계선 및 명료한 경계선이 있다.

상담관은 군인 가족이 가족의 문제와 갈등을 이야기할 때 그들의 상호작용이 어떠한 유형인지 그리고 어떠한 형태의 경계선으로 이루어졌는지 파악할 수 있어야 한다. 가족 경계선의 문제로 상담을 받는 군인 가족이 있다면, 상담관은 가족구성원과 협력하여 서로 좀 더 수용적이고 인정해 주는 명료한 경계선을 만들어 갈 수 있어야 한다.

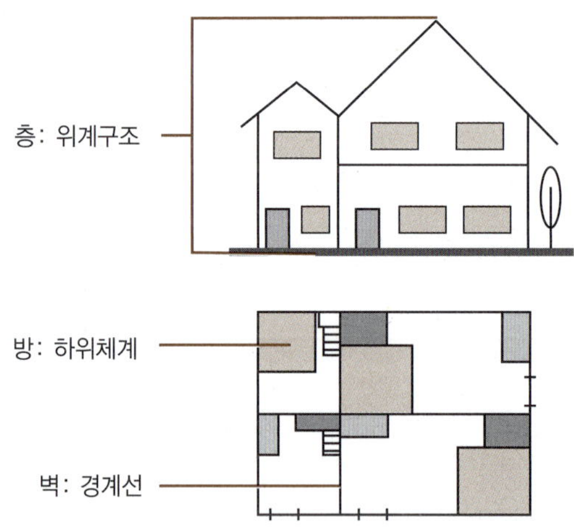

- **경직된 경계선**: 경직된 경계선은 가족구성원 간에 자신의 생각이나 감정을 나누지 않는 폐쇄성과 경직성을 가진다. 지나치게 독립적이고 개인적이어서 '너는 너, 나는 나' 식의 경계선을 유지하며 융통성이 없고 개방적이지 못한 특징이 있다.
- **애매한 경계선**: 애매한 경계선이 있는 가족은 모든 정보를 서로 공유하려 하며, 지나치게 모든 문제에 간섭과 관여를 하는 등 복잡하게 얽혀 있다. 개인의 사생활이 존중되지 않을 만큼 경계선이 과도하게 열려 있다.
- **명료한 경계선**: 명료한 경계선은 가장 바람직한 가족구성원 간의 경계선이다. 경계가 유연하여 가족구성원이 서로 인정하고 존중하며 지지한다.

(3) 순환적 인간관계

군인 가족의 문제를 이해함에 있어서는 직선적인 인과관계가 아닌 순환적인 인과관계로 접근할 필요가 있다. 가족의 문제란 'A' 원인에 의해 'B'의 결과가 나타난다는 직선적인 인과관계로 설명되지 않는다. 'A'라는 원인이 'B'라는 결과를 낳을 수도 있지만, 'B'라는 결과가 다시 원인이 되어 'A'라는 결과를 낳을 수 있다는 순환적인 관계로 접근하는 것이 바람직하다.

이것은 군인 가족의 문제가 발생했을 때 그것의 원인과 결과를 따지는 것이 중요한 것이 아니라, 원인과 결과가 서로 뒤바뀔 수 있는 것이므로 순환적 입장에서 문제를 이해하고 접근하는 것이 중요함을 말해준다.

3) 발달적 개념

(1) 자아분화

보웬(Bowen)이 강조한 자아분화는 개인의 성장목표이자 치료목표에 해당한다. 자아분화는 정서적 기능과 지적 기능의 융합이나 분화의 정도에 따라 개인을 규정하는 개념이다. 외부의 자극에 쉽게 화를 내거나 공격적인 행동을 하는 사람은 자아분화가 잘 이루어지지 않은 사람으로 규정하는 반면, 상대방의 분노나 상황에 휘말리지 않고 정서적인 거리를 유지하며, 쉽게 화를 내지 않는 사람은 자아분화가 잘 이루어진 사람으로 규정한다.

니콜(Nicols)과 슈바르츠(Schwartz, 2004)는 화가 나는 상황에서 이를 참지 못하고 감정반응을 보이는 것은 불안으로 야기되는 행동이라고 말한다. 자아분화 수준이 낮은 사람은 불안을 견디는 힘이 약하고 문제가 발생했을 때 삼각관계를 형성하며, 투사라는 방어기제를 사용하여 가족 간의 갈등이 더 깊어지게 하는 경향이 있다고 설명한다.

(2) 상호의존

정서적으로 상처를 잘 받거나 자아분화가 이루어지지 않은 가족은 상담이 진행될 때 불안해하는 경향이 있다. 군인 가족 중 이러한 특성을 가진 구성원이 있다면 그의 상호의존적인 행동을 가족구성원들이 더 이상 수용하지 않아야 한다. 부적절한 역할과 무책임한 의존적인 행동을 가족구성원이 수용하지 않는다면 상호의존적인 행동은 더 이상 나타나지 않는다.

(3) 애착

애착은 인간의 생존을 위한 꼭 필요한 수단이다. 어린 시기에 양육자와의 긍정적인 정서관계를 형성하는 기초이기도 하다. 어린 시기에 안정적인 애착을 형성하지 못하면 이후의 대인관계 발달에 문제가 발생한다. 친구관계뿐만 아니라 성인이 된 이후에 배우자를 만나는 일, 결혼하여 가정을 이루고 부부 및 부모로서의 역할을 갖는 일에서도 균형을 잡지 못해 주위에 좋지 않은 영향을 줄 수 있다. 이러한 애착 형태에는 다음과 같은 몇 가지의 종류가 있다.

- **안정된 애착**: 어머니와 격리되었을 때 스스로 다른 위안을 찾으려고 노력한다. 협조적이고 안정적이며 화를 내지 않는 특징을 가진 바람직한 애착의 형태다.

- **회피적인 애착**: 어머니와 격리되었을 때 울지 않지만 어머니와 다시 만나게 되었을 때 어머니를 회피한다. 안아주는 것을 좋아하지 않고 안았다가 내려놓는 것은 더 싫어한다. 원하는 시간에 필요한 것을 충족시키지 못하면 매우 화를 내는 형태다.

- **불안정한 애착**: 불안정한 애착은 어머니가 자신의 곁을 떠나기 전부터 불안해한다. 어머니와 떨어지게 되면 울며 몹시 화를 낸다. 어머니가 다시 돌아왔을 때는 어머니와 접촉하려고 하면서도 동시에 공격적인 행동을 취하고 저항하는 양면성을 가진 애착의 형태다.

2. 이론적 배경

1. 구조적 가족상담이론

구조적 가족상담이론은 1960년대 미국 필라델피아를 중심으로 미누친(Minuchin)에 의해 창안되었다. 이 이론은 가족의 문제와 갈등이 역기능적인 가족구조와 체계에서 기인한다고 설명한다.

미누친

따라서 구조적 가족상담은 가족 내에서 반복되는 역기능적인 구조를 깨닫게 하여 가족규칙을 새롭게 하고, 구조를 다시 형성하는 것을 중요하게 여긴다. 이러한 재구조화 작업을 통해 가족은 더욱 효과적으로 기능하고, 그 구조 안에서 가족구성원의 성장을 극대화한다(Minuchin & Fishman, 1981).

1) 주요 개념

(1) 구조(structure)

가족구조는 가족구성원이 언제, 어떻게, 누구와 관계를 맺느냐 하는 상호작용의 유형을 말한다. 가족구성원이 서로 관계를 맺는 방식이 일정한 형태로 반복될 때 이 방식들은 웬만한 상황 변화에도 불구하고 변하지 않고 지속되는데, 이러한 관계방식을 구조(structure)라고 한다. 상담관은 이러한 가족구조에 의해 가족구성원의 관계와 행동방식이 만들어지므로 개개인의 행동이 갖는 의미를 정확히 파악하기 위해서는 먼저 가족 전체의 구조를 이해할 수 있어야 한다.

(2) 하위체계(subsystem)

하위체계는 전체체계를 유지시키기 위해 특정기능을 수행하는 단위체계를 말한다. 개인은 가족이라는 큰 체계의 하위체계에 속한다. 또한 가족은 지역사회라고 하는 큰 체계의 하위체계에 속하며, 지역사회 역시 국가라는 더 큰 체계의 하위체계에 속한다. 이렇게 가족체계는 하위체계로 분화되고 분화된 하위체계를 통해 가족 기능이 이루어진다.

(3) 경계선(boundary)

가족체계가 정상적으로 기능하기 위해서는 그것을 구성하는 하위체계가 제 기능을 수행하도록 보호되어야 한다. 이 체계를 보호해 주는 의사소통의 울타리를 경계선(boundary)이라고 한다. 이 경계선은 가족구성원의 상호작용 과정에서 어떤 방식으로 교류하는가를 잘 보여준다.

2) 상담의 목표

구조적 가족상담의 목표는 역기능적인 가족구조를 변화시켜 가족문제를 해결하는 것이다. 이를 위해서는 첫째, 역기능적인 의사소통 유형을 변화시키기 위해 가족구성원의 위치를 조정하고 필요한 하위체계를 강화한다. 둘째, 분명하고 융통성 있는 경계선을 만든다. 셋째, 가족이 좀 더 효과적으로 적응할 수 있는 대안을 마련한다.

상담관은 상담가족의 체계에 합류하여 그 가족의 증상과 문제행동이 가족기능이나 구조와 어떤 관련이 있는지 알아야 한다. 증상이나 문제가 구조와 관계가 있다는 사실을 발견하면 가족의 하위체계 간의 경계를 수정하는 변화가 필요하다는 것을 가족에게 설명한다.

3) 상담의 기법

(1) 합류하기

구조적 가족상담 과정에서 중요하게 취급하는 것은 가족과 합류하는 일이다. 가족구성원들은 자신들의 잘못을 예상하고 방어할 준비를 하는 관계로 상담을 진행하는 과정에서 어려움에 직면하기도 한다.

따라서 상담관은 가족의 방어를 누그러뜨리고 편안한 마음을 갖도록 조력하는 것이 중요하다. 합류하기를 하기 위해서는 개방적인 질문과 가족의 이야기를 적극적으로 경청하고 공감하며, 각 가족구성원의 입장을 충분히 수용할 수 있어야 한다.

(2) 상호작용하기

가족의 역동은 가족 간의 상호작용에서 나타나므로 어떤 유형의 상호작용을 하는지 이를 정확히 파악하는 것이 중요하다. 상담관은 가족들의 이야기를 들으며 그들이 어떤 유형의 방식으로 상호작용하는지, 대화의 흐름은 어떻게 이루어지는지 세심하게 관찰한다.

극도로 유리된 가족의 경우에는 갈등을 회피하려고 가족구성원 상호간 상호작용이 거의 이루어지지 않는다. 이때는 가족구성원 간 상호작용을 증가시키기 위해 갈등을 회피하지 않도록 안내하고, 가족들이 다른 구성원에 의해 방해받지 않고 자신의 갈등에 대해 자유롭게 이야기하도록 조력한다.

(3) 경계선 설정하기

대부분의 역기능적인 가족은 지나치게 경직된 경계선이나 애매한 경계선을 가지고 있다. 구조적 가족상담에서는 하위체계 간의 근접성이나 거리감을 늘리고 줄임으로써 경계선을 재조정한다. 경계선 설정하기는 경계선을 만들어가면서 하위체계 간의 관계를 재조정하는 것이다.

가족구성원 간 서로를 구속하는 경우에는 가족 하위체계 간의 경계선을 분명하게 재설정하여 각 개인의 독립성을 키운다. 가족구성원이 자유롭게 말할 수 있는 권리를 제공하여 다른 가족에 의해 방해받지 않도록 규정하고 두 사람이 대화하고 있는 경우에는 끼어들지 못하도록 보호한다.

(4) 균형 무너뜨리기

경계선 설정하기가 하위체계 간의 관계를 재조정하는 것이라면, 균형 무너뜨리기는 하위체계 내에 있는 가족구성원 간의 관계를 새롭게 변화시키는 방법이다. 다시 말해, 가족구성원 간 고착되어 있는 역기능적인 평형상태를 허무는 것이다. 가족구성원 간 역기능적인 평형상태가 무너지지 않으면 가족구성원 간 관계가 계속 벌어지고 상호작용이 이루어지지 않는다. 따라서 균형을 무너뜨리는 방법을 통해 서로에게 자신이 원하는 것이 무엇인지를 허심탄회하게 논의한다. 그 결과 가족구성원 상호 간 서로에게 무엇이 필요한지를 발견하고 이해할 수 있다.

| 사티어

2. 경험적 가족상담이론

경험적 가족상담은 현상학적 이론의 영향을 받아 탄생한 이론으로 사티어(Satir)가 대표적인 인물이다. 경험적 가족상담의 이론적 배경은 자아심리학, 행동이론, 학습이론, 의사소통이론, 일반체계 이론 등 다양하다. 이 이론은 개인의 낮은 자아존중감을 회복하여 자신의 가치를 인정하는 것으로부터 출발한다. 자신이 지니고 있는 강점과 자원을 발견하고 이를 활용함으로써 문제 상황에 잘 대처하도록 안내하는 모형이다.

1) 주요 개념

(1) 성숙(maturity)

경험적 가족상담에서는 성숙을 중요하게 여긴다. 그 이유는 성숙함이 모든 것을 볼 수 있다는 개념에서 출발하기 때문이다. 사티어가 말하는 성숙의 상태는 개인이 자기 자신을 책임지는 수준을 의미한다. 그것은 곧 자신과 타인 사이의 관계와 맥락을 정확히 아는 바탕 위에서 이루어진다.

스스로 자신의 독립적인 선택과 결정을 내리는 상태이자, 그 선택과 결정에 따른 결과를 책임지는 사람이라는 뜻을 포함한다. 이렇게 경험적 가족상담에서는 가족구성원이 성숙한 사람이 되도록 하는 것에 목표를 둔다.

(2) 자아존중감(self esteem)

경험적 가족상담에서는 개인이나 가족문제를 진단하는 데 자아존중감을 중요한 척도로 본다. 자아존중감이 낮은 사람은 자신에 대해 불확실한 감정을 갖고 타인을 불신하며, 건강한 의사소통을 하지 못한다고 주장한다.

자아존중감이 높은 사람은 대인관계가 원만하고 정직하며 자기능력을 신뢰하고 타인의 가치를 인정하며, 믿음과 희망이 있는 상태를 지속적으로 유지한다. 이렇게 경험적 가족상담에서는 가족구성원의 자아존중감이 높은 수준이 되도록 촉신한다.

(3) 의사소통의 유형

경험적 가족상담에서는 의사소통의 언어적, 비언어적 과정을 중요하게 여긴다. 언어의 일치성과 불일치성에 많은 관심을 둔다. 문제가 있는 가족은 회유형, 비난형, 초이성형, 산만형과 같은 역기능적인 의사소통을 한다고 말한다.

- **회유형(placating)**: 회유형은 어떤 갈등이나 다른 사람의 불편함을 견디지 못하고 자기 일처럼 시간과 돈까지 주면서 상대방의 고통을 가볍게 해주려고 노력하는 유형이다. 더 나아가 일이 잘못되면 그 책임이 자신에게 있다고 생각한다. 그러나 정작 자신은 스스로를 돌보거나 다른 사람의 도움을 요청하지 못한다.

  이러한 회유형은 대체로 남의 눈치를 보고 남의 기분을 먼저 생각한다. 자기를 희생하고 반대 의견을 말하지 못하며 무조건 참는다. 화내는 것을 두려워하며 지나치게 겸손할 뿐만 아니라, 유난히 남을 의식하며 자기주장대로 결정하지 못하는 유형이다.

- **산만형(irrelevant)**: 산만형은 말이 되지 않는 이야기를 하고 매우 혼란한 심리적 상태를 보이는 유형으로 초이성형과는 대조적이다. 쉬지 않고 움직이며 의논 주제로부터 관심을 분산시키는 특징이 있다. 산만형의 내면은 극단적인 심리적 불균형 상태이며, 이러한 상태에서 어떻게든 균형을 유지하기 위해 계속하여 산만하게 움직인다.

  그 이유는 내면적으로 아무도 나를 걱정해 주지 않고 나를 받아들이는 곳도 없다고 생각하여 무서운 고독감과 자신의 무가치감을 느끼기 때문이다. 따라서 상대방이 농담을 하면 자신에게 관심을 가지고 있는 것으로 생각하며, 상황에 맞지 않고 일관성이 없는 말을 한다. 정확한 답을 회피하고 솔직하지 못한 것이 특징이다.

- **초이성형(super reasonable)**: 초이성형은 자신이나 다른 사람을 과소평가하는 특징이 있다. 지나치게 합리적인 상황만을 중요시하며 객관적인 자료와 논리 등을 강조하는 경향이 있다. 어떤 상황에서도 감정을 드러내지 않고 매우 이성적이며 냉정하고 차분하다.

  의사소통을 할 때는 가능한 한 결함없이 말하려고 노력하며, 아주 자세히 말하고 길게 설명한다. 듣는 사람이 이해를 못 해도 상관하지 않는다. 자신의 견해를 뒷받침하기 위해 조사 자료를 인용함으로써 항상 자신이 옳다는 것을 증명하는 유형이다.

● **비난형(blaming)**: 비난형은 회유형과 상반되는 유형으로 자신을 보호하고 다른 사람을 괴롭히고 비난하는 유형이다. 비난하기 위하여 다른 사람의 가치를 격하시키고 자신에게만 가치를 둔다.

적대적이고 독선적이며 폭력적인 모습을 보인다. 타인을 무시하고 타인의 말이나 행동을 비난하며 통제하고 명령한다. 이들은 외면적으로는 공격적인 행동을 보이나 내면적으로는 소외감을 느낀다. 비난형의 사람은 내적으로 힘이 강하고 내적인 삶을 살아가는 사람과 맞닥뜨리면 흔들리는 특징이 있다.

2) 상담의 목표

경험적 가족상담에서는 가족들이 성취하기 원하는 것을 찾아내고 그것을 새롭게 만들어 나가는 것을 중요시하며, 증상보다는 극복과 성장과정을 강조한다(Satir, 1983). 가족을 안정된 상황에 머무르게 하는 것이 아니라, 지금보다 더 나은 상태로 성장시키는 것을 목표로 한다.

자발성과 창조성, 감수성에 대한 성장을 상담목표로 삼는다. 이를 위한 궁극적인 목적은 각 가족구성원의 욕구에 관심을 갖고 감정을 공유하며, 가족구성원의 내적 경험에 관심을 둔다. 내면의 깊은 곳에 잠재되어 있는 충족되지 못한 욕구와 기대를 드러내 정서적으로 건강하게 만드는 것에 주안을 둔다.

3) 상담의 기법

(1) 재정의(reframing)

재정의는 인간의 지(知), 정(情), 의(意)라는 세 가지 측면에 대해 긍정적인 개념으로 새롭게 제시하는 것을 말한다. 상담관은 가족구성원에게 어떤 사물에 대한 새로운 정보를 수집하게 하고, 현상적인 사건에 대한 부정적인 의미를 긍정적으로 만들도록 요구한다. 이 기법은 가족구성원이 세상을 바라보는 내면적 준거의 틀을 변화시키는 효과가 있다. 기존 자신의 고정관념과 비합리적인 신념, 사고와 판단의 준거 틀이 변화되게 함으로써 의미와 가치 판단이 새롭게 변화되도록 하는 데 기여한다.

(2) 가족조각(family sculpting)

가족조각은 가족구성원에 대한 감정을 몸짓을 통하여 이를 공간적으로 나타내 살아 있는 초상을 만들어 내는 것이다. 이를 위해서는 먼저, 특정한 시기의 어려웠던 사건을 선정한다. 그런 다음 가족 관계의 정서를 신체로 상징화하기 위해 가족 내 개인의 위치를 배치한다.

이러한 가족조각 기법을 사용하는 목적은 첫째, 언어적 표현이 부족하고 소극적으로 상담에 참여하는 가족을 자연스럽게 유도하여 적극적으로 상담에 참여하도록 하는 데 있다. 둘째, 가족원구성이 가족을 하나의 단위로 생각하고 스스로가 필요한 가족구성원임을 깨닫도록 한다. 셋째, 가족조각의 경험을 통해 성장 및 변화하는 경험을 갖도록 하는 데 있다.

(3) 원가족 삼인군 치료(primary triad therapy)

원가족 삼인군 치료는 대부분의 역기능적인 학습이 원가족 삼인군에서 나온다는 것을 전제로 한다. 가족구성원들이 공동으로 원가족 도표를 작성하도록 안내한다.

완성된 원가족 도표를 설명하게 하고 이를 재구조화하며, 가족조각 또는 역할극을 병행하며 상담을 진행한다. 이러한 원가족 삼인군 치료의 궁극적인 목적은 내담자가 원가족 삼인군에서 학습한 역기능적인 대처방식과 부모의 규제에서 벗어나 독립성과 개별성을 갖도록 하는 데 있다.

3. 다세대 가족치료이론

보웬(Bowen)은 가족을 하나의 체계로 규정하여 가족구성원을 가족체계의 하위부분으로 여겼다. 전체 가족체계를 중심으로 가족을 하나의 정서단위로 묶어서 바라보았다. 핵가족과 확대가족, 살아 있거나 사망한 가족뿐만 아니라 집에 같이 살고 있거나 떨어져 사는 가족까지도 가족체계 안에 모두 포함하고 있다.

보웬은 자아분화, 삼각관계, 핵가족 정서체계, 가족 투사과정, 다세대 전수과정, 형제지위 등 핵가족과 확대가족에서 일어나는 정서적 과정을 설명하는 여섯 가지의 개념을 발표하였다. 가족과 사회에서 세대를 통해 일어나는 정서과정을 설명하는 정서적 단절과 사회적 퇴행의 두 가지 개념을 발표하기도 하였다.

1) 주요 개념

(1) 자아분화(differentiation of self)

자아분화는 보웬 이론의 핵심개념이다. 자아분화는 심리내적으로 사고와 감정을 분리하는 능력이자, 대인관계적인 측면에서는 자신과 타인의 분리를 의미한다. 심리적으로 분화수준이 낮은 사람은 주관적 감정에서 객관적 사고를 분리하기가 어려워 감정을 맹목적으로 추종하거나 분노의 감정으로 타인을 대하는 경향이 있다.

대인관계에서 분화수준이 낮은 사람은 독립적인 자기정체감 형성이 낮아 타인과 쉽게 융화되고, 타인과 자신을 제대로 구분하지 못한다. 이렇게 자아분화는 자신과 타인을 구분하고 정서와 인지를 구분하는 능력을 말한다.

(2) 핵가족 정서체계(nuclear family emotional system)

사람은 자신의 분화수준과 비슷한 수준의 배우자를 선택한다. 부부관계에서 불안이 높아지면 거리감 유지, 어느 한쪽의 과잉기능과 과소기능 수행, 작은 다툼, 자녀에게 투사하여 삼각관계를 형성하는 등의 패턴을 보인다.

이는 가족들이 감정적으로 서로 강하게 결속되어 나타나는 현상으로 가족 내의 정서적 힘을 보여준다. 핵가족 내에서의 이러한 유형은 가족구성원 사이에 분화가 잘 이루어지지 않아 나타나는 현상이다. 원가족에게서 만들어진 정서체계는 현재의 새로운 가족에게도 똑같이 반복해서 나타난다.

(3) 삼각관계(triangulation)

두 사람 사이의 관계에 불안이 발생할 때는 삼각관계를 형성하여 안정을 추구하는데 이를 삼각관계라고 한다. 이러한 삼각관계의 형성은 긴장을 완화하는 효과가 있지만, 두 사람 사이의 문제해결을 방해하는 부정적인 역할도 한다. 가족구성원 간 분화수준이 낮을수록 삼각관계 형성이 심화되고 연동적인 삼각관계가 수없이 복잡하게 형성된다. 보웬은 삼각관계의 4가지 가능성을 다음과 같이 제안하였다.

- 안정된 2인 관계는 제3자의 개입으로 깨어질 수 있다. (자녀 출생이 갈등 초래)
- 안정된 2인 관계는 제3자의 제거로 깨어질 수 있다. (자녀 독립 후 부부갈등 초래)
- 불안정한 2인 관계는 제3자의 개입으로 안정될 수 있다.
- 불안정한 2인 관계는 제3자의 제거로 안정될 수 있다.

(4) 가족 투사과정(family projection process)

가족 투사과정은 분화되지 않은 부모가 출생순위와 관계없이 자녀 중 가장 유아적인 자녀를 선택하여 투사하는 현상을 말한다. 가족 투사과정은 어머니-아버지-자녀의 삼각관계 안에서 주로 이루어지며, 그 강도는 두 가지가 있다. 한 가지는 부모의 미분화 정도이고, 다른 한 가지는 가족이 경험하는 스트레스나 불안 수준이 크게 영향을 미친다.

이러한 현상은 부부가 정서적으로 단절되어 심한 거리감을 가질 때 발생하는데, 그 모습은 자녀에게 온갖 관심을 쏟고 애착을 보이는 모습으로 나타난다. 그러나 이런 유형의 애착은 따뜻한 관심이 아니라 불안해서 자녀를 구속하고 속박하기 위해 하는 행동이다.

결국 자녀에 대한 과잉 관여로 부부간의 거리감은 더욱 심화되고, 자신의 불안 때문에 자녀에게 더욱 매달린다. 자신의 불안을 자녀에게 돌림으로써 자녀가 정서적 장애를 일으키도록 하는 데 영향을 준다.

(5) 다세대 전수과정(multi generational transmission process)

가족 투사과정이 여러 세대에 걸쳐 계속되면 가족체계의 낮은 분화수준은 세대에 걸쳐 자녀에게 대물림되는데, 이러한 과정을 다세대 정서과정 혹은 다세대 전수과정이라고 한다. 보웬은 낮은 분화수준은 3세대 이상까지 반복해서 나타나며, 정서 장애나 정신분열 등의 정신적인 문제를 일으키게 된다고 주장한다.

다세대 전수과정에서는 역기능 가정에서 자란 사람은 성인이 되어서도 자신과 비슷한 분화수준을 가진 상대를 배우자로 선택한다. 부모의 낮은 분화수준은 부모의 정서유형에 민감한 특정 자녀에게 전수되는 특징이 있다.

(6) 형제관계 지위(sibling position profiles)

보웬은 가족 내 형제의 순위를 기초로 자녀들의 성격이 발달한다는 점을 강조한다. 이 개념에 의하면 자녀는 가족 내의 형제 순위에 따라 어떠한 고정된 인성적 특성을 발달시킨다는 입장을 취하였다.

개인은 형제관계 속에서 특정한 지위를 갖고 태어나며, 그것과 관련된 역할을 하며 살아간다고 설명한다. 개인의 성격은 이러한 형제관계의 지위에 의해서 형성되고, 이러한 자녀의 위치는 이후 결혼이나 부부관계에도 영향을 미친다고 말하고 있다.

(7) 정서적 단절(emotional cut-off)

정서적 단절은 정서적 끈을 끊기 위한 거리일 뿐, 부모와 자녀 간의 관계를 완전히 단절하는 것은 아니다. 정서적 단절은 세대 간의 정서적 융합이 클수록 단절 가능성이 높게 나타난다. 이러한 정서적 단절은 부모와 함께 살면서도 부모를 멀리하고 회피하며, 부모가 원하는 대화를 거부하고 정서적인 유대관계를 갖지 않는 특징이 있다.

2) 치료의 목표

보웬의 가족치료 목표는 첫째, 가족 관계 내에서 개인의 자아분화가 달성되도록 개인을 조력하는 데 있다. 따라서 상담관은 가족의 상호교류 형태에서 나타나는 개인의 모습에 초점을 맞추어 개인으로 하여금 가족 관계에서 자신을 분화시키는 것에 목표를 두어야 한다.

치료의 가장 보편적인 형태는 가족의 자아분화 정도를 탐색한 후, 개인의 자아분화를 돕는 것이다. 둘째, 가족의 습관적인 삼각관계의 정서적인 구조를 수정한다. 따라서 상담관은 치료를 시작할 때 가족 내 개인의 자아분화와 관계된 것이라고 느끼는 정보는 모두 얻어낸다. 그 이후에는 가족의 불안을 없애기 위해 가족구성원 각자에 맞는 상담을 안내하고 촉진한다.

3) 치료의 기법

(1) 가계도(genogram) 작성

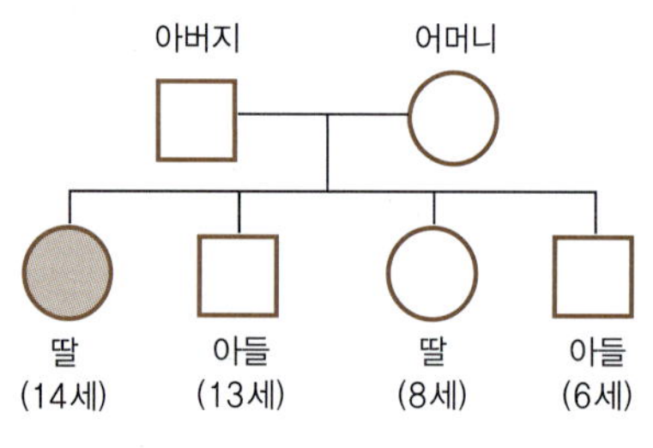

가계도는 3세대 이상에 걸친 가족구성원에 관한 정보와 그들 간의 관계를 도표로 기록한 것을 말한다. 이러한 가계도는 가족구성원과 함께 작성하여 여러 회기에 걸쳐 수정하고 보완한다.

가계도는 가족에 관한 정보가 도식화되어 있어 가족의 유형을 한눈에 볼 수 있으며, 가족구성원도 체계적인 관점에서 각자 가족의 문제를 볼 수 있는 장점이 있다. 이렇게 가계도는 세대 간 정서과정의 역동을 검토하고 원가족의 융합, 미분화 문제, 핵가족 정서체계, 정서적 단절, 삼각관계 등 가족에 대한 다양한 가설을 탐색하는 데 기여한다.

(2) 치료적 삼각화(therapeutic triangles)

가족 내에서 갈등을 빚는 사람은 안정감을 유지하기 위해 제삼자를 끌어들여 삼각관계를 형성하려고 한다. 상담관까지도 이러한 삼각관계에 끌어들이려고 하는 경우도 있는데 만일 그러한 상황이 지속되면 상담은 교착상태에 빠진다. 상담관은 가족의 삼각관계에 말려들지 않도록 주의해야 하며, 가족구성원의 심리적인 안정과 그들의 문제를 해결할 방법을 찾는 데 온 역량을 집중해야 한다.

(3) 관계실험(relationship experiment)

관계실험은 주요 삼각관계를 구조적으로 변화시키기 위해 사용하는 방법이다. 이는 가족으로 하여금 가족체계를 인식하게 하고, 그 가족체계 내에서 자신의 역할을 깨닫도록 학습시키는 것을 목표로 한다.

예를 들어, 의존하려는 사람에게는 상대방에 대한 의존을 자제하고 요구하기를 중지하며, 정서적인 애착욕구를 감소시킨다. 감정적으로 서로 강하게 결속되어 있는 사람에게는 가족 관계에서 어떤 일이 벌어지고 있는지를 객관적으로 볼 수 있도록 안내한다.

3. 군인가족의 환경

좁은 의미에서의 군인가족은 본인과 배우자를 포함한 직계존속과 직계비속을 말한다. 하지만 넓은 의미에서는 현역 장교와 준사관, 부사관, 사병과 그 가족을 모두 포함한다. 세계평화유지 임무와 같은 특수한 상황에서 군에 도움을 제공하는 일반인도 군인가족의 범주에 포함한다. 본 절에서는 군인가족의 환경적 특성에 대해서 살펴보고자 한다.

1. 이사와 주거생활

군인은 각자 임무수행을 위해 맡은 역할과 작전 및 교육훈련 등으로 잦은 신체적 부상과 심리적 고통의 위험에 노출된다. 잦은 근무지 이동과 이사, 자녀의 학교부적응, 문화생활 결핍 등으로 스트레스를 받으며 생활한다.

특히, 전방지역의 경우에는 부대 인근의 아파트나 관사에 집단적으로 거주함에 따라 불편한 생활을 유지한다. 이러한 군인가족이 겪는 고충과 스트레스 환경에 대해 몇 가지 특징을 살펴보고자 한다.

1) 환경적 특징

직업 군인은 일정 기간이 경과하면 근무지를 바꾸어 다른 지역으로 이동해 복무해야 하는 특수성이 있다. 이 때문에 군인가족은 주거 환경이 수시 바뀌는 매우 불안정한 상황에서 생활을 유지한다. 위관 장교는 8년동안 평균 5~6회 정도의 이사를 하고 있다.

영관급 장교는 20년 동안 12~15회 주거지를 옮겨, 평균 1~2년에 한 번꼴로 이사를 한다. 필자도 33년의 군 생활 동안 19회 이사를 한 바 있다. 군인가족은 국토방위의 임무수행을 위해 전방과 해안 · 도서지역 등 일반적인 사회집단과 분리된 특수한 지역에서 생활하는 경우가 흔하다.

이러한 주거환경은 시장, 병원, 은행 등을 이용하는 데 어려움이 있다. 또한 교육 · 문화시설의 미비로 자녀교육과 문화적 욕구를 제대로 충족하지 못하기도 한다. 직업군인의 분거비율은 다른 일반집단과 비교할 때 훨씬 높은 수준이다. 분거로 인한 생활비는 이중 지출로 경제적 부담이 가중되며 잦은 전출과 이동으로 이사 비용도 증가한다.

기혼자의 대부분은 가족과 보내는 시간이 대체로 부족하다. 도시에 주둔하는 부대보다 전방 부대에서 근무할수록 가족과 보내는 시간을 갖기가 더욱 어렵다. 국방부 자료에 따르면 30대 군인이 가족과 분거하여 생활하는 비율은 약 8% 정도며, 복무기간이 늘어날수록 그 비율은 증가하여 46세 이상이 되면 무려 56% 정도가 분거생활을 하는 것으로 나타났다(심윤기 외, 2021).

2) 미치는 영향

군인가족의 높은 분거수준은 가정생활에서 당연히 해야 할 부모의 역할을 제대로 하지 못해 가족기능이 약화되게 하는 문제가 있다. 이는 부모의 관심이 필요한 자녀들 특히, 사춘기 전 · 후의 자녀 양육에 큰 어려움으로 작용한다.

분거생활을 할 수밖에 없는 부부의 경우에는 서로 각기 다른 사회관계망을 형성하며 살아가는 관계로 자녀양육과 부부생활에 대한 대화의 주제를 찾기가 어렵다. 잦은 훈련과 부대검열, 야간근무 등으로 출퇴근이 자유롭지 못해 부모 역할과 배우자 역할을 제대로 할 수 없는 심리적 어려움은 군인가족만이 경험하는 고통이다.

2. 자녀의 학교생활

1) 환경적 특징

군인의 자녀는 청소년 시기에 경험하는 급격한 발달적 변화와 부모의 직업적 특수성으로 인한 변화를 추가로 감당한다. 군인 아버지는 자녀와 함께 거주하는 비율이 낮아 자녀와 대화하는 시간이 늘 부족하다. 자녀와 유대감을 형성하는 기회도 적어 부모-자녀관계가 원만하게 유지되지 못하는 상황이 발생한다.

부모로써 자녀의 학교문제를 같이 의논하지 못하고, 청소년기의 발달과제에 대한 역할수행도 제대로 하지 못해 가족구성원 사이에 갈등이 일어난다. 가족이사로 인한 교육환경의 변화로 학교부적응을 경험하는 자녀에게는 가족의 따뜻한 격려와 지지가 필요하다. 하지만 부모가 그 역할을 제대로 하지 못해 자녀가 가정과 학교에서 동시에 고립되는 일이 발생되기도 한다(심윤기 외, 2021).

어느 나라든지 직업군인은 공통적으로 부대이동이 잦다. 우리나라 장교의 경우에는 1~2년을 주기로 보직이 변경되어 전 · 후방 각지로 이동한다. 근무지 이동에 대한 근무규정은 군인복무규율에 명시된 방침이자 인사제도인데, 다양한 지역에서 근무한 경력은 차기 진급과 보직관리 측면에서 개인에게 유리하게 적용된다.

군인부모의 근무지 이동에 따라 자녀의 학교 전학도 자주 발생한다. 초등학교 자녀의 경우에는 전학 횟수가 민간인 자녀에 비해 훨씬 높은 수준이다. 중 · 고등학생이 되면 그 격차는 다소 줄어드는데, 이는 입시공부에 전념하기 위해 일찍부터 분거생활로 전환하였기 때문이다.

학교 전학이 짧은 주기로 자주 바뀌는 군인의 자녀에게는 학교가 바뀐 후 그 학교의 수업과정을 따라가지 못해 학습장애가 나타나기도 하고, 친구관계에서도 어려움을 겪는다. 그래서 군인자녀는 진정한 모교도 없고 진정한 동창도 없다는 말이 전해 지기도 한다.

2) 미치는 영향

군인자녀의 학교부적응은 다음과 같은 영향을 가져온다.

- 전학으로 친구와 헤어지는 아픔과 새 친구에게 적응하는 심리적 어려움이 동시에 존재하여 학교생활에 관심이 멀어진다.
- 군인부모는 잦은 이사와 학교전학에 대한 미안함 때문에 자녀를 관용적으로 대해 부모자녀 경계선에 좋지 않은 영향을 준다.

- 군인자녀에 대한 과도한 부모의 관용은 스스로 부딪히며 개척해야 할 세계와의 접촉을 차단하는 역할을 한다.
- 군인자녀의 잦은 전학은 또래관계에 부정적인 영향을 미친다. 그 결과 부모 체계보다 형제 체계 안에 안주하는 경향이 나타난다.
- 형제 체계의 지나친 결속은 외부 세계에서 오는 스트레스를 부모에게 투사하고 부모에 대한 반항과 거부 행동이 나타난다.

3. 군인 아내의 생활

1) 환경적 특징

군인가족이 경험하는 심리적 불안과 고충은 개인적 문제로만 끝나지 않는다. 가족 전체의 건강과 행복에 영향을 미치며 더 나아가 부대 전투력에도 영향을 준다. 한 가정의 아내는 아내로서의 역할과 며느리 역할, 자녀양육을 담당하는 부모의 역할, 자아실현을 추구하는 역할 등 다양하다.

군인의 아내는 특수한 군대의 상황까지 추가되어 감당해야 할 역할이 더 다양하고 많다. 필자가 군대생활을 시작한 80년대 초까지만 해도 군인가족은 특별히 하는 일 없이 남편이 벌어다 주는 월급으로 생활하는 행복한 부류라는 사회적 인식이 있었다. 그러나 지금은 정반대의 상황으로 변화되었다. 직업군인은 임무특성상 집안의 대소사에 마음대로 참석할 수 있는 상황을 허락하지 않아 군인 남편의 역할은 ㄱ 아내가 대신하여 감당한다.

고향에 계신 부모를 찾아뵙지 못하고 명절이나 친 · 인척의 대소사에도 제대로 참석하지 못해 죄책감을 안고 살아가기까지 한다. 남편계급에 따른 가족의 위계화, 진급 비선에 따른 불확실한 미래 등도 스트레스를 받게 한다.

잦은 주거이전으로 군인 아내의 안정된 취업기회를 제공받지 못하는 것도 스트레스로 작용한다. 장기간의 훈련과 파견에 따른 군인 남편과의 오랜 분거생활은 부부 정서에 영향을 미쳐 부부관계가 소원해지기도 한다. 군인 아내가 경험하는 이러한 특수한 환경적 특성은 높은 수준의 스트레스와 함께 심리적 긴장과 불안으로 이어지고 공황장애로까지 발전되기도 한다.

2) 미치는 영향

(1) 가족 하위체계에 부정적 영향을 준다.

군인 아내는 자유로운 분위기에서 스스로의 자아를 발전시키는 생활을 영위하는 것이 어려워 위축되고 움츠려있을 때가 많다. 이러한 자아발전과 자아성취의 결여는 아내 또는 어머니로서의 의미와 가치를 축소하고 부부 하위체계나 부모 하위체계에 부정적인 영향을 미친다.

자아성취가 제한되는 상황에서 남편으로부터 위로와 지지를 받지 못하면 부부 하위체계는 제 기능을 발휘하지 못한다. 특히, 장기간 지속되는 남편과 아내의 분거생활은 부모자녀 관계가 밀착되거나 경직되게 만들어 결국 가족 갈등으로 이어지기도 한다.

(2) 자녀의 자율성과 독립성을 약화시킨다.

군인의 아내이자 자녀의 어머니로서 주된 노력은 대부분 가정에 중심을 둔다. 그렇지만 가정이 아닌 외부에 비중을 두는 경우에는 남편과 자녀를 소홀히 대하여 가족관계에 부정적인 영향을 미친다.

아버지는 자녀와 결탁하여 어머니를 주변인으로 소외시키기도 한다. 이렇게 어느 한 부모와 자녀가 밀착된 경계선을 가지면 그중 한 부모는 자신이 이루지 못한 꿈을 자녀로부터 보상받고자 자녀의 자율성과 독립성을 약화시키기도 한다.

(3) 정서적 문제가 발생한다.

분거생활로 인한 경제적 부담과 잦은 근무지 이동에 따른 자녀교육의 어려움, 자아성취의 기회가 제한되는 여건에서 생활하는 군인의 아내는 또 다른 정서적 문제를 갖고있다.

아내의 역할이 많아지면 주어진 일을 모두 감당해야 하는 압박감에 시달려 한 가지 일에 집중하지 못한다. 이러한 이유로 정신적 부담과 압박감 속에서 스트레스와 우울, 불안을 복합적으로 경험한다.

4. 군 가족상담전략

군인가족을 대상으로 하는 가족상담은 일반인을 대상으로 이루어지는 가족상담과 그 과정이 다르지 않다. 다만 가족상담 대상자가 일반인이 아닌 군인가족이라는 점이 다를 뿐이다. 군인가족의 특성을 잘 알고 있는 전문상담관이 상담을 진행하는 과정은 다음과 같이 이루어진다(심윤기 외, 2021).

1. 초기단계

1) 접수면접

군인가족을 대상으로 하는 상담초기에는 접수면접, 신뢰관계형성, 가족구성원의 상호작용탐색, 상담목표설정, 상담구조화 등의 과제를 주로 다룬다. 접수면접은 통상 전화로 이루어지는데 상담 날짜와 시간, 장소, 참석가족의 범위 등을 논의한다. 상담실을 어디로 할 것인가도 중요한 논의의 대상이다.

부대 안에 위치한 상담실은 부대출입이 자유롭지 못하고 상담실 공간도 부족한 단점이 있어 적합하지 않다. 그렇기 때문에 사설 민간상담소를 협조하여 상담을 진행할 것인지 아니면 가족이 현재 살고 있는 아파트나 관사 등의 숙소에서 진행할 것인지를 논의한다.

군인가족상담은 가족전체를 대상으로 진행하는 것이 효과적이라서 사전 협의를 거치는 과정이 필요하다. 가족구성원 모두가 상담 과정에 참여해야 가족의 역동성과 상호작용 탐색이 가능하며, 가족이 처한 여러 어려움과 갈등에 대한 진단도 가능하다. 그러나 군인가족 대부분은 가족 전체가 상담에 참여하는 것을 큰 부담으로 여긴다.

그래서 상담이 이루어지는 과정에서 소극적인 태도를 보이는 가족구성원이 나타나는가 하면, 급기야는 상담 과정에 불참하는 경우까지 발생한다. 상담관은 이러한 점을 고려하여 부득이한 사정으로 상담에 불참하는 가족이 발생하면 상담내용을 녹음하여 그 가족구성원에게 보내주는 방법을 마련할 수 있어야 한다.

2) 가족의 안전 확보

군인가족상담의 초기에는 가족구성원의 안전을 지키는 일이 무엇보다 중요하다. 군인가족의 안전 확보는 가족에게 닥칠 수 있는 여러 위험을 사전에 제거하거나 감소시키는 일로 상담관의 의무이자 막중한 책임에 해당한다. 상담이 진행되는 과정에서는 가족들이 서로 비난하지 않도록 보호한다.

개방적이고 허용적인 분위기에서 서로에게 바라는 기대를 허심탄회하게 말할 수 있는 권리가 보장되도록 한다. 만약, 가출이나 자살위험성이 높은 가족원구성원이 있으면 응급을 요하는 입원을 할 것인지, 아니면 집중적인 가족위기상담으로 도움을 줄 것인지를 논의하여 가족의 안전을 확보한다.

3) 상담의 구조화

상담관은 본격적인 가족상담 과정에 들어가기 전 가족들과 일종의 계약을 맺는다. 그 내용은 일반적으로 상담목표, 상담기간 및 횟수, 회기의 빈도와 시간, 상담에 참석할 가족원 등을 포함한다. 상담관이 다루어야 할 상담구조화는 상담기간 동안 가족들이 자유롭게 상호작용하며 지켜야 할 몇 가지의 규칙을 정하는 일이다.

상담 과정에서 나타날 수 있는 거친 언행과 공격적인 행위, 비난, 가족구성원에 대한 평가나 판단 등을 금한다. 상담 과정에서 나온 이야기는 비밀을 지킬 것을 약속한다. 상담 과정에서 주고받은 이야기를 집에서 다시 꺼내지 않고 주고받은 이야기로 다투지 않는다는 서약서를 작성한다.

지나치게 역기능적인 의사소통을 주도하는 가족구성원이 있는 경우에는 기본적인 의사소통에 대한 규칙을 알려주고 이를 분명히 이행할 것을 촉구한다. 예를 들어, 상대방의 말을 중간에 가로채거나 끼어들지 않을 것을 분명히 주지시킨다. 남의 생각을 추론하거나 넘겨짚어 말하지 않으며, 비난하거나 불평하지 않는 등 규칙을 세워 이를 지키도록 안내한다.

4) 가족문제의 평가

군인가족상담은 가족의 근본적인 문제를 알아내기 위해 가족위기평가를 실시한다. 가족위기평가는 효과적인 상담계획을 수립하고 상담목표를 수립하는데 중요한 역할을 한다. 가족위기와 연관된 문제요인을 파악할 수 있을 뿐만 아니라 관련된 정보 수집이 용이하다.

가족위기평가는 주관적 평가방법인 가계도와 가족조각기법 등을 사용하기도 하며, 다양한 종류의 위기평가척도를 활용하는 객관적 방법을 동시에 활용하기도 한다. 가족위기평가가 끝나면 본격적인 상담을 실시한다.

첫 회기를 진행할 때 상담관이 주의해야 할 점은 가족들이 왜 여기에 모이게 되었는지를 명확히 인식하도록 조력하는 것이다. 가족의 문제를 가족구성원 각자가 어떻게 생각하고 바라보는지, 가족의 위기문제를 극복하기 위해서는 무엇이 변화되어야 하는지 등을 허심탄회하게 이야기 하도록 격려한다.

가족상담이 진행되는 동안 가족이 당면한 문제에 누가 가장 강하게 개입하고 있는지, 가족문제의 주도권을 누가 쥐고 있는지, 가족문제의 극복을 방해하는 가족원이 있다면 그가 누구인지 등을 관찰함으로써 가족의 역동성을 파악한다.

2. 중간단계

군인가족상담의 중간단계는 초기단계에서 이루어진 가족위기평가 결과를 기초로하여 가족의 당면문제를 명확히 규명하는 것으로부터 출발한다. 가족문제의 규명은 위기극복을 위한 상담목표를 수립하는 데 중요한 역할을 한다. 과거에 가족위기를 경험하였다면 이를 어떻게 대처하여 극복하였는지 탐색한다.

이렇게 군인가족상담의 중간단계에서는 가족의 문제를 명확히 규명한 후, 이를 바탕으로 상담목표를 설정한다. 그다음으로는 가족문제 해결을 위한 대안을 찾는 과정이 이루어진다(심윤기 외, 2021).

1) 위기문제의 규명

군인가족상담은 현재 가족이 경험하고 있는 가족의 문제를 명확히 규명하는 일이 무척 중요하다. 상담관은 가족구성원 모두에게 현재의 가족위기상황을 객관적으로 바라볼 수 있도록 자상하게 안내한다.

위기에 처한 가족구성원 각자는 자기 자신에게만 정신이 집중되어 있어, 자신의 외적인 존재가 문제해결에 어떤 도움이 될 것인지 잘 깨닫지 못한다. 상담관은 이러한 사실을 인식하여 가족구성원 모두가 현재 처한 가족의 문제를 직시하도록 안내한다.

2) 상호작용의 탐색

상담관은 가족구성원 각자가 가족의 문제를 어떻게 인식하고 있는지 허심탄회하게 이야기할 기회를 공평하게 부여한 후, 가족구성원 간 이루어지는 상호작용의 형태를 파악한다. 가족구성원 간 의견이 불일치할 때 어떻게 대처하는지, 문제해결을 위해 어떠한 방식으로 대화하는지를 탐색한다.

가족들이 오랜 기간 습관적으로 사용해 온 역기능적인 상호작용 패턴이 있다면 그것은 어떤 유형인지 탐색한다. 이러한 상호작용 탐색을 통해 파악한 가족의 문제는 그 가족의 특성에 적합한 기법이나 전략을 수립하여 적용한다.

3) 상담목표의 설정

가족구성원 간 상호작용의 탐색이 끝나고 가족문제가 명확히 규명되면 이를 바탕으로 상담목표를 설정한다. 대체로 가족상담의 목표는 가능한 한 갈등을 유발시킨 문제를 신속하게 해결하는 데 적합하도록 분명하고 구체적이며, 가시적으로 설정한다.

구체적이고 실현가능한 상담목표의 설정은 가족상담의 주된 노력의 방향과 역점을 보다 명확하게 제공하여 상담 과정에 몰입하도록 기여한다. 만약, 가족구성원 각자가 생각하는 가족문제해결의 목표가 서로 상이하면 목표가 일치될 때까지 합리적이고 수평적인 의사결정과정을 이어간다.

4) 가족문제의 해결

가족문제의 해결은 가족상담의 본질이다. 가족문제해결은 위기극복을 위한 적절한 대안을 찾는 것으로부터 시작한다. 하지만 가족위기상황에 처한 가족구성원은 정신적인 혼란과 심리적인 어려움으로 문제해결의 대안을 잘 생각하지 못하는 경향이 있다.

그래서 상담관은 가족구성원이 대안 마련을 어려워하거나 힘들어하면 상담관이 가족의 리더가 되어 여러 해결대안을 가족과 함께 강구하되, 최종적인 대안선택은 가족구성원이 하도록 조력한다.

그러나 이것은 단순히 대안을 생각해 내지 못하는 가족을 대상으로 하는 것이므로 상담관이 일방적으로 이끌어가는 방식의 대안 마련은 결코 바람직하지 않다. 상담관은 다양한 가족문제의 해결을 위한 대안 준비가 마무리되면 가장 적절한 시기에 가족구성원 모두와 함께 이를 공유하고 적극 실천하도록 촉진한다.

3. 종결 단계

가족상담종결의 최종상태는 가족의 문제가 해결되고 가족구성원 모두가 서로 만족하며, 신뢰하는 가족분위기로 변화된 모습이다. 군인가족상담을 종결할 때의 기준은 대체로 다음과 같다. 첫째, 가족구성원이 만족할 만한 수준으로 상담목표가 달성되었을 때 종결한다. 둘째, 가족구성원이 새롭게 마련한 대안으로 가족문제를 잘 극복할 수 있다는 자신감이 고양되어 있을 때 종결한다.

셋째, 가족구성원 간 의사소통능력이 향상되어 서로 솔직하게 말하고, 상대의 말을 진정으로 존중할 때 종결한다. 넷째, 가족구성원의 경계선과 가족규칙이 보다 융통성 있게 변화되었을 때 종결한다.

군인가족상담은 가족의 위기를 극복하여 위기이전의 기능상태로 회복하는 것에 주 노력을 기울인다. 가족의 성장과 발달이라는 한 차원 높은 잠재적 가능성을 높은 수준으로 끌어올리는 데에도 관심을 기울인다. 가족의 위기를 극복한 경험을 바탕으로 스스로 가족 성장을 이룰 수 있는 행동을 새로운 관점에서 개발하며, 나아가 가족 갈등상태에 있는 동료의 가족을 솔선하여 돕는다.

CHAPTER 09
군 다문화상담

21세기 큰 흐름의 하나는 전 세계가 다문화 국가로 변모해가고 있다는 사실일 것이다. 인종과 언어 및 종교의 다양성은 이제 어느 특정한 나라에만 주어진 현실이 아니다. 세계적인 다문화의 흐름과 우리의 현실을 감안하면 우리 군도 다문화 군대로 전환할 준비가 되어 있어야 한다. 장병들의 문화적 갈등을 차단하고 다문화 장병이 지닌 다양한 강점을 활용한 대책이 강구되어 한 단계 격상된 전투력이 유지되어야 할 것이다.

이 장에서는 전통적인 우리나라 문화에 대한 이론적 배경을 먼저 살펴본 다음, 우리나라의 다문화가 전개된 과정을 알아본다. 그리고 다문화 군대로의 준비는 어떻게 진행되고 있는지를 살펴보고, 다문화상담을 군에 적용하기 위한 전략을 제시한다.

1. 이론적 배경
2. 우리의 다문화 과정
3. 다문화군대의 개념
4. 군 다문화상담 전략

1. 이론적 배경

문화는 '토양을 경작한다.'는 뜻의 라틴어 cultúra에서 유래되었다. 인간이 삶을 시작하면서 무언가를 계속 창조하고 만든 정신적이고 물질적인 것을 나타내는 말이다. 이러한 문화의 범주에는 인간이 살아가는 생활양식으로부터 사람에 의해 만들어진 생산물과 활동이 모두 포함된다.

눈에 보이지 않는 사고방식이나 이념, 사상, 가치관에 이르는 정신적인 요소까지도 포함한다. 중요한 것은 이러한 문화가 인간의 경험을 해석하며, 타인의 행동을 평가하는 종합적인 개념의 틀로 작용할 뿐만 아니라, 개인의 생활방식에 지속적으로 영향을 미친다는 점이다.

한편, 다문화(multi culture)라는 용어는 1970년 캐나다에서 처음 등장한 이후, 현재까지 전 세계가 공통적으로 사용하고 있다. 다문화는 특정 사회집단 내에 민족적, 종교적, 문화적 정체성을 달리하는 집단들이 서로 공존하는 문화를 의미한다.

비교적 동질적인 정체성을 유지해온 사회에 정체성을 달리하는 개인이나 집단이 유입되어 서로 공존하는 현상을 말한다. 이러한 다문화를 이해하기 위해서는 우리나라 문화의 전통적인 특성부터 이해할 필요가 있다.

1. 우리문화의 이해

1) 전통적인 특성

우리나라 문화의 기원은 역사가 시작된 초기 농경시대부터 시작되었다. 씨족사회와 무속신앙, 불교와 유교의 종교적인 영향이 우리 문화에 많은 영향력을 주었다. 한재희(2004)는 우리 문화의 전통적인 특성을 무속신앙과 불교, 유교 등으로 설명하였는데 이를 살펴보겠다.

(1) 무속신앙

무속신앙은 우리나라 문화의 핵심적인 위치에 자리하고 있다. 이 중 샤머니즘은 사람들이 평상시 일반적인 방법으로는 풀 수 없는 문제에 직면했을 때, 무당의 중재를 빌려 신령의 도움을 청하는 종교로서의 신적인 존재와 아울러 일반인들 사이에 중재자의 역할을 제공하는 구조를 지니고 있다.

길흉화복을 운명으로 여기는 경향과 기복적인 현실주의, 음주문화, 집단가무 등은 모두 샤머니즘의 영향을 잘 보여주고 있다. 어떤 종류의 동물이나 식물을 신성시하여 자신이 속해 있는 집단과 특수한 관계가 있다고 믿는 토테미즘도 우리나라 문화에 많은 영향을 끼쳤다.

(2) 불교

불교는 단순한 종교로서의 기능만이 아니라 샤머니즘 사상을 기반으로 우리나라 사람의 삶 속에 깊숙이 뿌리내렸다. 인간과 세계의 궁극적 의미에 대한 철학적인 탐구 체계를 확보한 것은 바로 이러한 불교의 영향 때문이다. 불교는 우리나라 전반의 사상과 정신세계를 주도하고 문화의 모체역할을 해왔다. 권선징악의 세계관과 인과응보의 인생관 및 내세적 세계관은 이러한 불교의 영향으로 나타난 특징이다.

(3) 유교

유교는 종교나 신의 존재, 사후의 문제 등에 대한 관념은 희박하지만 도덕과 예절, 인(仁), 삶의 윤리 등에 대한 인간의 상호관계적인 원리를 강조한다. 이러한 유교는 우리나라 전통 윤리로 뿌리내림으로써 우리의 전통적인 독특한 문화 형성에 큰 영향을 미쳤다.

혈연 · 지연 · 학연 등의 연고주의, 가부장제도, 가족주의, 서열의식, 여성차별, 체면의식 등은 우리나라 문화 안에 스며있는 유교 영향의 대표적인 특징이라고 할 수 있다.

2) 심리적인 특성

우리나라 사람들의 사회적 행동이나 의식 속에 내면화된 사회문화적인 특징과 우리나라 문화에서만 독특하게 나타나는 사회심리 및 정서체계를 살펴보면 체면, 눈치, 한(恨), 정(情), 우리주의(we-ness) 등을 빼놓을 수 없다.

(1) 체면

체면은 자신의 지위나 외적인 명분을 높이려는 행동의 과정과 관련된 사회적인 얼굴이다. 인간관계나 사회적 상황에서 자기의 내면 또는 자기와 관련된 사실과 다르게 행동함으로써 자신의 지위나 외적인 명분을 높이려는 것과 관련되어 있다.

장유유서나 부자유친, 부부유별 등과 같이 엄격한 구별과 서열의 관계적인 구조를 형성해 놓고, 그 신분에 맞는 행동양식과 규범을 설정하는 것이 특징이다. 이와 같은 문화적 특징은 우리 사회가 가지고 있는 형식적인 틀을 유지해야 체면이 손상당하지 않는다는 의식과 깊은 상관이 있다.

(2) 눈치

인간의 삶은 진심이 말로 표현되지 않는 경우가 있다. 그렇기 때문에 상황과 맥락을 종합하여 상대방의 진위를 찾아내고 마음의 상태를 알아내려는 눈치가 발달하였다. 특히, 우리나라 문화는 진심이 말로 표현되지 않는 경우가 흔해 상대방의 말만으로 그 마음을 제대로 이해할 수 없을 때가 많다. 따라서 이러한 눈치는 우리나라의 위계적인 대가족제도와 종속적인 사회 속에서 살아남기 위해 만들어진 독특한 특성의 하나이다.

(3) 한(恨)

한(恨)은 마음속의 상처를 가만히 가지고 있는 상태를 말한다. 외부로 한을 표출하지 않고 마음속에서 조용히 처리하는 것으로 우리나라 사람의 대중적 의식 속에 보편적으로 자리 잡고 있는 심층적인 특질이다. 한(恨)과 깊은 연관이 있는 화병은 화를 발산시키지 못하고 누적되어 정신적, 신체적 고통을 가리키는 병이다. 한(恨)의 신체적 증상으로는 가슴속 덩어리로 한숨과 치밀어 오름, 화끈 달아오름, 답답함, 저림 등이 나타난다. 정신적 증상으로는 우울과 불안, 파괴적 충동, 공포, 죄의식, 수지, 강박증 등이 나타난다.

(4) 정(情)

정(情)은 우리나라 사람의 대인관계적인 밀착의 정도를 나타내는 가장 대표적인 우리 문화의 정서적 속성이다. 우리나라 사람의 사회적 심성을 이해하고 설명하는 데 필수적인 개념이다. 이러한 정(情)은 서구 문화의 사랑이나 애정과 유사한 속성이지만, 낭만적이고 열정적인 사랑의 속성과 같은 감정 상태이기보다는 장기간의 접촉 과정에서 쌓여져 느끼는 누적된 감정 상태다.

(5) 우리주의

우리나라 문화에 있어서 사회적 관계의 기본 축은 개인이 아닌 우리다. 우리나라 사람의 사회적 인간관계에서 개인은 독립적이라기보다는 우리라고 하는 타인과 하나가 되는 관계를 지향하는 관계적 속성의 개인에 해당한다. 우리주의는 우리와 우리가 아닌 남을 대하는 두 가지 서로 다른 마음의 틀을 통해 상대를 어떤 관계로 인식하느냐에 따라 극명하게 대비되는 방식으로 행동한다.

(6) 효(孝)

효(孝)는 우리 사회의 큰 덕목의 하나이다. 효는 유교의 기본 덕목이지만 유교권 나라 중에서는 우리나라에서 가장 강하게 유지되고 있다. 살아계신 부모뿐만 아니라 돌아가신 뒤에도 조상을 생각하는 마음으로 제사를 지내는 것이 모두 효와 관계된 일이다. 요즘에는 과거에 비해 효 사상이 많이 약해졌지만 그래도 조상에 대한 제사의 거부감을 나타내는 젊은이가 별로 없다는 사실을 비추어 볼 때, 아직도 효는 우리나라의 주요 사상이자 문화가 아닐 수 없다.

2. 문화의 이론적 모델

어떤 사람이든 서로 만나서 이야기를 나누다보면 두 사람 사이에 크고 작은 문화적 차이가 있음을 느낀다. 군 다문화상담을 진행함에 있어서는 다문화 장병이 지닌 문화적 차이를 상담관이 지각하지 못하면 그 상담은 실패할 가능성이 있다.

문화적 차이를 효과적으로 이해하기 위한 여러 가지 이론적 모형이 개발되었다. 마빈 메이어스(Mayer)의 기본가치 모델과 호프스테드(Hofstede)의 정신 프로그램 모델은 개인 및 집단에서 문화적 차이를 인식하는 데 많은 도움을 준다. 기본가치 모델은 개인의 특성에 대한 차이를 주로 설명하고 있으며, 정신프로그램 모델은 개인이 속한 사회적, 국가적 관점에서 문화의 차이를 설명하고 있다.

1) 기본가치모델(A model of basic values)

기본가치모델은 사람들의 가치관을 이해할 수 있도록 개념적으로 설명한 모델이다(Lingenfelter & Mayers, 1989). 이 모델은 인간상호 간에 겪는 가치의 경험을 이해해 보려는 목적에서 만들어졌다.

기본가치모델은 문화적 가치의 특성을 12개 요소로 나누고 있다. 이를 다시 6쌍의 대조되는 특성으로 짝지어서 기본가치의 인식에 대한 문화적 차이를 설명하고 있다. 6쌍의 요인은 〈표 9-1〉과 같다.

〈표 9-1〉 기본가치모델의 문화적 특성 분류

시간중심 가치문화	VS	행사중심 가치문화
업무중심 가치문화		사람중심 가치문화
분석적 사고 가치문화		전체적 사고 가치문화
신분중심 가치문화		업적중심 가치문화
위기중심 가치문화		비위기중심 가치문화
약점은폐 가치문화		약점노출 가치문화

(1) 시간중심 대 행사중심의 가치문화

시간중심 가치성향문화의 특성은 시간을 지키는 것에 중요한 가치를 두며, 계획이 잘 세워진 목표지향적인 활동에 의미를 부여하는 특징이 있다. 반면, 행사중심 가치문화는 임의적인 시간을 준수하는 것보다 현재의 경험을 강조한다. 일정에 매이지 않는 개방적인 태도와 과거나 미래보다는 현재를 중요하게 여긴다.

(2) 업무중심 대 사람중심의 가치문화

업무중심의 가치성향문화는 일과 원칙에 초점을 맞추고 목적 달성에서 가치를 찾는 반면, 사람중심의 가치성향문화는 인간관계에서 만족을 찾으며, 관계지향적인 사람을 좋아하고 일은 경시하는 특성이 있다. 우리의 군대문화는 업무중심의 가치문화를 지향한다.

(3) 분석적 사고 대 전체적 사고의 가치문화

분석적 사고의 가치성향문화는 옳고 그름에 대한 정확한 분석과 판단을 중요시하며, 사람을 평가할 때 어느 특정한 기준을 일정하게 적용한다. 전체적 사고 가치문화는 판단이 유연하고 개방적이며, 환경과 사람의 기준을 다양하게 고려하는 특징이 있다.

(4) 위기중심 대 비위기중심의 가치문화

위기중심의 가치성향문화는 위기를 완벽하게 준비하는 것을 중요시한다. 불확실성을 배제하고 신속한 해결을 위해 전문가의 조언을 따른다. 반면, 비위기중심의 가치성향문화는 위기가 발생할 가능성을 과소평가하며, 전문가의 조언보다는 실제 경험을 중요시한다.

(5) 신분중심 대 업적중심의 가치문화

신분중심의 가치성향문화는 개인의 신분을 중요하게 여기며 사람에 대한 존경심을 높은 사회적 지위로 판단한다. 반면, 업적중심의 가치성향문화는 개인의 신분을 그 사람의 업적 여부로 결정한다. 사람이 받는 존경심은 성공과 실패 여부에 따라 달라지며, 개인의 업무수행능력을 중요시하는 특징이 있다.

(6) 약점 은폐 대 약점 노출의 가치문화

약점 은폐의 가치성향문화는 잘못을 부인하며 자신의 약점과 단점을 숨기려고 노력한다. 실수나 실패를 회피하고 사생활에 대해 대화를 나누려 하지 않는다. 반면, 약점 노출의 가치성향문화는 잘못이나 약점과 단점에 대해 쉽게 인정하며 다른 견해나 비판에도 개방적이다. 다른 사람의 실수나 실패에 대하여 약점 은폐문화보다 상대적으로 유연하며, 사생활을 자유롭게 이야기하는 특징이 있다.

2) 정신프로그램 모델(A model of mental programs)

호프스테드(Hofstede, 1995)는 세계에 산재한 IBM 조직망을 이용하여 국가적 차원의 문화적 특성을 연구하였는데, 그는 기본적인 문화의 영역을 4개의 차원에서 분석하였다. 이러한 4개의 차원은 〈표 9-2〉와 같다.

〈표 9-2〉 정신프로그램 모델의 국가적 문화특성의 분류

권력 거리가 큰 문화 (불평등을 수용하는 문화) 집단주의 문화 여성성의 문화 불확실성 회피문화	VS	권력 거리가 작은 문화 (평등을 선호하는 문화) 개인주의 문화 남성성의 문화 불확실성 수용문화

(1) 권력 거리가 크고 작은 문화

권력 거리의 크기에 대한 문화는 문화적 특성과 유형을 분류함에 있어 불평등을 다루는 방식에 관한 내용이 주다. 평등을 선호하는 문화와 불평등을 수용하는 문화의 차이에 대한 영역을 설명하고 있다. 권력 거리가 큰 문화는 불평등을 수용하는 문화로 정당성보다는 힘이 앞서며, 권력을 가진 자가 자연스럽게 특권을 누리는 특징이 있다. 또한 권력 거리가 큰 문화는 사람들의 수입 격차가 커 중산층이 적으며, 정치적 갈등은 흔히 폭력으로 이어지는 특징이 있다.

반면, 권력 거리가 작은 문화는 모든 사람이 동등한 권리를 지녀야 한다는 인식이 기본적인 가치관이다. 권력의 행사는 합법적이어야 하며, 정당성의 기준을 따라야 함을 중요하게 여긴다. 사람들의 수입격차가 적으며 권력은 공적 활동과 전문성 및 능력에 기반을 둔다.

(2) 집단주의 대 개인주의 문화

집단주의와 개인주의에 대한 영역은 개인 간 구속력에 대한 정도를 기준으로 한다. 집단주의는 집단이 개인을 보호해주는 문화를 의미하며, 개인주의는 개인 간의 구속력이 느슨한 문화를 말한다. 집단주의 문화에서는 정체감의 근원이 개인이 속해 있는 집단에 두며, 우리라는 집단의 틀 안에서 생각하는 것을 중요한 가치로 삼는다. 조화와 화합을 강조하고 인간관계를 중요시하는 특징이 있다.

반면, 개인주의 문화에서는 정체감의 근원이 자신 안에 있다고 규정하고, 자신의 생각을 그대로 말하는 것이 정직한 사람의 특성이라고 강조하며 솔직한 의사소통을 지지한다.

(3) 여성성 대 남성성의 문화

여성성과 남성성의 문화는 자기주장적인 행동과 겸손한 행동 중 어느 쪽을 바람직하게 생각하는가를 다루는 영역이다. 여성적 사회의 특징은 모든 사람이 겸손하다고 가정하며, 사회의 지배적인 가치는 다른 사람을 돌보고 보호하는 것에 둔다. 반면, 남성적 문화의 특징은 물질적 성공과 진보를 사회의 지배적인 가치로 간주하며 강한 리더십을 존중한다.

(4) 불확실성 회피 대 수용의 문화

불확실성 회피와 수용의 문화는 불확실하거나 모호한 것에 대한 인내를 다루는 문화영역이다. 불확실성 회피문화는 자기와 다른 것을 수용하지 못하며, 융통성이 없고 획일적인 특성을 가진다. 사회구성원의 주관적인 불안과 스트레스 수준이 높고 행복지수는 낮은 경향이 있다.

반면, 불확실성 수용의 문화에서는 일상생활의 특징을 모호성으로 여긴다. 그래서 애매한 상황과 익숙지 않은 불확실성을 편하게 느낀다. 사회구성원의 주관적 행복감이 높으며 스트레스 수준은 낮은 것이 특징이다(한재희, 2004).

2. 우리의 다문화 과정

우리나라에서 다문화라는 용어를 처음으로 사용하기 시작한 것은 20세기 말부터다. 그러나 국가적 차원의 인구 이동과 문화의 흐름이 전 세계적으로 일반화되기 시작한 것은 그보다 앞선 냉전종식과 더불어 시작되었다. 이후 세계적인 인구 이동이 증가하면서 급격한 사회변화가 가시화되었다. 그 결과 이주민을 둘러싼 갈등과 사회적인 문제가 발생하면서 다문화에 대한 국민적 관심이 한층 높아졌다.

1. 다문화 전개 과정

다문화사회란 주류사회에서 이주민을 비롯한 소수집단의 구성원을 일방적으로 동화시키거나 배제하려는 동화정책을 추구하는 사회가 아닌 집단별 차이와 다양성을 인정하는 사회를 말한다.

우리나라에서 다문화에 대한 사회적 관심이 높아지기 시작한 것은 외국인 이주자가 급격히 국내로 유입된 20세기 말부터다. 물론 그 이전부터 화교를 비롯한 이주자 집단이 우리나라에 존재하였고, 국제적으로 크고 작은 인적 교류가 계속되어 온 것은 사실이지만, 문화의 다양성에 대한 논의가 가시화된 것은 아니었다.

세계인구의 약 2% 이상은 1965년 이후부터 줄곧 국제적인 이주가 있어 왔다. 우리나라는 1980년대 말에서 1990년대 초까지만 해도 외국인 이주자가 우리나라 전체 인구의 0.1%정도에 불과하였다.

1) 냉전과 북방정책

우리나라는 1945년 해방된 지 얼마 안 돼 분단되었고, 6.25전쟁을 거치면서 냉전구도가 형성되었다. 정치권력이 민족주의를 정치도구로 이용하면서 남·북 냉전구도는 더욱 고착화되었다. 그러나 세계의 냉전은 1970년대 이후부터 해체되기 시작하였다. 1990년대에 독일이 통일되면서 동·서 냉전은 완전히 무너졌으나, 한반도에서의 남·북 냉전은 세계의 분위기와 달리 여전히 계속되었다.

이런 남북정세에도 불구하고 우리나라는 세계적인 탈냉전 기류에 편승하려는 사회적 분위기와 사회적 요구가 계속 있어 왔다. 경제적인 산업화를 위해 새로운 시장이 필요했던 우리나라는 국가경제를 살리기 위한 정부 차원의 다각적인 노력이 이어졌다. 이때 북방정책에 따라 소련 및 동유럽 국가와의 관계정상화가 이루어졌고, 1992년에는 한·중 수교가 이루어졌는데, 이때부터 외국인 이주가 급격히 증가하였다.

2) 노동시장의 개방

1990년대 말부터 우리나라는 시장 개방과 더불어 국내 노동력 구조가 크게 변화하였다. 그 결과 외국인 이주민이 크게 증가되었고 국제결혼도 급격하게 늘어 2005년 이후부터는 우리나라 전체 결혼 인구의 10%를 넘어섰다. 1990년 이후에 우리나라 남성과 결혼한 외국인 여성의 국적을 살펴보면, 가장 큰 비중을 차지한 것은 중국 조선족이었다.

1992년도 한·중 수교가 이루어져 중국과의 외교관계가 공식적으로 시작된 이후부터는 중국에 한국 열풍이 불기 시작하였다. 비교적 적은 비용으로 쉽게 이주할 수 있는 이점을 악용하여 불법적인 위장 결혼도 횡행하였다.

이러한 현상은 1997년 외환위기 극복 당시 우리나라 노동시장의 변화와 고령화 사회로의 진입 그리고 외국인 노동력 수용 등이 급격하게 필요했던 상황도 한 몫 했다. 서구의 국가들은 대부분 짧게는 50년에서 길게는 150여 년의 이주 역사가 있다. 우리나라는 10년에서 15년 만에 이주민이 급격하게 늘었는데, 이는 세계적으로 유례없는 매우 특이한 현상이다.

3) 외국인 이주민 증가

우리나라에 체류하는 외국인은 코로나19가 발생하기 이전에는 250만 명 정도였다. 그 이후에는 일부가 귀국하여 2021년 현재 218만 명의 외국인이 체류하고 있다. 이들 가운데 약 24% 정도는 주로 단순 노동자(비전문, 방문취업)이고 나머지는 재외동포, 유학생, 전문인력 등이다.

중국인(중국동포 포함)은 대략 44% 정도이고, 베트남(10%) · 태국(8%) · 미국(6%)에 이어 우즈베키스탄(3%)과 러시아 연방(2%), 필리핀(2%) 순으로 외국인 이주민이 체류하고 있다.

2. 다문화에 대한 인식

1) 다문화 인식 성향

외국인 이주민에 대한 우리 사회의 인식은 대체로 외국인 이주자나 외국문화에 대해 배타적인 태도를 갖고 있다. 외국인에게 느끼는 사회적 거리감은 미국인을 가장 가깝게 인식하며, 그다음으로 조선족-일본인-동남아시아인-중국인-몽골인의 순서로 나타나고 있다. 한국인은 외국인을 이웃이나 동료 및 친구 등으로 받아들이는 것에는 비교적 관대하다.

그러나 '국민'이나 '배우자'로 받아들이는 것에는 배타적인 이중적 태도를 보이고 있다. 연령별로 보면, 50대 이상에서는 외국문화에 대한 관심 자체가 상당히 낮은 수준으로 조사된 반면, 20~30대의 젊은 세대들은 상대적으로 외국문화에 대한 관심이 높은 수준이었다.

외국문화에 대한 관심을 분석한 결과를 보면 50~60대의 연령층은 관광 등 특정 분야에 관심이 많았으나, 20~30대의 경우에는 음식문화와 언어 및 대중문화에 관심을 보였다. 특히, 젊은세대는 외국문화 중에서도 미국과 일본으로 대표되는 선진국문화에 관심이 많았으며, 우리나라로 유입되는 이주민들의 출신지인 동남아문화에 대해서는 별로 주목하지 않았다.

이러한 결과는 문화의 전통적이고 심리적인 특성과 무관치 않다. 우리 사회는 조선시대의 유교적 가치관에 뿌리를 두고 집단주의 문화를 유지하고 있다. 불확실성에 대한 강한 회피 성향이 있어 자신의 집단과 조금이라도 다른 점이 지각되면 이를 회피하려는 특징이 있다. 이러한 현상은 우리 사회에 뿌리 깊이 박혀 있는 단일민족이라는 고정관념과 우리나라 문화가 우월한 문명이라고 인식하고 있기 때문이다.

- **마지즌 차별**: 이주노동자나 결혼이민자 등 경제적 빈곤 때문에 국경을 넘는 사회경제적 하층부에 위치한 이주민을 마지즌(margizen)이라고 말하는데, 이들에 대한 우리나라 사람의 태도는 매우 배타적이다. 단일민족이

라는 고정관념이 인종에 대한 차별로까지 이어져, 동남아 국가와 같이 경제적 수준이 낮은 외국인에 대해서는 천민의식과 차별의식을 갖게 하는 것으로 분석이 가능하다.

- **데니즌 우대**: 우리나라 사람은 선진국 출신인 백인 이주민에 대해서는 매우 우호적인 태도를 보인다. 이들은 고소득 전문직 종사자들로서 대부분 기업이 보장해 주는 사회적 안전망을 즐기는 고급 인력이라는 의미로 데니즌(denizen)이라고 부른다. 우리 사회는 2000년대부터 획일적이고 집단주의적인 사고에서 벗어나 유연하고 창의적인 행동양식을 중시하고 있지만, 아직도 데니즌 · 마지즌과 같이 이주민에 대한 이중적인 태도와 차별의식은 여전하다.

2) 시사점

다문화에 대한 국민의 인식성향이 다문화 군대를 준비하고 있는 우리 군에 주는 시사점은 다음과 같다.

첫째, 다문화 병사의 군 생활적응에 대한 대안이 절실히 요구되고 있다. 이주민에 대한 우리나라 국민의 인식과 태도는 이중적인 태도를 가지고 있다. 외국인 이주자나 외국문화에 대한 인식은 국가별 경제발전 수준에 따른 위계적 관념이 매우 강하게 작용하고 있다.

또한 이주민들에게 관용적인 태도가 있으면서도 이주민 증대로 나타나는 사회변화에 대해서는 문제의식으로 보지 않으려는 태도를 보이고 있다. 이러한 현상은 다문화 병사의 군 생활에도 영향을 미칠 가능성이 있다. 군에 입대하는 우리나라 다문화 병사들은 주로 중국이나 동남아시아 출신 다문화 가정 자녀가 대부분이기 때문이다.

이들에 대해 갖는 일반 병사들의 문화 선호도가 높으면 문제 될 것이 없으나, 상대적으로 아주 낮은 수준이면 이들의 군대 생활에 부정적인 영향을 끼칠 가능성이 있다.

둘째, 다문화 병사들과 다양한 형태의 관계 형성이 요구된다. 자신과 다른 인종과의 다양한 형태의 사회적 접촉은 사회적 거리감을 낮추는 데 긍정적인 효과가 있는 반면, 접촉이 빈번하게 일어날수록 이주민에 대한 부정적 태도도 더 강화되는 것으로 알려지고 있다.

접촉 여부 그 자체가 특정한 영향을 미치기보다는 접촉이 이루어지는 사회적 환경과 상황, 접촉의 내용과 문화적 맥락에 따라 인종 및 민족적 편견에 미치는 효과가 달라진다. 이러한 점은 다문화 가정 자녀들의 군 입대만으로 일반 장병들과의 관계가 개선되거나 차별의식이 해소되는 것은 아니다. 일반 병사들과 어떤 접촉을 하며, 어떻게 상호관계를 맺느냐에 따라 편견과 차별의식을 줄일 수 있음을 동시에 시사하고 있다.

셋째, 군대 내 긍정적인 다문화 인식의 확장성이다. 우리나라 국민의 연령이 낮을수록 외국인 이주자에 대해 느끼는 거리감은 낮은 수준이고 다문화 인식도 긍정적이다. 이러한 특징은 젊은 연령층으로 구성된 병영 내에서 새로운 병영문화육성에 긍정적으로 영향을 미칠 수 있다. 일반 장병과 다문화 장병이 함께 참석하여 활동할 수 있는 다문화집단상담 프로그램 등의 다양한 대안 마련이 필요함을 시사한다.

3. 다문화군대의 개념

다문화군대에 대한 개념형성은 심층 깊은 연구와 논의가 바탕이 되어야 하나 이에 대한 준비가 부족하여 다문화 군대의 정의조차 내리기가 쉽지 않은 상태에 있다. 일반적으로 통용되는 다문화 사회의 개념은 다양한 인종, 언어, 종교, 성

별 등의 문화적 배경이 다른 개인이 서로의 문화를 존중하고, 보편적 민주주의와 인류공영의 철학을 바탕으로 문화집단 간 공존과 관용이 허용되는 사회를 말한다.

이러한 다문화 사회의 개념과 특징을 고려하여 다문화 군대의 정의를 내려보면, 다문화 군대란 '다양한 문화적 배경을 가진 장병들이 인종적 · 종교적 · 문화적 다양성을 인정하고, 군대 조직의 특수한 환경에서 서로의 문화와 가치성향을 존중하며, 국가방위에 총력을 기울이는 조직'이라고 말할 수 있다.

1. 다문화 군대의 개념

군은 2010년도 병역법에서 '민족'이라는 표현을 '국민'으로 개정하였다. 이것은 군에 입대한 다문화 장병에 대한 이해는 물론 같은 한국인으로서 동등한 권리와 대우를 존중하고자 함이었다.

군에서는 출신지역, 종교, 학력 등 어떠한 조건도 이를 차별하지 못하도록 여러 가지 노력을 경주해 온 것이 사실이다. 이러한 노력이 문화적 편견과 차별을 없애는 데 긍정적으로 기여한 것은 다행인 일이다. 이와 같은 맥락에서 우리 군이 다문화 군대로 진입하는 데는 다음과 같은 의미를 가진다.

첫째, 다문화 장병의 군 복무는 우리 군이 국제적인 세계화의 군대가 되었다는 것을 알려주는 시그널이다. 다양한 언어 구사가 가능한 다문화 장병이 복무함에 따라 세계 각지의 분쟁 해결과 평화 수호의 역할 수행이 수월하게 되었다. 세계평화의 수호자로서 군의 위상이 높아지고 나아가 국가 이미지와 국가 브랜드를 높이는 데에도 기여한다.

둘째, 병역 의무에 대한 국민의식의 변화가 가능하게 한다. 우리나라 국적을 취득한 이주여성은 자신의 아들이 국방의 의무를 이행하는 것을 당연한 것으로 받아들인다. 우리나라의 어머니들이 아들을 군대에 보낼 걱정으로 잠을 못 이루는 것에 비하면, 이주여성 어머니들은 아들의 병역의무를 훨씬 더 의연하게 받아들인다. 이러한 모습은 다문화 가정에 대한 우리 사회의 보이지 않는 차별과 냉대를 완화하는 계기가 된다.

셋째, 다문화 장병의 군대 경험은 사회인으로서 역량을 갖추고 다양한 직종에 당당하게 진출하는 데 기여한다. 군대를 다녀온 한 남성으로서 긍정적인 자아에도 큰 영향을 미친다는 점에서 의미를 갖는다.

다문화 장병은 국제결혼으로 형성된 다문화 가정에서 태어난 자녀와 북한이탈주민의 자녀로서 우리나라 군대에 현역으로 입대한 장병이다. 보다 넓은 의미에서 다문화 장병은 결혼이민자, 이주노동자, 유학생, 난민, 외국국적 동포 등과 같이 서로 다른 민족과 문화적 배경을 가진 군인을 말한다.

반면, 좁은 의미에서의 다문화 장병은 국내에 정착하여 거주하는 국제결혼 이민가정의 자녀, 우리나라 국적을 취득한 외국인 이주노동자의 자녀, 북한 이탈주민의 자녀 등을 말한다. 국방부에서는 외국인 귀화자와 북한 이탈주민 가족의 장병, 국외영주권자 입영 장병, 결혼이민자 등을 모두 다문화 장병의 범주 안에 포함하고 있다.

우리나라는 1990년대 이후 외국인 노동자의 유입과 농촌 총각의 국제결혼 증가 등으로 다문화 사회로의 진입이 빠르게 진행되었다. 외국인 체류자는 2014년에 150만 명을 넘었고 2022년 말 기준 220만 명을 넘었다. 이러한 추세라면 2030년경에는 전체 인구의 10%를 넘을 것으로 예상하고 있다.

이는 2023년 현재 충청북도 인구가 약 160만여 명임을 감안할 때 외국인 거주자가 충북 도민의 인구 수와 동등한 수준에 이르는 것을 말해준다. 우리나라 다문화 학생 수는 2023년 8월 말 현재 대략 16만 8천 명을 유지하고 있다.

군에서는 다문화 가정 자녀들의 피부색 등이 병역을 수행하는 데 심각한 영향을 줄 것으로 보고, 2010년 이전까지는 이들을 보충역으로 분류해 현역 복무를 제외시켰다. 그러나 2010년 해당 규정을 모두 삭제하였으며, 그 결과 모든 다문화 가정 자녀들은 피부색과 관계없이 신성한 국방의 의무를 수행하게 되었다.

행정자치부에 따르면 결혼이민자의 자녀들 중 2014년도 징병검사 대상인 만 18세 이상 남성은 1,719명이었다. 2015년에는 2,199명으로 나타났으며, 2019년에는 3,626명이 넘는 다문화 장병이 군 복무를 하였다, 2024년에는 4,730명이 될 것으로 추산하고 있는데, 2030년경에는 다문화 가정 출신 현역 장병이 무려 1만여 명에 이른다는 전망도 하고 있다.

2. 다문화 군대로의 준비

군은 다문화군대로 전환할 준비를 다각도로 마련하고 있다. 장병의 동반입대 복무제도 보완을 통해 다문화 가정 장병의 원활한 복무여건 조성도 준비하고 있다. 군 복무 간 차별금지 사항을 규정화하고 다문화수용 기반을 구축하는 노력도 기울이고 있다. 인종적 특성에 대한 잘못된 문화적 편견이 작용하지 않도록 장병용 다문화교육 교재를 발간하기도 하였다. 야전부대와 간부양성 및 보수교육 과정의 학교기관에서는 이를 주기적으로 교육하는 학습계획을 반영하고 있는 것은 바람직한 모습이 아닐 수 없다.

국방부는 '군인복무규율'과 입영 및 임관선서를 개정하였다. 대한민국의 군인으로서 '국가와 민족을 위하여 충성을 다하고…'라는 표현을 '국가와 국민을 위하여 충성을 다하고…'라는 표현으로 바꾸었다. 이것은 국군을 국민의 군대로 규정한 이념과 일치한다.

뿐만 아니라, 우리나라는 단일민족 문화라는 이유로 다문화 장병이 겪을 수 있는 차별과 냉대를 차단하기 위한 획기적인 조치에 해당한다.우리나라 군대와 군인이 충성을 바칠 대상은 오직 대한민국과 국민임을 인식하도록 한 조치로써 다문화 시대의 선진 강군을 만들어 나가고자 하는 군의 의연한 모습이다.

현재 우리나라의 병역제도는 징병제를 채택하고 있다. 2007년 개정된 「병역법」에는 '대한민국 국민인 남자는 헌법과 법이 정하는 바에 따라 병역의무를 성실히 수행하여야 한다.'라고 규정하고 있다. '병역의무 및 지원에 있어 인종과 피부색 등을 이유로 차별하여서는 아니 된다.'라는 규정도 신설하였다.

'인종이나 피부색 등으로 인하여 병역수행에 심각한 영향을 받을 것으로 인정되는 사람에게만 제2국민역에 편입한다.'는 「병역법」을 모두 삭제하여, 흑인 · 백인 · 혼혈인에게도 병역의무를 부과하는 법률안이 발의되어 국회를 통과하였다. 그 결과 2010년 1월부터 다문화 가정의 모든 자녀들이 병역의무를 이행하고 있다.

한편, 국방부는 대한민국 국민이 된 북한이탈 청소년이 입대하는 상황도 대비하고 있다. 대한민국 「병역법」을 보면 북한이탈주민 가정에서 태어난 자녀는 군 입대를 할 수 있지만 탈북 청소년은 현 군사상황을 고려하여 병역의무를 면제하고 있다. 그러나 앞으로는 탈북 출신 청소년들에게도 군 복무가 허용되는 방향으로 검토될 필요가 있다.

육군훈련소와 각 사단 신병교육대에서는 다문화가정 출신 장병들의 군 입대가 증가함에 따라 여러 가지 현실적인 대책들을 마련하고 있다. 다문화 가정 출신 훈련병을 효과적으로 훈련시키고 관리할 수 있도록 훈련 조교와 교관, 훈련병을 대상으로 다문화 교육을 준비하고 있다.

이러한 다문화교육은 다문화에 대해 장병들의 이해를 넓히고 다문화가정 출신 훈련병의 병영생활에 부적응이 발생되지 않도록 하는 데 기여한다. 다문화 인식의 차이로 차별이 발생되지 않도록 다문화장병에게 도움을 주는 상담제도와 캠프제도가 마련되고 프로그램 등의 개발을 촉진한다. 이슬람교를 포함한 소수 종교를 믿는 경우에도 종교 활동을 보장하는 방안이 적극 검토되고 시행되어야 할 것이다.

4. 군 다문화상담 전략

1. 개요

1) 미국에서 출발

일반상담이론은 역사적인 측면에서 볼 때 주로 미국 주도로 발전되어 왔다. 유럽계 백인 중류층 미국인의 문화적 가치와 관습, 철학, 언어를 토대로 형성된 이론들이 대부분이다. 미국은 1980년대 이후부터 아프리카계와 아시아계, 라틴계 등의 소수 민족들이 급격하게 늘어났다. 이들 소수 민족은 미국의 주류 문화 속에서 성장하며 정신건강상담의 주요 대상으로 등장하게 되었다.

2) 일반상담이론과의 충돌

일반상담이론은 소수 민족의 문화와 빈번하게 충돌한다. 다문화주의자들은 현대의 일반상담이론이 문화적 배경을 달리하는 사람에게 효과가 있는가에 대해 강하게 비판하고 있다. 일반상담이론은 다양한 문화권 사람의 복잡하고 광범위한 문제를 예측하지 못할 뿐만 아니라, 해결하는 데에도 부적합하다는 평가를 받고 있다(Sue, 1995).

일반상담이론의 대부분은 인간의 느낌, 행동, 사고 및 사회적 존재를 인정하면서도 문화적, 정신적, 정치적 존재를 인식하지 못하고 있다고 비판한다. 인종, 민족, 성별, 연령, 사회적 지위 등에 상관없이 획일적으로 적용시켜온 전통적인 일반상담 방법과 전략에 대해 문제를 제기하며, 새로운 다문화상담의 중요성을 주장하고 있다.

3) 심리학의 제4세력

상담전문가들은 사회적 변화에 따라 문화적 배경이 다른 상담관과 내담자의 상담관계에서 나타나는 문화적 다양성에 대해 관심을 갖기 시작하였다. 이러한 관심은 심리학적 · 상담학적 연구로 이어졌으며, 그 결과 다문화상담의 새로운 이론들이 탄생하였다.

페데르센(Perdesen, 1994)은 다문화상담을 심리학의 제4세력이라고 주장하였다. 미드제트(Midgette)와 머거트(Meggert, 1991)는 다문화상담을 상담의 새로운 패러다임이라고 말하였으며, 아이비(Ivey)와 모건(Morgan, 1993)은 상담교육의 핵심이라고 강조하는 등 문화중심의 상담을 강조하였다.

이외에도 많은 학자들이 다문화상담의 중요성과 필요성에 대해 강조하였다. 상담관과 내담자의 문화적 차이를 최소화하고 문화적 맥락에서 인간의 행동에 대한 올바른 해석이 필요하다는 입장에서 다문화상담의 연구와 발전을 주장하였다.

2. 다문화상담의 개념

1) 다문화상담의 정의

문화에 대한 광의의 개념은 인종, 언어 그리고 국적이 다른 데서 오는 문화적 차이를 말한다. 협의의 의미로는 종교, 계층, 신체장애 등으로 인하여 형성된 사고방식을 뜻한다. 넓은 의미에서의 다문화상담은 국적이나 인종, 민족 등 문화인류학적 변인이 다른 사람과의 만남이며, 협의의 상담은 같은 국적을 공유하는 상담자와 내담자 사이에서 일어나는 과정이다.

다문화상담은 상담자와 내담자 간 문화적 배경과 가치관 그리고 생활양식에 있어서 전통적인 상담과 다르다. 인종이나 민족적으로 한 사회의 주류가 되는 집단과 소수 또는 비주류 집단 간의 비교를 의미하는 상담과정이다.

역사적 관점에서 보면 미국의 백인 상담자와 소수민족 내담자 사이에 이루어지는 상담관계를 말한다. 다문화주의에서는 문화인류학적 변인인 국적, 민족, 언어, 종교와 동시에 인구학적 변인인 연령, 성별, 지리적 위치를 고려할 뿐만 아니라, 교육과 사회경제적인 배경, 관계유형까지지도 고려한다.

2) 다문화상담의 특징

수와 토리노(Sue & Torino, 2005)는 상담 과정과 상담자의 역할 측면에서 다문화상담의 특징을 다음과 같이 설명하고 있다. 다문화상담은 내담자의 문화적 가치와 관련된 상담목표와 기법을 사용하는 과정으로 개인과 집단적 의미를 모두 포함하는 내담자 정체성을 수용하는 상담이다.

조력과정에서는 내담자 체계를 고려하며 개인적이고 문화특수적인 전략을 사용하는 상담으로 설명하고 있다. 이러한 다문화상담은 전통적인 일반상담과 다른 몇 가지 특징을 가지는데 이를 제시하면 〈표 9-5〉와 같다.

〈표 9-5〉 다문화상담의 특징

첫째: 다문화상담은 상담자의 역할이 전통적인 일반상담보다 확장되어 이루어진다.
둘째: 내담자 개인은 사회적이고 문화적인 맥락의 산물로 인식한다.
셋째: 상담에 적용하는 치료기법은 영역이 일반상담보다 크다. 그리고 생활경험과 문화적 가치와의 조화를 중요시한다.
넷째: 인간 존재에 대한 의미를 개인적, 집단적, 보편적 차원의 개념으로 인식한다. 또한 보편적 전략과 함께 문화특수적 전략을 사용한다.

3. 군대적용 모형

21세기 우리 군은 장병들의 문화적 갈등을 차단하고 다문화장병이 지닌 다양한 강점을 활용한 대책들을 강구하며 한 단계 격상된 전투력이 유지되도록 해야 한다. 이를 위해서는 군 다문화상담이 조기에 정착되고 전 장병을 대상으로한 다문화교육도 활성화되어야 한다. 다문화상담과 다문화교육이 동시에 이루어지기 위해서는 상담관의 상담역량이 강화될 필요가 있다.

1) 군 다문화상담 절차

군 다문화상담 과정은 일반상담의 과정과 유사하다. 기존 일반상담과 다른 새로운 상담기술을 필요로 하는 것도 아니다. 일반상담에서 사용하는 공감, 경청, 반영, 직면, 해석 등의 기술을 적용한다. 기존 일반상담의 방법을 그대로 사용하는 것이 제한되면 상황에 맞게 수정하여 적용한다.

예를 들어, 문화적 차이로 감정표현을 절제하는 문화권에서 온 다문화 장병의 경우에는 자신의 감정을 표현하는 것에 부담스러워할 수 있다. 이러한 경우에는 감정표현이 익숙하지 않은 장병의 마음을 충분히 수용하고, 그 문화에서 통용되는 공감기술을 적용한다. 그다음에는 감정표현의 의미를 다문화 장병에게 자세히 설명한다. 군 다문화상담의 단계는 〈표 9-6〉와 같다.

〈표 9-6〉 군 다문화상담의 단계

1단계: 신뢰형성의 단계
2단계: 다문화장병을 탐색하는 단계
3단계: 다문화장병의 문제를 이해하는 단계
4단계: 대안을 준비하는 단계
5단계: 적극적으로 조력하는 단계

(1) 신뢰형성의 단계

이 단계는 상담관계를 친밀하게 형성할 수 있도록 경청과 공감을 적극적으로 적용하는 과정이다. 다문화장병이 군에 입대하기 전까지의 삶은 행복하게 살았다기보다는 부정적인 정서를 많이 느끼면서 살았을 가능성이 있다. 따라서 다문화장병의 이야기를 적극적으로 경청하는 것이 중요하다.

문화적인 편견과 차별이 있었다면 무엇인지 자유롭게 표현되도록 촉진한다. 또한 그 과정에서 차별과 냉대, 비인권적 대우로 인간적 모멸감을 경험하였다면 이를 충분히 공감하고 수용한다.

(2) 탐색의 단계

상담을 시작하기 전 다문화장병의 신상자료를 원 소속부대로부터 확보할 필요가 있다. 다문화장병이 소속된 부대와 협조하여 다문화장병의 가족관계, 강점자원, 가족사, 발달배경 등의 자료를 확보하여 검토한다.

상담을 진행하는 과정에서는 다문화장병의 태도, 얼굴 표정, 대화하는 행동 등의 비언어적인 자료와 함께 개방적인 질문을 통해 좀 더 깊이 있는 내담자의 과거 자료를 수집한다. 이러한 정보는 현재 다문화장병이 겪고 있는 심리적 어려움과 부적응 문제를 해결하는 데 큰 도움을 준다.

(3) 문제이해의 단계

다문화장병이 당면한 현재의 어려움이 무엇인지 파악하고 부대로부터 조치받고자 하는 욕구를 탐색한다. 현재 경험하는 어려움이 군 생활 중 문화적 편견과 차별로 인한 어려움인지, 아니면 애인과의 관계나 가정적인 문제 등인지를 충분한 대화를 통해 이해한다.

이 과정에서는 다문화장병 가정의 발달사, 개인 특성, 강점 자원 등의 정보를 알 수 있도록 다문화장병의 말에 귀를 기울이며, 핵심 문제가 무엇인지를 파악하는 데 주력한다. 또한 다문화장병 스스로 이러한 어려움을 이겨내기 위해 노력한 일이 있었다면 그것은 무엇인지 공감적 대화를 통해 탐색한다.

(4) 대안준비 단계

지금까지 확보된 자료를 종합적으로 해석하고 대안을 준비하는 과정이다. 여러 경로로 다양하게 획득한 다문화장병의 자료를 기반으로 현재 경험하고 있는 심리적인 문제를 해결할 수 있는 대안을 준비한다.

이때 대안을 빨리 마련하는 방법은 인지적 · 정서적 · 행동적인 문제로 구분하여 준비하는 것이 효과적이다. 문제를 구분 짓는 것은 좀 더 문제를 정확하게 보고 진단이 가능하며, 이를 해결하는 구체적인 목표와 상담전략 수립이 용이하기 때문이다.

(5) 조력의 단계

일반상담에서는 상담자가 가치중립적이어야 하며 내담자 스스로 문제를 이해하고 목표를 수립하며 어려움을 극복하기까지 기다리라고 말한다. 그러나 이러한 상담방법은 장기상담으로 이루어질 수밖에 없는 단점이 있다.

그뿐만 아니라 다문화장병은 스스로 수행하는 역량이 부족할 수 있어 다문화장병 스스로 문제를 해결해 나가는 과정을 지켜보기만 하다가는 난관에 봉착할 수 있다. 따라서 상담관은 현재의 어려움을 해결할 수 있는 여러 가지 대안을 준비하는 과정에서 내담자를 적극적으로 조력하는 것이 필요하다.

2) 군 다문화교육

다문화상담 못지않게 또 다른 중요한 부분은 다문화인식에 대한 교육이다. 다문화교육은 다문화 장병뿐만 일반 장병들까지 포함된 모든 장병을 대상으로 교육하는 모형이어야 한다. 군 상황에 맞는 다문화교육 과정을 제시하면 〈표 9-7〉과 같다.

〈표 9-7〉 군 다문화 교육의 단계

1단계 : 나 소개하기
2단계 : 내 문화 바로 알기
3단계 : 문화 명료화하기
4단계 : 이중문화 존중하기
5단계 : 국가정체성 이해하기
6단계 : 문화갈등 해결하기

(1) 나를 소개하기

1단계는 장병 자신의 모습을 있는 그대로 수용하기 위한 학습과정이다. 자신의 모습을 외모나 지성, 감성 등 다양한 측면에서 바라보고 이를 다른 장병에게 소개하는 시간을 갖는다. 이렇게 다문화장병 자신의 모습을 다양한 관점에서 드러나게 함으로써 다른 동료들과 서로의 관심사에 대해 공유하는 경험을 갖는다.

(2) 내 문화 바로 알기

2단계는 복잡한 군 대인관계와 위계조직 속에서 자신의 적절한 위치와 역할을 인식하고, 자신의 문화적 배경에 대한 자부심을 가지도록 학습하는 과정이다. 나와 내 가족의 뿌리를 생각해 보고, 나와 내 가족의 강점 자원을 이끌어낸다. 자신에 대한 문화적 배경과 나에 대한 좋은 점을 강화하고 자신감을 가지도록 하는 데 초점을 둔다.

(3) 문화 명료화하기

3단계는 서로 다른 장병의 생활모습과 문화를 이해하기 위해 학습하는 과정이다. 다문화장병은 어머니 나라의 문화와 현재 자신이 살고 있는 한국의 전통적인 문화를 동시에 학습해야 한다. 이를 통해 우리나라의 고유한 문화와 다른 나라의 문화에 대한 역사와 특징, 배경지식, 의사소통을 간접적으로 체험할 수 있다.

(4) 이중문화 존중하기

이중문화 존중하기는 한국문화와 타문화를 존중하는 태도를 갖기 위해 국가별 군대예절을 통해 그 공통점과 차이점을 찾아보는 학습 과정이다. 국가별 예절 속에 숨어있는 문화적 속성과 특징을 존중하고 행동으로 예절을 실천하도록 하는 것이 이 과정의 핵심이다. 나라별 군대에서의 식사예절과 경례예절, 공공장소에서의 예절, 대화예절에 대한 공통점과 차이점을 살펴보고 이를 학습하여 다문화를 존중하는 태도를 기른다.

(5) 정체성 이해하기

5단계는 우리나라에 존재하는 다양한 문화와 타문화를 이해하는 문화적 다양성에 대한 이해능력을 향상하는 학습 과정이다. 이주노동자 가정, 북한이탈주민 가정, 국제결혼 가정의 모습을 통해 다문화장병이 겪을 수 있는 어려움을 서로 공감하는 시간을 갖는다.

(6) 문화갈등 해결하기

군 생활 중 발생 가능한 문화적 갈등을 해결하는 데 필요한 역량을 학습하는 과정이다. 병영 내 문화적 편견과 차별, 갈등이 생겼을 때 문제 해결 방법을 찾는 것은 각종 사례 교육이 효과적이다. 문화적 갈등의 원인과 이를 해결한 사례교육, 군대 내 문화적 편견을 극복한 사례교육, 문화적 차별에 의해 발생한 주요 사고사례와 교훈에 대한 교육 등을 실시한다.

3) 상담관의 다문화 역량

다문화장병은 이주민 자녀로서 살아가기 위해 우리나라의 전통적인 문화를 이해해야 함은 물론, 군에 입대해서는 군대문화의 특수성을 이해해야 부대 적응이 수월할 수 있다. 이처럼 다문화장병이 군 복무에 적응하기 위해서는 일반 장병들보다 몇 배의 노력이 더 필요하다.

상담관은 이러한 다문화장병의 어려움과 이들의 군 복무에 미치는 부정적인 요인이 무엇인지에 대해 잘 알고 있어야 한다. 문화적 편견과 차별로 상처를 받으며 힘들게 군 복무하는 다문화장병이 있다면 이들에게 가까이 다가가 함께하고, 필요에 따라서는 다문화장병의 권리를 대변하는 역할을 수행할 수 있어야 한다. 다문화상담과 교육을 효율적으로 진행하기 위해서 갖추어야 할 상담관의 역량은 다음과 같다.

(1) 다문화 인식

다문화 인식은 사회 내에 존재하는 문화적 다양성과 각 문화권에 속하는 개인의 가치, 경험하는 현실을 올바로 지각하는 것을 의미한다. 자신의 가치와 신념까지도 문화적 소산임을 인식하고, 자신의 가치와 신념이 다른 문화권에 속하는 장병과의 관계에 어떤 영향을 미치는지 세밀한 부분까지 구체적으로 알고 있어야 한다.

그러므로 상담관은 다문화장병의 세계관을 이해하는 측면에서 다문화가정과 개인에 대해 가지는 자신의 감정과 선입견, 고정관념을 정확히 알 수 있도록 끊임없는 노력을 경주해야 한다. 그러면서 다문화장병의 문화적 배경을 이해하고 문화적 차이와 유사점을 인식하며, 다른 문화와 세계관에 대한 문화적 민감성을 갖추어야 한다.

(2) 다문화 지식

다문화 지식은 다문화장병의 사고와 행동을 그들의 문화적 맥락에서 이해하기 위해 필요한 그 나라의 역사와 전통, 가치 체계, 세계관 등에 대한 지식을 말한다. 이는 다문화장병과 상담관의 문화적 유사성과 차이점을 이해하는 데 크게 기여한다.

다문화 지식은 다양한 문화를 학습하여 다문화 사회에서 능동적으로 적응하고 상호교류하는 데 필요한 지식이자, 서로의 문화가 다른 것을 존중한다는 의미이기도 하다. 이러한 다문화 지식은 상담관 자신의 문화와 다른 문화적 배경을 가진 다문화장병에게 적절히 감정이입하고 의사소통을 가능하게 한다.

(3) 다문화 태도

다문화 태도는 다양한 문화적 상황에서 나타나는 상담관의 반응이다. 다양한 문화적 특성이 있는 장병과 효과적으로 의사소통하는 능력이기도 하며, 다문화적 상황에 적절하게 대응하는 인지적, 행동적, 정서적 측면의 총체적인 준비상태를 의미한다. 또한 무엇에 대한 한 개인의 좋아함과 싫어함의 정도를 나타내는 것으로써 사람, 장소, 물건, 사건에 대한 긍정적이거나 부정적인 관점을 의미한다.

이러한 다문화 태도는 문화적 편견을 없애기 위한 적극적인 행동을 유발하고 다문화 장병의 특성을 이해하는 데 기여한다. 문화적 갈등에 관한 문제를 해결하는 데에도 도움을 준다. 다문화상담을 성공적으로 이끌어 내기 위한 상담관의 다문화 태도와 역할은 매우 중요하다.

(4) 다문화 기술

다문화 기술이란 다문화장병이 어려운 군 생활에도 불구하고 원활한 의사소통과 상호작용을 통하여 잘 적응하도록 돕는 상담관의 능력을 말한다. 다문화 기술은 기존의 주요 상담개입 전략과 관련한 이론과 기법을 다문화장병에게 적용할 때 갖는 한계를 정확히 인식하고, 상담을 효과적으로 중재하는 능력이다. 다문화 기술에는 다양한 문화적 배경을 이해하는 방법, 다문화장병에 대한 인식방법, 다문화 교육방법, 문화적 다양성을 이해하는 기술, 문화적 차이를 공유하는 방법, 다양한 의사소통 방법, 다양한 문화적 배경을 배우는 방법 등이 있다.

이러한 문화적 기술을 실현하기 위해서는 다문화장병의 현재 문제와 관련한 문화적 정보를 수집하는 정확한 능력이 필요하며, 의사소통에 미치는 문화적 영향을 고려하여 비언어적 메시지를 잘 해석할 수 있는 능력을 갖추어야 한다.

CHAPTER 10

군 진로상담

군 진로상담은 장병 개인의 진로문제에 효과적으로 대처하여 복무적응을 돕는 과정이다. 군 진로상담 과정은 자신의 이해 증진과 직업정체성을 확립할 뿐만 아니라, 군 생활 만족감을 증진하고 생산적인 군 생활을 영위하도록 동기를 부여한다. 이렇게 군 진로상담은 군 장병에게 긍정적인 측면의 다양한 도움을 제공할 수 있음에도 불구하고 아직까지 우리 군은 부적응 장병의 심리상담에 집중하는 실정이다. 군 진로발달연구를 비롯한 진로심리검사가 시행되지 않고 있고, 전역을 앞둔 장병들조차도 진로상담이 이루어지지 않고 있다.

본 장에서는 일반적인 진로상담에 대한 개념과 이론적 배경, 진로심리검사를 먼저 살펴볼 것이다. 그리고 이를 기반으로 군 진로상담의 적용 방안을 다루어 보고자 한다.

1. 진로 용어의 이해

진로(career)란 개인의 일과 관련된 모든 경험을 의미하는 동시에 일을 중심으로 한 개인의 전체 생애 과정을 가리키는 말이다. 한 개인이 일생 동안 참여하는 일과 여가활동의 연속적인 과정을 포함하는 생활양식으로 생애의 모든 과정에서 쌓아가야 할 행로의 개념이다.

이러한 진로는 장병들의 복무적응에 매우 중요한 요소로 작용한다. 그 이유는 군 간부와 병사 누구 할 것 없이 모두가 때가 되면 전역하여 새로운 진로를 선택해야 하기 때문이다.

1. 용어의 개념

진로와 관련한 용어들은 매우 다양하다. 때로는 이러한 용어들이 혼용사용되고 있어 혼란을 준다. 진로 용어들의 유사성과 차이점을 살펴보고, 그 개념을 알아보고자 한다.

1) 진로 용어

(1) 진로(career)

진로는 인생을 살아가는 과정에서 선택하는 모든 일을 뜻하는 가장 상위 개념에 위치하는 용어다. 진로에는 개인이 태어날 때부터 시작하여 자신의 직업, 결혼, 가정생활, 자녀 양육, 노후 생활까지의 모든 것을 포함한다. 이렇게 진로는 매우 복합적이면서 종합적인 의미를 함축하고 있다. 일을 통해 무엇인가를 축적해 놓은 직업적 경력을 의미하는 과거적인 용어로 사용되기도 하며, 한편으로는 앞으로 다가올 생애의 모든 단계에서 쌓아가야 할 미래지향적인 개념의 용어이기도 하다.

(2) 진로발달(career development)

진로발달은 과정적인 의미로 사용되는 용어다. 어렸을 때부터 신체와 정신이 발달하는 것처럼 진로에 대한 지식과 태도, 기능 등도 어려서부터 발달한다는 발달적 관점에서 설명한다. 개인이 스스로 진로목표를 설정하고 설정한 진로목표를 달성해 나가는 모든 진로성숙의 과정을 지칭하는 용어다.

(3) 진로지도(career guidance)

진로지도는 사람들이 활동하는 생애 동안 진로발달을 자극하고 촉진하기 위해 상담자나 교사 등과 같은 전문가가 여러 장면에서 수행하는 활동을 말한다. 진로계획이나 의사결정 및 적응문제 등을 조력하는 것으로 진로지도 방법에는 진로상담을 비롯해 집단토의, 교육 등 여러 방법이 존재한다.

(4) 진로교육(career education)

진로교육은 개인의 진로선택과 적응 및 발달에 초점을 둔 교육을 의미한다. 학교와 가정 및 사회에서 가르치고 지도하고, 도와주는 활동을 모두 포함하는 말이다. 개인이 자기 자신과 일의 세계를 탐색하여 자기 자신에게 적합한 일을 선택하고, 선택한 일을 잘 수행하도록 지도하는 교육으로 평생 이루어진다.

2) 직업 관련 용어

(1) 직업(vocation)

직업이란 일반적으로 보수를 받는 것을 전제로 수행하는 일을 말한다. 직업사전에서는 개인이 계속적으로 수행하는 경제 및 사회활동을 직업으로 규정하고 있다. 계속적이라는 의미는 일시적인 것이 아닌 매일 · 매주 · 매월 주기적으로 행하는 경우와 계절적으로 행하는 경우 또는 명확한 주기를 갖지 않더라도 계속해서 하는 일을 뜻한다.

(2) 직업교육(vocational education)

직업교육이란 자기의 적성 · 흥미 · 능력에 맞는 직업을 선택한 후, 그 직업에서 필요로 하는 지식 · 기능 · 태도와 일에 대한 습관 등을 개발하기 위해 이루어지는 교육을 말한다. 어떤 직업에 취업하기 위해 준비하거나, 현재의 직무를 유지 및 개선하기 위한 형식교육(의도적 교육) 또는 비형식 교육(비의도적 교육)은 포함한다.

2. 진로정보의 이해

진로정보란 진로에 대한 다양하고 타당한 정보를 말한다. 개인이 진로에서 어떤 선택이나 결정을 할 때 또는 직업적응이나 직업발달을 추구할 때 필요로 하는 모든 자료를 총칭하는 개념으로, 일과 관련된 교육적 · 직업적 · 심리사회적 정보를 말한다.

이러한 진로정보의 기능은 진로를 필요로 하는 사람들이 진로에 대한 어떤 문제에 직면하여 장래계획이나 의사결정을 할 때 도움을 준다. 자기를 둘러싼 생활환경을 이해하는 데 필요한 모든 사실과 지식을 제공해 주며, 직업세계에 관한 통찰과 이해를 얻도록 도와주는 기능을 한다.

1) 진로정보의 활용

진로정보의 전달수단은 서적 및 시청각 자료 등의 비상호적 매체(non-interactive media), 컴퓨터보조 진로지도시스템과 면담 등의 상호적 매체(interactive media)로 구분한다. 전달 방법은 인쇄물, 시청각 자료, 면담, 역할극, 견학, 교과과정, 실습, 컴퓨터를 이용하는 방법 등이 있다.

(1) 인쇄물

인쇄물은 가장 일반적이며 전통적인 형태의 자료에 해당한다. 인쇄물의 장점은 자료의 제작, 보관, 유통이 용이하고 빠른 회전이 가능하다. 그러나 단점은 개인에게 동기부여가 어렵고 읽는 데 소요되는 노력이 많이 들며, 자료를 이용하는 사람의 역할이 수동적이되기 쉽다. 우리나라에서 진로정보를 전달하는 가장 대표적인 인쇄물은 직업사전이다. 군에서 활용하는 진로정보자료는 각 시 · 도 교육청에서 배포하는 인쇄물을 많이 활용한다.

(2) 매체

다양한 매체를 활용하는 방법은 게시판, 전시회, 상업용 CCTV, 비디오테이프, 슬라이드, 영화, 마이크로필름 등이 있다. 이러한 매체는 각종 직업에 대한 인식이나 태도를 형성하는 데 효과적이며, 동기화 정도가 낮은 장병이나 전역 간부에게 효율적인 수단이다. 매체는 다양한 시청각 자료를 활용하여 학습자의 감각에 호소함으로써 동기를 유발할 수 있는 장점이 있다.

(3) 면담

면담은 다양한 직업이나 직무 또는 교육기관을 대표하는 사람, 일의 세계와 교육에 관해 탐색하는 사람, 개인 대 개인 또는 개인 대 집단의 면담을 통해 정보를 수집하는 방법이다. 다양한 직무를 직접 수행하는 직업인이나 폭넓은 직업의 요구조건에 관하여 잘 알고 있는 인사 관리자를 직접 방문하여 면담하는 방법도 가능하다. 정기적으로 열리는 전역 장병 취업박람회를 찾아가 취업 의견을 나누는 것도 면담에 해당한다.

(4) 현장견학

현장견학은 공장이나 회사 또는 공장 등을 직접 방문하여 필요한 직업정보나 교육정보를 얻는 방법이다. 견학은 실제 상황에서 수행하는 일을 직접 관찰하고, 그러한 일에 종사하는 사람들과 이야기를 나누며, 그 직장의 분위기에 젖어볼 수 있는 기회를 갖게 하는 장점이 있다. 국방전직교육원에서 전역(예정) 간부들에게 소자본을 투자하여 창업의 기회를 제공하기 위한 일환으로 유망 창업업체 현장탐방을 주기적으로 추진하는 것이 좋은 예다.

3. 진로정보기관 이용 방법

1) 일반 진로정보기관

(1) 커리어넷(CareerNet)

- 1999년 12월 교육인적자원부의 국고보조금을 받아 개설됨.
- 직업사전, 자격정보, 진로지도자료, 사진 및 동영상 등의 정보를 제공한다.
- 각 영역에서는 직업이나 자격 등을 검색할 수 있도록 구성되어 있다.
- 대상에 따라 진로정보를 구분하여 제시하고 있다.

(2) 워크넷(Work-Net)

- 1999년 4월 1일 개통됨.
- 인터넷을 이용하여 구인자와 구직자를 연계시켜 줌으로써 기존의 취업 알선 기관의 고용안정 기능을 강화하였다.
- 노동부의 지방노동관서, 시·군·구 취업지원센터, 노동부와 독립적으로 운영되던 중소기업청 등의 취업정보망을 상호 연계하여 국가적인 차원에서의 고용안정 인프라 구축을 목표로 하고 있다.

(3) 진로정보센터

진로정보센터는 진로센터, 진로자료센터, 교육정보센터 등의 용어로도 혼용 사용되고 있다. 진로정보센터는 모든 교육적 · 직업적 · 재정적 지원정보를 기관 내의 한 장소에 수집하고 보관함으로써 진로 관련 정보의 활용도를 높이기 위한 목적으로 운영하고 있다. 진로정보센터의 세부 기능은 〈표 10-1〉과 같다.

〈표 10-1〉 진로정보센터의 기능

첫째, 진로정보와 자료의 수집 · 분석 · 보관
둘째, 진로정보와 자료의 보급 및 안내
셋째, 상담 및 개인평가
넷째, 산학협동(Work-study coordination)
다섯째, 교육과정 개발
여섯째, 지역사회에 대한 지원 및 협조

2) 군 진로정보기관

(1) 국방전직교육원

국방부는 전역예정 간부들의 전역 후 직업선택을 지원하기 위하여 2015년 1월에 교육원을 개원하였다. 장교와 준사관, 부사관 등의 전역예정 간부들을 대상으로 구인처 개발과 취업정보제공, 취업상담, 취업추천, 취업박람회 개최 등 취업지원 활동과 진로설계, 기본교육, 컨설팅, 단체교육, 주문식교육 등의 맞춤형 취업교육을 하고 있다.

최근 5년 이내에 전역한 육 · 해 · 공군의 전투 병과는 물론 전문 기술병과로 복무하다가 전역한 인재를 전산 관리하고 있으며, 업체가 필요로 하는 우수 인재를 취업 추천하고 있다. 또한 4주간의 전직지원 입소기간 동안 진로 정보 탐색 및 활용능력을 간부들이 함양하도록 도움을 주고 있다.

3) 진로정보의 평가

진로정보의 일반적인 평가 기준은 통상 다음과 같은 요소들을 포함한다.

- 언제 만들어진 것인가?
  ↳ 정보 생산 연도가 최근과 가까운 것을 참고해야 올바른 도움을 받을 수 있다.
- 어느 곳을 대상으로 한 것인가?
  ↳ 어떤 정보는 어느 한 회사나 도시 또는 지역에만 국한된 것일 수 있다.
- 누가 만든 것인가?
  ↳ 누가 만든 것이냐에 따라 정보의 신뢰성이 다를 수 있다.
- 어떤 목적으로 만든 것인가?
  ↳ 어떤 목적으로 만든 것이냐에 따라 정보의 내용에 차이가 날 수 있다.
- 진로정보를 어떤 방식으로 제시하고 있는가?
  ↳ 제시하는 방법에 따라 정보의 효용성이 달라질 수 있다.

2. 진로상담의 이론

진로상담이론은 진로선택이론과 진로발달이론, 기타 이론으로 크게 구분한다. 본 절에서는 많은 진로상담이론을 수록할 수 없어 군 진로상담 시 용이한 활용이 가능한 몇 가지 이론을 선택하여 개념적인 내용 중심으로 수록하고자 한다. 진로선택이론으로 분류되는 특성-요인이론과 인성이론 및 욕구이론을 알아보고 진로발달이론을 살펴보겠다.

1. 이론적 배경

1) 욕구이론

로(Roe, 1956)는 욕구와 직업선택 행동과의 관계에 초점을 두고 직업을 분류하는 새로운 체계를 개발하였다. 그는 직업을 서비스직, 비즈니스직, 단체직, 기술직, 옥외 활동직, 과학직, 문화직, 예술직 등 여덟 가지의 직업군으로 분류하였다. 또한 각 직업군의 책임 · 능력 · 기술의 정도를 기준으로 고급전문 관리단계, 중급전문 관리단계, 준 전문 관리단계, 숙련직 단계, 반숙련직 단계, 비숙련직 단계 등 여섯 단계로 구분하였다.

직업군의 선택은 부모-자녀 관계에서 형성된 개인의 욕구로 결정된다는 입장을 견지한다. 유전적 특성과 함께 어렸을 때의 경험이 중요하게 작용한다고 주장한다. 예를 들어, 따뜻한 부모-자녀의 관계에서 성장한 사람은 어렸을 때부터 그것을 만족시키는 독특한 욕구충족 방식을 배운다고 설명한다.

그 결과 인간지향적인 성격을 형성하며, 나아가 직업선택에도 동일하게 반영되어 인간지향적인 직업인 서비스직, 비즈니스직, 단체직, 문화직, 예술직 등을 선택한다고 말한다.

반면, 부모-자녀 관계가 따뜻하지 않은 가정환경에서 성장한 사람은 어렸을 때부터 부모의 자상한 배려나 관심을 못 받고 자라 자신에게 어떤 문제가 발생했을 때 부모나 주위 사람들의 도움을 청하지 않고, 사람과의 접촉이 개입되지 않는 다른 수단을 통해서 해결방법을 터득한다고 설명한다. 그 결과 그들은 자연히 인간적이지 않은 직업인 기술직, 옥외 활동직, 과학직 등을 선택한다고 주장하고 있다.

2) 인성이론

홀랜드(Holland, 1992)의 인성이론은 자신의 성격성향에 적합하고 자신이 좋아하는 진로를 선택한다는 내용이 핵심이다. 인성이론은 네 가지 가정을 기초로 하고 있다.

첫째, 대부분의 사람은 여섯 가지 유형 중 하나로 분류한다. 그것은 실재적(realistic), 탐구적(investigative), 예술적(artistic), 사회적(social), 설득적(enterprising), 관습적(conventional) 유형이다.

둘째, 환경도 여섯 가지 종류가 있는데 실재적, 탐구적, 예술적, 사회적, 설득적, 관습적 유형이다.

셋째, 사람들은 자신의 역할을 잘 수행할 수 있는 적합한 환경을 찾는다는 점을 강조한다.

넷째, 개인의 행동은 성격과 환경의 상호작용에 의해서 결정된다는 관점을 견지한다.

이렇게 Holland의 이론은 성격에 관한 유형론에 기반을 두며, 각 사람들은 앞서 언급한 여섯 가지 기본 성격유형 중 하나에 속한다고 말한다. 여섯 가지 환경유형도 성격특성분류와 같은 방법으로 설명한다.

환경유형은 환경에 속해 있는 사람들의 특징에 의해 나타나는데 가령, 학교 환경에서 근무하는 사람의 성격유형은 일반 기업환경에서 일하는 사람의 성격유형과 다르다. 한 개인의 지배적인 성격성향을 발달시킬 수 있는 환경에서 일하게 되면 삶의 만족감을 느낀다는 것이 이 이론의 핵심이다.

3) 특성-요인이론

특성-요인이론은 흥미나 능력과 같은 개인 특성과 직업적 요인을 일치시키는 것을 중요하게 여긴다. 개인의 특성과 직업에서 요구하는 특성이 서로 밀접하게 연결될수록 직업적인 생산성과 개인의 직업 만족감이 동시에 커진다는 것을 전제로 한다.

이 이론은 과학적인 방법으로 개인과 직업의 특성을 상호 연결시켜 주는 것이 가능하다고 말한다(Parsons, 1909). 과학적인 검사를 통해 개인의 흥미와 적성 등의 특성을 식별한 후, 직업특성과 연결시키는 것을 강조한다. 각각의 직업에서 요구하는 특성이 무엇인지 직무분석을 실시한 후, 개인 특성에 가장 적합한 직업을 선택하도록 하는 것이 이 이론의 핵심이다. 대표적인 학자로서는 파슨스(Parsons), 윌리엄슨(Wiliamson), 헐(Hull)등이 있다.

4) 사회학습이론

사회학습이론은 개인을 둘러싼 사회문화적 환경이 개인의 진로선택에 영향을 미친다는 이론으로 행동주의이론, 인지이론, 강화이론에 근거하고 있다(Mitchell & Krumboltz, 1996). 이 이론은 환경과 학습경험을 모두 중요하게 여긴다.

개인이 살아가면서 실제 경험하는 사건을 통해 받은 자극이 진로선택에 영향을 준다는 입장이다. 예를 들어, 초등학교 때 씨름대회에 나가서 1등을 한 어린이는 씨름에 대한 자신감을 얻고, 그 경험을 통해 성인이 되었을 때 체육계통으로 진로를 선택하려는 경향이 있다고 말한다.

다른 하나는 연상적 학습경험이다. 가령, 2022년 '재벌집 막내아들'이라는 TV 인기 드라마에서 남자 주인공의 모습이 너무 멋있어 관심과 흥미를 갖게 되면, 이것이 나중에 연예인이 되기 위한 진로를 결정하는 데 영향을 준다는 것이다. 이렇게 사회학습이론은 가정과 학교, 지역사회 등의 사회적 요인이 직업선택에 영향을 미친다는 것이 주요 내용이다.

5) 진로발달이론

진로발달이론은 개인심리학과 발달심리학 그리고 성격이론 등 다양한 학문을 기초로 발전되었다(Super, 1957). 이 이론은 개인의 전 생애기간을 전체적으로 고려하여 아동, 학생, 시민, 부모와 같은 생애 역할로 구분하고 이러한 역할을 수행하는 과정에서 진로발달이 이루어진다고 주장한다.

수퍼는 생애역할난계를 성장기 · 담색기 · 확립기 · 유지기 · 쇠퇴기 등으로 구분하여 생애-진로무지개(The Life-Career Rainbow) 개념을 제시하였다. 진로성숙의 개념은 개인의 연령 수준에 따라 그에 적합한 발달과업의 준비성을 의미하는데, 개인의 진로계획을 비롯해 진로탐색, 진로결정, 직업에 대한 지식적 요인이 이에 해당한다.

진로발달이론이 군 진로상담에 주는 시사점은 다음과 같다.

첫째, 진로상담의 최종 목표를 직업선택으로 제한하지 말아야 한다는 점이다. 왜냐하면 진로발달은 전 생애기간 동안에 이루어지는 연속적인 과정이라서 전역 후의 진로에만 의미를 두어서는 바람직하지 않기 때문이다. 이러한 측면에서, 현재 군 장병으로서의 책임과 의무를 성실히 수행하는 것이 진로발달적 측면에서 가치가 있음을 시사한다.

둘째, 장병 개개인의 진로성숙도를 분석하고 이러한 분석결과를 바탕으로 진로성숙의 취약한 부분을 보완할 수 있는 구체적인 진로발달 프로그램의 개발과 이를 실제 적용이 가능한 준비가 필요함을 시사한다.

6) 의사결정이론

타이드만(Tiedman)과 오하라(O'hara, 1963)는 진로발달을 직업정체감을 형성해가는 과정으로 보았다. 개인의 자아정체감은 분화와 통합의 과정을 거치며 형성되고 새로운 경험을 쌓을수록 점차적으로 발달한다. 이러한 자아정체감은 의사결정 과정과 함께 직업정체감 형성에 중요한 요인으로 작용한다는 입장이다.

의사결정으로 이루어지는 진로선택과정은 두 단계로 구분한다. 먼저, 예상기(anticipation period)는 의사결정의 절차와 내용에 대해 개인이 사전에 인식하는 단계이며, 적응기(adjustment period)는 자신과 현실 간의 적응과 선택이 이루어지는 단계로 설명하고 있다.

의사결정이론이 군 진로상담에 주는 시사점은 다음과 같다.

첫째, 의사결정의 시작단계인 사전인식 과정에서 군 장병에게 정보수집과 활용 방안을 구체적으로 학습시키는 것이 중요함을 시사한다.

둘째, 의사결정과정은 학습과정이므로 군 생활과 관련된 구체적인 사례를 통해 의사결정기능을 학습하도록 지속적으로 도와야 한다는 점이다.

셋째, 군 장병이 주로 사용가능한 의사결정과정과 전략을 이해하고 부족한 부분을 개선할 수 있도록, 진로 교육과 상담이 병행되어야 한다는 점을 시사한다.

2. 진로심리검사

1) 진로심리검사의 필요성

21세기는 모든 것이 빠르게 변화하는 시대다. 이러한 상황은 필연적으로 인간의 행동을 객관적으로 측정할 수 있는 심리검사의 필요성이 더욱 증가될 수밖에 없다. 군대에서는 조직의 활성화와 전투력 향상을 위한 상담활동과 심리검사의 필요성이 증대되고 있다.

특히, 요즘은 기업체에서도 신입 사원을 채용할 때 적성검사나 인성검사를 실시하는 것이 보편화되어 있다. 사원을 채용한 후에도 적절한 부서에 배치시키기 위해 또 다른 심리검사를 실시한다. 이렇게 심리검사가 일상화되고 보편화된 이유는 무엇일까? 그것은 현대사회가 가진 여러 가지 특성 때문이다. 현대사회는 다양화, 특수화, 전문화, 정보화 등의 특성이 있는데, 정확하고 특수한 정보를 신속하고 능률적으로 수집할 것을 요구한다.

2) 진로심리검사의 특징

인간은 언뜻 보기에는 다 비슷해 보이지만 자세히 관찰하면 사람마다 지능, 적성, 성격유형, 가치관 등이 다르다. 같은 부모 밑에서 같은 시간대에 태어난 일란성 쌍둥이라 할지라도 능력이나 취미 또는 성격에서 차이가 있는 것을 볼 때, 이 세상에는 나와 똑같은 사람이 단 한 명도 없다. 이는 역설적으로 개인의 각기 다른 성격, 사고, 행동 특성 등을 알아내기는 일이 쉽지 않다는 말로 해석이 가능하다.

진로심리검사는 개인의 지능, 학력, 적성, 성격, 흥미, 가치관 등과 같은 심리적 속성을 체계적이고 수량적으로 측정한다. 인간의 인지적 영역과 정의적 영역의 검사로 크게 구분하여 실시한다. 인지적 능력은 지능, 적성, 학력 등을 측정하며, 정의적 특성은 개인의 흥미, 태도, 동기, 가치, 성격 등을 측정한다.

3) 진로심리검사의 종류

(1) 지능검사

지능검사는 개인의 일반적인 지적 능력을 식별하기 위해 개발된 것으로 다양한 지적인 과제수행능력을 측정하는 검사다. 지능검사는 일반적인 지능을 종합적으로 측정하는 일반지능검사와 특수한 정신능력을 독립적으로 측정하는 특수 지능검사가 있다. 검사의 문항은 주로 언어에 의존하는 언어검사와 언어 자극을 최소화한 비언어검사 등 두 가지 종류가 있다.

지능검사는 종이 위에 검사문항을 제시하고 이를 읽고 답하는 지필검사가 있고, 피험자가 구체적인 자료를 가지고 어떤 작업이나 동작을 요구하는 동작검사가 있다. 피험자 한 사람을 대상으로 검사를 하는 개인검사가 있고, 한 번에 여러 사람을 동시에 실시하는 집단검사가 있다.

지능검사의 종류에는 성인용 웩슬러 지능검사(WAIS-R), 아동용 웩슬러 지능검사(WISC-Ⅲ), 유아용 웩슬러 지능검사(WPPSI-R), K-WISC-Ⅲ, 카우프만 검사 등이 있다.

(2) 성격검사

성격이란 인간의 사고, 느낌, 행동을 특징 지우는 개인의 능력, 흥미, 태도, 기질 등의 복합체이다. 성격은 선천적이고 후천적인 요소의 상호작용으로 결정되어 비교적 일관되게 한 개인을 특징 짓는 독특한 심리사회적 특성에 해당한다.

성격을 측정하는 검사는 정의적 특성과 인지적 영역을 포함한 넓은 영역을 측정하는 검사다. 성격검사는 지능이나 적성검사처럼 지적능력을 측정하여 획일적으로 수량화한 것이 아니라, 개인의 심리적인 특성을 밝히고 이해하는 것을 주목적으로 한다. 주로 MBTI, CPI, KPI, 16성격요인검사, 다요인인성검사, NEO 인성검사, 자아존중감검사 등이 있다.

(3) 적성검사

적성이란 일반적이거나 특수한 지식과 기술을 활용하는 개인의 잠재력을 나타내는 말이다. 학업성취에 관련된 적성은 학업적성이라 하고, 직업 활동과 관련된 것은 직업적성이라고 한다. 특수적성으로는 사무적성, 기계적성, 음악적성, 미술적성, 언어적성, 수공적성, 수리적성 등으로 분류한다.

이렇게 한 개인의 적성을 분류하고 개인차를 밝히는 데 사용되는 검사를 적성검사라고 한다. 적성검사는 개인이 미처 인식하지 못하는 특수 능력이나 잠재력을 발견하고 계발하여 진로를 결정하는 데 정보를 제공하며, 미래 학업이나 직업의 성공 가능성을 예측하는 데에 기여한다.

(4) 직업흥미검사 및 직업가치관검사

직업흥미검사는 어떤 활동이나 대상에 대한 일종의 인간 선호도를 측정하는 검사다. 개인의 성격, 가치, 흥미의 유형이 직업적 생활유형과 일치할 때 그러한 유형의 직업을 선택하는 것이 바람직하다고 말한다.

직업가치관검사는 직업선택의 의사결정에 도움을 주고 적합한 직업에 대한 상세한 직업정보 탐색이 가능하게 한다. 검사의 종류에는 Holland 검사, Strong 검사, 노동부 직업선호도검사, 청소년용 직업흥미검사, MIQ, WVI, 직업가치관검사 등이 있다.

(5) 진로선택 및 진로발달검사

진로선택과 진로발달, 진로계획의 준비정도를 파악하기 위해서 여러 가지 측정 도구들을 사용한다. 진로선택 및 진로발달 심리검사는 내담자의 발달단계를 태도와 능력의 두 가지 측면에서 측정한다.

내담자의 의사결정유형을 평가하고 진로를 결정하지 못하는 것이 단순한 정보의 부족인지 아니면 심층적인 심리적 문제인지를 알아보기 위해 검사를 한다. 검사의 종류는 진로신념검사, CTI, 진로미결정검사, 진로정체감검사, 의사결정유형검사, 진로발달검사, 진로성숙도검사 등이 있다.

4) 검사 시 유의사항

진로심리검사를 시행하고 그 검사결과를 해석하고 활용하는 과정은 고도의 전문적 지식과 훈련 그리고 실제경험을 종합하는 능력이 필요하다. 진로심리검사는 인간의 심리적 속성을 측정하는 것이므로 무게나 길이와 같은 물리적인 속성을 측정할 때에 비해 어려움이 따른다. 측정하려는 개념 자체가 모호하고 추상적인 개념을 측정하므로 실제로 측정하려는 특성과 측정하는 특성과의 일치성 여부를 판단하기도 어렵다.

개인의 심리적 특성은 고정된 것이 아니라 경험, 학습, 성숙에 의해 변화되기 때문에 정확히 측정하기가 어렵다. 심리검사 결과의 점수는 일부 유전적 요인에 의한 것도 있지만 태어나서 성장해 오는 동안 습득된 개인의 경험, 동기, 감정 등과 같은 환경적 요인도 반영되어 있다. 진로심리검사를 활용할 때 유의사항을 살펴보면 다음과 같다.

(1) 개인정보보호

인간은 자신의 사생활을 지킬 권리가 있다. 심리검사 결과를 사용하고자 할 때는 정보의 내용이 개인의 사생활을 많이 담고 있다는 사실을 늘 유념해야 한다. 한 개인에 대한 특성을 알아내는 것이 잘못되었다거나 유해하다는 것은 아니지만, 심리검사로 얻은 정보가 부적절한 방법으로 사용될 때는 개인의 사생활이 침해되지 않도록 유의해야 한다.

(2) 사전 동의

심리검사를 주관하는 자는 다음의 경우를 제외하고 검사를 실시하기 전 내담자로부터 반드시 동의를 얻어야 한다. 그러나 정부나 국방부의 규정에 의해 검사가 요구될 경우, 부대활동의 일부로 시행하는 경우, 군에 재취업 및 고용 등과 같이 동의한다는 뜻이 분명하게 내포되어 있는 경우에는 예외로 적용한다.

(3) 공정한 분류

진로심리검사 결과를 분류할 때 주의해야 할 사항은 공정성을 유지해야 한다는 점이다. 예를 들어, 검사를 실시한 장병에게 성격결함 등의 다소 부정적인 용어를 직설적으로 사용하면 본인에게나 주변 사람들에게 부정적인 영향을 줄 가능성이 있다. 그러므로 내담자의 검사결과를 분류하는 경우에는 균형감과 공정성이 유지되어야 한다.

(4) 유익한 활용

진로심리검사는 각 개인의 심리적 특성을 이해하기 위한 도구이다. 심리검사에 대한 분석을 통해 자신을 깊이 이해하고 자긍심이나 잠재력을 높이는데 유익하게 활용되어야 한다. 반면, 심리검사 결과를 맹목적으로 과신하거나 비판적인 태도로 불신하는 것은 진로문제를 해결하는 데 아무런 도움을 주지 못한다.

3. 군 진로상담의 개념

1.개요

군 상담의 중요성이 크게 대두되기 시작한 것은 2005년 발생한 GP 총기난사사건과 훈련소 인분사건 때문이다. 이 두 사건이 발생한 이후 육군은 군 전문상담관 제도를 도입하여 2022년 현재 600여 명의 상담관이 각 급 부대에서 활동하고 있다.

하지만 군 진로상담관은 지금까지 군에서 별도로 채용하지 않고 있는 실정이며, 진로상담 자체도 이루어지지 않고 있다. 진로와 관련한 여러 연구에 의하면 우리나라 청소년은 진로문제를 가장 많이 고민하는 것으로 조사되었다.

군 병사들을 대상으로 군 복무 중 가장 고민이 되는 것이 무엇인가에 대한 조사도 이루어졌는데, 조사결과 군 병사들의 진로문제가 가장 높게 나타났다. 전역하기 전 상담을 받는다면 진로에 관한 상담을 받겠다고 응답한 장병이 조사 인원의 절반을 넘는다고 보고되기도 하였다. 이렇게 병사들의 가장 큰 고민거리가 진로에 있음에도 불구하고 현재 군 상담은 복무부적응과 성폭력 문제에 집중되고 있다.

군 진로상담은 군 조직과 문화, 군의 구조적이고 기능적인 특징, 조직구성원의 특성 등이 종합적으로 반영되어 이루어져야 한다. 군의 집단주의적인 특징과 권위주의, 전투적 사고와 위험성의 공존, 폐쇄적이고 획일적인 특징이 고려되어야 한다.

군 병사는 발달적 특성상 청소년 시기로 진로발달과 진로선택을 해야 하는 중요한 시기에 놓여 있다. 특히, 기성세대와는 다른 신세대만이 지닌 특성이 있어 군 조직문화와 연관되어 나타나는 장병의 심리적 환경도 함께 고려되어야 한다.

이러한 여러 가지 특성을 반영하여 군 진로상담을 정의해 보면, 군 진로상담이란 '군의 특성을 바탕으로 진로 전문상담관 또는 진로교육을 받아 일정한 자격을 갖춘 군 간부가 장병과 그 가족의 진로발달을 촉진하고, 군 적응과 부대목표를 달성하기 위해 조력하는 활동'으로 정의할 수 있다.

군 진로상담을 받아야 할 대상으로는 장교, 준사관, 부사관, 병, 군무원, 군인가족 등이 모두 포함된다. 군인가족은 군 구성원이 아니라서 상담대상으로 분류함에 있어 이견이 있을 수 있으나 군인가족의 전방 생활, 빈번한 이사, 격리된 생활공간과 공동체 생활방식 등 군인가족의 특수한 환경을 고려한다면 군 진로상담 대상자로 포함하는 것이 합리적이다.

2. 군 진로상담의 필요성

군 병사의 연령은 22~23세 되는 병사가 56%의 비율로 전체 병사의 과반수 이상을 차지하고 있다. 20~21세되는 병사는 36.8%, 24~25세 병사는 5.8%, 26세 이상은 1.5%를 차지하고 있다. 병사들의 대부분은 청소년의 시기에 군 복무를 하고 있다. 이 시기는 복학을 준비해야 하는 시기이기도 하며, 어떤 병사는 직업을 선택해야 하는 중요한 시기이기도 하다. 군 진로상담은 이러한 병사들에게 진로발달을 촉진하고 군 생활적응과 부대목표 달성에 기여한다.

1) 일반적 필요성

군 진로상담이 필요한 이유는 다음과 같다.

첫째, 자기이해와 잠재능력을 탐색하는 데 도움을 준다. 자신의 진로성숙과 장래에 성취할 목표를 위해 역량을 준비하는 데에도 기여한다. 자신의 적성과 흥미 등을 면밀히 검토하고, 미래의 희망에 맞추어 진로를 선택하는 잠재능력 개발도 가능하게 한다.

둘째, 군 진로상담은 미래 지식기반사회의 급속한 변화에 적응하기 위해 꼭 필요한 과제다. 지식기반사회는 지식이 핵심요소로 기능한다. 국제화와 세계화의 치열한 경쟁에서 이기기 위해 다양한 전문적인 지식을 요구한다. 지식과 정보의 부가가치를 계속 창출해야 하며, 2~3년이라는 짧은 시간에도 많은 변화가 이루어 내야 한다.

장병들이 군 복무하는 짧은 기간에도 진로에 대한 많은 변화가 이루어진다. 따라서 군 장병들이 복무하는 기간동안에도 지속적으로 진로와 관련한 다양한 정보를 획득하고, 진로 변화의 흐름을 인식하도록 상담 과정이 이루어져야 한다.

셋째, 군 진로상담은 상담과정을 통해 군에 대한 긍정적인 의식이 함양되도록 하는 데 기여한다. 군 진로상담이 이루어면 부모들의 군에 대한 인식이 지금보다 긍정적으로 변화될 가능성이 크다. 군대가 입대 장병의 진로문제에까지 도움을 준다는 점에서 군에 대한 신뢰가 높아질 수 있다.

2) 군 특수성에 따른 필요성

군 특수성에 따른 진로상담의 필요성은 다음과 같다.

첫째, 군 병사들의 고민 해결에 도움을 준다. 군 병사들의 고민 중 가장 많은 비중을 차지하고 있는 것은 진로문제다. 병사들의 가장 큰 고민거리인 진로문제가 해결된다면 개인 차원의 군 생활적응과 조직차원의 부대목표달성이 쉽게 이루어질 가능성이 있다.

둘째, 군 생활에 대한 긍정적인 동기유발이 가능하다. 장병의 진로는 대부분 생각만 하고 있거나 결정되지 않은 상태이다. 군에서 진로상담을 진행하여 진로목표가 분명해지면 자기관리와 자기통제가 잘 이루어질 가능성이 있어 복무기간을 진로의 준비기간으로 인식하고, 군 생활을 성실하고 의미 있게 보내는 동기 부여가 가능하다.

셋째, 생산적인 군 복무를 가능하게 한다. 장병들은 군 진로상담을 통하여 진로계획이나 진로목표 등에 대한 밑그림을 그릴 수 있다. 진로정체감과 자아정체감을 바탕으로 합리적인 진로포부를 가질 수 있으며, 군 복무기간 동안 진로목표 달성을 위해 스스로 노력한다. 긍정적인 자아개념 형성에도 기여할 뿐 아니라, 자아존중감 증진에도 기여하여 군 생활 만족감이 높아지게 하는 데 기여한다.

넷째, 군 진로상담은 사고예방에 기여한다. 병사들의 고민사항이 해결되지 않으면 크고 작은 사고로 이어지는 경향이 있다. 군 복무기간에 자신의 진로문제에 대한 기대와 희망을 가진다면 부대적응이 잘 이루어져 각종 사고를 예방하는 데 기여할 수 있다.

3. 군 진로상담의 기능

1) 대내적 기능

군 진로상담은 진로선택을 위한 정보제공을 비롯하여 개인의 특성과 적합한 진로를 선택하는 모든 과정이 상담으로 이루어진다. 따라서 군 진로상담의 대내적 기능은 진로지도기능, 심리검사기능, 후속조치기능 등으로 이루어진다. 이를 제시하면 〈표 10-2〉와 같다.

〈표 10-2〉 군 진로상담의 대내적 기능

- **진로지도 기능**: 군 진로상담을 통하여 장병들의 진로문제나 심리적인 성격의 문제해결을 위한 교육, 지도, 조언과 자문활동을 지원하는 기능을 한다.
- **심리검사 기능**: 진로심리검사는 군 장병 내담자를 조력할 수 있는 정보자료로써 지능검사, 적성검사, 성격검사 등의 검사활동을 지원하는 기능을 한다.
- **후속조치 기능**: 군 진로상담 종결 이후 문제를 적절히 수행하고 있는지 확인할 수 있다. 군 진로상담에서 바라는 변화와 관련하여 어느 정도로 어떤 진전이 있는지 확인할 수 있으며, 필요시 새로운 진로 관련 과제를 부여가 가능하다.

2) 대외적 기능

(1) 정보수집분석 기능

군 진로상담을 통하여 자신의 진로나 군 생활에 관한 정보를 수집하고 분석하여 활용하는 능력을 제공한다.

(2) 부대임무완수 기능

군 진로상담과정에서 장병의 부적응 등 병영생활에서 일어나는 문제들을 조력할 수 있다. 개인적인 특성이나 부대환경 등을 고려하여 병영생활 적응과 부대임무 완수에 기여한다.

(3) 진로적응성 향상 기능

군 진로상담을 통하여 군 복무기간 동안 급속도로 변하는 기술변화와 직업세계의 이해, 의사결정능력 등 진로적응성 향상이 가능하다. 전역 후 진로선택의 성공을 위하여 적극적으로 노력하는 바람직한 태도를 함양할 수 있게 한다.

(4) 진로서비스 수혜 기능

효과적인 군 진로상담을 위해 적절한 진로서비스를 받도록 군 이외의 전문가 또는 전문기관에 지원을 의뢰할 수 있다. 군이 가진 인적, 물적 자원으로 모든 진로문제를 해결하는 데에는 한계가 있다. 군 외부전문가 및 시설을 활용하여 효과적인 진로서비스를 제공받을 수 있도록 한다.

4. 군 진로상담의 효과

군 진로상담의 기대효과는 군 장병의 합리적인 의사결정능력을 증진하고, 진로정보탐색과 활용능력을 함양하며, 자신에 대한 이해를 증진하는 등 군 장병의 진로선택을 돕는다. 부대 장병들의 군 생활 만족감을 증진하고 궁극적으로는 부대 전투력을 향상하는 데 기여한다.

1) 자신의 이해

현대사회는 과학기술의 발달로 산업이 고도로 분화되고 있다. 직업의 종류도 수없이 많아지고 전문화의 추세도 급격하게 이루어지고 있다. 뿐만 아니라 일의 내용도 복잡해지고 직업의 종류에 따라 요구되는 능력과 적성, 기능, 역할 등도 다양하게 변화하고 있다.

이처럼 다양한 직업세계에서 자신에게 적합한 직업을 선택하고 성공적인 직업생활을 영위하는 것은 결코 쉬운 일이 아니다. 자기에게 적합한 일과 직업을 선택하기 위한 군 진로상담은 군 장병들의 가치관, 능력, 성격, 적성, 흥미, 신체적 특성 등을 올바로 이해하는 데 기여한다.

2) 직업세계의 이해

미래의 2060년도가 되면 현존하는 직업의 80% 정도가 없어져 새로운 직업이 무수히 생겨나며, 존속하는 직종도 일의 방법이 새롭게 바뀔 것으로 전망한다. 이러한 미래를 예측하여 자기에게 맞는 진로를 준비하고 선택한다는 것은 매우 중요한 과업이다.

일과 직업의 세계에 대한 객관적인 정보와 이에 대한 체계적인 탐구없이 직업을 선택하는 것은 무모한 일이다. 군 진로상담은 일과 직업세계의 다양한 측면과 변화양상 등을 군 장병들이 이해할 수 있도록 도움을 준다.

3) 직업관 형성

일과 직업에 대한 올바른 가치관을 형성하는 일은 무척 중요하다. 우리나라 입시경쟁이 치열한 원인 중의 하나는 직업을 사회봉사나 자아실현의 수단으로 보기보다는, 돈과 권력, 명예 등을 획득하는 수단으로 보는 가치관에서 비롯하고 있다.

우리 시회에 만연되어 있는 권력지향적인 직업가치관과 블루칼라 직업에 대한 천시 풍조 그리고 화이트칼라 직업에 대한 지나친 선호의 직업관은 빨리 고쳐져야 할 구시대적 풍조가 아닐 수 없다. 군 진로상담은 일이 갖는 본래의 의미와 가치관을 깨닫게 하고 올바른 직업관과 직업의식을 갖도록 해준다.

4) 의사결정능력 증진

진로를 결정하는 일은 개인의 일생을 통해서 성취해야 할 가장 중요한 과업이다. 이렇게 중요한 진로가 매우 불합리한 과정을 거쳐서 결정되는 경우가 있어서는 안 된다. 편견에 의해서 또는 부모의 요구에 의해서, 친구의 권유 등에 의해 불합리한 결정을 내린 결과는 많은 부작용을 낳는다. 군 진로상담은 올바른 진로결정을 할 수 있는 의사결정능력을 증진시킨다.

5) 진로정보활용능력 증진

현대를 일컬어 지식정보화 사회라고 말한다. 일상생활에 있어서 지식과 정보가 그만큼 중요한 역할을 하며, 높은 가치를 창출한다는 의미에서 하는 말이다. 군 진로상담은 앞으로 더욱 고도화되는 정보화 시대를 살아야 하는 우리 장병들에게 진로정보를 탐색하고 활용하는 능력을 길러주는 데 기여한다.

4. 군 진로상담 전략

1. 진로상담의 과정

군 진로상담이 전개되는 방식은 일반상담이 전개되는 방식과 다르지 않다. 군 진로상담과정은 일반적으로 여섯 단계로 이루어진다. 내담자와의 신뢰관계 형성, 내담자 분류, 진로문제의 평가, 진로목표설정, 진로문제해결, 상담종결 및 후속조치 등의 과정으로 이루어진다.

1) 1단계: 신뢰관계형성

신뢰관계형성은 초기상담에서 주로 이루어진다. 신뢰관계형성을 위해 제일 먼저 고려해야 할 것은 내담자의 정서상태다. 내담자가 진로상담을 위해 스스로 찾아왔다 하더라도 나름 기대와 불안을 가지고 있을 가능성이 있다. 만약, 내담자가 지나치게 긴장되어 있거나 불안해한다면 그러한 감정을 완화시키는 작업을 우선적으로 다룬다.

내담자가 어떠한 진로문제로 찾아왔는지를 파악할 때도 친밀한 신뢰관계를 형성하며 천천히 진행한다. 내담자와 좋은 신뢰관계를 유지하기 위해서는 경청, 공감, 무조건적 존중, 수용 등이 충실히 이행되어야 한다.

2) 2단계: 장병의 분류

진로의사 결정수준에 따라 내담자를 분류하는 일은 상담초기에 이루어진다. 내담자는 다양한 특성과 욕구를 가지고 있어 효과적인 상담을 위해서는 획일적인 상담 과정이나 단순한 상담기법을 그대로 적용하면 부작용이 나타난다. 차별적인 진단과 처치를 기본으로 할 때 개인의 진로욕구에 부합되는 적절한 상담효과를 기대할 수 있다. 진로욕구의 성격에 따라 내담자의 상태를 분류하면 〈표 10-3〉과 같다.

〈표 10-3〉 장병 내담자의 분류

구 분	내 용
진로결정형 장병	• 자신의 진로선택은 하였지만 확신이 부족한 장병 내담자
진로미결정형 장병	• 진로 결정은 못 하였지만 성격적인 문제가 없는 장병 내담자 • 진로의사결정을 위한 지식과 직업정보가 부족한 장병 내담자
우유부단형 장병	• 성격적인 결함을 지니고 있는 장병 내담자 • 진로에 관심이 없는 장병 내담자

진로결정형 장병은 자신의 진로선택에 대하여 막연한 불안이 있어 진로상담을 통해 자신의 진로선택에 대한 확신이 필요한 장병이다. 진로미결정형 장병은 자신이나 직업세계에 대한 직업정보가 부족해 진로의사결정이 다소 지연된

장병이다. 이들은 정상적인 상태의 장병으로 비록 진로선택은 못하였지만 진로선택의 압력이나 스트레스를 받고 있지 않다.

우유부단형은 일반적으로 진로결정을 하지 못하는 성격적인 특징을 가진 장병이다. 이 유형은 높은 수준의 우유부단함과 우울, 불안, 낮은 수준의 자신감, 불분명한 자아정체감 등을 지니고 있다. 따라서 우유부단형 장병은 진로문제보다도 그의 성격적인 문제를 먼저 치료하는 일을 우선해야 한다.

3) 3단계: 진로문제 탐색

진로상담관이 상담을 진행하는 과정에서 처음으로 부딪히는 문제는 내담자의 진로문제를 파악하는 일이다. 단순히 호소하는 문제를 확인하는 수준을 넘어 진로문제가 왜 발생하게 되었는지 이해하는 일은 진로상담 과정에서 매우 중요하다.

'이 간부는 왜 진로를 결정하지 못하고 있는 것인가?','이 장병은 왜 자신의 진로선택에 자신감이 없는가?'와 같은 질문에 어떻게 대답하는가에 따라 상담 방법을 달리한다.

내담자의 진로문제를 이해하기 위해서는 먼저 여러 영역의 정보가 필요하다. 진로문제를 비롯하여 내담자의 사고 · 정서 · 행동을 포함하는 심리상태와 성격, 대인관계, 지능, 진로성숙도 등의 정보가 필요하며 자아정체감, 진로의사결정의 수준, 자기에 대한 이해정도 등도 탐색되어야 한다. 이러한 정보는 일반정보, 진로계획정보, 진로발달정보 등으로 구분하여 탐색한다.

(1) 일반적인 정보

일반적인 정보는 내담자의 진로문제나 진로목표를 이해하기 위해 필요한 정보로써 지능, 적성, 흥미, 직업가치관, 직업정체감 수준 등이 있다. 내담자가 진술하는 직업적 · 교육적 · 개인적 · 사회적 영역의 문제와 불안의 정도, 자신감의 수준, 정서상태 등도 일반적인 정보에 해당한다.

(2) 진로계획정보

진로계획정보는 진로상담을 필요로 하는 내담자의 유형을 분류하기 위해 필요한 정보로써 진로문제의 해결능력, 진로에 대한 편견, 진로결정에 대한 압박, 학업능력에 대한 자신감, 일에 대한 지식의 부족 등 진로방해 요소들에 대한 정보를 포함한다. 이 범주에 속하는 정보를 바탕으로 내담자의 진로의사결정 능력을 평가한다.

(3) 진로발달정보

진로발달에 관한 정보는 내담자의 진로경험이나 의식, 진로탐색이나 실천을 하는 데 필요한 능력을 평가하기 위한 것이다. 내담자가 가지고 있는 일의 경험과 교육, 훈련의 경험 그리고 여가활용 방식 등을 주로 평가한다. 일의 경험에 관해서는 입대 전 가장 좋아했던 일과 입대 후 가장 싫게 느껴지는 일 등을 이야기한다. 교육경험에 대해서는 입대 전 · 후의 교육훈련 경험을 탐색한다.

4) 4단계: 진로목표설정

진로목표를 설정할 때 유의해야 할 사항은 목표를 구체적이고 가시적으로 평가할 수 있는 형태로 진술해야 한다는 점이다. 목표가 명확하지 못하면 상담의 효과를 평가할 수 없을 뿐만 아니라, 내담자가 자기의 노력을 발휘할 구심점을 찾지 못하여 종종 상담의 방향을 잃기도 한다. 반면, 구체적이고 분명한 목표는 내담자로 하여금 자기의 진로문제가 해결될 수 있다는 희망을 갖게 한다.

진로목표를 설정할 때는 내담자와 논의하는 과정을 거쳐야 한다. 그 과정에서 내담자는 자기가 진로상담을 하는 이유와 방향을 인식하고 상담에 적극 참여한다. 상담목표는 종종 과제의 형태로 제시되기도 하는데 다음과 같이 내담자의 의사결정수준에 따라 제시한다.

(1) 진로결정 장병

- 결정된 진로를 준비시키는 일
- 충분한 진로정보를 확인하는 일
- 진로를 결정하게 된 과정을 탐색하는 일
- 내담자의 잠재 가능성을 확인하는 일
- 합리적인 과정으로 분명하게 내린 결정인지 확인하는 일

(2) 진로미결정 장병

- 자기를 탐색하는 일
- 진로를 탐색하는 일
- 의사결정을 연습하는 일
- 구체적인 직업정보를 활용하는 일
- 자신의 능력에 대해 구체적으로 파악하는 일

(3) 우유부단형 장병

- 자존감을 회복하는 일
- 불안이나 우울을 감소시키는 일
- 자아정체감을 형성하는 일
- 긍정적 자아개념을 확립하는 일
- 타인의 평가에 대한 지나친 민감성을 극복하는 일

우유부단형은 단순히 진로정보를 제공하거나 진로의사결정 과정을 연습하기보다는 심층적인 상담과 관련된 과제가 많다. 열거된 과제들은 내담자의 성격적인 문제와 관련된 심리적인 영역의 문제다.

5) 5단계: 진로문제해결

진로문제해결을 위한 상담방법은 진로상담관의 이론적 배경에 따라 달라질 수 있는데, 어느 한 가지 이론만으로 모든 진로문제를 다루려고 해서는 바람직하지 않다. 내담자의 진로문제를 제대로 해결하기 위해서는 절충적인 입장과 비슷한 개념의 이론들을 적절히 조합해서 적용하는 통합성이 요구된다. 상담개입은 내담자의 의사결정수준에 따라 차별적으로 이루어지도록 한다.

(1) 진로결정 장병

- 목표를 향하여 세밀하게 정보를 수집하고 구체적인 실천방안을 모색한다.
- 진로결정과정에서 따르는 불안을 줄이고 자신감을 향상시킨다.
- 결정된 진로를 실천하는 과정에서 부딪히는 문제들을 해결한다.
- 잠재능력을 개발해 효과적으로 진로에 활용한다.
- 자신의 진로결정에 도움이 되는 현장견학의 기회를 갖는다.

(2) 진로미결정 장병

- 진로를 결정하지 못하는 것이 단순한 정보 부족인지 아니면 심리적인 문제인지 확인한다.
- 체계적으로 개인상담을 진행하여 실제 의사결정과정을 돕는다.
- 지나치게 많은 관심 분야가 있을 때는 의사결정기술을 익힌다.
- 자신의 흥미와 적성 그리고 다른 필요한 정보를 수집하여 자신의 능력과 기대를 일깨워주고 스스로 진로를 결정하도록 조력한다.

(3) 우유부단형 장병

- 부적응적인 대처방식을 조력한다.
- 진로정보를 더 확보하여 제공한다.
- 의사결정을 위한 자료를 제공한다.
- 스스로 자신의 문제해결능력을 부정적으로 평가하지 않도록 한다.
- 자신의 부정적 사고와 신념으로 진로의사결정이 어렵다는 것을 인식시킨다.

6) 6단계: 상담종결 및 후속조치

상담종결단계에서는 진로탐색과 준비를 효율적으로 실천할 수 있는 태도와 방법을 재확인하고, 그동안 진행된 상담 과정을 요약하고 정리하는 과정으로 이루어진다. 내담자와 합의한 상담목표의 달성 여부를 확인하고, 앞으로의 진로문제를 예측하고 대비한다.

후속조치는 상담을 종결한 후, 내담자가 원소속부대로 복귀하여 진로선택과 의사결정에 만족감을 유지하고 있는지 확인하는 과정이다. 만약 소속부대 간부가 상담관의 역할을 하였다면 다음과 같은 사항을 계속해서 확인한다. ① 결정한 진로를 어떻게 준비하고 있는가? ② 잠재능력을 개발하고 있는가? ③ 추가 필요한 진로정보를 실제 군 생활에서 지속적으로 탐색하려고 노력하고 있는가? 등이다.

CHAPTER 11

군 집단상담

군(軍)은 국가가 존립하는 데 있어서 없어서는 안 되는 절대적으로 필요한 조직이다. 군은 군에 부여된 임무를 수행하는 데 상담의 중요성을 인식하여 지난 2005년 도부터 전문상담제도를 도입하여 추진하고 있다. 그러나 상담제도가 시행된 지 수많은 시간이 지나고 있지만 아직도 상담관이 부족하여 장병들의 상담욕구를 충족시켜주지 못하고 있는 실정이다. 이러한 한계를 보완하기 위해서는 집단상담이 군에 적극적으로 활용될 수 있어야 한다. 장병 상호 간 이해와 신뢰관계를 극대화하여 전투력으로 승화되게 하는 집단상담 활동이 전개될 필요가 있다.

이 장에서는 일반집단상담의 개념과 특징을 먼저 살펴본다. 이를 기반으로 군 집단상담의 기술을 알아본 후, 군 집단상담의 절차를 알아보겠다.

1. 집단상담의 개념

1. 개요

집단상담에 대한 정의는 학자마다 조금씩 다르게 설명하고 있다. 일반적으로 집단상담은 정상인을 대상으로 상담의 기법과 전략을 적용하고, 역동적인 상호교류과정을 통해 문제해결이나 의사결정 혹은 인간적 성장을 추구하는 과정으로 정의한다.

강진령(2006)은 의식적인 사고와 행동 그리고 허용적인 현실에 초점을 둔 정화와 상호신뢰, 돌봄, 이해, 수용 및 지지 등의 치료적 기능을 포함하는 하나의 역동적 대인관계 과정으로 정의하고 있다.

자기이해와 개인의 행동변화를 조력하기 위해 집단원의 상호작용을 이용하고, 자기수용을 보다 효과적으로 촉진하기 위해 집단원의 상호작용을 적극 활용하는 과정으로 설명하기도 한다. 이러한 여러 정의를 종합해 보면 집단상담은 전문가의 지도 아래 정상적인 참여자를 대상으로 허용적인 분위기에서 집단원의 역동적인 상호작용을 도모하는 과정임을 알 수 있다.

집단에 참여하여 개인의 태도와 행동의 변화 혹은 한층 더 높은 성장과 인간관계 능력을 촉진하는 것을 목적으로 이루어지는 역동적인 대인관계과정이다. 군 집단상담에 대한 정의는 군 야전교범에서도 잘 설명하고 있다.

군 집단상담은 집단지도자가 다수의 장병을 대상으로 상호 신뢰와 수용적인 분위기에서 집단의 역동적인 상호작용을 통해 전투력 향상에 기여하고 개인의 성장발달과 인간관계능력 촉진하는 활동이다. 군에서 실시하는 집단상담은 주로 현역 장병을 대상으로 하나의 집단을 편성하여 이루어진다.

자발적으로 집단에 참여한 장병보다는 비자발적으로 참여한 장병이 대부분이다. 군 집단상담은 군복무 중 겪는 대인관계 갈등과 심리적 어려움 등을 해결하여 궁극적으로 전투력을 향상시키기 위한 목적으로 이루어진다.

부적응 장병뿐만 아니라, 적응을 잘하는 장병도 집단활동에 함께 참여시켜 집단활동을 한다. 그 이유는 집단 내 모범적인 동료를 관찰하고 학습하여 병영생활에 도움을 제공받을 수 있기 때문이다. 일반집단상담과 군 집단상담을 비교하면 다음과 같은 특징이 있다.

〈표 11-1〉 집단상담의 비교(출처: 한국군상담학회, 2009)

구 분		일반집단상담	군 집단상담
상담목적	최종	개인의 자아실현	군 조직목표 달성
	중간	개인의 성장	부대목표 달성
	단기	개인문제해결	복무적응
상호작용 형태		수평적	복합적 · 수직적
상호작용 환경		한시적	지속적
상담 주제		유연	경직
가치 방향성		가치 중립	가치 지향

1) 집단상담의 필요성

심윤기 등(2021)은 군 집단상담의 필요성을 다음과 같이 설명하고 있다.

첫째, 군 집단상담은 개인상담의 1: 1 관계보다 여러 동료가 함께 참여함으로써 심리적 편안함을 느낄 수 있고, 자신의 생각과 의견을 좀 더 개방적으로 제시하기가 수월하다.

군대는 위계적 조직으로 마음을 터놓고 자신의 고민과 심리적 갈등을 주위 동료나 간부에게 드러내기가 쉽지 않은 조직이다. 그러나 군 집단상담은 자신이 겪고 있는 대인관계 갈등과 심리적 문제, 성장과 발달에 관한 과업 등을 허심탄회하게 드러내 놓고 검증해 볼 수 있는 기회를 제공받는다.

둘째, 군 집단상담은 계급별 다양한 성격의 상 · 하급자와 함께 같은 공간에서 대면하는 기회가 제공되어 대인관계에 도움이 된다. 대부분의 장병은 군의 특수한 환경으로 나름의 크고 작은 심리적 어려움을 경험한다. 어떤 장병은 오로지 자신만이 힘든 군대생활을 하고 있다고 생각하기도 한다.

이러한 생각을 가진 장병이 집단상담에 참여하면 자신과 유사한 심리적 어려움을 경험하는 동료가 많다는 사실을 새롭게 깨닫는다. 이러한 경험은 자신과 동료를 보다 잘 이해하여 집단의식과 전우애를 발달시키고 긍정적인 대인관계능력을 촉진하는데 기여한다.

셋째, 군 집단상담은 서로 다른 배경과 다양한 성격, 특징을 가진 동료 장병이 함께 참여함으로써 풍부한 학습경험을 제공받는다. 집단에 참여한 장병은 자신의 진로를 포함하여 서로의 관심사를 터놓고 이야기함으로서 의사결정능력과 대인관계능력 증진이 가능하다.

위계적인 상황에서도 진실한 대화와 역동적인 상호작용을 통해 개인자존감과 집단자존감의 증진이 가능하다. 뿐만 아니라, 군 집단상담은 군의 특수한 목적달성에 필요한 활동이다. 장병 상호간 이해와 신뢰를 촉진하고 가족적인 분위기를 생성하며, 부대 단결력 향상을 촉진하는 데 기여한다.

한편, 군 집단상담은 일반집단상담과 비교할 때 몇 가지 측면에서 차이점이 있다. 일반집단상담은 개인의 성장과 자아실현에 중점을 두지만 군 집단상담은 부대 전투력 향상을 위한 활동으로 이루어진다. 군 집단상담의 1차적 목적은 개인의 문제해결과 복무적응에 초점을 두지만, 궁극적인 목적은 부대목표를 달성하고 전투력을 향상시키는 것이다.

이를 좀 더 구체적으로 살펴보면 다음과 같다.

첫째, 상담의 회기에서 차이점이 있다. 일반 집단상담의 경우에는 적용하고자 하는 프로그램에 따라 상담의 회기가 별도로 정해져 있으나, 군 집단상담의 경우에는 사단 및 군단 병영캠프에서 운영되는 요일별 상담회기를 제외하고는 따로 정해져 있지 않아 대부분 1~2회의 단회 상담으로 이루어진다.

둘째, 일반 집단상담의 경우에는 공통의 주제를 선정하고 집단구성원을 모집하기 때문에 상당한 준비와 시간이 필요하다. 그러나 군 집단상담은 집단에 참여할 대상자가 평소 부대에서 활동하는 장병이라서 별도로 인원을 모집할 필요가 없다. 상담주제 또한 부대임무와 관련된 즉각적인 주제를 선정함으로써 사전 준비소요가 적은 것이 다른 점이다.

셋째, 일반 집단상담은 지도자의 가치중립적인 관점을 강조한다. 어느 한쪽의 관점을 강조하거나 치우치지 않는다. 집단원의 개인 의사에 따라 뒤로 물러나 집단을 관망하거나 침묵하는 것도 허용된다.

그러나 군 집단상담은 국가안보와 전쟁억제라는 국가적 가치뿐만 아니라, 전투력 향상이라는 부대목표를 달성하는 데 초점이 맞추어져 철저히 가치지향적인 방향으로 이루어진다. 집단상담이 진행되는 과정에서는 틈틈이 쉼을 제공 받는 것이 가능하다.

하지만 의도적으로 자리를 피한다거나 상담 자체를 회피하는 일은 절대 허용되지 않는다. 자기를 개방하고 의견을 자유롭게 개진하며 동료의 행동을 관찰하는 것은 바람직하지만, 침묵을 줄곧 유지한다거나 관망하는 자세를 취하는 것은 허용되지 않는다.

넷째, 상담방법과 상호작용 측면에서도 일반 집단상담과 다르다. 일반 집단상담은 집단에 자발적으로 참여한 사람이 대부분을 차지한다. 개인이 상담비용을 지불하여 상담참여 동기가 높은 수준이다. 서로 모르는 사람이 정해진 기간에 모여 활동하고 헤어지기 때문에 수평적 관계에서 활발한 상호작용이 가능하다.

반면, 군 집단상담은 위계적인 생활여건과 24시간 같은 공간에서 생활하는 장병을 대상으로 이루어지는 관계로 일반 집단상담에 비해 상호작용이 활발히게 나타나지 않는 경우가 흔하다.

2. 군 집단상담의 특징

1) 집단상담의 목적

일반 집단상담은 자기에 대한 이해 증진과 개인성장에 대한 자신감을 갖도록 하는 데 목적을 둔다. 사회적 기술과 대인관계 능력을 증진하고 자기통제와 문제해결 및 의사결정능력을 학습함은 물론, 자기가 생각하고 믿는 바를 정확하게 표현할 수 있는 의사소통 능력을 향상하는 데 역점을 둔다.

가정과 사회의 다양한 장소에서 자신의 잠재능력을 발휘하고 사회적 공간에서 타인을 공감하는 친사회적 성향의 사람으로 성장하도록 하는 데 목적을 가진다. 이렇게 일반 집단상담은 자기의 문제와 자신의 감정 및 태도에 대한 통찰력을 터득하고 보다 바람직한 자기관리와 대인관계 태도를 학습한다.

지금 자신이 느끼는 감정을 명확히 이해하고, 현재 문제를 해결하기 위해 어떤 것이 필요하며, 현재 어떻게 행동해야 하는가를 분명히 깨닫도록 도와준다. 집단원의 역동적인 상호교류를 통해 자신의 감정, 태도 생각, 행동양식을 탐색하고 수용하여 보다 성숙한 인간으로 발달하도록 안내한다.

반면, 군 집단상담은 장병 개인의 심리적인 문제를 해결하고 복무적응을 도와 자아실현과 성장을 도모하는 목적도 있지만, 궁극적인 목적은 부대목표를 달성하고 전투력을 향상시키는 데 필요한 다음과 같은 요소를 포함하고 있다.

(1) 집단응집력 향상

집단응집력은 구성원이 소속되고자 하는 욕망의 정도를 말하는데 응집력이 높은 집단은 낮은 집단의 구성원에 비해 집단에 대한 관심이 높게 유지된다. 구성원의 협력과 팀워크, 과제수행에 대한 구성원 전체의 참여와 결속에 기여하며, 구성원 사이에 형성되는 상호작용의 힘이 나타나도록 하는 데에도 긍정적인 영향을 준다.

군에서 자주 사용하는 화합과 단결은 집단응집력을 잘 표현하는 용어이다. 이렇게 군 집단상담은 집단응집력을 강화하는 데 크게 기여한다. 집단에 참여한 장병들 간 상호작용을 통해 소속감을 증진하고, 집단에서 함께 보내는 시간을 통해 친밀감을 형성하며, 상호 간 이해심을 높여 집단응집력을 강화한다(심윤기 외, 2021).

(2) 집단신뢰감 증진

집단에 대한 신뢰는 조직의 안정과 집단구성원의 안녕(well-being)에 긍정적인 영향을 미친다. 특히, 군의 집단신뢰감은 전투수행에 필수라고 할 만큼 매우 중요한 요소로써 전투력 창출의 핵심요소로 기여한다.

군 집단상담은 집단 내 의사소통을 촉진하여 갈등을 최소화하고 집단효과성을 향상시킬 뿐만 아니라, 인간중심적인 집단분위기를 형성하여 장병들의 집단신뢰감을 향상하는 데 기여한다.

군은 신뢰 대상에 따라 상관신뢰, 부하신뢰, 동료신뢰로 구분한다. 대상자의 지위에 따라서는 상관 및 부하에 대한 수직적 신뢰와 동료에 대한 수평적 신뢰로 구분하기도 한다. 군 집단상담은 이러한 집단신뢰감을 증진하여 상호 존중과 배려의 병영문화를 유지하는 데 긍정적인 역할을 한다.

(3) 집단효능감 배양

집단효능감은 자신이 속한 집단이 능력이 있다고 믿는 정도를 말한다. 자신이 속한 집단을 능력이 있는 집단으로 지각하는 것은 현재의 집단생활과 관련하여 전반적으로 만족한다는 것을 의미한다. 이러한 효능감은 지휘관을 중심으로 사기, 군기, 단결 등 조직화된 의지력으로 굳게 뭉쳐 부여된 임무를 능동적으로 완수하는 효과를 가져온다.

자진하여 어려움에 임하고 즐거이 그 직책을 수행하도록 할 뿐만 아니라, 사기를 왕성하게 높이는 데에도 기여한다. 이렇게 군 집단상담은 집단적 효능감 배양을 촉진하여 집단목표를 달성하는 데 긍정적인 영향을 미친다. 직무만족과 집단몰입에도 영향을 미칠 뿐만 아니라, 전원이 한마음 한뜻으로 뭉쳐 희생과 봉사정신을 바탕으로 공동의 목표를 달성하는 데에도 기여한다.

(4) 집단자존감 증진

집단자존감은 자신이 속한 집단의 가치에 대해 개인이 어떻게 지각하고 있는가를 의미한다. 집단적 수준에서 바라보는 군의 집단자존감은 특정한 부대에 소속된 개인 자신에 대한 인식으로 사회적 관계 속에서 발생하는 맥락을 통해 이루어진다(심윤기, 2014).

독립된 개인 자신에 대한 가치평가를 하는 개인자존감 보다 자신이 속한 부대에 대해 갖는 집단자존감이 군 장병의 심리적 적응과 건강한 군 생활에 더 긍정적으로 작용한다. 이렇게 군 집단상담은 장병의 집단자존감을 증진하는 데 크게 기여한다.

군 병영캠프에 입소하여 적응력을 키우는 복무부적응 장병의 개인자존감과 집단자존감을 증진하는 데에도 도움을 준다. 장병 각자가 자기모습에 대한 이해와 통찰을 확장하며, 병영생활을 함께 하는 동료를 존중하고 수용하는 데에도 기여하여 집단목표 달성을 촉진한다.

2) 집단상담의 원리

집단상담은 과정과 내용 면에서 집단토의와 다른 점이 많다. 집단토의는 객관적 사실에 초점을 두고 특정 주제를 대상으로 이루어진다. 내용과 결과를 중심으로 특정 목표에 도달하도록 집단을 설득하고 이끌어가는 관계로 집단과정을 중요하게 여기지 않는다. 의견의 옳고 그름을 중심으로 토의가 이루어지고 집단규칙과 질서를 강조하는 특징이 있다.

반면, 집단상담은 어떤 과제해결을 위한 수단으로 활용하는 과정이 아니라 친밀감과 신뢰감을 발달시키는 과정이다. 집단원의 반응을 수용하고 허용되도록 상반된 의견 표현을 장려한다. 집단토의에서는 객관적인 사실만을 취급하여 상호작용과 집단역동을 찾아보기 어렵지만 집단상담은 집단역동이 활발히 나타난다.

집단상담은 집단지도와도 다르다. 군은 그 특성상 위계구조와 기능 · 역할 등이 존재하고 추구하는 가치와 목표가 정해져 있어 이를 달성하기 위한 집단지도와 교육이 필요하다. 집단지도는 군대생활에 필요한 정보를 제공하고 취급하는 교육과정이다. 대체로 소대 단위의 집단을 대상으로 정보제공과 능력개발을 목표로 간부 중심으로 접근한다.

반면, 집단상담은 장병의 자기이해 증진과 대인관계갈능 능을 취급하는 정서적 과정으로 이루어진다. 분대 단위 집단을 대상으로 정서적인 문제해결을 통해 집단응집력이나 집단효능감 증진과 같은 공동의 목표에 접근한다(심윤기 외, 2021).

군 집단상담이 이루어지는 원리는 다음과 같다.

(1) 자기개방

자기 마음의 문을 여는 것이 자기개방이다. 군에서 이루어지는 집단상담은 조직의 폐쇄성을 고려할 때 자기개방의 원리가 요구된다. 자기개방은 자기노출이라고도 하는 데 개인적인 문제와 관심, 욕구, 목표, 기대와 두려움, 희망과 좌절, 즐거움과 고통, 강함과 약함, 개인적 경험 등에 대해 허심탄회하게 털어놓는 것을 의미한다.

개인적인 문제나 관심을 털어놓는 것에 한정하지 않고 집단지도자와 집단원들에게 보이는 반응까지도 자기개방의 범주에 들어간다. 군대는 군사기밀을 보호하고 작전계획이 노출되지 않도록 군사보안을 철저히 강조하는 조직이다. 비밀구역을 지정하여 비밀취급인가자 이외의 다른 사람이 접근하는 것을 철저히 통제한다.

뿐만 아니라, 부대의 기밀사항을 부대밖에 노출하지 않도록 정기적인 보안교육을 실시한다. 이러한 군대문화의 영향과 상명하복의 위계적인 상황 그리고 거부에 대한 두려움 등으로 상담에 참여한 장병은 자신을 잘 드러내지 않으려는 경향이 있다.

집단지도자는 이러한 문제를 해결하기 위해 상담이 시작되기 전 집단에 참여할 장병을 대상으로 자기개방을 토대로 한 상호작용의 중요성에 대한 교육이 필요하다. 동료를 깊이 이해하고 수용하기 위해 자신을 먼저 개방해야 함을 강조한다. 개인의 심리적 문제나 관심사에 대한 통찰을 얻는 것 또한 자기

개방으로부터 출발한다는 점을 인식하도록 안내한다.

(2) 피드백

집단상담이 성공적으로 이루어지는 데 영향을 미치는 또 다른 요인은 피드백이다. 피드백은 상대방의 행동이 나에게 어떤 반응을 일으키고 있는가에 대해 상대방에게 솔직하게 이야기하는 것을 말한다. 이러한 피드백은 타인이라는 거울을 통해 자기 자신을 탐색하고, 자기 자신을 정확히 이해하는 등 성장과 발달을 위한 학습기술로 작용한다.

솔직하고 생산적인 피드백은 피드백을 받는 상대에게 어떤 변화가 필요한지를 알도록 안내하고, 대인관계에서도 어떠한 태도가 필요한지를 깨닫도록 촉진한다. 구체적인 행동에 대하여 정서적 비판이 아닌 인지적 태도로 말하는 것이 바람직하다. 한 사람이 하는 피드백보다 여러 사람으로부터 받는 피드백이 더 강렬한 힘을 발휘하는데, 그 이유는 여러 사람의 공통된 견해를 무시하기 어렵기 때문이다.

피드백은 어떤 행동이 일어난 직후에 하는 것이 효과적이다. 군 집단상담의 초기에는 집단지도자가 직접 피드백을 제공하여 집단에 참여한 장병에게 모범을 보인다. 그 이후부터는 장병 상호 간 자발적인 피드백이 이루어지도록 조력하여 다른 관점과 다른 각도에서 자신을 탐색하고 자기를 조망할 수 있도록 한다.

(3) 수용

집단상담은 수용의 원리가 필요한 과정이다. 수용은 집단원 개개인을 현재 있는 그대로 받아들이고 존중하는 것을 의미한다. 이러한 수용은 타인에 대한 깊은 수준의 공감적 이해를 가능케 하고, 과거의 부정적인 경험을 통해 형성된 저항과 방어를 약화시킨다.

자기를 개방하기 어려웠던 자신의 약점과 관련된 사실과 감정을 노출시킴으로써 변화의 계기를 제공하기도 한다. 집단에 참여한 구성원은 이러한 과정을 통해 자기탐색에 더욱 노력하고 변화와 성장의 노력을 기울인다.

군 집단상담은 대부분 비자발적으로 참여한 장병을 대상으로 이루어져 상담초기의 집단참여 의식은 매우 낮은 수준을 보인다. 집단과정을 통해 혹시나 자신에게 돌아올 불이익이 생각되어 집단참여가 피동적이고 소극적으로 이루어지고 수용적인 태도를 찾아보기 어려울 때도 있다. 오히려 집단지도자의 조건 없는 수용에 대해서까지 불편해하거나 부담스러워하기도 한다.

군 집단지도자는 이러한 점을 고려하여 집단에 참여한 장병을 진정으로 존중하고 배려하는 모습을 자주 보일 수 있어야 한다. 진실한 마음으로 그들을 대하여 집단에 참여한 구성원 스스로 자기 자신뿐만 아니라, 타인까지도 진정으로 수용하는 변화가 나타나도록 안내할 수 있어야 한다.

(4) 감정정화

감정정화는 내면에 누적되어 있는 감정을 언어나 행동으로 표출함으로써 이를 해소하여 심리적 안정을 찾도록 하는 것을 말한다. 이는 집단에 참여한 장병들 상호 간 신뢰와 응집력을 높이고 집단의 변화를 촉진하며, 치료적 요인으로도 기능한다. 그러나 단순히 내면의 감정을 표출한다고 해서 억눌려 있던 감정이 정화되는 것은 아니다.

지금-여기에서 일어나는 자신의 감정수위를 알아차리고, 그 원인이 무엇으로부터 기인되었는가를 통찰하는 것이 중요하다. 이처럼 감정정화가 집단상담의 중요한 원리임에도 불구하고 군 상담 장면에서는 좀처럼 감정을 드러내기가 쉽지 않다. 그 이유는 군대의 조직문화가 개방적이지 못하고 상명하복의 위계적 서열체계로 이루어져 있기 때문이다.

만약, 감정정화가 이루어지지 않고 계속 쌓이게 되면 악성사고나 총기사고로 이어질 가능성이 높다. 따라서 집단지도자는 감정정화가 집단과정에 활발히 발현되도록 조력하여 장병의 내면에 억눌려 있는 부정감정을 해소할 수 있어야 한다.

(5) 모방학습

모방학습은 집단상담 과정의 중요한 위치를 차지한다. 집단의 유형과 형태에 관계없이 집단에 참여한 장병은 모방학습 과정을 통해 적극적으로 집단 활동 참여가 가능하다. 자신이 소중하고 의미 있는 사람이라는 사실을 깨닫는 것은 집단지도자로부터 깊은 이해와 존중을 받아서 얻어지는 것이 아니다. 다른 장병으로부터 긍정적인 지지와 피드백을 받아 얻어지는 것도 아니다.

비록 조용하고 말이 없는 과묵한 장병이라 하더라도 혹은 계급이 낮은 이등병이라 하더라도 집단에 참여한 다른 동료나 집단지도자의 행동과 태도를 관찰하고 모방하는 학습을 통해 나타난다. 이처럼 집단상담 과정에서는 자신의 태도뿐만 아니라, 집단에 참여한 장병 개개인이 보이는 언행이 집단상담에 참여한 모든 이에게 학습된다.

3. 군 집단상담의 성공요인

어느 집단이든 집단 내의 힘은 단일한 힘만이 나타나는 것이 아니라 복합적인 힘이 작용한다. 그래서 두 사람 이상의 사람이 함께 모여 활동할 때에는 필연적으로 집단역동이 생긴다. 집단역동은 하나의 공통장면 혹은 환경 안에서 일어나는 상호작용의 힘이자 상호관계이다.

집단지도자와 집단원간 또는 집단원 상호 간에 일어나는 상호작용의 에너지이자 상호관계의 힘이 곧 집단역동이다. 군 집단상담은 이러한 힘에 변화되어 특정한 방향으로 발달한다. 그렇기 때문에 군 집단지도자는 이러한 집단역동을 잘 감지하여 바람직한 방향으로 집단활동이 지향되도록 조력해야 한다. 집단상담에 영향을 주는 성공요인을 살펴보면 다음과 같다.

1) 상담의 계획적 요인

군 집단상담에 영향을 미치는 계획적 요인에 대해 심윤기 등(2021)은 다음과 같이 몇 가지로 설명하고 있다.

첫째, 집단목적이다. 집단지도자와 집단원이 집단의 목적을 명확히 이해하고 있느냐가 집단상담의 성공여부에 영향을 미친다. 집단의 목적을 상실하여 목적과 상관없는 주제를 선정한다던가 아니면 집단의 방향과 무관한 활동이 이루어지면 그것은 시간과 노력의 낭비일 뿐이다.

따라서 집단지도자는 집단목적을 분명히 수립하고, 자신과 집단원이 집단의 목적에 부합되게 행동하고 있는지를 지속적으로 평가해야 한다. 군 집단상담은 집단의 목적에 부합된 활동이 이루어지도록 사전 리허설과 같은 예행연습을 실시하는 것이 바람직하다.

집단상담에 참여하기 위해 사전 선정된 장병을 대상으로 집단의 목적과 절차, 역할 등을 자세히 설명하는 시간을 갖는다. 그것은 집단에 참여하는 장병에게 집단의식을 고취시키기 위한 목적도 있지만 집단의 목적을 분명히 인지토록 하여 집단역동을 높이기 위함이다.

둘째, 집단의 크기이다. 일반 집단상담은 집단원의 성별, 연령, 학력, 결혼유무, 직업, 종교 등이 집단과정에 영향을 미친다. 하지만 군 집단상담의 경우는 소속, 계급, 동기, 서열, 입대일, 전역일, 휴가 등이 집단에 영향을 준다. 집단의 크기가 너무 크면 개인에게 주어지는 시간이 적어 집단의 상호작용이 원활하게 나타나지 않으며, 집단분위기가 산만해져 집단응집력이 약화되기도 한다.

반면, 집단의 크기가 너무 작으면 집단과정에 참여하는 것이 부담되어 적극적이고 능동적인 행동을 보이지 않는 등 집단 활동에 부정적인 영향을 준다. 따라서 집단지도자는 집단상담을 시작하기 전 집단의 크기를 구성하되 집단역동을 고려하여 적절한 크기로 선정할 수 있어야 한나.

통상 군 집단상담의 크기는 조직편성의 건제유지를 고려하여 분대 편성을 적용한다. 분대는 전투를 효율적으로 가능케 하는 최소 단위의 부대라서 모든 부대는 분대단위 활동을 강조한다. 부대의 훈련과 병영생활도 분대단위로 이루어질 뿐만 아니라, 식사를 위해 식당으로 이동할 때도 분대 단위로 이동한다.

따라서 집단을 구성할 때는 분대단위로 편성하는 것이 효율적이다. 분대 편성인원은 병과마다 상이하고 전후방 부대에 따라서도 다르지만 통상 1개 분대는 6~12명으로 편성되어있어 집단상담을 진행되는데 적합하다.

셋째, 집단상담의 회기와 빈도수다. 집단상담의 회기도 집단에 영향을 미친다. 회기가 짧으면 개인이 참여하는 시간이 부족해 집단원의 불만이 생길 수 있는 반면, 회기가 길면 참여의식이 약화되어 집단에 부정적인 영향을 준다. 집단의 회기를 얼마나 자주 갖는가 하는 것도 집단과정에 영향을 준다.

대체로 일반 집단상담의 한 회기 시간은 2~3시간이 일반적이며, 회기의 주기는 일주일에 1~2회기에서 최대 5회기까지 갖는 경우도 있다. 군 집단상담은 회기의 시간을 2시간 이내로 하는 것이 일반적인데, 그 이유는 엄정하게 지켜져야 하는 일과시간 규정 때문이다. 군에서 실시하는 집단상담은 다른 일과와 동일하게 일과시간 규정 안에서 이루어진다.

복무부적응으로 심리적 고통을 회복하는 장소인 병영캠프에서도 대략 2시간 정도의 회기시간을 갖는다. 회기의 빈도는 일주일에 3회기 이상의 빈도를 갖지 않으나 병영캠프에서는 입소인원과 캠프 상황을 고려하여 편성한다.

넷째, 집단상담을 하는 시간대와 장소다. 하루 중 어느 시간대에 집단모임을 하느냐에 따라서도 집단역동은 달라진다. 일반 성인으로 구성되는 일반 집단의 경우에는 통상 토요일이나 일요일 낮 시간에 한다. 평일에는 일과가 끝난 저녁시간에 하는 것이 일반적이다. 군대의 경우에는 대부분 수요일 오전에 이루어지는 정신교육시간을 이용한다.

평일 오후 4시부터 운영되는 지휘관 시간을 활용하는 경우도 있는데, 이는 일과시간의 종료와 함께 곧바로 이어지는 저녁식사의 문제로 집단상담에 집중하기 어려운 단점이 있다. 집단상담이 이루어지는 장소도 집단상담의 성공여부에 영향을 준다. 집단상담의 장소로는 일반적으로 방음시설이 잘 갖추어진 곳이 적당하며, 집단구성원이 안전감을 느낄 수 있는 공간이면 무난하다.

조명과 채광, 실내 구조물의 배열과 정돈상태, 의자 등에 따라서도 집단 활동에 영향이 미친다. 군부대에서는 일반적으로 생활관에서 집단상담을 진행하는 경우가 대부분인데, 그 이유는 집단상담의 진행을 위한 준비소요가 적기 때문이다. 생활관에서 하는 경우에는 그곳에 구비되어 있는 탁자에 둘러앉아 진행하면 무리가 없다.

간혹, 실내 체력단련장이나 종교시설에서 하는 경우도 있는데, 이때는 서로를 잘 알아볼 수 있도록 원형상태로 둘러앉아 진행하는 것이 효과적이다. 지휘관 사무실이나 주임원사실, 기타 참모 사무실 등에서도 이루어지기는 하나 자주 걸려오는 전화나 방문하는 사람으로 인해 집단 흐름이 방해를 받는 단점이 있다.

2) 집단원의 자발적 요인

집단상담의 목적을 달성하기 위해서는 집단원의 자격이 최소한 집단 활동을 할 수 있는 능력을 갖춘 사람이어야 한다. 자율적이고 독립적인 생활을 할 수 있을 정도의 지적 수준과 정신상태 그리고 기본적인 자기관리능력을 갖추고 있어야 가능하다.

군에 입대한 장병은 집단상담에 참여할 수 있는 자격과 능력을 이미 갖춘 자다. 정신적 결함이나 성격적 문제가 있는 자는 병무청에서 이루어지는 징병검사와 신병교육대 입소과정 및 자대 전입과정에서 실시하는 다양한 식별도구로 이미 선별되기 때문이다. 집단상담을 성공적으로 마치는 데 영향을 주는 집단원의 자발적인 요인은 다음과 같다.

첫째, 집단원의 참여의식이다. 집단활동에 참여한 동기가 자발적인지 아니면 비자발적인지에 따라 집단역동은 큰 차이가 난다. 일반 집단상담에서는 집단원 스스로 자발적인 집단참여가 대부분이라서 집단역동이 높게 발현되고 유지되는 특징이 있다.

그러나 군 집단상담의 경우에는 비자발적으로 집단에 참여하는 경우가 대부분이어서 집단상담의 참여수준이 낮다. 따라서 군 집단지도자는 집단에 참여한 장병들의 참여의식을 고취시키기 위해 집단상담 전 오리엔테이션 시간을 통해 교육을 하는 것이 바람직하다.

둘째, 책임의식이다. 책임감은 참여의식과 함께 집단에 큰 영향을 미치는 요인이다. 책임의식이 있는 사람은 정신적으로 건강한 사람으로 이들은 집단상담과정에서 적극적이고 능동적으로 참여한다. 뿐만 아니라, 외적 환경이나 상황이 변하기를 기다리지 않고 자신이 먼저 스스로 선택하고 행동하는 모습을 보인다. 이렇게 집단에 참여한 장병 스스로 내린 자율적인 선택과 결심은 자신의 행동에 대한 책임을 수용하여 집단과정 촉진에 크게 기여한다.

셋째, 연대의식이다. 일반 집단상담 과정에서 집단에 영향을 주는 요소는 집단의 배경, 집단참여와 의사소통의 형태, 집단분위기, 집단행동 규준, 집단원의 사회적 관계유형, 하위집단의 형성, 지도성의 경쟁, 신뢰수준 등으로 설명한다(이형득 외, 2006).

어떤 집단에서는 집단원을 한번 만났는데도 수년간 함께 지내온 사람처럼 행동하는 반면, 어떤 집단에서는 같은 부대에서 오랜 기간 동안 함께 생활하면서도 관계유지에 어려움을 겪기도 하는데, 이러한 것은 유대감 혹은 연대의식이 약하기 때문이다.

3) 지도자의 기술적 요인

장병을 대상으로 이루어지는 집단상담이 성공하기 위해서는 다음과 같은 지도자의 기술적 요인이 필요하다.

첫째, 집단역동성 발현이다. 역동성은 활발하게 움직이는 성질이나 특성을 말하는데 이것은 아무 때나 나타나지 않는다. 집단원의 명확한 역할이 바탕이 될 때 발현되며, 집단원의 행동을 조정하고 촉진하는 활동이 이루어질 때 형성된다. 또한 자발적인 집단원의 참여와 집단의 안정적인 분위기, 집단원의 상호작용이 큰 영향을 미친다.

집단지도자는 집단에 참여한 장병들이 허심탄회하게 이야기를 나눌 수 있도록 안정된 집단분위기를 조성할 수 있어야 한다. 장병들의 느낌이나 생각을 따뜻한 태도로 공감하고 장병 상호 간 평가나 비난의 말을 하지 않도록 조력하여 집단역동성이 촉진되고 발현되어야 집단상담을 성공적으로 마칠 수 있다.

둘째, 상호작용이다. 상호작용은 둘 이상의 사람이 서로 영향을 주고받는 방식으로 교류하는 것을 의미한다. 군 집단상담이 생산적으로 잘 이루어지기 위해서는 상호작용이 활발히 이루어져야 한다. 장병 간 심리적 상호작용은 장병들 사이에 공유된 정체감과 우리라는 집단의식, 소속감 등이 상당한 영향을 준다.

군 집단지도자는 집단 내 활발한 상호작용의 걸림돌이 무엇인지 지속적으로 탐색하고 집단에 참여한 장병들에게 깊은 관심을 기울여야 한다. 장병들은 자신에게 관심을 기울여 주는 것을 무척 좋아한다. 그러나 관심을 받지 못하면 집단과정에서 말을 하지 않고 침묵하는 모습을 보이는 경향이 있다.

셋째, 의사소통이다. 군 집단상담은 개방적이고 허심탄회한 의사소통과 수평적인 의사소통이 제대로 나타나지 않을 수도 있다. 그 이유는 군의 임무수행을 위해 편성된 위계조직과 상명하복의 단일체계 때문이다.

집단상담에서의 의사소통은 언어적인 방식과 비언어적인 방식으로 이루어진다. 입을 통해 표현되는 언어적인 방식은 7% 정도의 영향력을 가지는 반면, 얼굴표정이나 말의 크기, 몸짓, 자세와 같은 비언어적 방식은 93% 정도의 영향력을 가지는 것으로 알려져 있다(심윤기 외, 2021).

이러한 연구결과는 언제 어디서나 동일하게 적용된다고 볼 수는 없으나 비언어적인 의사소통이 매우 중요함을 말해 준다.

4) 기타 요인

군 집단상담을 성공적으로 마치기 위해서는 다음과 같은 요인도 영향을 미친다.

첫째, 안정되고 따뜻한 집단분위기이다. 집단원이 집단 내에서 자기를 탐색하고 개방하기 위해서는 우선 집단분위기가 안정감이 있어야 한다. 집단원들 상호 간 솔직한 대화를 주고받으며 다양한 개인 특성의 이해와 수용을 위해서는 안정된 집단분위기가 필요하다.

어느 것에도 억압받지 않고 어떠한 비난도 없이 자유롭게 행동할 수 있는 따뜻하고 수용적인 집단분위기 조성이 필요하다. 군 조직은 임무특성상 위계적인 체계로 운영되기 때문에 부대분위기가 다소 경직되어 있는 것이 사실이다. 특히, 훈련을 앞두고 있거나 상급부대의 불시검열 및 지도방문에서 지적을 받으면 그 부대의 분위기는 순식간에 가라앉는다.

군 집단지도자는 이러한 부대상황으로 집단분위기가 침체된 경우에는 집단

활동 프로그램 중간 중간에 집단분위기를 편안하고 안정감 있게 촉진하는 과정을 도입하여 집단분위기를 안정감 있게 유지하는 것이 필요하다.

둘째, 집단구성원 간 신뢰다. 집단상담 과정에서는 합리적이지 못한 언행과 인간존중의 기본적인 태도가 결여된 어떠한 모습도 배제한다. 집단원 간 신뢰감을 형성하고 집단과정이 촉진적으로 이루어져야 성공적인 집단상담을 기대할 수 있다. 이런 점을 고려하여 집단지도자는 집단의 신뢰수준을 주의 깊게 살펴보고 이를 높게 끌어올려 집단의 변화를 가져오는 데 힘써야 한다.

군 집단상담은 초기부터 집단원 상호 간 신뢰감을 유지하기가 어렵다. 조직의 폐쇄성이 영향을 주기도 하지만 집단지도자가 평소 장병들에게 자주 질책을 했던 간부라면 신뢰감 형성이 더욱 어렵다. 평소 자신을 괴롭히던 선임 병사가 집단에 참여한 경우에도 신뢰감 형성이 어렵다.

셋째, 변화에 대한 기대다. 변화에 대한 기대는 곧 희망을 의미한다. 인간은 과거에 만들어진 희생물이 아니라 스스로 변화하고 발전하는 가능성과 잠재력을 가진 존재이다. 이렇게 변화에 대한 확고한 믿음과 의지가 있을 때 스스로 선택하고 결정을 내릴 수 있으며, 그 결과 성장과 발전을 가져올 수 있다.

지금까지 불가능하게 여겨졌던 일이 집단에 참여한 장병 상호 간 신뢰와 허심탄회한 소통을 통해 새롭게 변화될 수 있다. 변화에 대한 기대는 복무적응에 어려움을 겪는 장병에게 치료적 요인으로도 작용한다. 변화에 대한 믿음을 가진 장병은 복무부적응의 어려움을 자신이 통제할 수 없는 군대의 환경 탓으로 돌리지 않고 내가 변화하여 극복할 수 있다고 여긴다.

넷째, 집단응집력 발현이다. 집단응집력은 집단원이 우리라는 의식을 바탕으로 집단 내에서 적극적이고 능동적으로 일심동체가 되려는 정도를 말한다. 나는 혼자가 아니고 집단의 소중한 한 일원이라고 지각하는 것으로부터 생성되는 이러한 집단응집력은 스스로에게 희망을 갖게 하고 집단변화에 윤활유 역할을 한다.

뿐만 아니라, 집단분위기를 안정시키고 집단원의 피드백이 잘 이루어지도록 촉진한다. 집단상담 과정에서 높은 수준의 집단응집력이 발휘되면 다음과 같은 긍정적인 반응이 나타난다.

- 집단상담에 적극적이고 능동적으로 참여한다.
- 자신의 느낌을 적극적으로 개방하고 표현한다.
- 진솔하게 피드백을 교환하고 유연하게 직면한다.
- 다른 관점과 각도에서 타인을 이해하려고 노력한다.
- 집단구성원 상호 간 깊은 신뢰관계를 맺으려고 노력한다.

다섯째, 지금-여기에 초점이 맞추어질 때 집단상담의 성공은 가능하다. 군 집단지도자가 지금-여기가 아닌 과거의 거기-그때에 초점을 맞춘다면 집단의 변화는 기대하기 어렵다. 상담 과정에서 지금-여기는 현재의 군대생활 장면으로 실제 병영생활을 하는 동안 자신에게 일어난 현실의 일과 군 복무를 이행하는 데 영향을 주는 개인적인 사건을 포함한다.

병영생활에서 경험하는 복무적응, 대인관계, 병영문화혁신, 인간존중과 배려 등을 통해 변화를 시도하는 일들이 지금-여기에 해당한다. 집단상담은 지금-여기에서 현존하는 모든 것을 그대로 이해하는 학습과정이다. 이미 지나간 것을 이해하려는 노력이나 지금이 아닌 미래의 일은 집단상담의 조건에 부합하지 않는다.

집단에 참여한 장병은 각자의 병영생활의 문제를 효율적으로 해결할 수 있다는 전제 아래, 현재 자신이 어떻게 느끼고 경험하는가를 탐색하는 데 역점을 둔다. 너와 나의 느낌과 너와 나의 생각, 너와 나의 행동을 상호 간 관찰하고 분석하며, 피드백을 통해 지금-여기에서 자기 존재에 대한 자각을 확대시켜 나간다.

2. 군 집단구성원의 역할

군 집단지도자는 집단상담 과정이 생산적이고 성공적으로 이루어지도록 중요한 역할을 하는 자다. 그렇다고 일반 집단상담을 안내하는 지도자의 역할과 상이하거나 특별히 요구되는 기술이 있어야 하는 것은 아니다. 집단의 목적과 집단의 형태, 지도자의 철학, 적용하는 이론 등에 따라 지도자의 역할이 일부 달라질 수는 있으나 기본적으로 강조하는 내용은 동일하다.

1. 집단지도자의 문제행동

1) 지나친 개입

집단지도자가 흔히 범하기 쉬운 문제행동은 집단과정에 너무 과도하게 개입하는 점이다. 이는 집단에 참여한 장병의 대화에 일일이 반응해야 집단역동이 일어날 것이라고 착각해서 일어난다.

그러나 집단역동은 집단참여 장병 간 이루어지는 상호작용에 의해 발현되는 것이지, 집단지도자가 자주 개입한다고 해서 나타나는 것이 아니다. 오히려 집단지도자의 지나친 개입은 집단역동의 흐름을 막고 저해한다.

어느 특정한 한 장병이 말을 할 때 계속해서 그에 대한 반응을 보이는 행동과 어느 한 장병과 계속해서 대화를 주고받는 행동은 피한다. 집단지도자는 한 개인의 행동에 일일이 반응하기보다는 집단에 참여한 다른 장병의 반응이 나타날 때까지 기다린 후, 적절한 시기에 개입하는 것이 적절하다.

2) 방어적 태도

군 집단지도자가 흔히 범하기 쉬운 또 다른 문제행동은 방어적 태도이다. 집단과정에서 집단원의 비판적 태도와 평가, 부정적인 반응이 나타나면 집단지도자는 방어적 태도를 보이기가 쉽다. 예를 들어, 구조화된 집단상담을 할 경우에는 자율성을 구속한다고 집단원이 불평하며 지도자의 지시에 저항할 수 있다.

비구조화의 방식을 운영하는 경우에는 집단의 방향을 제시해 주지 않아 복잡하고 혼란하다고 불평하며 상담활동에 소극적으로 참여할 수 있다. 이러한 경우 집단지도자는 방어적 태도를 취하기보다는 비판적 태도나 부정적인 반응을 보이는 장병을 오히려 따뜻이 대한다.

집단에 참여한 장병이 부정적이고 저항적인 태도를 표출한다고 하더라도 집단지도자는 이를 효율적으로 활용하는 방안을 모색하고 활용할 수 있어야 한다. 만약, 집단지도자가 장병의 반응을 민감하게 받아들여 방어적 태도를 취한다면 집단에 참여한 장병들 역시 방어적 태도를 취하여 상담목표 달성이 어려워진다.

3) 폐쇄적 태도

폐쇄적 태도란 집단상담 과정에서 개인의 사적 내용의 노출을 최소화하는 경향을 말한다. 집단지도자가 범하기 쉬운 문제행동은 바로 이러한 폐쇄적 태도다. 집단지도자의 폐쇄적 태도와 낮은 자기개방의 수준은 장병의 상호작용에 부정적 영향을 주어 의사소통을 저해하고 집단역동을 가로막는다.

집단지도자가 폐쇄적인 태도를 갖는 이유는 자신의 이미지를 손상시키지 않고 불편한 상황에 놓이는 것을 원하지 않기 때문이다. 또한 집단지도자의 개인적 내용에 대한 자기개방은 집단목표를 달성하는 데 장애가 된다고 믿고있기 때문이다.

그러나 집단지도자의 적절한 자기개방은 오히려 집단역동을 촉진한다. 그러므로 군 집단지도자는 자신을 언제, 얼마나 노출할 것인가를 숙고하여 적절한 시기에 자기개방이 이루어지도록 힘써야 한다.

4) 과도한 자기개방

집단지도자가 범하기 쉬운 또 다른 문제는 과도한 자기개방이다. 자기개방을 지나치게 많이 하는 집단지도자는 자기개방을 많이 할수록 상담 과정에 긍정적인 영향을 준다는 신념을 갖고 있다.

이러한 집단지도자는 자신의 세세한 일상을 털어놓는 데 많은 시간을 할애하며, 심지어 노출이 불필요한 개인의 사적인 내용까지도 개방함으로써 집단이 나아가야 할 방향을 혼란스럽게 만들기도 한다. 이러한 과도한 자기개방은 집단지도자가 집단원의 한 일원이라는 착각과 집단지도자의 역할과 태도를 제대로 인식하지 못해서 나타난다.

집단지도자는 역할과 태도의 관점에서 집단원인 장병과 엄격히 구분되어야 한다. 집단지도자의 자기개방은 집단원의 상호작용이 원활하게 발현되도록 촉진하고, 집단이 나아갈 방향을 잘 유지되도록 하는 데 초점을 두어야 한다.

2. 집단지도자의 바람직한 역할

집단지도자는 집단에 참여한 장병과 위계적인 상하관계에 있는 것이 아니다. 집단구성원들과 동등한 인간적 위치와 수평적 관계 속에서 조력자와 안내자 역할 등을 하는 자이다. 집단에 참여한 장병을 공감하고 이해하며, 적극적인 경청과 피드백을 통해 정서적 체험을 조력하는 자이다.

집단에 참여한 장병의 심리적 고통과 부적응의 원인을 깨닫도록 온 역량을 집중하며, 집단상담의 전체 과정을 생산성 있게 중재하고, 상담프로그램이 집단상담목표를 달성하도록 촉진하는 역할을 한다(심윤기 외, 2021). 이 외에도 군 집단지도자가 수행하는 주요 역할은 다음과 같다.

첫째, 집단에 참여한 장병이 편안하고 자유롭게 자기개방을 하도록 안내한다. 장병들의 긍정적인 측면에 관심을 두고 장병들의 심리적 특성을 이해하며,

이를 바탕으로 자발성이 발현되도록 조력한다. 또한 어떤 집단이든 집단의 역동적인 감정 교류가 있기 마련인데, 이를 감지하여 적극 활용한다.

둘째, 집단상담 과정에서 장병의 저항을 최소화한다. 저항에 대하여 불필요한 언급을 하거나 추궁하기 보다는 집단역동에 지장을 주지 않는 범위 내에서 저항을 존중하는 태도를 갖는다. 집단참여 장병을 평가하는 자세 또한 갖지 않는것이 바람직하다.

셋째, 집단상담에 적극적으로 참여하지 않는 장병을 따뜻하게 조력한다. 개인의 심리적인 문제로 집단활동에 적극적으로 참여하지 않고, 자기 차례를 통과시키거나 침묵하는 장병을 발견하면 끈기로 수용하고 기다림으로 존중한다.

그러나 집단상담 자체를 고의적으로 방해하기 위한 목적으로 침묵하거나 저항하는 경우에는 이를 지나치지 않고 직면한다. 군 집단지도자가 지녀야 할 바람직한 태도는 다음과 같다.

〈표 11-2〉 군 집단지도자의 태도

- 장병을 있는 그대로 인정하고 수용하도록 노력한다.
- 장병의 생각을 확증편향적인 시각으로 보지 않는다.
- 장병의 사소한 과오는 꾸짖거나 추궁하지 않는다.
- 장병을 이끈다는 생각과 자기만의 방식을 고집하지 않는다.
- 장병 간 서로 격의 없이 대화할 수 있도록 신뢰감을 준다.
- 참여 장병에게 개인의 종교적 성향을 표출하지 않는다.
- 장병을 따뜻하게 대하며 좋은 상담분위기 조성에 힘쓴다.

1) 집단분위기 조성자

집단지도자는 집단분위기를 따뜻하게 조성하는 사람이다. 집단분위기를 조성한다는 의미는 집단원의 불안과 갈등을 허심탄회하게 털어놓을 수 있는 허용되고 안정된 환경을 만드는 것이다. 집단에 참여한 장병이 심리적 안정감을 느끼려면 상담분위기가 따뜻하고 수용적이어야 한다.

군 집단상담은 위계문화의 특수성으로 마음속에 있는 이야기를 허심탄회하게 나누기가 어렵다. 그러므로 집단상담이 성공하기 위해서는 우선 집단분위기를 따뜻하고 안정감 있게 조성하는 것이 필요하다. 군 간부가 집단지도자 역할을 하게 되면 절대로 권위주의적인 태도를 보이지 말아야 한다.

계급과 직책을 이용한 집단지도자는 안정감 있는 집단분위기 조성이 불가능하다. 집단에 참여한 장병을 인간적으로 대하고, 장병의 생각과 의견을 존중하며, 일관되고 진실한 모습을 보일 때 집단분위기는 생동감을 갖는다.

2) 집단원 보호자

군 집단상담은 평소 위계문화의 특성과 경직된 부대환경의 영향으로 공격적인 태도와 침묵이 공존하는 특성이 있다. 집단과정 중 집단의 압력이 느껴지면 자신을 개방하는 것이 부담되어 침묵을 유지한다. 집단상담은 참여하지만 군대생활에 대한 위협으로 느껴지면 집단분위기는 무겁게 내려앉아 상호작용은 형식적으로 나타난다.

따라서 집단지도자는 무엇보다 집단에 참여한 장병을 심신의 위협으로부터 보호할 수 있어야 한다. 인간적이지 못한 언행과 인간존중의 태도가 결여된 어떠한 형태의 모습도 집단상담 과정에서 나타나지 않도록 주의를 기울인다. 다른 동료로부터 어떠한 부당한 압력이나 위협을 받지 않도록 보호자 역할을 충실히 수행한다.

3) 집단방향 안내자

집단지도자는 상담준비 단계에서 오리엔테이션을 통해 상담의 목적과 상담절차, 내용, 방법 등을 자세히 설명한다. 집단상담 초기에는 부대목표와 장병의 개인목표가 동시에 달성되도록 집단이 나아가야 할 방향을 안내한다.

집단의 방향이 잘 유지되도록 적절한 시범을 보이고, 집단방향을 잘 설정하여 장병들 간 원활한 의사소통이나 상호작용이 나타나도록 노력한다. 집단규준에서 벗어나는 행동을 보이는 장병에게는 그릇된 행동을 분명히 개선하여 집단이 나아가고자 하는 방향이 견고히 유지되도록 한다.

4) 집단활동 촉진자

집단상담 과정의 중요한 전제는 바람직한 의사소통체제를 이루는 것이다. 집단지도자는 의사소통의 걸림돌을 사전에 제거하여 원활한 상호작용이 이루어지도록 조력할 수 있어야 한다. 장병상호 간 지지와 격려, 따뜻한 피드백을 통해 신뢰감도 형성해야 한다.

장병의 비언어적 메시지를 표면화시켜 자기각성과 상호 간의 이해를 도모하는 등 상호작용 촉진자로서의 역할을 수행한다. 군 집단지도자는 집단에서 일어나는 역동을 빨리 감지하여 이를 생산적인 방향으로 촉진되도록 집단활동을 안내할 수 있어야 한다.

집단지도자가 집단역동을 감지하고 촉진하기 위해서는 집단에 참여한 장병 간 주고받는 대화 내용과 비언어적 행동에 주의를 기울이고 집단원의 참여의식이 고취되도록 조력할 수 있어야 한다.

5) 문제해결 조력자

집단상담은 지금-여기에 현존하는 모든 것을 그대로 이해하는 학습과정이다. 입대 전에 있었던 문제를 다룬다거나 지금의 복무상황이 아닌 과거의 문제를 다루는 것은 집단상담의 조건에 합당하지 않다. 집단에 참여한 장병은 병영생활에서 겪는 여러 쟁점을 상담 장소로 가져와서 문제를 해결할 수 있어야 한다.

그러기 위해서는 너와 나의 생각, 너와 나의 느낌, 너와 나의 행동을 동료상호 간 관찰하고, 이에 대한 피드백을 통해 개인의 문제를 스스로 깨닫고 해결할 수 있어야 한다. 여성 병영생활전문상담관이 진행하는 집단상담의 경우에는 간혹 집단에 참여한 장병이 졸거나 장난하는 일이 발생한다. 상담수련이 부족한 간부가 집단과정을 진행하면 틀에 박힌 프로그램을 적용하여 참여의식이 낮아지기도 한다.

이러한 모습은 집단에 참여한 장병들의 상호작용을 저해하고 집단역동을 가로막아 문제해결을 어렵게 만든다. 따라서 집단활동이 수동적이고 타의적이며 획일적으로 이루어지지 않도록 안내하고, 집단과정이 자발적이고 능동적으로 이루어지도록 조력한다.

3. 집단원의 문제행동

집단상담이 이루어지는 과정에는 상호작용을 방해하고 집단 활동을 회피하며, 개인욕구 충족을 위한 좋지 않은 모습이 나타난다. 집단 활동에 적극 참여하지 않는다거나 하급자 공격하기, 충고하기, 자기 방어하기 등의 모습이 나타나기도 한다.

군 집단지도자는 상담에 방해되는 이러한 행동을 적절히 지도해야 상담목표 달성이 가능하다. 집단에 참여한 장병에게서 나타나는 문제행동을 살펴보면 주로 다음과 같다.

1) 역동성 저해행동

(1) 독점

독점은 주위로부터 자신이 초점이 되고 싶은 욕구를 가진 장병에게서 주로 나타난다. 동료나 집단지도자의 관심을 자신에게 돌리려고 지나치게 말을 많이 한다. 자신의 불안을 은폐하고 자신이 지닌 문제에 집단원이나 집단지도자의 접근을 멀리하도록 방어하기 위한 수단으로 이용되기도 한다.

이렇게 독점은 자신의 목적을 이루기 위해 집단을 지배하고 조정하려는 의도에서 발생하는데, 대부분 선임병사들이 이에 해당한다. 독점이 나타나지 않도록 하기 위해서는 상담 전 오리엔테이션 시간을 통해 독점 피해사례 교육을 실시하는 것이 필요하다.

독점자가 지나치게 많은 말을 하고 시간을 독점하면 상대적으로 개인의 집단 활동 참여시간이 부족하고 의견개진의 기회가 줄어든다는 사실을 일깨워준다.

(2) 충고

충고는 충고하는 사람의 주관적인 느낌이나 가치관이 개입되어 나타나는 행동이라서 충고받는 사람의 입장에서는 그다지 도움이 되지 않는다. 군 집단상담 과정에서는 주로 상급자가 하급자에게 충고를 하게 되는데 문제는 자신의 의견을 동료와 함께 나누는 것이 아니라, 지적하고 지시하는 것처럼 말해 불편한 감정을 느끼도록 만든다는 점이다.

충고를 싫어하는 장병의 경우에는 '내가 이런 대우를 받으려고 집단상담에 참여했나!'라는 생각으로 자괴감을 느낄 수 있다. 그러므로 군 집단지도자는 집단원의 이러한 충고가 자기 자신의 충족되지 못한 욕구를 무의식중에 충족시키려는 행동임을 인식하고 조력한다.

자신의 우월성을 보이려고 할 때나 특정 집단원에 대한 적개심을 은폐하기 위해 나타나는 행동임을 인식하고 직면할 수 있어야 한다.

(3) 상처봉합

상처봉합은 진정한 의미의 돌봄과 관심, 공감과는 거리가 먼 말이다. 다른 집단원의 상처를 어루만져 주어 고통을 덜어주고 기분을 좋게 해주려는 마음에서 성급하게 도움을 주려는 행동이 상처봉합이다.

충분한 여유를 갖고 아픔과 상처를 체험하며 느낌을 표출하는 것은 개인의 성장과 발달에 큰 도움이 된다. 하지만 성급하게 상처를 봉합하면 집단원의 성장 기회가 상실되며, 집단에 참여한 장병의 개인 권리마저 보호하지 못하는 결과로 이어진다.

2) 상담회피 행동

(1) 자기 방어

자기방어는 집단 내 긴장감과 경직된 분위기가 지배적이면 강화되는 특성이 있다. 군 집단상담 과정에서 나타나는 자기방어 태도는 자기 자신에 대한 신뢰감과 집단에 대한 신뢰수준이 낮은 장병에게서 나타난다.

또한 동료들과 신뢰관계를 형성하지 못한 소외된 장병과 계급이 낮은 장병에게서 주로 나타난다. 이러한 장병은 자신의 의견 피력을 매우 조심스러워하고 다른 사람의 견해를 간접적으로 전달하는 입장을 취한다.

그러므로 군 집단지도자는 집단분위기가 긴장되거나 경직되지 않도록 상담분위기를 주의 깊게 관찰하고, 집단 활동이 개방적으로 이루어지도록 안내하여 자기를 방어하는 장병이 나타나지 않도록 힘써야 한다.

(2) 소극적 참여

어떤 장병은 시종일관 집단 활동에 참여하지 않고 침묵을 유지하거나 움츠려 있는 경우가 있다. 이러한 집단원은 스스로 보고 듣는 것만으로도 많은 것을 배운다고 주장하지만 침묵이 지속되고 습관이 되면 집단적인 문제로까지 이어진다.

군 집단상담에 적극적으로 참여하지 않는 주된 이유는 주로 다음과 같다.

- 집단과 집단구성원을 신뢰하지 못할 때
- 위계적이고 경직된 상담분위기가 느껴질 때
- 집단과정에서 자신의 부끄러움이 드러날까 봐 두려울 때
- 잘못 개입하였다가 상급자에게 헛된 트집이 잡힐까 염려될 때
- 과거 집단과정에서 거부당하였거나 공격당한 경험이 있을 때
- 여러 가지 무의식적인 자기방어가 있을 때 등

(3) 침묵과 불평

인간은 현재의 상황을 잘 파악하지 못할 때 통상 침묵한다. 집단상담 과정에서는 위계적인 상황으로 인해 침묵하는 경향이 나타난다. 침묵은 결코 부정적이고 나쁜 뜻을 가진 것만은 아니다. 집단지도자는 침묵하는 장병을 보게 되더라도 조급하게 개입하기보다는 조용히 기다려 주는 것이 바람직하다.

자신의 의견을 자유롭게 개진하는 집단분위기가 되도록 조성하고 침묵하는 장병을 보다 수용적이고 따뜻하게 대한다. 불평은 집단에 대해 자주 불만을

늘어놓는 것을 말하는데, 주로 집단상담 초기에 비자발적으로 참여한 장병들에게서 나타난다.

이는 집단분위기를 저해하고 집단 활동의 흐름을 방해하며 집단응집력 발현에 부정적인 영향을 끼친다. 따라서 습관적으로 불평하는 장병이 보이면 그와 별도의 시간을 마련해 불만의 원인을 파악한 후, 집단 활동에 도움이 되어줄 것을 분명히 요청한다.

3) 상호작용 저해행동

(1) 공격

공격행동은 집단상담 참여자로부터 관심과 인정을 받고 싶은데 오히려 실망하거나 상심할 때 주로 나타난다. 공격은 동료 장병의 의견을 신랄하게 비판한다던가 혹은 동료 장병의 말을 비꼬는 등 여러 모습으로 나타난다.

지나친 농담을 하고 질문한 것을 무시하고 뭉개는 행동 등은 집단의 상호작용을 저해한다. 공격하기가 적대적 감정의 간접적인 형태로 표현될 때는 다루기가 곤란한데, 이러한 경우에는 매우 강한 직면과 따뜻한 관심기울이기의 방법을 병행하여 활용한다.

(2) 우월

집단과정에서 어떤 장병은 자신을 다른 동료보다 우월하다고 생각하거나 혹은 많은 지식과 경험을 가진 사람으로 자처하는 행동을 한다. 자신은 아무 문제가 없고 무엇이든 잘한다는 태도로 다른 동료에게 우쭐대는 교만한 행동을 보이는데 이러한 우월하기는 집단의 상호작용을 크게 저해한다.

이러한 경우에는 집단지도자가 그에 맞는 적절한 시연을 보이는 것이 필요하다. 교만한 언어와 좋지 못한 몸짓을 보이는 행동보다는 겸손하고 예의 바른 언어 사용과 바른 행동을 하도록 그와 관련된 행동을 직접 시연한다. 그런 다음에는 시연을 본 장병으로 하여금 집단지도자가 보인 시범을 따라 실행하도록 안내하면 행동변화가 나타난다.

(3) 적대

적대행동은 내면에 누적된 부정적인 감정을 여러 방식으로 표출하는 것을 말한다. 이러한 적대하기는 집단에 참여한 집단원에게 동일한 적대적 태도와 감정을 불러일으키고 자기개방을 어렵게 하는 특징이 있다.

이에 대한 대처로는 적대적 태도를 보이는 장병이 원하는 바를 직접 표현하도록 한 다음, 적대적 행동을 한 장병을 대상으로 여러 동료 장병이 동시에 피드백을 주는 것이다. 이러한 과정이 반복해서 이루어지면 적대행동은 우호적인 행동으로 변화한다.

3. 집단원의 바람직한 역할

집단원의 역할은 학자들마다 주장하는 바가 조금씩 다르다. 군 집단상담 과정은 위계적 환경의 영향으로 하급자 공격하기와 충고하기, 자기방어 등이 나타날 가능성이 높다. 집단지도자는 집단에 참여한 장병에게서 상담회피 행동이나 상호작용을 저해하는 행동이 나타나지 않도록 차단할 수 있어야 한다(심윤기 외, 2021).

집단에 참여한 장병이 가져야 할 바람직한 태도는 다음과 같다.

- 집단 활동에 충실히 참여한다.
- 집단에 참여한 동료의 얘기를 집중해서 듣는다.
- 집단에 참여한 동료를 공격하지 않는다.
- 집단에 참여한 동료 장병을 평가하거나 충고하지 않는다.
- 관찰자가 되거나 침묵하는 자보다 적극적인 참여자가 된다.

군에서 이루어지는 집단상담은 집단의 공동목표 달성을 우선한다. 이를 위해서는 집단에 참여한 장병상호 간 좋은 신뢰관계를 유지하는 것이 중요하다. 집단상담 과정에서 집단원의 바람직한 역할을 살펴보면 다음과 같다.

〈표 11-3〉 집단참여 장병의 역할

역 할	주요 내용
도와주기	상담실을 정리 정돈하는 등의 일을 도움
존중하기	집단구성원 상호 따뜻하고 온화한 태도로 대함
화해하기	의견 차이가 있을 때 이를 역지사지하여 이해하고 수용함
지지하기	다른 장병의 의견에 동조하거나 공감적인 태도를 보임
들어주기	집단원이 의견을 개진할 때 잘 들어주고 따라감
약속지키기	집단 활동을 위해 작성한 서약서와 규칙, 질서를 지킴

3. 군 집단상담의 기술

1. 기본기술

집단상담은 상담이 이루어지는 과정 동안 지속해서 집단지도자와 집단원 상호 간 신뢰감을 갖도록 하는 것이 중요하다. 이를 위해서는 집단에 참여한 장병들이 안정감을 느끼고 따뜻함과 편안함을 주는 집단분위기 조성이 필요하다. 집단원의 상호작용과 집단역동의 발현에는 다음과 같은 특별한 능력과 기술을 요구한다.

1) 관심기울이기

군대에서는 이등병이 전입해 오면 부대소개를 비롯하여 지휘관 면담이 이루어진다. 지휘관이나 주임원사, 행보관 등이 이등병을 따뜻이 맞이하고 면담하는 자리에서 친절한 태도를 보이는데 이 같은 것이 관심기울이기다.

군 집단상담에서는 집단에 참여한 장병에게 주의를 기울이고 그가 말하는 메시지에 집중하는 것을 말한다. 사람은 누구나 자신에게 관심을 기울여줄 때 맘껏 이야기를 할 마음이 생긴다. 그렇지 않은 경우에는 거부당하고 무시 받는 느낌이 들어 하고 싶은 말도 하지 않고 입을 다물어 버리게 된다.

장병에 대한 관심기울이기는 집단에 참여한 구성원이 서로 활발한 상호작용을 하도록 촉진한다. 관심기울이기의 방법은 장병이 말할 때 부드러운 시선으로 바라보는 것으로부터 간단한 말이나 동작으로 반응을 보이는 것에 이르기까지 다양하다.

"고개 끄덕이기, 으음, 그래요" 등으로 반응을 보인다거나 몸짓과 표정을 통해 관심을 기울이고 있다는 모습을 보여준다. "나는 당신의 이야기에 집중하고 있습니다. 나는 당신이 하는 말의 의미를 이해하려고 노력하고 있습니다." 라는 메시지를 전달한다.

2) 지지하기

군대조직은 대부분 남성 군인으로 구성되어 있는데 이들이 원하는 상위의 욕구는 상관과 동료로부터 인정과 지지를 받는 것이다. 격려와 지지는 집단분위기를 따뜻하고 안전하게 조성하며, 장병의 상호작용이 활발하게 나타나도록 하는 데 긍정적인 영향을 미친다.

군 집단지도자는 이러한 군인의 인정욕구를 인식하여 집단에 참여한 장병에게 적극적인 지지와 격려를 아끼지 말아야 한다. 격려와 지지는 적절한 시기에 이루어질 때 효과가 극대화된다. 때와 장소를 가리지 않는 무분별한 지지도 효과가 나타날 것이라고 기대하는 것은 잘못된 믿음이다.

군 집단지도자는 집단에 참여한 장병이 불안한 마음으로 말하기를 주저한다거나 자신의 행동에 자신감이 없어 할 때에는 즉시 격려하고 지지한다.

3) 경청하기

경청은 집단상담 과정에서 자기개방이 잘 이루어지도록 하는 기술이다. 경청은 집단에 참여한 장병의 언어적 · 비언어적 메시지에 깊은 관심을 기울이는 것이다. 만일 자신의 말이 경청되지 않는다고 느껴지면 집단원은 마음의 문을 닫고 자신의 깊은 문제를 꺼내지 않을 가능성이 있다.

경청하지 않는 행동은 말하는 사람에게 주의를 기울이지 않고, 자신의 말만을 생각한다거나 아니면 애매모호한 질문을 하는 것 등이다. 경청은 자신이 듣고 싶은 말만 선택적으로 듣는 것이 아니라, 집단에 참여한 모든 장병의 말과 행동에 주의를 기울이는 것이다. 군 집단상담에 처음 참여하는 장병은 경청하는 방법을 잘 몰라 동료 장병의 말을 충분히 듣지 못할 때가 있다.

경청하지 않는 시간이 지속되면 혼란하고 복잡한 형태의 의사소통이 이루어져 집단에 참여한 장병 간 오해와 갈등이 발생한다. 이 같은 문제를 해결하기 위해서는 집단상담을 시작하기 전 별도의 오리엔테이션 시간을 마련하여 집단에 참여한 장병의 역할과 집단규칙을 교육하고 경청하는 방법을 학습하는 것이 필요하다.

4) 공감하기

공감은 상대가 느끼고 지각하는 주관적인 경험을 있는 그대로 이해하고 체험하는 것을 말한다. 공감은 학습을 통해 주입식으로 이루어지면 하나의 수단으로 전락하여 참신성을 잃을 수가 있으며, 자기방어를 위한 목적으로 악용될 가능성이 있어 주의한다.

바람직한 공감을 위해서는 집단지도자가 시범을 보인 후, 장병 스스로 느껴 자연스럽게 반응이 나오도록 하는 것이 중요하다. 교육하고 가르쳐서 나타나는 공감보다 스스로 깨우쳐 나오는 공감반응이 더 진정성을 느낄 수 있다. 집단에 참여한 동료로부터 공감을 받으면 자신이 존중받는다고 느낀다.

이렇게 공감은 자신의 심리적 어려움을 잘 드러내게 하며, 집단에 참여한 장병 간 신뢰관계에 긍정적인 영향을 미친다. 이러한 점을 고려하여 집단지도자는 집단에 참여한 장병을 평가하거나 판단하는 행동을 하기보다는 적절한 수준의 공감 반응을 자주 보이는 것이 바람직하다.

5) 존중하기

군대는 국가와 국민을 지키고 보호하기 위해 존재하는 조직으로 명령과 복종체계로 운영되는 특수한 조직이다. 1%의 오차도 발생해서는 안 되는 완벽한 임무수행의 요구와 위계적인 군대문화의 존재는 장병 각 개인이 존중받고 있다는 느낌을 갖기가 매우 어렵다.

존중은 인간으로서의 한 개체가 개성이 있는 특별한 존재로서 인정받고 그 가치가 전적으로 수용되는 것을 의미한다. 솔직하고 정직하게 상대의 모습을 바라보는 것이며, 상대방이 나와 다를 수 있다는 권리를 인정하는 것이다. 군 집단상담 과정에서 장병들이 서로 존중받는다고 느끼면 집단이 보다 개방적으로 이루어지고 활발한 상호작용이 나타난다.

자신의 고통스러운 부정 정서로부터 벗어나기 위해 노력하며, 군 복무를 긍정적인 체험으로 확장하기까지 한다. 나아가 자기 자신을 이해하고 수용하며 다른 집단원을 존중하는 데에도 주저하지 않는다.

6) 반영하기

반영은 경청을 통해 파악한 말의 핵심과 본질을 집단지도자가 적절한 말과 행동으로 다시 되돌려 줌으로써 상호작용을 촉진하는 기술이다. 그러나 집단원이 한 말을 그대로 다시 반복하는 식으로 반영하면 집단원 스스로 자신의 말이 잘못된 것은 아닌가 하고 생각하거나 지도자의 반복적인 말에 가식을 느낄 가능성이 있다.

사람의 감정은 흔히 깊은 바다에 비유되기도 한다. 바다는 겉으로 보이는 수면이 있고 눈으로 볼 수 없는 깊은 심해도 존재한다. 집단지도자는 수면 위의 잔물결과 같은 감정만 볼 것이 아니라, 바닷속 깊은 심해에 있는 감정을 볼 수 있어야 한다.

이렇게 반영은 말의 본질을 살려 진술하거나 바라는 기대가 무엇인지를 말하는 것이 핵심이다(김태현 외, 2013). 뿐만 아니라, 집단에 참여한 집단원의 파악된 감정을 참신한 다른 말이나 메타포(metaphor)로 반영할 수 있어야 한다.

2. 촉진기술

1) 자기개방하기

집단지도자는 적절한 때 자기 자신에 대한 정보를 개방할 줄 알아야 한다. 집단지도자의 자기노출은 집단에 참여한 장병이 보다 철저하고 깊이 있는 자기탐색에 영향을 준다. 집단지도자가 자신의 생각과 경험, 느낌을 솔직하게 노출하면 장병은 지도자를 따뜻하고 진실한 한 인간으로 보고 친밀감을 느끼며, 이를 본 받아 자신도 깊이 있는 탐색을 시도한다.

자기개방은 장병의 경험과 느낌이 주가 될 때 효과적이다. 집단에 처음 참여한 이등병이 불안하고 위축된 모습을 보이면 집단지도자는 자신의 초도부임 시절 불안했던 경험을 이야기하면 도움이 된다.

부대 첫 부임 시 느꼈던 불안한 감정을 털어놓으면 상담에 처음 참여한 이등병은 자신이 겪는 불안 경험을 이해하며 집단지도자와의 유대감도 돈독해진다. 기타 가족관계에 대한 걱정, 여자 친구와의 갈등, 불안한 미래진로 등에 대한 자기개방도 이루어지도록 안내한다.

2) 피드백주기

집단상담은 병영생활을 함께하는 동료들이 자기를 어떻게 보고 또 어떻게 느끼고 있는지에 대한 학습의 기회를 제공한다. 이러한 학습은 피드백을 통해서 얻을 수 있는데 피드백은 타인의 행동에 대해 자신의 반응을 솔직히 이야기하는 것을 말한다.

집단 활동에서 집단지도자가 피드백 기술을 잘 활용하면 집단에 참여한 장병들의 특정한 행동변화가 나타난다. 피드백은 관찰한 행동에 대해 구체적으로 말하는 것이 효과적이다. 특정 행동이 일어난 직후나 피드백을 받아들일 마음의 준비가 되어 있을 때 하는 것이 적절하다.

피드백을 줄 때 주의할 사항은 피드백을 받는 대상이 하급자라 해서 충고하는 형태로 하는 것은 결코 바람직하지 않다. 내 생각과 느낌을 말하는 데 그쳐서도 적절하지 않으며, 병영생활과 관련한 변화 가능한 행동에 대해서 구체적으로 하는 것이 마땅하다.

3) 직면하기

직면은 적극적인 상담개입의 방법이다. 언어적 메시지와 비언어적 메시지가 일치하지 않을 때, 말과 행동이 일치하지 않을 때 주로 직면한다. 말과 정서가 일치하지 않을 때에도 이를 직접적으로 지적하여 자기각성에 이르게 하는데 이러한 직면은 집단참여 장병의 행동변화를 촉진시킬 수 있는 반면, 심리적 위협과 상처도 안겨줄 수도 있어 주의가 필요하다. 직면 기술을 사용할 때는 장병이 그것을 받아들일 준비가 되어 있는지를 먼저 점검하고 하는 것이 바람직하다. 집단에 참여한 장병 전체를 규정지어 직면하는 것은 적절치 않다.

취급해야 할 특정 행동에 대해서만 구체적으로 하되 자신의 느낌을 솔직하고 따뜻하게 직면하는 것이 중요하다.

4) 질문하기

질문은 집단에 참여한 장병에게 자신의 감정을 구체적이고 솔직하게 표현하도록 촉진하고, 감정의 근원을 밝히는 데 도움이 되는 기술이다. 질문기술은 사건이나 경험을 지금-여기에 초점을 맞추도록 한다. '왜'라고 묻는 것보다 '어떻게'라고 묻는 개방적인 질문이 유용하게 작용한다.

집단상담 과정에서 이루어지는 개방적인 질문의 예를 제시하면 다음과 같다.

- "왕자님(별칭)은 지금 집단에 참여하고 계신데 어떠한 느낌을 받고 있는지요?"
- "사랑님(별칭)은 지난번 발생한 지시불이행 사건에 대해 어떻게 느끼는지요?"
- "겸손님(별칭)은 지금 피드백을 받은 것에 대해 어떤 느낌이 드는지요?"
- "용시님(별칭)은 방금 겸손님이 말한 것에 대해 어떻게 느끼셨습니까?"
- "토끼님(별칭)은 조금 전 얼굴을 찡그린 것 같은데 무엇 때문에 그러셨는지요?"

5) 제지하기

집단지도자는 집단원의 바람직하지 않은 행동을 보면 이를 분명하게 제지할 수 있어야 한다. 그렇다고 인격 자체를 비난하거나 평가하는 말을 하는 것은 바람직하지 않다. 부적절한 행동만을 제지하는 데 초점을 두어야 한다. 집단에 참여한 장병의 행동을 제지해야 하는 경우는 주로 장병의 개인중심적인 태도로 나타나는 행동이 대부분이다.

예를 들어, 지나치게 동료를 비난하거나 험담하고 집단원의 말에 무분별하게 개입하여 집단역동을 방해거나 집단분위기를 흐리는 경우이다. 만약, 집단에 참여한 장병의 단점과 아픈 상처를 캐내려고 하는 경우에는 개인의 사적 영역을 침범하는 행위임을 지적하여 제지한다.

장황하고 길게 말을 하거나 피드백을 독점하여 다른 장병이 말할 권리를 침해하는 경우에도 제지할 수 있어야 한다. 자신의 문제를 마치 딴 사람의 얘기처럼 떠넘겨 말하기, 충고하기, 상처 싸매기 등이 나타날 때에도 집단지도자가 직접 나서서 제지한다.

3. 종결기술

군 집단상담의 종결과정에서는 집단상담의 후속계획과 방법을 논의하고 상담 과정에서 학습한 것을 병영생활에 실제 활용 가능한 실용적인 방법을 찾는 데 주력한다. 집단을 떠나 자대로 복귀해서 맞닥뜨릴 심리적 문제를 논의하는 데 주로 다음과 같은 기술을 활용한다.

1) 되돌아보기

군대는 훈련이나 연습, 시범 등 주요 부대활동이 종료되는 시기가 돌아오면 그 과정을 돌아보는 사후검토의 시간을 갖는다. 집단상담도 상담이 종결되기 전 집단에 참여한 장병으로 하여금 그동안 경험하고 느낀 점을 뒤돌아보는 시간을 갖는다. 집단상담을 통해 깨달은 바가 무엇이고, 어떤 교훈을 얻게 되었는지를 돌아보며 집단경험 결과를 통합하고 승화시킨다.

자신이 경험한 상담 과정의 주요 순간을 돌아보게 하는 방법은 여러 가지가 있다. 그중 하나는 지나온 상담 과정을 조용히 떠올리는 방법이다. 집단상담 과정에서 깨달았던 점과 좋았던 점 그리고 아쉬웠던 점 등을 질문하고 어떻게 하면 앞으로 더 좋은 집단이 될 것인가를 논의한다.

2) 두려움 다루기

어느 집단원은 집단상담이 끝난다는 사실을 아는 순간부터 집단 활동에 소극적으로 참여한다. 이러한 행동이 나타나는 이유는 자신을 존중하고 관심과 지지를 보낸 사람들과 관계가 단절되는 안타까움을 느끼기 때문이다.

이러한 이유로 일반 집단상담의 종결과정에서는 집단에 참여한 사람들의 헤어짐에 대한 아쉬운 감정과 불안을 처리한다. 군 집단상담의 경우에는 함께 병영생활을 하는 동료들이 대부분이라서 이별의 아쉬움이나 상실의 느낌을 크게 받지는 않는다. 그러나 이등병과 같이 계급이 낮은 장병은 집단을 떠나 일상의 병영생활로 복귀한다는 사실에 불안을 느끼기도 한다.

집단과정에서 배운 것을 실제 병영생활에 잘 실천할 수 있을지에 대한 두려움도 가진다. 그러므로 군 집단지도자는 이러한 감정이 잘못된 것이 아니라 상담 과정을 통해 자연스럽게 형성된 감정임을 설명한 후, 불안과 두려움을 직면하여 해소한다.

3) 미해결과제 다루기

집단상담 과정에서 탐색 된 문제가 모두 해결되는 것은 현실적으로 불가능하다. 그러나 집단지도자는 미해결된 과제가 너무 많이 발생되지 않도록 유의하여 집단과정을 마무리할 수 있어야 한다. 이를 위해서는 집단에 참여한 장병들의 관계나 집단목표와 관련된 미해결된 문제를 작업하는 데 필요한 시간을 갖는다.

개인적인 문제가 해결되지 않은 장병에게는 그 문제에 대해 의견을 나눌 수 있는 별도의 시간을 마련한다. 만약, 미해결된 과제가 경미한 경우에는 다음 기회의 집단상담시간에 도움을 준다거나 혹은 개인 상담시간을 마련해 해결한다.

4. 군 집단상담의 절차

집단상담은 단일한 과정으로 이루어지지 않는다. 여러 복합적인 과정으로 이루어지는데 학자들은 그 과정에 대해 다양하게 의견을 제시하고 있다. 이형득 등(2006)은 시작단계 · 갈등단계 · 응집성단계 · 생산단계 · 종결단계로 구분하여 설명하며, 이장호(2000)는 참여단계 · 과도적 단계 · 작업단계 · 종결단계로 설명하고 있다.

Corey(2012)는 집단시작 전 단계 · 초기단계 · 과도기단계 · 작업단계 · 종결단계 등으로 구분하여 설명하고 있다. 심윤기 등(2021)은 군 집단상담 과정을 준비단계 · 작업단계 · 종결단계로 설명하고 있는데 이를 살펴보겠다.

1. 준비단계

집단지도자는 상담을 시작하기 전 집단구성에 관한 몇 가지 사항을 기본적으로 준비한다. 집단목표를 구체적으로 수립하고 집단목표 달성에 적합한 집단의 크기와 상담회기, 집단의 지속기간 등을 미리 정한다.

특히, 집단상담을 실시하기 전 사전교육을 통해 상담에 대한 잘못된 기대를 인식시키고 상담동기를 높이는 작업을 한다. 군에서 이루어지는 집단상담은 집단역동의 흐름과 집단의 변화요인을 충분히 고려하며, 다음과 같은 활동이 준비단계에서 이루어진다.

1) 집단의 구성

집단상담이 이루어지기 전 가장 우선하여 준비하는 사항은 집단을 미리 구성하는 것이다. 집단의 형태는 구조화 집단과 비구조화 집단, 반구조화 집단으로 구성이 가능하며, 상황과 여건에 따라 동질집단과 이질집단으로 구성하기도 한다.

집단구성을 어느 형태로 하느냐의 문제는 각 형태마다 장단점이 있으므로 상황에 맞게 판단해 결정한다. 대대급 부대에서는 부대 내 소속이 다른 장병을 대상으로 집단을 구성하되, 계급을 고려하지 않고 편성하는 것이 적절하다. 집단을 구성하는 예를 소개하면 다음과 같다.

- 특정 계급별로 편성한다(예: 이병, 일병, 상병, 병장 등).
- 계급이 혼합된 집단으로 편성한다(예: 장교, 부사관, 병사 등).
- 특정 직책별로 편성한다(예: 분대장, 부분대장, 소총수 등).
- 특정 주특기로 편성한다(예: 운전병, 행정병, 지뢰병 등).
- 소속 부대별 특정 분대원으로 편성한다(예: 각 소대 1분대 5번 소총수).
- 특정 임무수행 장병들로 편성한다(예: 해외파병준비 장병, 국군의날 행사 지원병 등)

(1) 동질집단과 이질집단

동질집단은 비슷한 특성을 가진 자로 구성된 집단을 말한다. 병사의 계급 중 어느 한 계급으로만 구성한 집단 혹은 여군으로만 구성한 집단이 이에 해당한다. 동질집단은 집단에 참여한 동료장병 간 갈등이 적고 서로에게 지지적인 위치에 있어 집단응집력이 빠르게 형성된다.

자기와 비슷한 동료가 있음을 알고 안심하여 긴장감을 덜 느끼는 반면, 서로 주고받는 피드백과 상호작용이 피동적으로 이루어져 행동변화에는 방해가 된다. 이질집단은 다양한 특성을 가진 자로 구성한 집단을 말한다. 일반인과 병사를 계급 구분 없이 혼합하여 구성한 집단이 이에 해당한다.

이질집단의 장점은 이질적인 특성의 차이점을 이해하려고 노력하는 과정에서 다양한 상호작용을 경험하는 반면, 집단에 참여한 선임의 눈치가 보여 자신을 솔직히 개방하는 것이 제한되며, 집단역동이 제대로 나타나지 않을 가능성이 있다.

(2) 개방집단과 폐쇄집단

개방집단은 집단상담이 진행되는 과정에서 집단에 참여하기를 희망하는 자가 나타나면 이를 받아들이는 집단을 말한다. 그래서 개방집단은 처음부터 집단의 크기를 작게 구성한 채 출발하여 중간에 이탈한 집단원의 자리를 메운다. 군 집단상담은 대부분 개방집단으로 구성한다.

부대 특성상 불시에 이루어지는 상급부대 검열이나 지도방문 등으로 집단에 참여한 장병이 자리를 비우거나 뒤늦게 합류하는 일이 자주 발생하기 때문이다. 일부 장병이 도중에 집단을 이탈하는 경우에는 집단의 크기가 작아 집단의 상호작용이 위축될 가능성이 있다.

그렇다고 결원된 집단원이 충원되었다고 해서 긍정적인 측면만 있는 것도 아니다. 휴가를 보낸 후 부대에 복귀한 장병이 새롭게 집단에 들어오는 경우에는 기존 집단에 참여한 장병과의 상호작용이나 의사소통, 수용, 지지 등의 활동이 부족해 집단역동이 방해받을 가능성이 있다.

한편, 폐쇄집단은 상담을 시작할 때 참여했던 사람을 대상으로 끝까지 상담 과정을 이루어가는 집단형태다. 그래서 폐쇄집단은 상담 과정에서 이탈자가 생겨도 새로운 사람을 채워 넣지 않는다. 군대는 주로 병영캠프에서 폐쇄집단을 운영한다. 캠프에서는 오직 캠프에 입소한 장병만을 대상으로 상담활동이 이루어진다.

일상적인 모든 부대업무에서 열외가 되고, 캠프 입소기간이 끝날 때까지 캠프에서 이루어지는 활동에만 집중할 수 있기 때문이다. 이러한 폐쇄집단은 정해진 인원과 시간을 미리 정해놓고 이루어지는 관계로 집단안정성의 수준이 개방집단에 비해 높게 유지되는 특징이 있다.

(3) 구조화집단과 비(반)구조화집단

군대는 대부분 구조화된 집단을 운영한다. 명령과 복종, 위계체계를 중요하게 여기는 조직의 특수성으로 장병의 자발적이고 자유로운 의사소통을 기대하기 어렵기 때문이다. 하지만 상황에 따라 비구조화나 반구조화 집단을 구성하여 운영하는 경우도 간혹 있다.

구조화 집단은 집단지도자가 집단의 목표와 과정을 미리 정해놓은 후, 사전 계획된 프로그램에 따라 이루어지는 집단형태다. 반면, 비구조화 집단은 집단의 목표, 과제, 활동방법을 미리 정해놓지 않고 집단 스스로 정해나가는 형태를 말한다. 이러한 이유로 비구조화 집단은 집단에 참여한 자의 자발성이 중요하게 요구되는 특징이 있다.

집단의 심리적 관계를 중요한 작업 대상으로 삼으며 장병 개인의 갈등과 장병 상호간 갈등을 해결하는 것을 주요 목표로 삼는다. 한편, 반구조화집단은 구조화집단과 비구조화집단을 혼용한 집단형태 말하는데, 통상 군대에서는 잘 활용하지 않는 집단형태다.

2) 집단의 크기, 시간, 장소 선정

집단의 규모를 얼마의 크기로 할 것인가 판단하는 것은 무척 중요하다. 집단의 규모가 너무 작으면 집단원의 상호작용이 제대로 나타나지 않을 가능성이 있다. 침묵을 유지한다든지 혹은 집단과정에서 뒤로 물러나 있다든지 하여 집단역동이 잘 일어나지 않을 수 있다.

그렇다고 집단참여에 대한 압력을 가하면 집단분위기가 경직되어 오히려 상담 과정이 실패로 돌아갈 가능성이 있다. 반면, 집단규모가 너무 커도 바람직하지 않다. 집단규모가 크면 집단에 참여한 장병들 중 일부는 상담활동에 참여할 기회를 얻지 못할 뿐만 아니라, 집단지도자가 각 장병에게 적절한 주의와 관심을 기울이지 못한다.

이러한 이유로 집단의 규모를 결정하기 위해서는 집단이 추구하자 하는 가치와 목표를 우선하여 고려한다. 군대는 전투편성표 단위로 부대가 운영되는 점을 고려하여 집단의 규모를 결정하는 경향이 있다. 통상 집단의 크기를 분대 규모 혹은 10명 내외로 구성하는 것이 일반적이다.

군 집단상담은 전투력 향상에 목적을 두기 때문에 반 또는 분대 규모로 구성하는 것이 효과적이다. 병과 및 부대 유형에 따라 반 및 분대 규모가 상이한 것을 고려하면 6-12명으로 구성하는 것이 적절하다(심윤기 외, 2021).

집단상담의 진행시간은 실시하는 프로그램에 따라 다르다. 군대의 일과시간 규정을 고려한다면 60~90분이 적당하다. 국방부의 일과시간은 오전 9시부터 오후 5시까지로 되어 있으며, 표준일과시간이 1시간 단위로 운영되도록 규정되어 있다. 그러나 집단에 참여한 장병의 수와 집단상담의 참여 횟수, 성숙도, 부대의 당면과제와 상황에 따라서 일부 상담시간을 달리 적용한다.

군 집단지도자는 이런 점을 고려하여 집단상담의 시간을 적절하게 편성할 수 있어야 한다. 집단상담의 시작과 종결의 시간을 엄수하는 것도 지켜야 한다. 집단상담을 연속적으로 실시하는 경우에는 회기마다 소요되는 시간을 집단에 참여한 장병에게 자세히 알려주고 종결 예정시간도 미리 알려준다.

한편, 집단상담이 이루어지는 장소는 외부로부터 상담에 방해되지 않는 곳으로 선정한다. 통상 집단상담은 병영생활관에서 실시하는데 생활관이 아닌 별도의 다른 장소에서 한다면 집단에 참여한 장병이 편안하게 느낄 수 있고, 시끄럽지 않은 곳으로 선정한다. 간부연구실이나 종교시설, 체육시설 등도 상담 장소로 활용이 가능하나 상담실 주변에서 소음을 발생하지 않도록 주의사항을 공지한다.

집단상담을 진행하는 시설의 출입문에는 상담이 진행되고 있다는 별도의 표시를 해두어 상담이 방해받지 않도록 한다. 상담을 시작하기 전 집단에 참여할 장병을 대상으로 상담동기를 부여하는 일도 중요하다. 집단상담이 이루어지기 전 실시하는 오리엔테이션은 지휘관시간을 활용한다.

오리엔테이션은 상담에 대한 비현실적인 기대와 불안을 줄여 줄 뿐만 아니라, 적극적이고 능동적인 자세로 상담에 참여하도록 촉진한다. 집단상담의 의미와 필요성, 집단규칙, 집단원의 역할 등을 자세히 설명하고 집단상담을 통해 얻을 수 있는 성과를 알려준다.

2. 작업단계

군 집단상담의 작업단계는 일반 집단상담과 별반 다르지 않다. 집단의 변화와 발달을 집중적으로 다루는데 시작과정 · 참여과정 · 해결과정으로 이루어진다.

〈표 11-4〉 군 집단상담의 작업단계

구 분	내 용
시작과정	• 집단참여 장병 간 친밀하고 신뢰로운 관계형성
참여과정	• 집단참여 장병의 저항과 갈등을 처리하고 응집성 발달
해결과정	• 당면한 다양한 개인의 문제 해결과 부대목표달성

1) 시작과정

집단상담을 시작하면 집단에 참여한 장병 간 탐색이 이루어진다. 집단에서 자신이 어떻게 행동해야 하는지 잘 몰라 불안을 느낄 수도 있으며, 집단에서 자신의 역할과 위치를 파악하려고 노력한다. 불안한 심리상태에서 벗어나려고 침묵을 유지하고, 뒤로 물러나 관망하는 자세를 취하여 집단분위기가 가라앉기도 한다.

그래서 집단지도자는 집단 활동을 시작하는 과정에서 집단분위기를 따뜻하고 온화하게 조성하고 예기 불안을 제거하며, 집단에 참여한 장병 간 신뢰감을 형성한다. 집단지도자는 집단에 참여한 장병이 자신의 심리적 문제를 해결하고 활기찬 병영생활을 위한 집단 활동에 적극 동참하는 참여의식이 고취되도록 안내자 역할을 충실히 한다.

집단에 참여한 장병 간 친밀하고 지지적인 관계가 유지되도록 조력하고, 존중과 배려를 경험하는 집단이 되도록 안내한다. 집단 활동이 시작하는 과정에서 집단지도자가 수행하는 역할은 다음과 같다.

- 집단에 참여한 장병의 소개
- 예기불안에 대한 집단지도자의 자기노출 시연
- 집단구조화 : 집단의 성격과 목적, 상담 절차, 각자의 역할, 지켜야 할 규칙 등 설명
- 행동목표 설정 : 개인이 도움을 받고자 하는 목표(예: 대인관계 / 의사소통 기술 등)

2) 참여과정

참여과정은 문제해결 과정으로 넘어가는 중간단계이다. 시작과정에서 비교적 편안하게 장병들의 소개와 집단구조화가 이루어졌다면 이제부터는 문제를 해결하기 위한 활동이 본격적으로 이루어진다. 집단의 관심과 상호작용의 초점이 개인으로 옮겨가는 과정이다.

이 과정에서는 군조직의 특성상 하급자를 평가하거나 비난, 충고, 저항, 방어, 침묵하는 등의 모습이 나타날 가능성이 있다. 군대에 대한 불평불만을 표출하고 계급이 높은 선임병사 사이에서는 언쟁이 벌어지기도 한다. 이 같은 상황에서 집단에 참여한 계급이 낮은 장병은 심적 부담이 생겨 집단 활동에 적극적으로 참여하지 못하고 주저한다.

그러므로 참여과정에서는 집단분위기를 안정되게 조성하여 장병들의 상호작용이 활발히 나타나도록 촉진하는 것이 무척 중요하다. 장병들의 느낌과 생각을 서로 부담 없이 공유하고, 어떤 말을 해도 이해와 수용이 가능한 집단이라는 믿음을 줄 수 있어야 한다.

집단에 참여한 장병 간 서로 온정적이고 긍정적이며 수용적인 태도로 대하고 적극적으로 격려와 지지하는 모습이 나타나도록 안내한다. 집단에 참여한 장병 상호 간 신뢰감이 결여되면 집단의 상호작용은 피상적으로 이루어지고, 깊이 있는 자기개방도 나타나지 않을 가능성이 있다.

그러므로 집단지도자는 집단참여 장병이 서로 깊이 있는 상호작용을 통해 집단역동이 일어나도록 안내자와 촉진자의 역할에 집중한다. 참여과정에서 집단지도자의 역할은 다음과 같다.

- 집단의 피동적 행동 처리: 집단 활동의 책임과 역할을 장병에게 부여
- 개인문제해결에 대한 저항 처리: 침묵, 충고, 독점, 피상적 행동 제거
- 반항적인 행동, 힘겨루기, 경쟁 처리: 부정적 감정 표출 억제와 따뜻한 직면
- 장병의 행동변화 촉진: 깊은 상호작용, 우리의식, 소속감 발달

3) 해결과정

해결과정은 집단 활동의 무척 중요한 위치에 있다. 집단상담의 궁극적인 목적인 행동변화를 촉진하는 단계다. 시작과정과 참여과정에서 장병 상호간 신뢰감을 형성하고 갈등을 해결하면 이제는 개인 각자의 문제를 드러내 놓고 피드백을 주고받는다. 각자가 생각하는 바람직하지 않은 병영생활패턴을 버리고 보다 생산적인 병영생활행동을 학습한다.

이 과정에서는 자기노출과 감정정화, 비효과적인 행동패턴의 취급, 바람직한 대안행동 등을 주로 다룬다. 자기노출과 감정정화는 집단에 참여한 어느 한 장병이 자신의 부적응 문제를 노출하는 것으로부터 시작한다. 이때 다른 장병은 공감과 반영, 자기노출 등으로 그 문제와 관련한 여러 감정적인 어려움을 토로한다.

비효율적인 행동패턴 취급은 적극적인 군대생활을 회피하는 부적응적인 병영생활 행동패턴을 다룬다. 바람직한 대안행동의 취급은 자기의 비효율적인 병영생활패턴을 깨달은 후, 생산적이고 바람직한 병영생활 대안행동을 선택한다. 해결과정에서 집단지도자가 조력해야 할 역할은 다음과 같다.

- 장병의 자기노출과 감정정화
  - 부정적 감정을 표출하도록 집단지도자의 유사 경험 자기개방
  - 적절한 공감과 지지로 집단에서 이해받고 수용되고 있음을 경험
- 역기능적 병영생활 행동패턴을 탐색하고 수용하는 작업
  - 효과적인 피드백과 맞닥뜨림으로 자신의 비합리적 행동패턴 지각
  - 병영생활 행동패턴과 집단 내에서 나타난 행동패턴의 연결
- 바람직한 병영생활 대안행동 선택 및 학습
  - 브레인스토밍을 활용한 자유로운 대안 제시
  - 학습과제선정 및 학습, 역할놀이, 반복연습으로 대안행동실천

3. 종결단계

1) 종결과업

집단상담은 상담초기에 수립한 상담목표가 달성되면 종결한다. 종결과정이 제대로 다루어지지 않으면 상담에 대한 부정적 감정을 지닌 채 집단을 떠날 가능성이 있다. 집단상담 과정에서 학습한 것을 실제 병영생활에 적용하는 데에도 지장을 초래할 수 있어 종결시간이 가까워지면 종결에 대한 느낌과 소감을 서로 이야기하도록 안내한다.

장병 스스로 학습한 결과를 정리하고 이를 실천하겠다는 의지와 희망을 담은 이야기를 서로 나누는 시간을 갖는다. 자신을 깊이 이해할 수 있는 것처럼 동료를 보다 깊이 이해하고 수용하며 의미 있는 군대생활을 해야겠다는 다짐을 나눈다. 집단상담을 통해 배우고 경험한 것을 남은 군대생활에 적극 적용하겠다는 의지를 서로 나눈다.

종결단계에서 집단참여 장병이 해야 할 역할은 학습한 것을 실제 병영생활에 어떻게 적용할 것인가를 준비하는 것이다. 군대생활 중 경험한 대인관계이거나 아니면 개인의 문제건 간에 해결하지 못한 일이 있다면 이를 마무리 한다. 집단이 자신에게 미친 영향을 평가하고 자기가 원하는 행동변화를 위해

어떻게 할 것인지에 대한 계획을 함께 세운다.

그동안 집단상담을 통해 어떠한 것을 경험하였으며 그러한 경험에 대한 각자의 느낌이 어떠하였는지도 자유롭게 대화를 나눈다. 이러한 시간을 통해 장병들은 보다 현실적으로 자기 자신을 이해하고 자신의 감정을 명확히 지각하는 능력 축적이 가능하다.

집단상담의 종결은 집단 밖에서 새로운 삶의 시작을 의미하는 것이므로 학습한 대안행동을 남은 군대생활에 적극적으로 실천하는 것이 본질이다. 따라서 이 단계에서는 집단경험에 대한 긍정적인 느낌과 집단 밖에서 새로이 시도할 행동에 대한 의지와 희망을 품고, 그동안 배웠던 것을 실제 병영생활에 어떻게 접목시킬 것인가에 대한 방법을 허심탄회하게 이야기를 나눈다.

종결과제로는 그동안 이루어진 학습 결과를 정리하고 통합하는 것을 우선하여 처리한다. 그다음에는 집단경험의 의미를새로운 관점에서 찾아보고 변화된 긍정적 관점의 틀을 확고히 형성한다. 만일 이 단계가 적절히 이루어지지 못하면 그동안 학습한 것을 활용하는 데 지장을 초래하며, 집단상담에 대한 부정적인 생각을 지닌 채 집단을 떠날 가능성이 있다.

2) 집단과정평가

집단상담의 평가는 상담목표가 얼마나 달성되었는지를 알아보고 이를 차기 상담에 활용하기 위해 이루어지는 활동이다. 집단에 참여한 장병이 집단과정을 어떻게 느꼈는지에 대한 의견을 종합하고 정리해야 다음 상담에 활용할 수 있으며, 집단과정에서 나타난 문제점의 효율적인 개선이 가능하다. 집단 활동의 평가는 상담의 모든 과정에서 이루어지지만 종결단계에서 집중적으로 다룬다.

(1) 집단참여태도 평가

집단지도자는 집단에 참여한 장병의 집단참여 태도를 평가하는데, 그것은 다음 상담에서 어떤 전략으로 개입할 것인가를 판단하기 위해서다. 장병의 집단 활동 중 어느 측면이 활발하게 이루어졌고, 어느 장면에서 비활동적이었는지가 평가되어야 차기 상담에서 어떻게 개입할 것인지 전략수립이 가능하다.

장병의 집단참여 태도를 평가하는 내용은 주로 다음과 같다.

- 집단과정에 적극적으로 참여하였는가?
- 서로 의견을 자유롭게 제시하고 받아들였는가?
- 서로의 느낌을 얘기하고 서로 공감하며 경청하였는가?
- 각자의 진실한 모습을 개방하려고 노력하였는가?
- 허용된 분위기 속에서 전우애가 발현되었는가?
- 자유가 보장되고 개인의 인격이 존중되었는가?
-

(2) 집단응집성 평가

집단응집성에 대한 평가는 주로 다음과 같은 내용을 다룬다.

- 집단에 참여한 장병 간 배려심이 있었는가?
- 집단에 참여한 장병 간 일체감이 있었는가?
- 집단에 참여한 장병들이 서로 신뢰하였는가?
- 집단에 참여한 장병 간 상호작용이 활발하였는가?
- 지금-여기에서의 활동에 충실히 임했는가?

(3) 갈등과 저항 평가

집단과정에 일어나는 갈등을 어떻게 인식하고 처리하였는가에 대한 평가는 차기 상담에 중요한 영향을 미친다. 갈등이 무엇으로부터 야기되었는지, 갈등을 해결하기 위해서 어떻게 개입하였는지에 대한 평가를 한다.

저항은 집단상담을 진행하는 과정에서 나타나는 피할 수 없는 현상이지만 이러한 저항을 탐색하거나 평가하지 못하면 차기 집단상담에 좋지 않을 영향을 준다. 집단상담 종결단계에서 평가되어야 할 갈등과 저항의 요소는 다음과 같다.

- 장난과 농담: 상담과 관련 없는 이야기와 장난과 농담을 하였는가?
- 공격: 감정을 상하게 하고, 약점을 이용하는 행위가 있었는가?
- 충고: 자신이 우월하고 타인은 열등하다는 메시지를 주는 행위가 있었는가?
- 지시: 자신도 실천하지 못하면서 타인에게 강요하는 행위가 있었는가?
- 독점: 대화 중에 자주 끼어들거나 관심을 혼자 받고자 하는 행위가 있었는가?
- 불필요한 질문: 상담과 관련 없는 질문을 자주 하는 행위가 있었는가?

(4) 집단생산성 평가

집단생산성을 평가하는 항목은 주로 다음과 같다.

- 대안적인 행동이 적절하게 선정되었는가?
- 변화를 위한 행동실천을 시도하였는가?
- 행동변화를 위한 연습은 이루어졌는가?
- 비효율적인 행동패턴에 대해 자기수용이 있었는가?
- 장병의 비합리적인 행동에 대해 피드백이 이루어졌는가?
- 비효율적이고 역기능적인 사적 행동의 자기노출이 있었는가?

CHAPTER 12
군 상담제도

군에서 시행하고 있는 각종 상담제도는 전투력 향상과 부대목표 달성에 중점을 두고 추진한다. 이 중 전문상담관제도는 장병의 복무적응과 자살예방, 병영문화개선에 중점을 두고 추진되는 제도로써 2022년 현재 600여 명의 전문상담관이 활동하고 있다. 병영캠프제도는 대대장급 지휘관의 부대관리책임을 경감시키고 교육훈련에 집중할 수 있도록 지휘여건을 보장하기 위해 군단 및 사단에서 캠프를 운영하는 제도이다. 신인성검사를 비롯한 과학적인 심리검사제도는 부적응 장병들을 식별하여 상담에 도움을 제공함은 물론 사고예방에 기여하고자 추진하는 제도이다.

이 장에서는 군의 전문상담관제도, 병영캠프제도, 신인성검사를 비롯한 각종 심리검사제도에 대한 개념과 군에서 적용하고 있는 실태를 알아본다.

1. 군 전문상담관제도
2. 군 병영캠프제도
3. 군 심리검사제도

1. 군 전문상담관제도

1. 제도운영

장병의 복무적응과 사고예방, 인권보장, 복지 그리고 병영문화개선은 전투력 향상과 밀접하게 관련되어 있다. 군은 이러한 제반 요소를 고려하여 2005년부터 전문상담제도를 운영하고 있다. 군 상담제도가 도입된 배경은 2005년 발생한 논산훈련소 인분가혹행위 사건과 같은 해 6월에 발생한 ○○사단 GP 총기난사사건이 단초가 되었다.

이 두 사건을 배경으로 도입된 전문상담제도는 민간부문에서 제기한 병사의 전문적 정신상담청구권 보장과 장병의 심리적 고충처리 및 복무부적응 장병에 대한 상담기능을 강화하려는 목적에서 출발하였다.

상담제도가 군에 도입된 첫해인 2005년에는 9명의 전문상담관(민간출신 3명, 군 출신 6명)이 운용되었다. 2007년에는 14명, 2008년 24명, 2009년 65명, 2010년과 2011년에는 각각 36명을 선발하여 배치하였다. 이후 2016년에는 300여 명의 전문상담관을 각 부대에 배치하였으며, 2022년 현재는 660여 명으로 확장편성 하여 운용 중에 있다.

육군에서는 신병교육대, 각 사단 및 연대, 작전사령부의 병역심사대, 육군수사단의 생명의 전화 상담관 등으로 운용하고 있다. 해군과 해병대에서는 사령부와 함대사급 그리고 사단(여단)급에서 운용하고 있으며, 공군에서는 각 사령부급(비행단) 장병을 대상으로 복무부적응과 위기상담을 하고 있다.

군 상담제도의 첫 시험운용은 2005년 7월에 이루어졌다. 군 간부 출신 상담관 6명과 민간출신 상담관 3명을 선발하여 시험적으로 운용하였다. 간부 출신 상담관은 군 경력 10년 이상자를 선발하였으며, 민간출신 상담관은 순수 민간

상담전문가를 선발하였다.

선발 후 부대배치는 육군의 1·3군 예하 전방에 있는 1개 사단과 2작전사 예하 1개 부대에 각각 배치하였으며, 해병대는 전방사단에 배치하였다. 이후 2008년부터 전 군으로 확대 시행하였는데 연도별 운용인원은 다음과 같다.

〈표 12-1〉 연도별 전문상담관 운용인원

연도	'05 ~ '08	'09 ~ '12	'13 ~ '15	'20년 이후
인원(명)	9~42	140~200	200~300	660 여 명

2. 전문상담관의 유형

육군은 2005년도에 군 전문상담인력 확보계획을 국방부에 처음 보고하였다. 국방부에서는 이를 근거로 관계자 토의를 거친 후, 기본권 전문상담관이라는 명칭을 부여하였다. 이후 병영생활 전문상담관으로 명칭을 변경하여 현재까지 사용하고 있는데, 병영생활전문상담관, 생명의전화 상담관, 병역심사관리대 상담관, 성(性) 고충 상담관 등 크게 4가지 유형으로 운용하고 있다.

〈표 12-2〉 군 전문상담관의 유형

유형	주요 수행 업무
병영생활전문상담관	장병의 심리적 고충해결을 위한 현장위주상담
생명의전화 상담관	장병의 자살예방 및 부적응 해결을 위한 전화상담
병역심사관리대 상담관	병역심사대 입소자 관찰 및 임상평가
성고충 상담관	성고충 신고접수 및 성상담, 성인지감수성 교육 등

군 전문상담관 채용의 응시자격기준은 연차적으로 조금씩 변화가 있었다. 2010년부터는 자격요건에 제시되어 있는 상담자격증을 세분화하였으며, 2012년에는 민간인의 경우 상담경력이 구체화되었다.

2013년에는 학력에 따른 경력에 있어 심리상담 관련 석사학위 이상일 경우에는 2년 이상의 상담경력이 충족되면 지원이 가능하였다. 국방부에서 제시한 2022년 군 전문상담관 자격기준은 다음과 같다.

〈표 12-3〉 2022년 전문상담관응시 자격기준

<table>
<tr><th>구분</th><th colspan="2">자 격 기 준</th></tr>
<tr><td rowspan="2">2022
년도</td><td colspan="2">• 5년 이상의 상담경험이 있는 사람
• 심리상담, 사회복지분야 관련 학사학위 소지자로 3년 이상의 상담경험이 있는 자
• 심리상담, 사회복지 분야와 관련된 석사 이상의 학위 소지자로서 2년 이상의 상담 경험이 있는 사람
• 10년 이상 군 경력자(군종 장교 1년 이상)는 아래 중 하나를 충족하는 경우 응시 가능
① 심리상담 또는 사회복지 분야와 관련된 자격증을 소지한 사람(위와 동일)
② 심리상담 또는 사회복지분야와 관련된 학사이상 학위를 소지한 사람</td></tr>
<tr><td>자격
요건</td><td>• 국가자격증은 아래와 같다
임상심리사(한국산업인력공단), 직업상담사(한국산업인력공단), 사회복지사(보건복지부), 정신보건임상심리사(보건복지부), 정신보건사회복지사(보건복지부), 전문상담교사(교육부), 청소년상담사(여성가족부)

• 민간자격 중 국방부장관이 인정하여 고시하는 자격증은 아래와 같다
임상심리전문가(한국임상심리학회), 상담심리사1,2급(한국상담심리학회), 수련감독 전문상담사(한국상담학회), 전문상담사1,2,3급(한국상담학회), 한상담수련전문가(한상담학회), 한상담전문가1,2급(한상담학회), 가족상담전문가-수련감독전문가(한국가족문화상담협회) 등</td></tr>
</table>

전문상담관의 면접기준은 2012년부터 구체화되었다. 면접시간 30분 전 면접대기 장소에 입장하여 진행절차에 대한 설명을 들은 후, 현역 장병을 대상으로 20여분 정도 실제 상담을 실시한다.

상담이 끝나면 면접이 이루어지는데 면접관은 국방부 장교 면접관과 민간전문가 면접관을 포함해 총 5~6명으로 편성한다. 면접은 배부받은 가상사례를 20여 분간 숙지한 후 면접관의 질문에 대한 답변순으로 이루어진다.

3. 전문상담관의 임무

전문상담관의 임무는 상담 과정을 통해 복무부적응을 해소하고 사고예방에 기여함은 물론 존중과 배려의 병영문화육성과 자살사고예방에 중점을 둔다. 장기적으로는전문상담관의 운용인력을 확대하여 장병의 자아성장이나 잠재력 개발 및 진로상담에도 관여할 것으로 전망한다. 국방부에서 제시한 전문상담관의 임무는 다음과 같다.

〈표 12-4〉 군 전문상담관의 임무

① 복무부적응 장병 식별, 관리 및 관련사항 지휘관 보좌
② 도움배려장병 현장위주 상담 및 관리
③ 장병 기본권 제한사항 식별 및 시정 지휘조언
④ 간부 및 동료상담 병사의 상담능력향상 교육
⑤ 장병과 군인가족에 대한 사회복지 관련 상담
⑥ 다문화가족 구성원인 장병관리 및 고충처리 관련 지휘관 보좌
⑦ 사고우려장병 및 도움배려병사 등에 대한 현장위주 상담관리
⑧ 장병 기본권보장 관련 갈등관리 및 지휘조언, 주기적인 상담결과 분석 및 분석결과 지휘 참고자료 제공 등

〈표 12-5〉 군 전문상담관의 세부업무

업무 구분	세부업무 내용	
개인상담	대 상	• 병사, 간부, 군인가족
	방 식	• 방문, 전화상담 등
	주 제	• 개인문제 : 부적응, 불안, 우울, 스트레스, 자살 등 • 대인관계문제 : 선 · 후임 갈등, 간부와의 갈등 등 • 기타 : 이성문제, 성문제 등
집단상담	대 상	• 일반 장병
	방식 / 내용	• 계급별, 문제별 다양하게 운영 • 구조화 및 비구조화, 반구조화 집단상담 병행
위기장병 식별 및 파악	식 별	• 신인성검사 결과 · 간부의 의뢰 • 개인 및 집단상담결과, 심리검사결과
	개 입	• 개인상담

업무 구분	세부업무 내용	
심리검사 및 평가	검사 실시 및 해석	• 부대별로 실시하는 심리검사 다양 • 풀 배터리(full-battery) 심리검사 실시
	신 인성검사 활용	• 위기장병식별 및 개인상담에 활용 • 개인상담 후 부적응 정도에 대한 소견제시
교 육	대 상	• 부대별로 다양, 일반적으로 교육대상은 계급별로 구분
	교육내용	• 자살예방교육, 상담기법 교육
행 정	사례관리 및 보고	• 개인상담 소견서작성, 개인상담 결과기록
	업무보고	• 월간실적 보고

군 전문상담관의 기능은 상담관실 세부운영계획 수립과 시행으로 자살우려 장병 및 도움배려장병 등에 대한 조력활동을 실시하는 것이다. 장병의 기본권 보장 및 갈등관리와 군 인성검사를 분석하고 이에 대한 후속조치를 조언한다.

집단상담프로그램을 시행하고 캠프운영을 지원하며 각종 집체교육과정에서 상담교육 등을 실시한다.

2. 군 병영캠프제도

1. 개요

육군은 2003년부터 복무부적응자의 조기 적응유도와 자살우려자의 전문치료를 목적으로 병영캠프를 사단 단위로 운영하였다. 이러한 상황에서 육군본부에서는 자살사고 종합예방대책을 강구하였는데, 복무부적응 병사를 관리하는 책임과 권한을 사 · 여단장에게 위임하여 대대장의 지휘부담을 경감시켜 주었다.

이 제도가 시행되기 전 병력관리의 주체는 대대장이었다. 그러나 자살사고예방 시스템이 정립된 이후에는 부적응 병사에 대한 식별 책임만 대대장에게 부여하고, 사 · 여단장은 부적응 병사를 전담 관리하는 시스템으로 변경되었다(심윤기 외, 2021).

2. 캠프운영체계

병영캠프는 최초 국방부 지침에 근거하여 시행되지 않았다. 지금은 해체되어 없어진 육군 1군사령부에서 자체적으로 캠프제도를 만들어 시행한 것이 계기가 되어 전 부대로 확산되었다. 최초의 캠프이름은 비전캠프로 명명하였으며 군 자체적으로 프로그램을 개발하여 활용하였다.

점차 병사들의 성향과 병영 환경의 변화를 고려하여 5~6년 주기로 프로그램을 변경하여 사용하였다. 2007년부터는 기존에 운영되던 비전캠프와는 별도로 새로운 그린캠프를 사단에 추가로 만들어 2개의 캠프를 동시에 운영하였다. 뿐만 아니라, 군단에서도 그린캠프 교육대를 별도로 만들어 운영하였다.

그러나 사단에 비전캠프와 그린캠프 등 두 개의 캠프가 운영됨으로써 비전캠프 입소자가 대폭 감소하는 현상이 발생하였다. 그로 인해 비전캠프의 고유한 치료적 기능수행 보다는 현역복무 부적합 처리과정의 부속기관으로 인식하는 부작용이 발생하였다.

이 같은 문제점이 발생함에 따라 사단과 군단에서 각각 운영하던 캠프의 기능을 재검토하게 되었다. 캠프 고유의 독립적인 활동과 효율성을 높이려는 목적으로 T/F를 발족하여 캠프를 통합하는 방안이 검토되었다. 그 결과 비전 및 그린캠프를 통폐합하기로 결론이 모아져 사단에서는 한 개의 캠프만 운영하되 캠프 이름을 힐링캠프로 통일하여 사용하였다.

군단에서도 한 개의 캠프만 운영하되 캠프 이름을 그린캠프로 통일하여 사용하였다. 군단의 그린캠프에서 운영하는 프로그램은 주기적으로 변경하여 사용하는데, 프로그램의 예를 제시하면 다음과 같다.

〈표 12-6〉 그린캠프 프로그램(예)

<table>
<tr><th>월</th><th>화</th><th>수</th><th>목</th><th>금</th></tr>
<tr><td rowspan="2">입소, 등록</td><td>상담, 시청각교육</td><td>체육활동, 다과</td><td>00병원 상담</td><td>상담, 시청각교육</td></tr>
<tr><td>사물놀이 집단치료</td><td>동반목욕 행사</td><td>사물놀이, 집단치료</td><td>군법교육</td></tr>
<tr><td rowspan="2">집단상담</td><td>미술치료</td><td>상담, 시청각교육</td><td rowspan="2">미술치료</td><td rowspan="2">웃음치료</td></tr>
<tr><td>00병원 상담</td><td>희망그리기</td></tr>
<tr><th>월</th><th>화</th><th>수</th><th>목</th><th>금</th></tr>
<tr><td rowspan="2">음악치료</td><td>사물놀이 집단치료</td><td rowspan="4">감정 다스리기
(스트레스 관리,
의사소통)</td><td>다문화체험</td><td rowspan="2">소감문 작성
퇴소준비, 대청소</td></tr>
<tr><td>의무대 통합진료</td><td rowspan="2">박물관, 문학관
견학</td></tr>
<tr><td>다도 집단치료</td><td>개인별 집중상담</td><td rowspan="2">퇴소, 자대복귀
잔류자 재편성</td></tr>
<tr><td>개인별 집중상담</td><td>극기력 배양</td><td>0000 체험</td></tr>
</table>

육군의 각 부대에서는 신인성검사 결과와 전문상담관의 상담결과, 간부에 의한 행동관찰 등을 통해 장병의 복무부적응을 지속적으로 분석하고 판단한다. 이 때 복무부적응 증상을 보이는 장병은 1차적으로 사단에서 운영하는 힐링캠프에 입소시킨다.

사단 힐링캠프에서는 정해진 기간 동안 적응교육과 심층상담을 실시하며, 증세가 완화되고 적응능력이 회복되면 원소속 부대로 복귀시킨다. 반면, 적응력이 향상되지 않거나 오히려 악화된 장병은 2차적으로 군단 그린캠프에 입소시켜 적응력 회복에 집중한다.

그러나 그린캠프에 입소한 후에도 부적응 상태나 증상이 호전되지 않으면 사령부급 부대의 병역심사대에서 전역 여부를 결정한다. 힐링캠프와 그린캠프를 비교하면 다음과 같다.

〈표 12-7〉 병영캠프 프로그램의 비교(예)

구분	힐링캠프(사단캠프)	그린캠프(군단캠프)
대 상	복무부적응자, 사고우려자, 자살우려자	
횟 수	월 1회	
기 간	2 주	
프로그램	–마음문열기, 나의발견,나의이야기, 서로 통해요, 심층상담, 마음다지기 –캠프 프로그램 운영 등	–자살예방교육, 전문상담, 군의관의 진료, 봉사활동 등 –부대별 다양한 프로그램 운영

3. 군 심리검사제도

1. 신인성검사

군에서 심리검사를 시행하는 주된 목적은 복무기간 동안 심리적 어려움과 부적응을 경험하는 장병을 객관적이고 과학적인 도구를 사용해 식별함은 물론 이를 통해 사고를 예방하고 차단하기 위해서다.

군 심리검사가 최초로 시행된 것은 1961년 '정신박약 진단검사'를 개발하면서부터였으며, 1968년부터는 이를 신병들에게 적용하기 시작하였다. 1991년에는 경기도 지역의 장병을 대상으로 다면적인성검사인 MMPI를 사용하였으며, 1995년부터는 육군 입영장정으로까지 확대하였다. 2001년부터는 육군본부와 한국무형자원연구소가 공동으로 연구개발한 '육군표준인성검사'를 사용하였고, 2009년부터 한국국방연구원(2013)에서 개발한 '신인성검사'를 사용하고 있다.

1) 개발과정

군은 지난 1995년부터 현역복무부적합 장병을 선별하기 위해 KMPI를 시행하였다. 그러나 복무부적응 장병과 각종 사건사고는 좀처럼 줄어들지 않았다. 그 결과 시행중이던 군 인성검사에 대한 신뢰성이 수면위로 떠올랐으며, 육 · 해 · 공군이 서로 다른 검사도구를 사용하는 문제점도 드러났다.

각급 부대 별로 검증되지 않은 심리검사도구를 무분별하게 사용되는 문제가 드러나 이를 조속히 개선해야 한다는 목소리가 한층 커졌다. 그 결과 한국국방연구원에서 신인성검사도구를 개발하여 2009년부터 각급 부대에서 사용하고 있다.

2) 검사의 구성

신인성검사는 병사용과 간부용이 별도로 구분되어 있다. 병사용은 복무적합도검사, 군 생활적응도검사, 적성적응도검사, 관계유형검사 등을 주로 실시한다.

〈표 12-8〉 신인성검사의 종류

대 상		검사 종류	시행 단계	시행 시기	검사 목적
병사용	신검자	복무적합도 검사	징병검사단계	만 19세	입대가능여부파악
	입영대대 병사		입영신검단계	입영 후 3일 이내	정신과적 문제 파악
	훈련병	군 생활적응도 검사	신병교육단계	입소 3~4주차	심리적 어려움파악
	하사 이하 장병	적성적응도검사	자대복무단계	일병이하 연 2회 상병이상 연 1회	복무부적응 예측 개인 성격특성 파악
	전 병사	관계유형검사	자대복무단계	반기 1회	관계유형파악
간부	위관장교 중/상사	복무적응도검사	자대복무단계	연 1회	스트레스수준평가

신인성검사는 부대지휘에 참고가 되는 다양한 정보를 제공하는데 하위척도별 특징은 다음과 같다.

〈표 12-9〉 신인성검사의 하위척도별 특징

검사	특 징
정신병리척도 (정신병,신체화,성격)	정신병리와 관련된 문제가 나타날 가능성이 있는 장병을 식별하여 입영에서 제외시키는 척도
적응 및 사고관련 척도(적응,사고)	군 생활 적응 정도와 사고를 일으킬 가능성에 대해 판별하고 행동상의 문제가 있는지 여부를 식별하는 척도
일반성격특성척도	군 장병이 성공적으로 군 생활을 할 수 있는 건강한 특성을 지니고 있는지를 식별하기 위해 만들어진 척도
반응왜곡탐지척도	자신을 더 잘 보이거나 혹은 더 부정적으로 보이기 위해 왜곡 반응을 하는 것을 탐지하는 척도
상호인식검사	집단 내에서 타인의 인식을 파악할 수 있는 척도
인지능력검사	인지능력을 측정하는 척도

2. 스트레스 진단검사

1) 개발과정

스트레스는 개인의 능력을 능가하는 내 · 외적 요구에 대한 개인의 정서적 · 행동적 · 신체적 반응을 말한다. 군에서 발생하는 스트레스는 장병의 사기를 저하시켜 부대목표 달성에 부정적인 영향을 미친다. 군 기강을 저해하고 각종 사고를 유발하는 전투력 약화의 주요 요인으로 작용한다(심윤기 외, 2021).

스트레스로 인한 부적응은 병사 개인의 문제로 끝나지 않고 부대 전체로 확산하는 특징이 있다. 이러한 이유로 군에서는 스트레스 유발요인을 과학적이고 실증적인 방법으로 진단하여 자살이나 탈영, 총기사고 등의 악성사고를 예방하고자 병사용 스트레스 진단도구를 개발하였다.

군에 입대한 신병들은 낯선 부대환경과 자유롭지 못한 병영생활, 가족과 애인 및 친구를 자주 볼 수 없는 환경, 지시와 통제위주의 업무, 상명하복의 조직체계, 위계적 대인관계 등으로 스트레스를 받는 것이 사실이다. 병사용 스트레스진단검사는 국방부에서 제시한 모델을 바탕으로 개발되었는데, 스트레스의 원인조사와 분석이 심층적으로 이루어진다.

2) 검사의 구성

스트레스진단 검사개발연구에 참여한 장병은 스트레스 원인조사와 분석에만 1,000여 명이 참여하였다. 문항의 적절성검사는 1,500여 명이 참여하였으며, 스트레스 진단기준을 설정하기 위해 3,700여 명이 참여하였다. 위관장교 560여 명을 대상으로 사전징후조사도 함께 이루어졌다. 이렇게 하여 검사문항은 사고 행동과의 연관성을 고려하여 총 110문항으로 선정하였다.

스트레스 진단검사는 크게 진단과 처방 프로그램으로 구분되어 있다. 1차적으로 스트레스를 진단한 후, 2차적으로는 검사결과에 맞는 스트레스 처방을 제시한다. 1차 스트레스 진단과정은 검사대상인 병사가 스트레스를 검사하는 각 문항에 응답하면 그 결과는 자동으로 저장된다. 그리고 2차 스트레스처방은 병사가 검사를 완료한 파일을 불러와서 각 요인별 스트레스 수준에 적합한 '처방프로그램'을 제공받는다(김용주 등, 2008).

병사용 스트레스 진단요인과 문항구성은 다음과 같다.

〈표 12-11〉 스트레스 요인과 문항구성

변인	환경특성(26)				대인관계(20)				신상문제(16)				심리적 특성(30)				반응(18)			
요인	부대환경	직무특성	상급자특성	업무과중	간부관계	선임병관계	동료관계	후임병관계	복무염증	콤플렉스	여친문제	가정문제	효능감	충동성	고립감	정서안정	사고와해	신체증상	정서변화	행동변화
문항	6	6	7	7	6	6	4	4	5	4	3	4	8	8	7	7	5	5	4	4

3) 검사절차

스트레스진단검사는 병사가 직접 컴퓨터 앞에 앉아 모니터를 보면서 각 문항을 읽고 다음과 같은 순서로 체크한다. 첫째, 스트레스진단 프로그램을 실행한다. 현재 자신이 소속되어 있는 부대와 계급, 이름, 군번 등을 입력한다.

둘째, 검사방법에 대한 안내문을 읽어가며 어떻게 설문에 응답해야 하는지 충분히 이해한 후, '다음'을 클릭하며, '마침'이라는 항목이 제시될 때까지 계속 진행한다. 셋째, 110문항에 모두 응답하고 나면 검사가 종료된다.

3. 개인안전지표

1) 개발과정

개인안전지표는 육군에서 개발하였다. 개인안전지표는 매년 부대에서 자살사고가 지속적으로 발생함에도 불구하고 그에 대한 실효성 있는 예방책이 나오지 않아 과학적인 측정을 통해 실용적으로 사용 가능한 척도의 필요성이 대두되어 개발되었다.

개인안전지표는 자살한 병사 166명의 자료와 모범병사 373명을 대상으로 개인 · 가정 · 사회 · 부대 차원에서의 자살보호요인을 심층적으로 분석한다. 자살우려자의 자살요인을 과학적으로 분석하고 이를 바탕으로 자살가능성을 예측하는 검사항목으로구성되었다.

육군은 개인안전지표를 인트라넷에 탑재하여 사용하고 있다. 개인안전지표에 자살예방프로그램을 새로이 접목시켜 자살위험성이 높은 병사를 선별할 수 있도록 개선하여 사용하고 있다. 특히, 개인안전지표 결과만 가지고 자살위험요인을 식별하기 어려운 병사를 판별하기 위해서 그들에 대한 심층적인 상담이 가능하도록 상담방법과 상담기록지 등도 개발하여 사용하고 있다.

2) 검사절차

개인안전지표 검사를 위해서는 다음과 같은 순서로 진행한다. 첫째, 부대 인트라넷을 통해 육군안전센터 홈페이지에 접속한다. 개인안전지표 화면의 우측 상단에 있는 '진단지 작성' 아이콘을 클릭하면 '병사용 항목'과 '관리자용 항목'이 표시된다.

둘째, 용도에 따라 자신의 진단지 작성을 하려면 '병사용 항목'을 클릭하고, 각 병사들의 진단결과를 확인하려면 '관리자용 항목'을 클릭한다. 병사의 경우에는 검사문항에 따라 마지막까지 체크한 후 '확인'을 클릭한다.

셋째, 간부가 검사결과를 확인하려면 '검사조회'를 클릭한 후, 확인하고자 하는 대상의 이름을 클릭한다. 왼쪽 상단 팝업창의 '안전지표결과'를 클릭하면 분석결과가 컴퓨터 바탕화면에 나타나며 결과지를 출력한다.

3) 검사해석

인트라넷 진단지에 자살우려자의 신상정보를 입력하면 자동적으로 계산되어 4개 집단군 중 하나의 결과를 다음과 같이 제시한다.

〈표 12-12〉 자살요인별 집단군

집단	α(알파)군	β(베타)군	γ(감마)군	ε(엡실론)군
내용	군 생활 스트레스 등 부대요인의 영향으로 자살한 집단	업무부담 등 부대 요인의 영향으로 자살한 집단	가정불화 등 가정적 요인의 영향으로 자살한 집단	이성과의 결별 등 개인적 요인으로 자살한 집단

(1) α(알파)군

(알파)군은 군대생활 스트레스 등 부대요인으로 자살한 집단을 칭한다. 이들의 특성은 독자인 경우가 거의 없으며 내성적인 성격을 지니고 있다. 한 가지 이상의 질병이나 정신질환의 가능성이 높고 적응수준이 낮은 편이다. 군 생활 중 선임병과의 갈등을 일으킬 위험성과 도움배려 병사로 선정될 가능성이 높은 군이다.

(2) β(베타)군

(베타)군은 업무부담 등 부대요인으로 자살한 집단을 설명한다. 이들은 학력수준이 높은 편이며 절반 이상이 행정병 보직을 받아 업무를 수행한다. 업

무능력이나 동료와의 관계 등 군 적응수준은 높은 편이나 수행하는 업무가 많아 간부와의 갈등이 생긴다. 상담이 필요한 병사로 분류되거나 병영캠프에 입소하는 비율은 대체로 낮은 편에 속한다.

(3) γ(감마)군

(감마)군은 가정적 요인으로 자살한 집단을 말한다. 이들은 내성적인 성격이 많고 자살을 시도한 경험이 있다. 편부나 편모 또는 계모나 계부인 경우가 많고 가정이 화목하지 않은 경우가 대부분이다. 가정의 경제적 형편 역시 어려우며, 부대에서는 대인관계의 어려움을 경험하고 업무능력이나 적응력도 낮은 편에 속한다.

(4) ε(엡실론)군

(엡실론)군은 이성과의 이별 등 개인적 요인으로 자살한 집단을 설명한다. 이들은 가정적 · 사회적 · 부대요인 등에서 문제가 없는 경우가 일반적이다. 이성과의 이별이나 성격결함과 같은 개인특성이 자살의 주요 원인이 된다.

참고문헌

강진령(2006). 집단상담의 실제. 서울: 학지사.
국가인권위원회(2017). 군대내 성폭력에 의한 인권침해 직원조사.
국방부(2013). 2013 국방통계연보.
국방부(2022). 2022 국정감사자료.
권일남, 임재호(2014). 군 상담심리학의 이론과 실제. 파주: 교육과학사.
김기태(1993). 위기개입론: 일상생활의 위기와 극복방법. 서울: 대명사.
김동일, 김은하, 김은향, 김형수, 박승민, 박종규, 신을진, 이명경, 이영선, 이원이, 이은아,이제경, 정여주, 최수미, 최은영(2014). 청소년 상담학 개론. 서울: 학지사.
김태현, 이정원, 임익순(2013). 장병을 위한 군상담 프로그램. 파주: 교문사.
김환(2000). 외상 후 스트레스 장애: 충격적 경험의 후유증. 서울: 학지사.
김헌수(2006). 상담의 이론과 실제. 서울: 태영출판사.
김환, 이장호(2006). 상담면접의 기초. 서울: 학지사.
노안영(2010). 상담심리학의 이론과 실제. 서울: 학지사.
박경애(2004; 2008). 인지. 정서. 행동치료. 서울: 학지사.
박성희(1994). 공감, 공감적 이해. 서울: 원미사.
서인덕(1986). 한국기업 유형과 조직특성간의 관련성 연구. 박사학위논문. 서울대학교 대학원.
심윤기, 김완일(2013). 군 장병의 자기복잡성과 자아탄력성이 군 복무적응에 미치는 영향. 상담학 연구, 14(2), 1265-1284.
심윤기, 김완일, 정기수(2014). 군 병사용 자살위험성 척도 개발 및 타당화. 한국심리학회지: 상담 및 심리 치료, 26(4), 929-952.
심윤기, 김완일(2014). 군 병사의 자기복잡성과 심리적 디스트레스의 관계: 개인자존감과 집단자존감의 매개효과. 상담학연구 15(6).
심윤기(2014). 군 병사의 자기복잡성과 심리적 디스트레스의 관계: 개인자존감과 집단자존감의 매개효과. 상지대학교 대학원. 박사학위논문.
심윤기(2016). 군 상담학의 이해와 적용. 서울: 창지사.
심윤기, 정구철, 정성진, 전영숙, 주희헌(2017). 군 집단상담의 기초. 서울: 창지사.
심윤기(2018). 외상후 스트레스 장애와 심리치료. 서울: 학지사.
심윤기, 정구철, 정성진, 김복희, 김재희, 김현숙(2020). 군 위기상담의 실제. 서울: 창지사.
심윤기, 정구철, 정성진, 박효진, 손정미, 차보연(2021). 병영문화와 군 특수상담. 서울: 창지사.
심윤기, 김관형, 김수연, 나 경, 박성철, 박재숙, 박희성, 원진숙, 최혜빈(2021). 특수상담 매뉴얼. 서울: 박영사.
육군본부(2009). 군상담. 교육참고 8-1-7.
이장호(2000). 상담면접의 기초. 중앙적성출판사.
이형득, 김성회, 설기문, 김정희(2006). 집단상담면접의 기초. 중앙적성출판사.

조성희, 신수경(2007). 중독과 동기면담. 서울: 시그마프레스.
천성문, 박명숙, 박순득, 박원모, 이영순, 전은주, 정봉희(2010). 상담심리학의 이론과 실제. 서울: 학지사.
한국국방연구원(2013). 신인성검사의 이해와 활용.
한국군상담학회(2009). 군 집단상담 이론과 실제. 서울: Grace publisher(은혜출판사).
한국정보화진흥원(2015). 인터넷 중독 실태조사.

Astur, R. S., Tropp, J., Ssva, Constable, R. T., & Markus, E. J. (2004). Sex differences and correction in a virtual Morris water task, a virtual radial arm maze, and mental rotation. *Behavioural Brain Research, 151*, 103–115. 5
Baldwin, B. A. (1978). A paradigm for the classification of emotional crisis: Implications for crisis intervention. *American Journal of Orthopsychiatry, 48*(3).
Beck, A. T. (1997). *Cognitive Therapy*. 최영희, 이정흠 공역. 서울: 하나의학사.
Brems, C. (2001). *Basic skills in psychotherapy and counseling*. Belmont, CA: Wadsworth.
Corey, G. (2012). *Theory and practice of group counseling (4th ed.)*. Pacific Grove, CA:Brooks/Cole.
Creamer, M., Burgess, P., & Mcarlane, F, A. C. (2001). Post-traumatic stress disorder; Findings from the Australian national survey of mental health and well-being. *Psychological Medicine, 31*, 1237–1247.
Darves-Bornoz, J. M., Alonso, J., de Girolamo, G., et al. (2008). Main traumatic events in Europe; PTSD in the European study of the epidemiology of mental disorders survey. *Journal of Traumatic Stress, 21*(5), 455–462.
Defense Manpower Data Center. (2021). *2021 Workplace and Gender relations survey of active duty members: Survey note*. Arlington, VA: Author.
Ellis, A. (1987). *The Practice of rational emotive therapy*. N.Y. : Springer Publishing Company.
Foa, E. B., & Riggs, D. S. (1993). Post-traumatic stress disorder in rapevictims. In J.Oldham, M. B. Riba, & A. Tasman (Eds), *Annual Review of Psychiatry. 12* (pp.273–303). Washington DC: American Psychiatric Association.
Freud, S. (1915). *The Un Conscious*. The Standard Edition of the Complete psychological Works of Sigmund Freud, volume XIV.
Gilliland, B. E., & James, R. K. (2000). *Crisis intervention strategies (4th ed.)*. Belmont, CA:Wadsworth/Thomson Learning.
Goldberg, I. (1996). *Internet addiction*. Electronic message posted to research discussion list.
Gottfredson, M. R., & Hirschi, T. (1990). *A General Theory of Crime*. Stanford, Calif.:

Stanford University Press.

Hofstede, G. (1995). *Cultures and Organizations-Software of the mind*. 세계의 문화와 조직. 차재호, 나은영 공역. 서울: 학지사.

Holland, J. L. (1992). *Making vocational choices-A theory of vocational personalities and work environments(2nd ed)*. Odessa, FL: Psychological Assessment Resources, Inc.

Horowitz, M, J. (1986). Stress response syndromes: A review of Post-traumatic and adjustment disorders. *Hospital and Community Psychiatry, 37*, 241-249.

Human & Rights & Watch. (2001). United States. *Predators and Victims*. No Escape Male Rapein U. S. Prisons.

Ivey, A. e., Ivey, M.B., & Simek-Morgan, L. (1993). Counseling and psychotherapy: *A multicultural perspective*. Boston, MA Allyn Bacon.

Janoff-Bulman, R. (1989). Assumptive worlds and the stress of traumatic events: Applications of the schema construct. *Social Cognition, 7*, 113-136.

Julian D. Ford(2012). 진단명: 외상 후 스트레스 장애. 김정휘 등 공역. 서울: 시그마프레스.

Kessler R, Sonnega A, Bromet E., Hughes M, Nelson C. (1995). Post-traumatic stress disorder in the national co-morbidity study. *Archives of General Psychiatry 52*: 1048-1060.

Lang P. J. (1979). A bio-informational theory of emotional imagery. *Psychophysiology, 16*, 495-512.

Lingenfelter, S. G. & Mayers, M. K. (1989). *Ministering Cross-Culturally*. 문화적 갈등과 사역. 왕태종 역. 서울: 조이선교회.

May, Gerald G. (2007). 중독과 은혜. 이지영 역. 서울: IVP.

Midgette, T. E. & Meggert, S. S. (1991). Multicultural counseling instruction: A challenge for facultiesin the 21st century, *Journal of counseling an ddevelopment, 70*(1).

Minuchin, S. & Fishman. (1981). *Family Therapy Techniques*. Cambridge, MA: Haverd University Press.

Mitchell, L. K., & Krumboltz, J. D. (1996). Krumboltz's learning theory of career choice and counceling. In D. Brown, L. Brooks(Eds.), *Career choice and development(3rd ed.)*. SF:Jossey-Bass.

Mowrer, O. H. (1960). *Learning theory and the symbolic processes*. New York: Wiley.

Nichols, M., and Schwartz, R. (2004). *Family Therapy: Concepts and Methods. (6th ed.)*.

NY Times. (2012). *Instructor for Air Force is convicted in sex assaults*. July 20, James Daojuly.

Parsons, F. (1909). *Choosing a vocation*. Boston: Houghton Mifflin.

Patterson, L. E., & Welfel, E. R. (1999). *The counseling process. (5th ed.)*. Belmont, CA:Wadsworth/Thomson Learning.

Pedersen, (1994). *A handbook for developing multicultural awareness*. Alexandria, VA:American Association for Counseling and Development.

Roe, A. (1956). *The psychology of occupation*. N.Y.: Wiley.

Rogers, C. R. (1951). *Client-centered therapy*. N.Y.: Houghton Mifflin.

Satir, V., & Baldwin M. (1983). Satir Step by Step. *A guide to Creating Change in Families*. Palo Alto, CA: Science and Books.

Shapiro, F., & Forrest, M. S. (2008). 눈 운동 민감소실 및 재처리: 불안, 스트레스, 충격적 사건을 극복하기 위한 치료법. 강철민 역. 서울: 하나의학사.

Skinner, B. F. (1977). Why I am not a cognitive psychologist. *Behaviorism, 5*, 1–10.

Sue, D. W. (1995). Toward a theory of multicultural counseling and 78 therapy. In J.A. Banks & C. A, Macgee banks (Eds). *Handbook of research on multi cultural education*, 647–659.

Sue, D. W., & Torino, G. C. (2005). Racial–cultural competence: Awareness, knowledge and skills. In R. Carter(Ed), *Handbook of racial-cultural psychology and counseling*. Hoboken, NJ: Wiley.

Super, D. E. (1957). *The psychology of career*. N.Y.: Harper & Row.

Time. (2003). *Conduct Unbecoming*. March 6, Cathy Booth. Thomas Tucson.

Tiedeman, D. V. & O'Hara, R. P. (1963). *Career development: choice and adjustment*.. N.Y.:College Entrance Examination Board.

Vogel, D., & Wester, S. (2003). To seek help or not to seek help: The risks of self–disclosure. *Journal of Counseling Psychology, 50*, 351–361.

Williams, M. B., & Poijula, S. (2002). *PTSD workbook*. Oakland, CA: New Harbinger Publications.

Young, K. S. (1996). Psychology of computer use: *Psychological Report, 79*, 899–902.

Young, K. S. (1998). *Caught in the net: How to recognize the signs of internet addiction and a stragy for recovery*. N.Y.: John Wiley & Sons, Inc.

Washington Post. (1997). *In wake of sex scandal, caution is the rule at Aberdeen*. p.B01, November 7. Jackie.

찾아보기

A

ㄱ

ㄴ

ㄷ

ㄹ

ㅁ

저자소개

심 윤 기

- 상지대학교 교육학 박사(상담심리학 전공)
- 현) 육군지상군연구소 리더십분과 연구위원
- 현) KCCI 한국위기상담협회 부회장
- 현) 삼육대학교 상담심리학과 군상담학 교수

김 수 연

- 삼육대학교 상담심리학 박사 수료
- 군전문상담사(1급), 심리상담사(1급), 미술심리상담사(1급) 등
- 현) KCCI 한국위기상담협회 전문상담원

김 현 주

- 삼육대학교 상담심리학 박사 과정
- 군전문상담사(1급), 위기상담사(1급), 중등교사(2급) 등
- 현) KCCI 한국위기상담협회 전문상담원

나 경

- 삼육대학교 상담심리학 박사 수료
- 군전문상담사(1급), 미술심리상담사(1급), 위기전문상담사(1급) 등
- 현) 잠실여자고등학교 교사

박 성 철

- 삼육대학교 상담심리학 박사 과정
- 심리상담사(1급), 군전문상담사(1급) ,청소년상담복지사(1급) 등
- 현) 한국상담심리연구소 소장

손 정 미

- 한양대학교 영어교육학 박사 / 삼육대학교 상담심리학 박사 수료
- 심리상담사(1급), 청소년상담복지사(1급), EAP전문상담사(1급) 등
- 현) 정화예술대학교 강의전담 교수

송 지 은

- 삼육대학교 상담심리학 박사 과정
- 군전문상담사(1급), 미술심리상담사(1급), 청소년상담사(2급) 등
- 현) KCCI 한국위기상담협회 전문상담원

우 성 호

- 삼육대학교 상담심리학 박사 과정
- 심리상담사(1급), 사회복지사(1급), 청소년상담사(2급) 등
- 현) 진접지역아동센터 생활복지사

원 진 숙

- 상지대학교 사회복지학 박사 수료
- 군전문상담사(1급), 인성교육지도사(1급), 미술심리상담사(1급) 등
- 현) 송호대학교 사회복지학과 겸임교수

주 지 향

- 삼육대학교 상담심리학 박사 수료
- 심리상담사(1급), 진로적성상담사(1급), 분노조절상담사(1급) 등
- 현) 공군 보라매리더십센터 상담교수

주 희 헌

- 삼육대학교 상담심리학 박사 수료
- 심리상담사(1급), 진로상담사(1급), 전문상담교사(2급) 등
- 현) 육군 병영생활전문상담관

최 혜 빈

- 삼육대학교 상담심리학 박사 과정
- 군전문상담사(1급), 위기전문상담사(1급), EAP전문상담사(1급) 등
- 현) 삼육대학교 웰빙건강심리연구소 연구원

군 상담학 개론

초 판 1쇄 발행 2016년 12월 26일
제2판 1쇄 발행 2023년 5월 26일

지 은 이 | 심윤기 · 김수연 · 김현주 · 나 경 · 박성철 · 손정미
송지은 · 우성호 · 원진숙 · 주지향 · 주희헌 · 최혜빈
펴 낸 이 | 김기섭
편 집 인 | 오선율
펴 낸 곳 | 창지사 www.changjisa.com
08589 서울시 금천구 가산디지털 1로 83 파트너스타워 1차 9층
전화 (02)719-2211~3
팩스 (02)701-9386
등 록 | 1977년 4월 28일 · 제1-421호

ISBN 978-89-426-1823-1 (93330)

값 26,000원